翡翠城市：
面向中国智慧绿色发展的规划指南

卡尔索普事务所　宇恒可持续交通研究中心　高觅工程顾问公司　著

中国建筑工业出版社

图书在版编目（CIP）数据

翡翠城市：面向中国智慧绿色发展的规划指南 / 卡尔索普事务所，宇恒可持续交通研究中心，高觅工程顾问公司著．—北京：中国建筑工业出版社，2017.10

ISBN 978-7-112-21292-7

Ⅰ．①翡… Ⅱ．①卡… ②宇… ③高… Ⅲ．①节能-生态城市-城市建设-研究-中国 Ⅳ．①X321.2

中国版本图书馆CIP数据核字（2017）第243187号

责任编辑：黄　翊　陆新之
责任校对：王　瑞　姜小莲

翡翠城市：面向中国智慧绿色发展的规划指南
卡尔索普事务所　宇恒可持续交通研究中心　高觅工程顾问公司　著
*
中国建筑工业出版社出版、发行（北京海淀三里河路9号）
各地新华书店、建筑书店经销
北京锋尚制版有限公司制版
北京雅昌艺术印刷有限公司印刷
*
开本：880×1230毫米　1/16　印张：21¾　字数：567千字
2017年10月第一版　　2019年12月第二次印刷
定价：165.00元
ISBN 978-7-112-21292-7
（31003）

序一

如果之前的30年用“高速”来形容中国的城市化进程，那么下一阶段就可以用“新常态”来表述。“新”意味着转折、转变；“常态”意味着这种转变是趋势性的、结构性，而不是临时性、周期性的。因此“新常态”意味着“趋势性的转变”，主要体现在三个突出的趋势上：首先是城市化降速；其二是转型，发展方式从数量增长转向质量提升和结构性优化；三是多元，城市发展动力从单纯工业化转向更加多元和特色化。城市信息化水平、国际化程度、人文魅力和生态环境将成为新时期的核心竞争力。

要使城市实现转型发展，必须回归城市的本源。以前快速追赶式的城市发展，其价值取向是服务于经济增长至上的发展。这其实背离了城市的本质，必然导致城市的异化，使城市成为“增长机器”。增长本身不是错，但为增长而增长就偏离了正轨。“千城一面”、“堵城”、内陆城市“看海”、以机动车为本而非以人为本等问题的凸显就是偏离城市本源的具体表现。城市发展所追求的增长，应该是全面、协调、均衡、精明的增长，而不是以前那种粗放、野蛮的增长。

而城市的本质属性主要体现在三个方面：第一，城市是人们生活的家园。正如亚里士多德所说：“人们为了生活来到城市，为了更好的生活而居留于城市。”第二，城市是人类文明的结晶和流传载体。城市的出现，是古代文明产生的重要标志，也是各种文明要素的集大成者。第三，城市是创新的孵化器和加速器。相对于均质化、稳态化的乡村，城市因其自由频繁的人际交流和多元包容的文化碰撞，能够产生复杂的社会分工，也是创新的源泉。因此，今后城市工作的核心价值，就在于如何使城市成为市民生活的幸福家园，成为人类文明的恒久载体，成为创新驱动的强大引擎，而不仅仅是经济增长的载体。

城市规划错综复杂，涉及社会的方方面面，城市的执政者、规划行业从业者不仅需要在心中明晰城市发展的本质，行动上也要有明确的原则和度量。这也是撰写本书的缘起：将城市的本质属性转化成简明的十项原则，引导城市在新常态中转型发展。这些原则从多个维度确立了新的方向，包括城市总体规划、控制性详细规划、建筑设计以及基础设施系统等。在总体规划范围内，“城市增长边界”（原则01）指导城市保护自然、农业和历史资源，强调填充式开发应优先与新建。在边界内，紧凑型和“公共交通导向型开发（TOD）”（原则02）模式关注在开发过程中如何以多样化交通模式替代汽车出行。在控制性详细规划范围内，围绕配有“步行和自行车交通”（原则05）可达的“公共空间”（原则06）和公园的“小街区”（原则04），建设人性化的“混合用途”（原则03）。其他交通系统，如广泛而多样的“公共交通”（原则07）和非机动车街道，配合“小汽车控制”（原则08）政策可减少道路压力，在低成本情况下增加流动性。在修建性详细规划层面，“绿色建筑”（原则09）、耐用材料和环保型城市绿化可以使资源使用更加有效，城市环境更加宜居。最后，城市的基础设施规划必须部署最先进的技术为“可持续基础设施”（原则10）服务。这十项原则的设立为复杂的城市建设工作提供了具有可测性和可操作性的策略。

四年前，我和本书的作者合著了《TOD在中国——面向低碳城市的土地使用与交通规划设计指南》，探索性地阐述了一些可用于中国城市的理念。不想短短四年，这些理念已经得到了业界广泛的认可，并且基本全盘纳入《国务院关于进一步加强城市规划建设管理工作的若干意见》。这本书又是一次探索，里面的原则和度量不是唯一的标准，但可以引起积极的反应和长远的影响，我们拭目以待。

杨保军　2017年7月

楊保軍

序二

中国的城市化进程规模之大是史无前例的，也是人类繁荣最重要的推动力。1990～2050年，随着城市的不断发展，中国将有近7亿人口从农村迁入城市。因此，对城市进行完善的设计，为市民创造安宁、健康、清洁的生活，对于中国的城市化进程至关重要。

成败的关键是什么？事实证明，城市设计能创造也能毁灭宜居的环境。伟大的城市能给所有居民创造大量机会。智能城市设计将街道变成丰富的公共空间，供市民在此社交、运动、轻松自由地出行。设计完善的城市能够提供老少皆宜的环境，在社区为居民创造步行空间，为通勤者设计骑行路线，既支持公共交通，也支持小汽车出行。

伟大的城市还应该是清洁的：有健康的空气，有自然空间，建筑基本可以实现能源自给自足，能减少水、能源和土地浪费，保护自然资源，不会因为交通拥堵或过多的噪音，导致环境恶化。

那么，中国如何建设伟大城市？中国的市长、开发商和城市规划者应该重视哪些因素？本书是中国及全世界数千次会议和数百个项目的智慧结晶，详细阐述了伟大城市的设计原则。本书基于十个关键要素，忽视任何一个要素，都可能让城市的潜力大打折扣。

每一个要素都有直观的意义。例如，中国城市不论投入多少资金建设高速路和公路，都不可能容纳所有小汽车。事实上，即使有车一族仅占总人口的20%，城市为容纳这些汽车所做的努力，也将导致宽阔的人行道完全被小汽车堵塞，被污染和噪声笼罩。因此，市政府应该推动建设高质量的公共交通，即快速、便利、安全、清洁的公共交通，并配套完善的行人便利设施和有物理隔离的自行车道。这些设施必须作为设计的核心，而不是边缘的装饰品。

与此同时，通过划定城市增长边界控制城市无序扩张，进行混合用途开发，可以在几个街区内满足多种需求，从而减少对小汽车的需求。有意识地强制做出这些选择，可以减少交通拥堵和污染，使市民在日常生活中有更多选择。

本书中的理念很简单，但这些理念的执行却需要严格的专业知识和政治意愿。《翡翠城市》应该成为中国城市化进程的一个转折点。本书中详细阐述了如何执行每一项关键原则，以及各项原则对于建设伟大城市的作用。这并不是抽象的理论：这本书中有足够的技术深度，城市规划者和市长可以直接采用。

我见过中国许多富有远见的市长和开发商，他们的行动速度和能力令我印象深刻。我相信，这本由诸多经验丰富的专家共同编写的手册，能够帮助中国的市长和开发商建设美丽、清洁、人性化的城市。

阿尔·戈尔（Al Gore）　2017年7月

Al Gore

序三

小的时候很羡慕天文学家的工作，他们是地球上看得最远的人，这个远不仅仅是空间的距离，更是时间的跨度。那一个闪光，或许就把我们带回到几亿年前。

几亿年前，地球上的生命正在起源，而如今人类已经成为这颗蓝色星球的主宰。人类在不断的探索中进步，科技极大地提高了人类的生产力水平，城市逐渐成为人类社会发展的主要载体。集聚效应是明显的，据世界银行报告，2015年全球GDP总量达74万亿美元，而排名前30个城市的GDP的总和就超过了12万亿美元。集聚带来的问题也是显而易见的，特别是工业革命之后，人口膨胀、交通拥堵、资源短缺、环境污染等已成为城市病的主要症状，且愈演愈烈。温室气体排放加剧气候变化则在全球范围影响人类社会未来发展。

中国是人口大国，尽管城镇化水平与发达国家还有很大差距，但我们的城市人口集聚规模却已经十分可观。如何消除“迈达斯灾祸”？既然我们已经认识到城市病的危害，就应该积极应对。走可持续发展之路，绿色、生态、低碳、韧性、智慧……已经成为城市发展的新共识。2015年12月气候变化大会达成《巴黎协定》，提出确保不超过工业革命前地球升温2℃，在国际社会应对气候变化进程中向前迈出了关键一步。我国政府也积极承诺并将应对气候变化的行动列入“十三五”发展规划中。推进绿色低碳发展，成为我们实现可持续发展的必然选择。

如何建设绿色智慧城市，推进低碳经济，倡导低碳生活，最终实现低碳社会可持续发展？感谢本书作者总结提出很多实操策略建议和可供借鉴的鲜活案例，这对于我们结合我国的具体实际情况探索绿色智慧城市建设无疑是宝贵的经验和指引。

伴随着科学技术的进步，我们已经跨入信息时代，共享单车正走进大小城市，悄悄地改变人们的出行习惯，为城市带来一抹清新的绿色。这是一个好的开始，不远的将来，人工智能、物联网等技术将会进一步改变我们的生活，改变我们的城市。所有改变一定朝着绿色智慧的方向发展，让城市焕发新的生机，让城市成为地球上的翡翠，人类才无愧于这颗蓝色星球的主宰。

作为一个规划师，我希望我们能够像天文学家一样也能够看得远一些，这个远不仅仅是回顾过去，更要面向未来。

袁昕　2017年7月

序四

我的整个职业生涯都在为新中国的建设添砖加瓦，中国人的干劲总是令我钦佩。我还曾用几年时间，研究当下一些令人担忧的环境问题，比如空气污染，气候变化，不断消失的自然栖息地等，我深信，中国乃至全世界需要迅速采取行动，防止发生持久的灾难。

我们所面临的挑战是如何同时面对两个现实：一方面，中国正在迅速城市化，另一方面，保护地球的自然资源迫在眉睫。所以，这本新书《翡翠城市》令我深感欣慰，它为如何建设繁荣宜居的中国提供了指导。《翡翠城市》汇聚了中国和国际最优秀的城市规划者的工作经验和深刻见解，于是诞生了这本实用的城市化指导手册。

书中的理念并不复杂：以人为本而非以汽车文本建设城市。

以一名年轻妈妈和她的孩子一天的日常生活为例，检验你的设计是否合理。早上，她们能否惬意地在户外散步？在几个街区内有没有绿色空地，可以供她们嬉戏玩耍？有没有宁静的街道？健康的空气？在适宜步行的距离内，有没有食品杂货店、诊所、健身房和商店？她们在途中过马路是否安全？在没有私家车的情况下，有没有便利的交通方式，可以让她们去城市的另一边看望祖母？

这些都是体面城市生活需要的基本便利设施，但如果我们的城市建设围绕小汽车展开，这些只能成为空中楼阁。城市规划者需要关注核心设计因素。混合用途规划、社区公园、良好的步行、骑行和公共交通、严格的污染控制措施等，都应该是至关重要的因素，而不是城市设计的点缀。另外，建筑本身同样重要！建筑必须有非常高的效率，使用无毒环保材料，而且能够节能节水。一栋伟大的建筑是能百年传承的资产。而一栋糟糕的建筑，却会成为背负百年的债务。

这些选择并不需要技术上的突破。它们只需要更好的设计，只要政府愿意以人为本建设伟大城市。《翡翠城市》就是实现这些目的的一本实用手册。书中的理念在中国和全世界都经过了检验；尤其是本书的作者有丰富的经验，因此书中的指导原则可以随时付诸实施。本书内容翔实全面，可以作为城市规划者的实用指导手册。

我们要保证中国梦能够在城市中得以实现。我们必须立即行动起来。《翡翠城市》为这个至关重要的项目提供了必要的细节。

王石　2017年7月

概要

城市深刻影响着人们的生活，且这种影响与日俱增。城市是经济创新的源泉，是消除贫困的途径，是控制人口呈指数增长的制动器，是应对气候变化的解决方案；但城市也可能会强化经济孤立，加剧环境破坏，引发社会矛盾。城市的经济产出，占据全球经济总量的80%，同时消耗并排放了全球70%的能源和温室气体。

城市是囊括文化、生活方式、远大抱负和人类福祉的上层结构，当前全世界半数人口居住在城市，而这一比例预计到2050年将达到70%。如果城市的发展不均衡，变成交通拥堵、有毒空气、族群隔离、环境污染的代名词，那么我们的世界也将如此。相反，如果我们的下一代能够在城市里进行可持续的生产活动，所有移民和工人都可以参与到未来的经济建设中，并愉快地生活，那么城市将为我们的文明进程和可持续发展做出卓越的贡献。

中国城市以每年新增2000万人口的速度在增长，中国建设繁荣、宜居、低碳城市的时间十分紧迫。各地方有资源和财力进行全面改革，从而避免城市因功能失调而给社会和环境带来重大灾难。正如世界上很多其他城市一样，中国城市面临着能源与水安全、空气质量、健康与教育机会、社会公平和保障性住房等问题。在中国，每年空气污染夺走160万人的生命。[①]全世界交通拥堵最严重的50个城市，有1/3位于中国，而中国消耗大量资源取得的GDP增长也将达到极限。

让一个新兴超级大国重点发展公共交通、步行和自行车的想法也许听起来有些奇怪。但是如果不这样做，城市作为中国强有力的经济引擎，将会逐渐陷入停滞。建设宜居、可持续和有活力的城市实质上是实现经济和社区的健康发展，提供便捷的服务和购物，人们可以呼吸干净的空气，社区周边配有公园，城市流动性强，并具有特别的身份认同感，同时也拥有更为紧凑的城市形态、可持续基础设施以及成熟的公共交通体系，将环境的各个方面有机结合起来。最后，城市能够建立市民的社区归属感、自豪感和幸福感，使人们能够采用可持续的生活方式，建立合作和互助。

我们完全有必要对中国的城市发展进行反思。本书说明城市成功的一个重要出发点是遵守十项简单而精确的城市设计原则。本书就如何实施这些重要原则提供了实操指导，这些原则是规划可持续、繁荣和有活力的城市的关键所在。这些理念最美妙

① 数据来源：（http://www.nytimes.com/2015/08/14/world/asia/study-linkspolluted-air-in-china-to-1-6-million-deaths-a-year.html）。

的部分在于它们全部基于一个基本原则，即城市以人为本。在本书中，我们重点讨论在中国城市如何实施这些原则，而我们相信这些原则是普遍适用的。

本书中概述的十项原则旨在指导如何将城市建设得更加美好。这些原则从多个维度确立了新的方向，包括城市总体规划、控制性详细规划、建筑以及为其提供服务的基础设施。在全市范围内，城市增长边界（原则01）指导城市保护自然、农业和历史资源，重点是在对外扩张之前先进行内填式开发或城市更新。在增长边界内，进行紧凑型和公共交通导向型开发（TOD）（原则02），重点是开放项目能促进便利的、可替代小汽车出行的交通模式的发展。在片区或控制性详细规划层面，围绕人性尺度打造混合用途（原则03）的小街区（原则04），配备支持步行与自行车交通（原则05）的公共空间和公园（原则06）。建设多样化的交通系统，从广泛分布而选择多样的公共交通（原则07）到无车街道，同时，采用小汽车控制（原则08）政策来减少道路交通压力，降低出行成本。在社区层面，绿色建筑（原则09）、耐用材料和对环境无害的景观设计能够提高资源利用效率，改善城市宜居性。最后，城市基础设施规划应部署最先进的可持续发展基础设施（原则10）技术，发展可再生能源和高效热电联产，并节约和循环利用废水和水资源。综合这些战略以及其自然的协同效应，将有助于中国构建下一代城市——为全球的宜居、可持续的低碳城市树立标杆。

本书中，我们定义了每个可量化指南的原理，并提出了保证指南落实的关键标准，解释了关键的经济、环境和社会效益，列举了执行这些原则的最佳实践。

我们为低碳城市提出的十项原则是基于下列三项标准制定的：

- **效益标准**：这是最重要的标准，不同于传统实践，它可直接带来经济、环境和社会效益。

- **可量化标准**：第二个标准是指标必须能够量化、可衡量。可根据该指标轻易辨别一个项目是否满足要求，以降低“漂绿”或造假的概率。

- **实践标准**：研究现行的标准和项目，确定其是否具有可行性。这些标准不仅有宏大目标，而且应当切实可行。我们相信中国一定能够迅速了解和吸收这些方法，很快将其变成新的准则。

目　录

第二部分

导 语

翡翠城市：正在形成的共识

全世界的城市都面临着经济、生态和社会等层面的严重危机，而造成危机的主要原因是，城市造成了过量的碳排放、能源消耗、交通拥堵、经济冲击和社会秩序混乱等问题。对当前的发展模式如果不加以控制，将对全球气候产生严重影响，且这些影响是基本上不可逆的，会波及地球上每个人的生活，这是一个不争的事实。城市必须降低碳排放的路径依赖，而可持续城市设计是其中的关键，它同时还能够创造经济机会，培养健康的生活方式。本书中所述的原则与标准，宗旨是打造绿色、健康、经济繁荣的城市，有效解决各地所面临的挑战。

在解决全球城市面临的挑战过程中，中国将扮演重要的角色。至2030年，预计中国城市人口净增加3.5亿人，相当于在不到一代人的时间里，增加相当于目前美国的总人口。据麦肯锡预测，到2025年，中国城市人口占全国总人口的比例，将从2010年的48%提高到近64%，并且中国将有221个城市人口超过百万。鉴于这种发展速度，中国必须放弃以汽车为导向的城市发展模式和低密度无序扩张。

相反，中国应该采用以公共交通为导向、适宜步行、混合用途和紧凑式城市发展模式，即“翡翠城市”。“翡翠城市”不止是绿色城市，同时包含了宜居社区、有经济活力的生态系统和低碳技术。

面对各种经济、环境和社会文化挑战，中国政府已经开始制定和推行各种政策法令，引导国家走上一条更美好的道路。2014年，中国颁布了《国家新型城镇化规划（2014—2020年）》，将“以人为本”作为中国未来城市开发的核心策略。规划中提出了各个方面的具体量化目标，包括公共交通、可再生能源消耗和公共服务等。

2015年12月，中国召开中央城市工作会议，国家主席习近平和总理李克强等国家领导人均出席了会议。在时隔37年后再次召开的中央城市工作会议上，中国前所未有地提出了一种全新的城市发展方式。国务院和中共中央委员会在会上颁布了《中共中央国务院关于进一步加强城市规划建设管理工作的若干意见》下文简称《意见》，要求未来所有城市开发必须遵守小街区、密路网和其他可持续城市设计原则。新指导方针优先发展步行、骑行和公共交通，要求各大城市结合本地的自然资源推进发展，并强调了历史保护对保持城市特色的重要性，要求提高城市建筑质量，完善施工方法等。总之，这项指示代表中国在城市发展方面迈出了重要一步。

事实上，《意见》中的指示与建设翡翠城市的10项原则是完全一致的。《意见》为推动“以人为本的城镇化”开创了重要的先例，而以人为本也是10项原则的基本主题。

中央城市工作会议上做出新的指示，强调使用遥感技术，强化“城市增长边界”（原则01）管理，这符合我们的第一项原则。除了物理边界，还规定保护城市的历史文化特征，而这也是我们的原则中需要保护的重要部分。

会议要求城市优化公共交通，使大城市和超大城市的公共交通出行分担率达到40%，市中心所有居民居住在公共交通500m范围内，这也符合我们的第2项和第7项原则，“公共交通导向型开发”和“公共交通”。

公共设施是一个关键部分，也包含在我们的第3项原则“混合用途”当中，并且鼓励在住宅步行距离内建设学校、超市、退休中心和文化中心。

值得关注的是，会议要求摒弃超大街区开发模式，鼓励原有的封闭超大街区对行人和公众开放。这正是我们的第4项原则“小街区”的基础。

会议明确规定，各大城市必须建设“窄马路、密路网”，这与中国城市规划中占主流的大街区、宽马路形成了鲜明对比。这也为符合我们的第4项原则“小街区”。

城市还应该完善“步行与自行车交通”（原则05）网络，建设公交专用车道，完善停车管理，我们的第8项原则“小汽车控制”也包含这方面的内容。

会议将公共广场、公园和公共活动空间明确列为重要的城市公共空间，我们的第6项原则“公共空间”中对此进行了详细阐述。

会议鼓励建设耐用、节能的“绿色建筑”（原则9），并配备先进的水和废弃物处理系统，还要求建筑设计简单、功能完善、质量可靠。

最后，会议提到了可持续基础设施（原则10），鼓励开发海绵城市，重视水资源资利用和节水技术，推广建筑节能技术、热回收再利用技术、绿色照明和智能电表，提高建筑施工质量。

随着中国对生态城市、花园城市、智慧城市和低碳城市的兴趣日增，各种试点项目也形成了良好的势头，这两个政策文件表明，对于城市在确定发展模式的过程中应该如何制定新的目标，中国正在形成一种新的共识。今后的挑战则在于，中国城市如何应用这些原则，将它们付诸实施。

应对交通挑战

目前中国乃至全世界的城市交通都面临危机。本书中阐述了与可持续发展有关的许多核心问题，如绿色建筑、自然、文化与农业保护、开放空间系统、城市更新和环境基础设施等，但可持续交通才是打造宜居、繁荣、环保城市最重要的因素。这也是本书中特别关注的一个问题。

西方城市面临的挑战，主要是对汽车的过度依赖，以及孤立的土地使用政策，导致城市无序扩张，损失了宝贵的耕地和自然景观。许多中国城市认为高层高密建筑能“节能省地”和实现环保，但事实并非如此。实现智能增长与绿色城镇化，关键在于交通连接、人性尺度、可步行性和混合用途，而不是总体密度。中国封闭的超大街区和孤立的土地用途规划，实际上是美国城市低密度蔓延发展的“高层”版本，或者在欧洲失败的高层新城镇的变种。

中国单一用途住宅街区内的建筑基本雷同，集中分布在超大街区内，周围则是大型主干道路。日常目的地之间的距离很长，形成了对行人和骑行者不利的环境。人行道极少配备合用的服务设施，而过长的人行横道则会危及行人的安全。就业地点与住宅的距离较远，导致通勤时间更长，尤其是低收入人群更是如此。在中国大城市，交通拥堵变得日益严重，城市环境不适宜步行和骑行，结果加剧了街道交通拥堵，附带的社会和环境成本大幅增加。一个简单的事实是，以汽车为主的城市，尤其在达到中国当前的发展规模和密度水平时，不论建设多少高速公路和环路，都不可能成功。

过去5年，中国新建近32000km高速公路，建成12条国道，比预定计划提前了13年，比美国建设州际高速公路系统的速度快了4倍。过去10年，仅上海新建公路长度便达到约2400km，相当于3个曼哈顿，但交通拥堵却变得愈加严重。面对这种严峻的形势，北京、广州、上海等城市开始用摇号的形式分配数量有限的车牌。2010年8月，北京城外的一条高速公路拥堵了11天，堵车长龙长达96km。卡内基国际和平基金会预测，到2030年，中国的汽车数量将从今天的2亿辆增加到6亿辆。中国能否承担由此产生的代价？

截至2004年，交通部门占全球一次能源消耗的22%，占二氧化碳排放量的27%，并且未来30年，交通部门将是增长最快的排放源。在发展中国家，2006～2030年，交通部门能源消耗将以每年2.7%的速度增长，比经合组织国家同期预测增长速度高出8倍。非经合组织国家交通部门的燃料消耗，在同期内将增加近一倍。这一趋势在中国尤为显著。

伴随着持续的经济增长、迅速的城市化和消费者生活方式的变化，1995～2005年期间，中国公路交通的燃油消耗量年均增长9%，目前约占全国燃油消耗量的85%。预计未来几十年，按照当前的趋势，中国的石油需求将以每年6%的速度增长，至2030年燃油消耗量将增加4倍，占全国石油需求增长量的2/3以上。急剧增加的交通部门能源消耗，加剧了中国未来发展的不确定性，因为相比煤炭等能源，中国的石油资源相对匮乏。

2000年，中国人均石油储备仅有世界平均水平的4.3%。随着小汽车在中国的日益普及，交通部门的石油消耗将带来严重的能源安全问题。中国已经是全球最大的汽车市场，并且按照当前的增长速度，到2025年，中国需要铺设约50亿m^2的公路，才能保持交通顺畅。

北京规划了越来越多的环路和停车场，而步行、骑行和公共交通正在不断减少。1986年至今，北京的小汽车使用量增加了6倍，而自行车的出行分担率却从近60%，到2010年下降到仅有17%。这种转变还带来了严重的交通拥堵、空气质量和温室气体影响，北京是全世界污染最严重的大城市之一。到2007年，中国已经成为全世界最大的碳排放国。中国若要缓解气候变化风险，面临的一个巨大挑战是因交通能耗产生的迅速增长的温室气体排放量。世界资源研究所估计，空气污染及其健康影响产生的成本占到了中国GDP的12%。如果不做出改变，交通拥堵和空气质量只会变得更加糟糕。

此外，司机、行人和骑行者的伤亡人数也在持续攀升。据上海市政府的调查显示，1992～2004年，上海与自行车相关的死亡率增加了99%。据国家媒体报道，中国每天约有300人死于交通事故，死亡率为全世界最高，交通事故是45岁以下人群的主要死亡原因。导致这些变化的根本原因显而易见：不良的城市规划。没有任何一个高密度的城市是围绕小汽车进行的设计，因为这种设计并不可行。

这些趋势已经对中国产生了经济、环境、社会和文化上的伤害。在经济方面，交通拥堵每年给北京造成超过110亿美元损失。中国迫切需要从制造业经济向服务业经济转变，而这种转变与其能否进行更合理的城市规划息息相关。在环境方面，城市无序扩张占用了宝贵的农业用地，而小汽车的燃油消耗造成了严重的空气污染问题。在文化方面，这种发展模式却演变成了许多中国城市的一场悲剧，

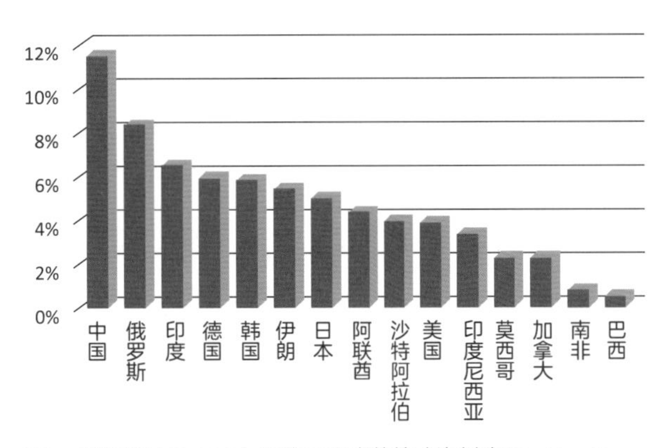

图1 颗粒物（PM 2.5）污染死亡率估算（资料来源：Hamilton，2014）

图2 中国持续增加的能源消耗，大部分来自交通领域

因为亲朋好友可以聚在一起喝茶聊天的传统社区，被无序开发所破坏。

中国政府已经认识到交通领域带来的挑战，并一直在努力进行改革，包括推出替代燃料和促进车辆燃油经济性管理等措施。例如，中国从2002年开始推动将E10（含10%生物乙醇和90%汽油）作为替代燃油。现在中国是世界第三大燃料乙醇生产国。另外，中国在大城市采用欧4尾气排放标准，以限制新机动车的尾气排放。最近，中国政府和民营企业开始加大电动汽车技术的研发。

但很可惜，最近在中国城市进行的实证研究显示，汽车技术的进步或燃料的改进，被交通行为与生活方式的变化所抵消，导致能源消耗量与温室气体排放量迅速增长。开发替代燃油和提高机动车燃油经济性是必要的，这具有重要的意义，但考虑到未来将会新增大量汽车，而汽车相对缓慢的更新换代速度和日新月异的技术，可能会大幅减缓“更环保的”汽车在中国大规模投入使用的速度。

其他国家也面临着类似的情况，因此国际学术界正在形成一种共识，即单独依靠技术手段，无法解决复杂的交通能耗和温室气体排放问题，从城市设计和土地用途方面入手很有必要。减少交通能耗或温室气体排放的目标“可以看作是一把三脚凳，一条腿与汽车燃油效率有关，第二条腿则是燃油含碳量，第三条腿是驾车次数或车辆行驶里程（VMT）。”为了保持平衡，必须增加对需求侧的

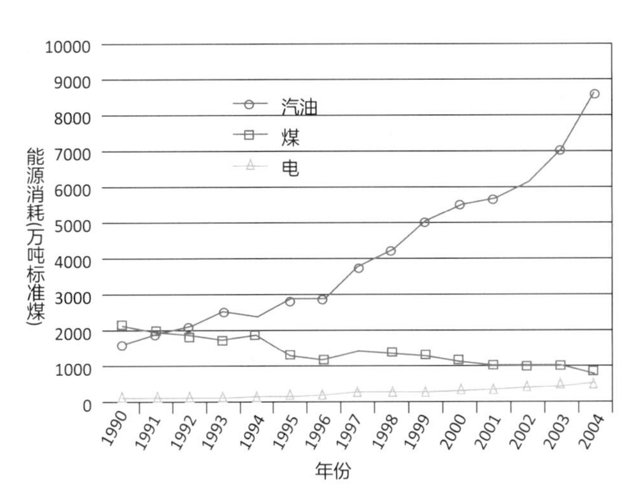

图3 中国的交通能耗趋势（1990～2004年）

重视，即“第三条腿”，以管理交通能耗与污染问题。最重要的是，通过汽车效率和替代燃油并不能解决日益严峻的交通拥堵问题。这个问题的解决必须依靠土地使用政策、公共交通投资和更明智的街道路网配置。

如果能通过完善城市建成环境设计切实减少出行需求，中国将有很大的潜力在其高增长阶段，影响交通行为和城市发展的结果。与许多发达国家相比，中国城市的政府通过制度体系和土地公有制，对本地城市开发模式有较强的控制力。

最近中国推出的一揽子国家激励政策，加大了对城市基础设施（地铁、快速公交系统等）的投资，因此可持续发展模式在中国有很大的可行性，前景十分光明。

中国未来几年的选择，不仅将对城市的长期经济实力、宜居性和能源效率产生深远影响，也会影响到全世界的健康发展水平。

低碳城市的十项开发原则

如何打造一座伟大的城市？事实证明，这取决于许多关键特征。打造一座世界一流的城市，需要建设迷人、有活力的公共空间，投资低碳技术，适当混合土地用途，提供多样出行选择。如果这些核心特征的设计方向出现错误，城市将面临交通与污染问题，使生活质量下降。这些导则旨在为规划阶段提供指导，帮助政府、社区、投资者和开发者建设繁荣永续的城市。

翡翠城市的标志包括空气更清洁、拥堵更少、效率更高，并通过合理使用技术来优化复杂的城市系统。这些策略还能让城市变得更人性化、更宜居、更有魅力。研究显示，绿色智慧城市的生活质量更高，能够促进创新、增加经济活力。对于开发者而言，绿色项目是树立自身品牌和提高利润的机会。而且，通过更合理的城市规划，可以解决中国面临的许多严峻挑战，如污染、交通拥堵、宜居性和气候变化等。这些策略还能产生诱人的经济效益。据世界银行统计，采用“绿色和智慧”策略的改革情境，成本仅占中国GDP的6.8%，而基准情景的成本将占到GDP的8.6%。

以下10条城市设计原则，概述了在中国发展的过程中，开发城市街区、减少碳排放、改善空气质量和提高经济活力的主要策略。我们相信，通过落实这些政策，一定可以帮助中国打造美丽、繁荣的城市，为其他国家的智慧城市开发树立榜样。这些原则相互依存，相辅相成。例如，混合用途小街区会鼓励步行，而适宜步行的社区能够给本地商业带来客流。小街区可以设计人性尺度的街道，鼓励使用自行车和步行，从而减少驾车出行，提高公共交通的可达性。落实这10项政策是建设可持续、宜居城市的关键。

本书中提出的10项原则囊括了国际领先的专家们评选出的城市设计最佳实践。在总结这些原则的过程中，我们评估了十多种基准和指标系统，用于确定哪些是已有的原则，哪些存在不足，哪些是目前所缺失的。我们得出了如下结论：目前尚未出现一个形式简单的、针对提高城市开发质量的量化基准。

虽然这些原则综合了各类最佳实践，但中国面临的挑战和机遇具有独特性。本书中的许多建议与中国现行的规划法规制度相一致，但有一些建议却与现行制度存在一定的区别。现在，中国应该以最先进的科学观点，思考如何帮助城市取得成功，根据最先进的策略来重新审视我们的城市。中国一定有其资源和眼光，可以先行一步打造完美的未来城市。中国应该抓住这个机会，为健康的未来之路奠定基础。

原则01：城市增长边界

紧凑型增长规划，保护自然生态、农业景观与文化遗址。

原则02：公共交通导向型开发

将人口集中在公共交通周边，开发适宜步行的混合用途街区。

原则03：混合用途

创建功能混合社区和片区，缩短出行距离。

原则04：小街区

建设密集街道网络，打造人性尺度的街区，优化步行、骑行和机动车交通流。

原则05：步行与自行车交通

打造适宜步行和自行车出行的环境，促进非机动化交通。

原则06：公共空间

提供人本尺度的、可达性高的市政配套设施、绿地和公园。

原则07：公共交通

公共交通须成为首选交通方式，而非第二必要选择。

原则08：小汽车控制

规范停车与道路使用，提高道路交通效率。

原则09：绿色建筑

执行最佳实践，减少建成环境对自然环境和人类健康的影响。

原则10：可持续基础设施

通过开发可再生能源、推广资源回收再利用、提高公共基础设施的效率等手段，减少能源消耗、用水量和垃圾数量。

01 城市增长边界

紧凑型增长规划，保护自然生态、农业景观与文化遗址

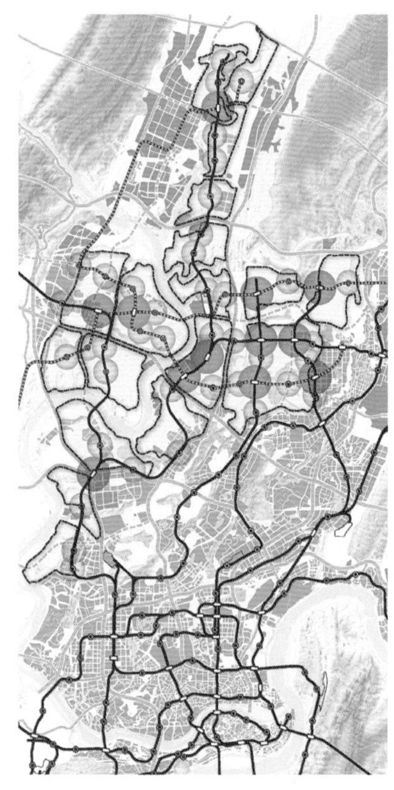

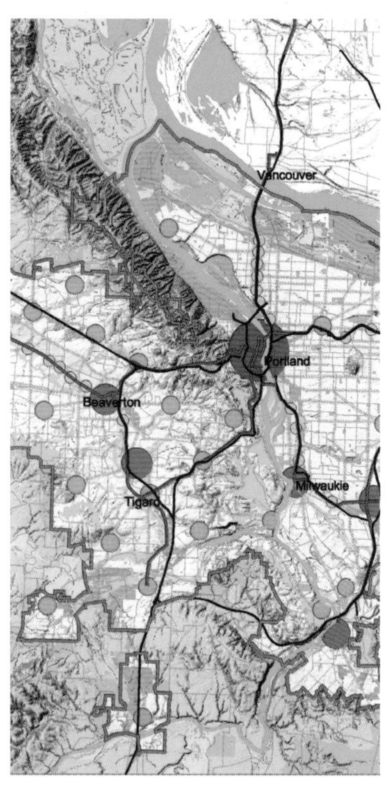

目标

1A *创建紧凑型城市形态，促进可持续增长。*

- 制定理性的增长目标和经济发展战略。
- 确立城市增长边界强制执行机制，并根据经济增长预测定期更新城市增长边界。

1B *优先考虑城市更新与内填式开发。*

- 根据最低人口密度、城区衰败程度及经济发展需求等因素，评估并划定城市更新区域。
- 制定激励措施，以优先执行城市更新与内填式开发项目。

1C *保护生态、农业、历史与文化资源。*

- 利用“绿线”、“紫线”等现有法定城市规划工具，界定历史、文化与生态资源。
- 界定生产性农业用地，评估农村地区。

标准

1.1 *城市增长边界*

根据经济与环境评估结果，划定城市增长边界，城市最低人口密度需达到1万人/km²。

1.2 *城市更新*

针对全市范围内存在经济复兴机会的衰败区域，执行城市更新战略。

1.3 *资源保护*

执行历史、文化和生态资源保护策略。

1.4 *农业与农村*

评级和选定需要保护的生产性农业用地与村庄。

02 公共交通导向型开发

将人口集中在公共交通周边，开发适宜步行的混合用途街区

目标

2A *围绕公共交通创建人口密度更高的混合用地中心。*

- 努力使公共交通车站周边更适宜步行，并通过公园和露天广场营造地域认同感。
- 通过城市更新和新建项目，结合TOD的类型分级，将人口密度与公共交通运力相匹配。
- 在TOD区域集中进行商业和大型零售项目开发。

2B *设计便利的步行和骑行线路，连通公交车站和住宅、就业与服务。*

- 保证公共交通车站入口的安全便捷。
- 通过整合自行车停放处与商店的关系，突出公共交通车站与自行车道和人行道的衔接。

标准

2.1 *人口密度标准*

每一种TOD类型，必须遵照分类表格中所述的人口与就业密度指导原则。

2.2 *停车限制*

规定商业停车配建指标上限。TOD区内停车配建指标，应不超过全市标准的80%。

2.3 *TOD区内公园*

每个TOD区提供不少于10%的可开发用地作为公园用地，不少于5%用于公共用途。

03 混合用途

创建功能混合社区和片区，缩短出行距离

目标

3A *鼓励实现居住、购物与服务的最优平衡。*

- 利用底层的商铺和服务，创造良好的步行体验。
- 在商业街区创造住宅开发机会。

3B *在短途公交通勤距离内，实现职住平衡。*

- 确立城市总体层面的功能混合开发模式，划定能够实现职住平衡的混合用途区域边界。

3C *整合各个社区内的保障性住房和老年住房服务。*

- 制定片区层面的保障性住房策略与融资机制。

标准

3.1 *服务最低标准*

住宅街区必须保证不低于0.15的容积率，用于在街角设置对公众开放的商店和服务。

“购物区”和购物街沿线的商业地块应保证不低于0.3的容积率。

3.2 *商业目的地*

在80%住宅的800m可达范围内，布置“购物区”，并配备公共及市政服务和其他服务功能。

3.3 *保障性住房*

社区内至少20%的住房应为保障性住房。

04 小街区

建设密集街道网络，打造人性尺度的街区，优化步行、骑行和机动车交通流

目标

4A *建设人性尺度的街区和街道。*

- 利用周边建筑开发街区，形成共用的内部庭院和人流活跃的人行道。
- 利用公共通道，改造和升级现有的超大街区。

4B *通过密路网分散车流。*

- 快速路和高速公路沿区域边缘布设。
- 以单向二分路取代通过型主干路，限制主干路宽度。

标准

4.1 *街区规模*

保证居住区至少70%的街区面积不超过1.5hm²，非工业区内的商业街区面积不超过3hm²。

4.2 *退线*

缩小退线距离，零售退线不超过1m，商业退线不超过3m，住宅退线不超过5m。

4.3 *街道规模*

非工业区内，无公交专用道的街道，宽度不能超过40m，有公交专用道的街道，宽度不能超过50m。

05 步行与自行车交通

打造适宜步行和自行车出行的环境，促进非机动化交通

目标

5A *保障行人的安全、舒适与便利。*

- 依据周边土地开发强度和用地性质规划人行道。
- 设置连续的行道树和行人便利设施。
- 在交叉口利用路侧停车区设置“路缘石外延”，缩短行人过街距离。

5B *鼓励沿街活动，在主要步行路线沿线打造休闲场所。*

- 沿街布置吸引眼球的街道界面，禁止在建筑前区退线空间内停车。
- 为了街区安全考虑，在建筑退线区域采用半通透的栅栏设计，起到美化景观的效果。

5C *街道设计应该优先考虑自行车出行的安全与便利。*

- 自行车道与机动车道和人行道之间应设置隔离。
- 交叉路口的设计必须保障行人和自行车的安全通行。
- 细分原有超大街区时考虑采用无车街道。

5D *划定无车走廊以容纳通达的专用步行和自行车通道，其中也可以包括公交车道。*

- 无车街道的建筑底层应该提供商铺和服务。
- 连通无车街道和大型开放空间内的小路。

标准

5.1 *人行道宽度*

四车道及以上的街道，人行道的宽度不应低于3.5m，两车道街道的人行道宽度不应低于2.5m。

5.2 *街道交叉路口*

在不设安全岛的情况下，街道交叉路口两侧路缘之间的距离不应超过16m。

5.3 *活跃的街道界面*

住宅街区四周用作公共服务功能的街道界面比例不应低于40%，商业街区和购物街沿线则不应低于70%。

5.4 *自行车道*

四车道及以上的街道，必须设置有物理隔离的自行车道，宽度不低于2.5m；两车道的支路，自行车道宽度不低于2.0m。

5.5 *无车街道*

每隔1km建设1条由行人、自行车或公共交通任意组合的无车街道。

06 公共空间

提供人本尺度的、可达性高的市政配套设施、绿地和公园

目标

6A *在步行可达范围内提供丰富多样的公共空间和公园。*

- 确保公共空间整洁，且维护良好。
- 开发丰富多样的公园，满足各个年龄段从主动性娱乐到被动性休闲的需求。
- 选择需水量低且能够很好地适应本地气候的植物。

6B *提供人本尺度的广场、市民中心以及社区服务设施。*

- 结合自然和人文吸引点。
- 广场不仅要服务于大众人群，也要有针对老年人群和残障人群的无障碍设施。
- 公园和广场的硬质景观的尺度应该和合理的使用水平相匹配。

标准

6.1 *到公园的距离*

至少80%的居住社区应该在社区公园500m覆盖范围内，在大型公园或娱乐中心1000m覆盖范围内。

6.2 *人本尺度的公园和广场*

将邻里公园的硬质景观平均规模控制在4000m^{2}以内，将社区公园的硬质景观平均规模控制在10000m^{2}以内。

6.3 *景观灌溉效率*

传统的有效用水灌溉率应该控制在25%以下，而非传统用水灌溉率应该达到80%以上。

07 公共交通

公共交通须成为首选交通方式，而非第二必要选择

目标

7A *利用互联互通的、多层次的公共交通技术，提供更通畅的公共交通服务。*

- 整合地铁、快速公交、轻轨、电车和公交服务。
- 建立公共交通智能一卡通体系。
- 通过公交的协调配合，提高不同方式或线路间的换乘便利性，将换乘距离控制在150m内。

7B *将公共交通车站设置于住宅区、工作单位和服务点步行可达范围内。*

- 加强到达主要公共交通节点的自行车联系。
- 公共交通线路建设及扩张须覆盖所有新开发或城市更新区域。
- 规划可用于快速公交、轻轨或电车系统的公交专用道网络。

标准

7.1 *公共交通规划*

制定公共交通规划，确保公共交通出行分担率在超大城市和特大城市中达到40%，在大城市中达到30%，在中小城市中不低于20%。

7.2 *与公共交通车站的距离*

所有大型居住和就业中心应位于本地公交车站500m半径范围内，同时位于有专用路权的公交走廊1000m半径范围内。

08 小汽车控制

规范停车与道路使用，提高道路交通效率

目标

8A *通过调节机动车停车和道路使用，增加出行便利性。*

- 在全市范围内划分机动车使用控制分区。
- 降低一类控制区的停车配建指标，并提出上限。
- 实施停车收费管理控制。
- 缩减小汽车道，增设公交专用道或公交专用路。
- 拥堵收费。
- 控制小汽车保有量。

标准

8.1 *机动车分区控制策略*

在全市范围内制定分区域的差异化动车控制策略。

8.2 *私家车保有量*

私家车千人保有量增长速度减缓。

8.3 *停车收费*

过去十年内停车收费水平是否上调。

09 绿色建筑

执行最佳实践，减少建成环境对自然环境和人类健康的影响

目标

9A *采用绿色建筑评价体系，落实最佳实践。*

- 进行可行性研究，确定最恰当的评价体系和认证级别。
- 重视建筑使用后性能。

9B *减少建成环境对自然环境的影响。*

- 选择恰当的设计与材料，提高建筑围护结构的性能。
- 选择高效暖通空调系统。
- 采用节能照明和日光照明，降低能耗。
- 采用自动化控制，优化照明，减少电力消耗。
- 推广本地太阳能发电，降低能耗，落实净电量结算政策。
- 通过试运行和改进运营与维护方法，保证建筑性能。
- 安装节水装置、灰水处理和雨水收集系统，降低用水量。

9C *减少建成环境对居民健康的影响。*

- 增加户外空气流通，选择高效过滤器，改善空气质量。
- 指定低有害性材料，推广使用绿色建材。
- 选择适当的暖通空调系统，提高居民的热舒适度。
- 执行水箱维护，安装本地饮用水过滤器，改善水质。

标准

9.1 *所有新建筑必须达到绿色建筑二星级标准*

中国所有新建筑至少应该达到绿色建筑二星级标准。

9.2 *能耗强度标准*

保证住宅与商业建筑的现场能耗不超过75kW·h/（m^2·年）。

9.3 *建筑围护结构设计与建设标准*

非透光部分高于GB 50189—2015标准30%，窗户超过75%，并保证漏风率不超过4.5m^3/（h·m^2）。

9.4 *暖通空调效率标准*

建筑设备的性能系数（COP）不低于5，如果本地情况允许，安装节能装置。

9.5 *太阳能光伏面板安装覆盖率*

至少60%的屋顶安装光伏面板，鼓励在建筑幕墙上安装光伏建筑一体化系统。

9.6 *灰水与雨水处理规定*

以北京现行政策为参照基准，在不同地区建设相应的水处理系统。

10 可持续基础设施

通过开发可再生能源、推广资源回收再利用、提高公共基础设施的效率等手段，减少能源消耗、用水量和垃圾数量

目标

10A *搭建区域节能与区域可再生能源系统。*

- 进行综合能源规划与地图定位。
- 搭建区域能源系统。
- 推广区域可再生能源系统。
- 在全国实行上网电价补贴，建立碳交易市场。

10B *搭建区域节水与水管理系统。*

- 与海绵城市理念相结合。
- 通过设备升级和提高净化水水质，完善区域污水处理厂。

10C *建设区域垃圾管理系统。*

- 优先考虑垃圾回收再利用。
- 通过等离子气化技术处理不可回收的干垃圾，通过堆肥和厌氧消化处理不可回收的湿垃圾。

标准

10.1 *创建区域能源模型，每年一次进行校准*

创建竣工区域能源设施的能源模型，并每年一次进行更新。

10.2 *达到区域能源设施密度与效率标准*

区域能源设施全负荷运行的性能系数不低于5.5。

10.3 *处理后污水质量标准*

改建后污水处理厂的效率应该达到城市污水排放标准。

10.4 *垃圾分类与运输标准*

根据区域类型进行垃圾桶分类，针对不同类型的垃圾，执行不同的垃圾运输标准。

第一部分

原则、措施与标准

第1章

原则 01：城市增长边界

紧凑型增长规划，保护自然生态、农业景观与文化遗址。

原则 01

城市增长边界

紧凑型增长规划，保护自然生态、农业景观与文化遗址

目标

1A *创建紧凑型城市形态，促进可持续增长*

- 措施01：制定理性的增长目标和经济发展战略。
- 措施02：确立城市增长边界强制执行机制，并根据经济增长预测定期更新城市增长边界。

1B *优先考虑城市更新与内填式开发*

- 措施03：根据最低人口密度、城市衰败程度及经济发展需求等因素，评估并划定城市更新区域。
- 措施04：制订激励措施，以优先执行城市更新与内填式开发项目。

1C *保护生态、农业、历史与文化资源*

- 措施05：利用“绿线”、“紫线”等现有法定城市规划工具，界定历史、文化与生态资源。
- 措施06：界定生产性农业用地，评估农村地区。

标准

1.1 *城市增长边界*

根据经济与环境评估结果，划定城市增长边界，城市最低人口密度需达到1万人/km^2。

1.2 *城市更新*

针对全市范围内存在经济复兴机会的衰败区域，执行城市更新战略。

1.3 *资源保护*

执行历史、文化和生态资源保护策略。

1.4 *农业与农村*

评级和选定需要保护的生产性农业用地与村庄。

原理

城市增长边界（Urban Growth Boundaries，UGB）作为一种规划工具，旨在实现紧凑发展，保护耕地与环境资产，同时缩短通勤距离，推广公共交通、步行与骑行。城市增长边界能够防止无序扩张，保护农业用地，减少交通问题，抑制空气污染。紧凑发展可以提高公共基础设施的效能。这一策略能够提高建成环境的价值，并降低住房与交通成本，应该作为各城市总体规划中不可或缺的要素。

挑战

世界各国均采用城市增长边界来限制无序扩张，保护自然与农业景观，发展紧凑型城市。否则，城市往往就会以低密度发展的方式对外无序扩张，造成自然景观和耕地等宝贵资源的浪费。

中国的城市总体规划涵盖了城市增长边界的许多方面，并需由国务院审批。总体规划中会划定重点农业保护区，注明水体和重要生态区域，标明历史与文化遗址（需划定绿线、蓝线和紫线）。此外，总体规划中还会确定某一城市相对于周边城市在国家和地区中的独特地位。城市总体规划的主要目标之一是开发物质基础设施，从而支持经济发展，满足人口增长需求。此外，中央政府还规定，城市用地最低人口密度需达到1万人 / km^2。

2014年7月，住房和城乡建设部与国土资源部确定了15座人口超500万的城市，开展城市增长边界试点工作。2015年5月，试点范围扩大，覆盖了600余座城市。以上各城市需要在下一次更新全市总体规划时，依照已建区、适建区、限建区、禁建区等“四区”，划定城市增长边界。

关于城市增长边界，保护粮食安全是中央政府最关心的问题。中国人均耕地面积只有约0.106～0.121hm^2（视所采用官方数据来源而定），不足世界平均水平的43%，低于几乎其他任何一个国家。中国用世界7%的耕地养活了世界20%的人口，可谓一项了不起的成就。而城市增长边界将有助于保护日益减少的耕地。

政府的新标准基本实现了城市增长边界的主要目标，包括保护重要自然、人文资产，限制无序扩张，创建紧凑、高效的城市形态等。本条原则将城市增长边界应用于特定时间框架内的人口与就业增长目标，从而落实了这些标准。城市增长边界一经划定不得修改，除非人口增长目标扩大，且边界内已无额外能力可供内填式开发与城市更新。

效益

经济效益

避免无序扩张的隐性成本：每年，因为生产力丧失和健康状况恶化，尤其是不断提高的肥胖率等原因，低密度城市增长模式给美国造成了1万亿美元的经济损失（Litman，2015）。

降低基础设施成本：通过紧凑发展，政府可以提高公共基础设施的效率（Burchell，2000）。相反地，无序扩张则会降低公共基础设施使用率，增加人均使用成本。

提高土地利用效率：紧凑发展可提高不动产价值（Phillip和Goodstein，2000），同时改善城市土地利用生产率（按每平方公里经济产出计算）。

节约交通成本：虽然不动产升值有利于开发者和不动产所有人，但更高的住房成本也会给业主带来挑战。通过适当的交通政策，紧凑发展可以提高整体社会的承担能力，降低住房与交通成本（街区技术中心，2010）。

环境效益

保护自然资源：在已经拥有必要基础设施的发达区域内部及邻近地区进行开发，有助于避免无序扩张，进而保护自然资源，如湿地、溪流、海岸线和关键栖息地等（美国环境保护署，2013）。

减少对小汽车的依赖，降低交通能源需求：到2030年，城市增长边界和其他更完善的城市设计功能，如本指导原则所推荐的功能，可将全国交通燃料需求降低21%（He等，2013）。而新建城镇的潜力更大，至少可降低50%。

更清洁的空气：降低交通需求（即车辆行驶公里数）能够相应地减少空气污染。

社会效益

社区凝聚力：紧凑发展能够团结市民，而无序扩张则会让人陷入孤立。

更公平地享受服务与就业：紧凑发展不仅可以缩短出行距离，由此提高的人口密度也有助于本地商品与服务的供应和多样化（Kaido和Kwon，2008）。

在所有地段提供便利交通：降低交通成本可以减轻低收入群体的负担（Haas等，2006）。

亚特兰大

建成区域

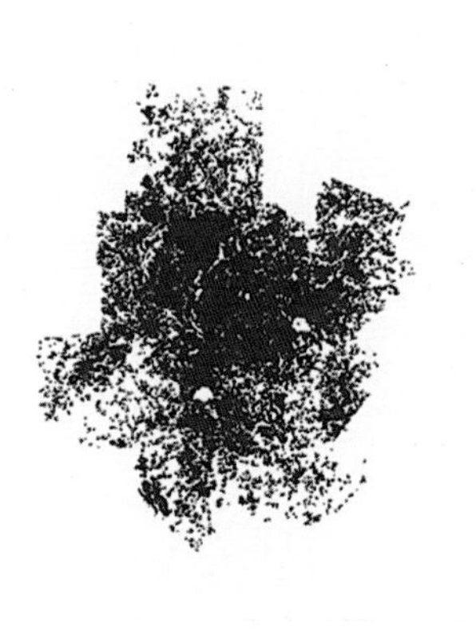

人口	城市面积	交通碳排放量
2.50 万	4280 km²	7.5 吨二氧化碳/人（公共+私人交通）

巴塞罗那

建成区域

人口	城市面积	交通碳排放量
280 万	162 km²	0.7 吨二氧化碳/人（公共+私人交通）

图1-1 乔治亚州亚特兰大与西班牙巴塞罗那建成区域对比研究（资料来源：新气候经济）

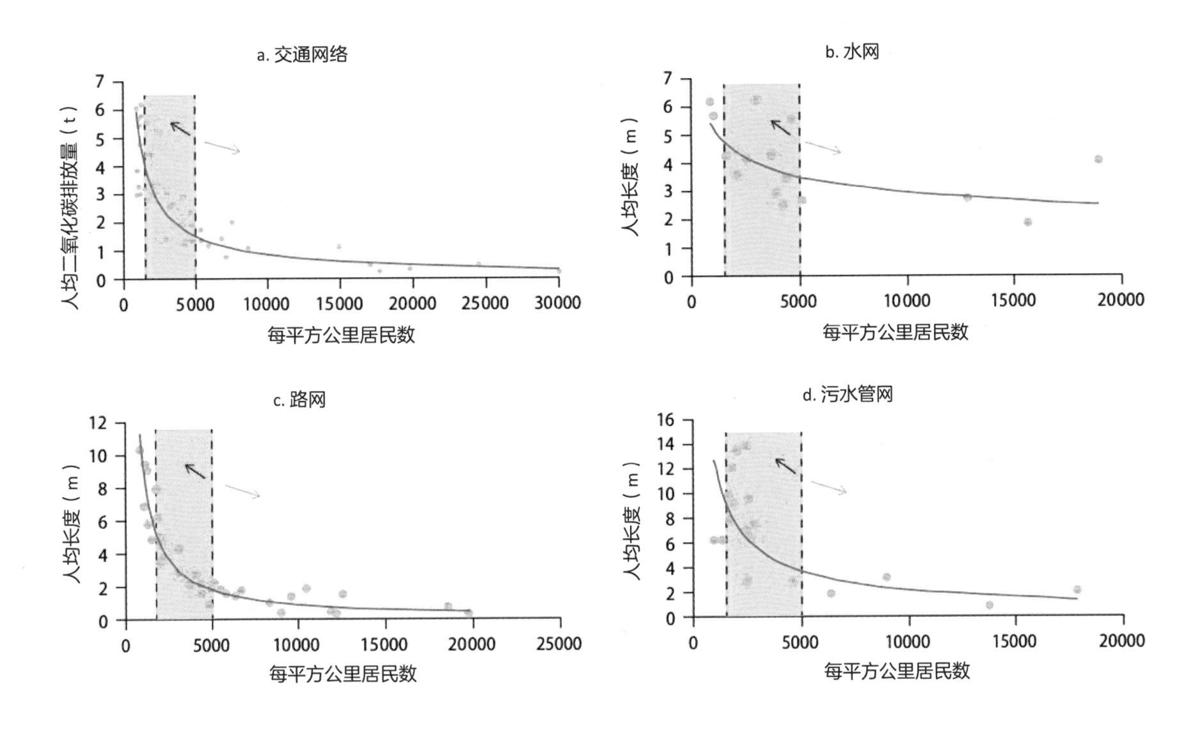

图1-2　城市增长对碳排放以及基础设施所需的水管道、公路和污水管道长度的影响
（资料来源：世界银行）

最佳实例：俄勒冈州波特兰

在美国俄勒冈州每一座城市均必须划定城市增长边界。在该州最大的城市波特兰（Portland），市政府根据对未来20年现有城市增长边界内的人口、就业和土地生态承载力的预测结果，考虑每6年对城市增长边界进行一次修改。多数城市增长边界的扩大范围较小，不超过20英亩。图1-3显示了波特兰城市增长边界的变化情况，最初的城市增长边界为浅桃红色。波特兰通过修改现有区域内的政策和区划，满足了预期的人口增长需求。市政府计划提高建筑的容许容积率（Floor Area Ratios，FRA）和公共交通运力。如果城市增长报告显示现有城市增长边界提供的承载能力可满足未来20年的预测增长，则不需要扩大城市增长边界。若在采取措施提高土地利用效率之后，依旧需要额外的承载能力，则可以扩大城市增长边界。

根据生态评估结果，新城市开发用地应该优先选择不适宜作为农业用地或自然保护区的土地。值得注意的是，俄勒冈州有一项政策可以避免各城市之间的竞争。

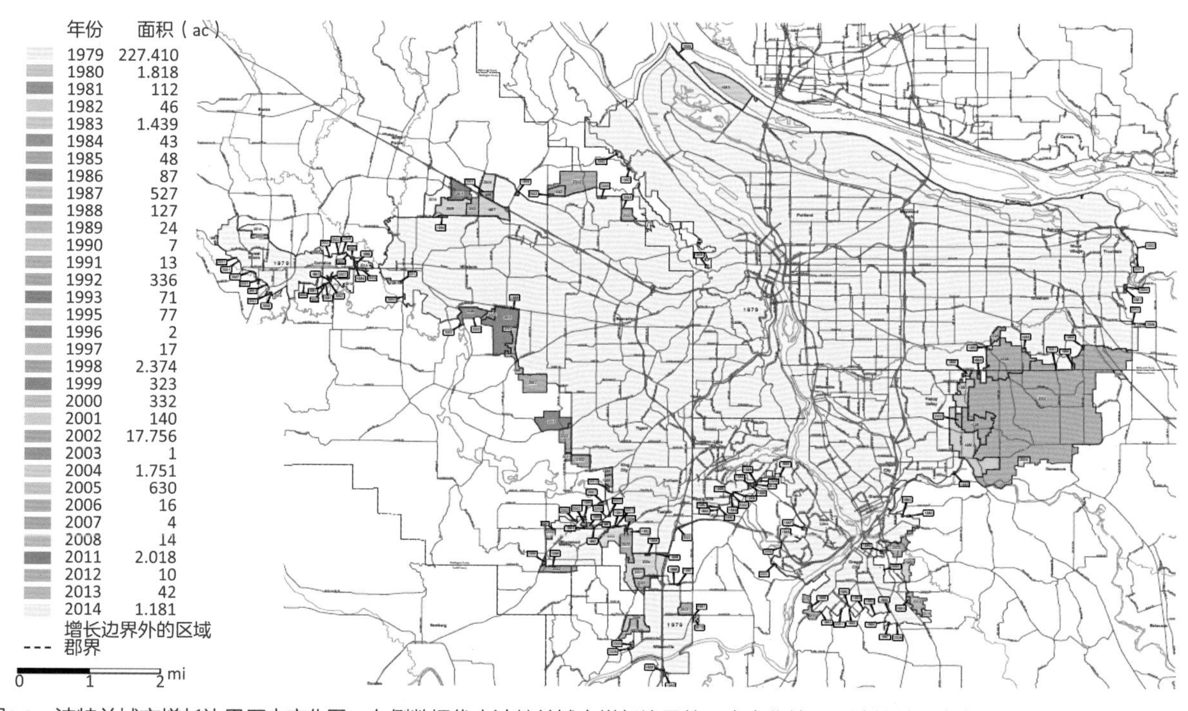

图1-3 波特兰城市增长边界历史变化图。左侧数据代表波特兰城市增长边界的历史变化情况。波特兰一直在通过采用和调整城市增长边界，控制扩张速度（资料来源：Oregon Metro）

目标 1A：创建紧凑型城市形态，促进可持续增长

紧凑型城市在许多方面是高效的，也是宜居的。人口密度高意味着公共交通可以更高效地运营，通过步行和骑行可以更便捷地到达社区，因此能够最大限度地减少城市的环境足迹。许多研究表明，紧凑型城市可以降低城市对小汽车的依赖，减少土地资源的消耗，优化基础设施投资，并且降低城市对能源和水资源的需求。加利福尼亚州的研究显示，相对小幅度地提高人口密度，能大幅降低车辆行驶里程，减少土地资源消耗，并降低城市对水、能源和基础设施的需求。研究还证明，通过改善空气质量和增加行人活动，可以提高人口的平均健康水平。

为了实现类似的效果，中国必须划定、定期更新和强制执行城市增长边界控制线。为此，必须将理性增长速度作为城市用地需求的基础。除此之外，还应确定内填式开发区域和新的增长区域。这些区域应邻近现有开发区域，并沿合理的环路、公共交通和基础设施控制线扩张。

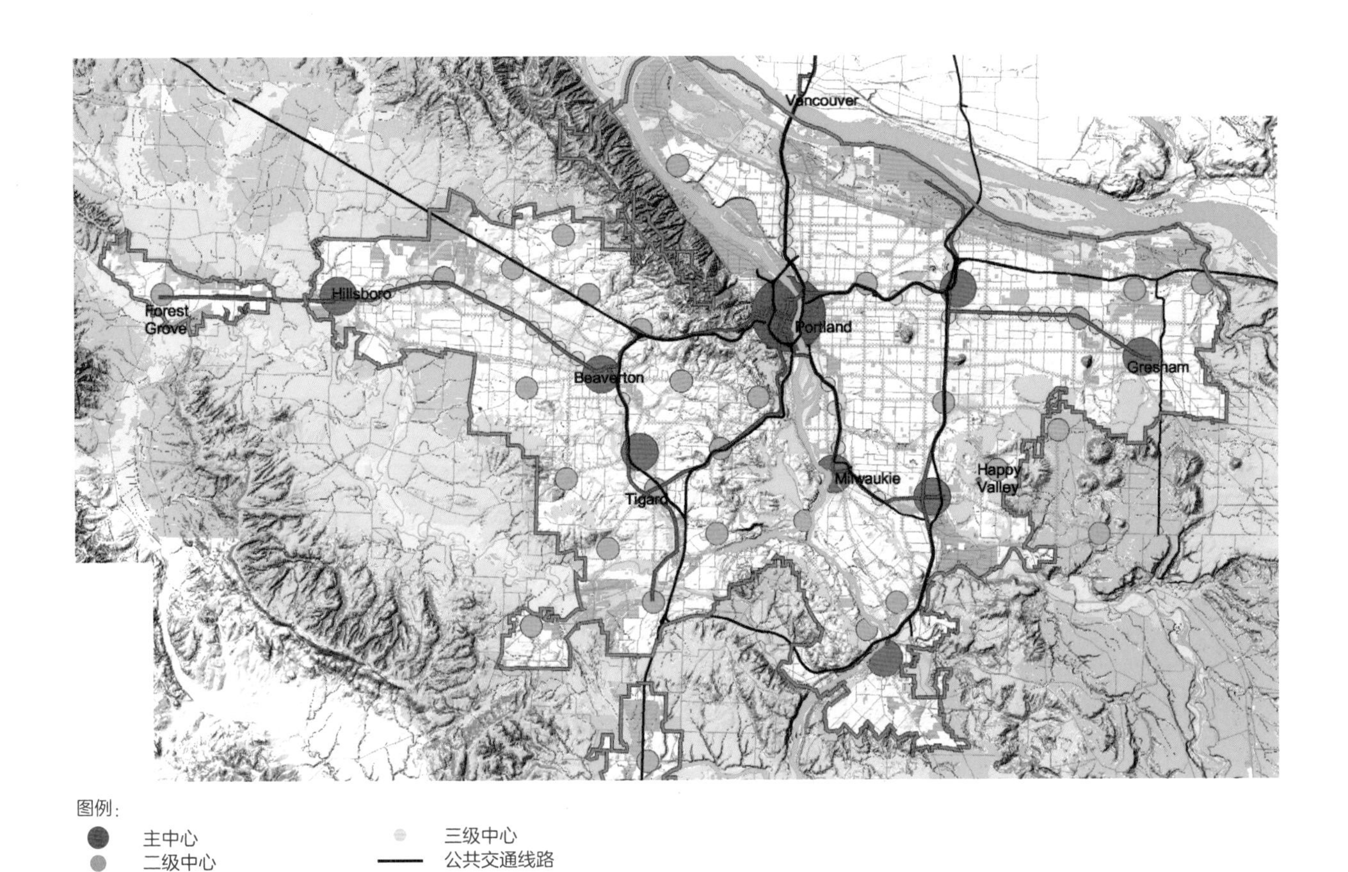

图1-4　俄勒冈州波特兰市的《大都市2040年框架规划》，将新人口增长集中在公共交通走廊沿线的紧凑式中心，强调以开放空间定义社区边界和提高生活质量

措施 01 | 制定理性的增长目标和经济发展战略

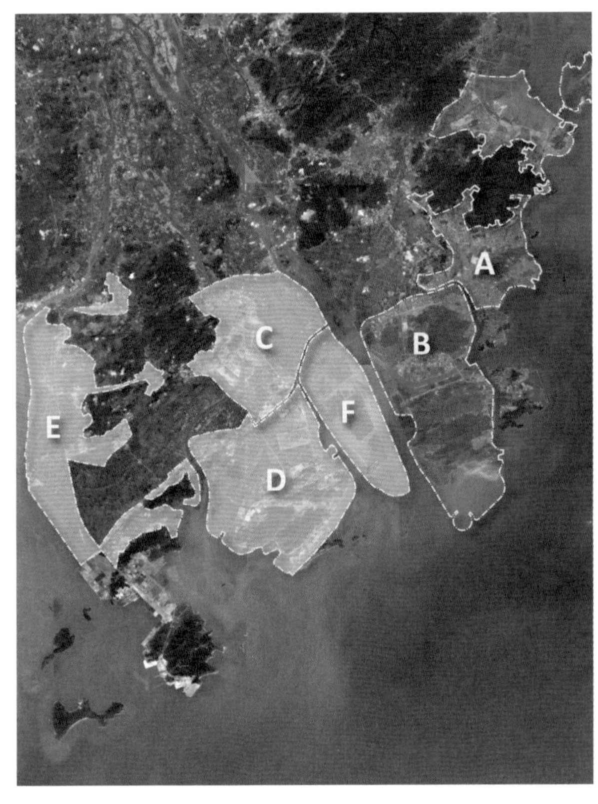

图1-5　珠海各地区2040年与2060年人口预测

地区	面积（km^2）	人口（2040年）	人口（2060年）
A	122.90	1345000	1463000
B	90.00	585000	860000
C	94.07	920000	1080000
D	110.78	971000	1040000
E	114.41	599000	860000
F	67.70	485000	1040000
农村	13.50	105000	105000
总计	613.36	5010000	6448000

过去几十年，中国城市人口一直在以较快的速度增长。这是政府为改善民生、增加服务和创造经济机会而鼓励农村人口向城市迁移的结果。城市人口增长主要来自农村人口迁移和自然增长两个方面。而人口的迁移又分为两种形式，一种是背井离乡、只身前往城市打工的农民工，另外一种是落户城市、享受所有政府服务的家庭。容纳人口增长所

需要的土地数量，与这两种基本力量成正比，但获得户口即为永久居民，也就催生了开发公共土地的需求，而农民工通常居住在工业区内的工人宿舍，很少涉足学校、公园或享受文化服务。

此外，由于绝大多数城市没有征收房产税，个人所得税也较低，土地出售就成了财政收入的主要来源。这往往会导致对增长需求和规划用地的估计过高。目前，官方公布的中国城市规划人口总和已经达到32亿，远超过了实际人口。同样，为了获得中央政府对基础设施建设的支持，城市往往会制定非常乐观的经济发展规划。但是，划定切实有效的城市增长边界，必须确定现实合理的人口增长预测和经济发展速度。自2010年以来，中国城市人口以每年约2000万人或2%～3%的速度增长。针对未来20年的愿景，应该划定一个长期城市增长边界，并在其中确定未来5年的发展区域和内填式开发区域。

措施 02丨确立城市增长边界强制执行机制，并根据经济增长预测定期更新城市增长边界

2007年，中国实施《城乡规划法》，其中规定城市总体规划必须由上一级人民政府甚至国务院审批。通常情况下，城市总体规划由具有规划编制资质的城市规划专业编制机构负责制定，规划局提供支持，进行审议。规划期限为20年，约每5年更新一次。2014年，城市增长边界被纳入了城市总体规划编制要求，并在15个城市进行试点。城市增长边界在城市总体规划中的普遍应用，将有助于增强城市增长边界的执行力度，规定更新和修改时间表。

图1-6　俄勒冈州波特兰市的城市增长边界位于克拉克墨斯河沿线（资料来源：《建筑师》杂志）

图例：
禁建区
限建区
城市增长边界
水域

图1-7　上海的城市增长边界基于已建区、适建区、限建区、禁建区

目标 1B：优先考虑城市更新与内填式开发

图例：

已建设及已售出地块

待更新地块

受保护绿地空间

图1-8　中国珠海测绘、划定城市更新地块，是确定未来增长区域的第一步

内填式开发和城市更新在满足增长需求和修复城市肌理方面可以发挥重要的作用。相关开发区域的确定，应基于整个城市的长期发展愿景与目标。例如，如果城市的经济策略涉及增加服务和白领就业，则可以重点在邻近公共交通改进项目的中心区域进行内填式开发。如果城市的目标是增加研发和轻工业就业，则规划结果可以包含对衰退重工业区域的城市更新。

此外，建筑物严重损毁的旧居住区可能需要更新换代。最后，新基础设施，如新公共交通线路或高铁站、机场等大规模公共投资，可以连接到最佳发展区域。

措施 03 | 根据最低人口密度、城市衰败程度及经济发展需求等因素，评估并划定城市更新区域

测绘衰退区域和低经济价值地区，是确定内填式开发和城市更新区域的关键之一。这些区域将成为经济更新的首要目标。其他因素包括低使用率或低密度区域、基础设施较先进的不发达地块等。为具备发展潜能的区域创建数据库，确定在城市增长初期对这些区域进行城市更新的机制。

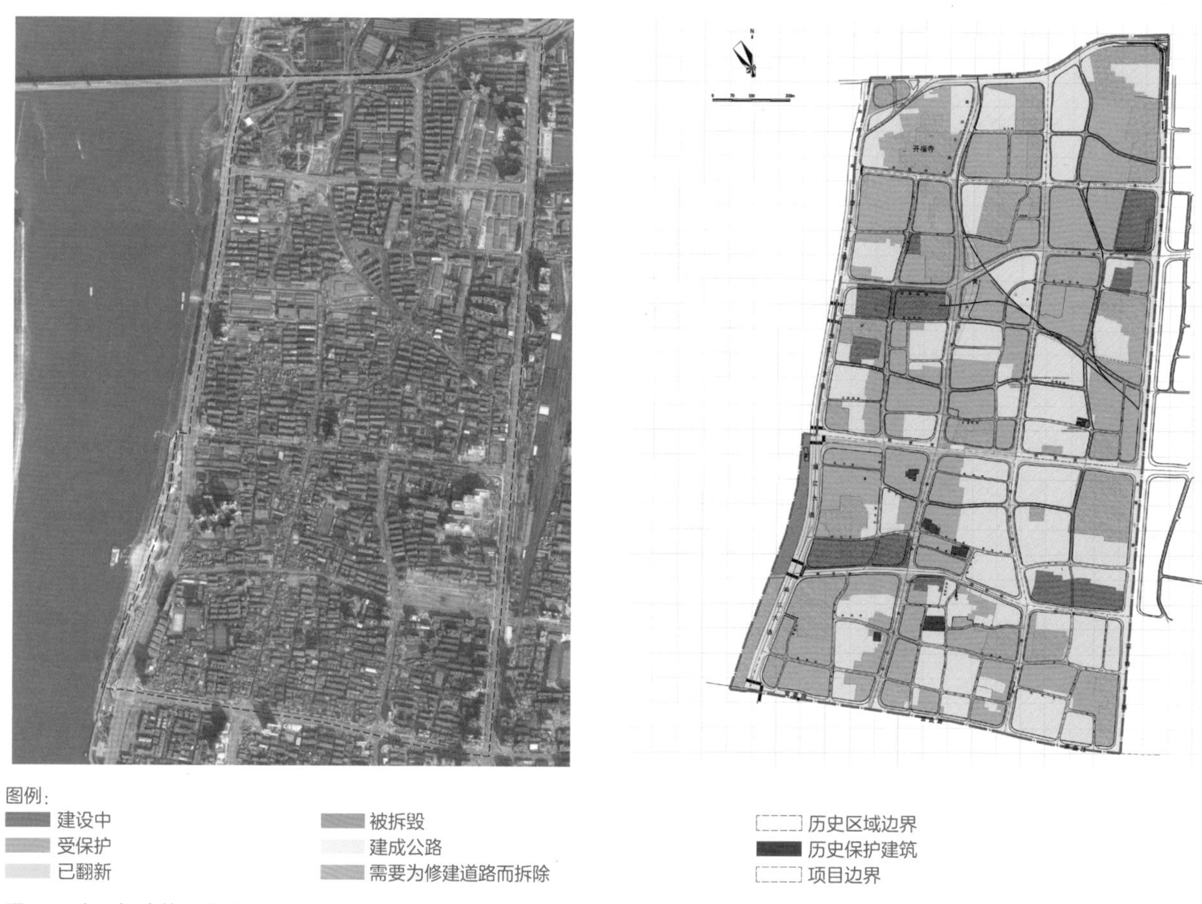

图1-9　中国长沙黄兴北路的城市更新区，代表了中国城市共同面临的一个设计挑战——如何在不破坏现有社区感的前提下改善住房与宜居性。根据城市衰败程度和人口密度水平，该市进行了详细的地块分析，以划定可用于城市更新或内填式开发的地块

措施 04 | 制订激励措施，以优先执行城市更新与内填式开发项目

许多情况下，内填式开发和城市更新因为地处市中心而对开发者更有吸引力。城市向新区域扩张时通常会给予商业开发税收激励，但现有城市区域内的内填式开发则不然。事实上，靠近市中心的内填式开发区域享有更高的土地拍卖价格，因此也不需要税收激励。切实需要的激励措施有包括政府延长土地获取款项的最终支付期限，为拆迁安置提供支持，帮助开发者省下部分贷款利息。另外一种激励措施是给内填式开发区域更高的容积率标准，从而向开发者提供帮助，并提高整体人口密度，加强对土地资源的保护。

图1-10　中国长沙黄兴北路城市更新区充满活力的街道，规划优先考虑内填式开发和城市更新

目标 1C：保护生态、农业、历史与文化资源

图1-11　厦门城市愿景规划在满足边界内新增长需求的同时，保护了生态走廊和文化、历史遗址

任何增长策略和城市增长边界都包含一个关键的环节，那就是保留城市独特的文化和历史元素，保护自然资源。但在实际中一些地方政府仅考虑近期利益，允许新开发项目盲目扩张，最终导致生态与农业资产受损，这类情况并非少数。城市中具有历史意义的建筑、区域和文化特征长期受到忽视，最终毁在了推土机下。城市的生态健康和社会文化实力，取决于对这些特征的保护和支持。此外，地方经济、城市形象与特性也与这些资源息息相关。

城市总体规划必须为这些资源确定并建立GIS数据库，把它作为所有城市规划的重要机遇与基本限制。城市增长边界由这些基本要素确定。生产性耕地与粮食生产区域尤其复杂。个别情况下，靠近市中心的小型农场与村庄会被改造成城市用地。这种做法是合理的，但必须在考虑其他所有选择之后慎重采用。考虑到粮食安全，中央政府颁布了严格的耕地保护法。

措施 05 | 利用“绿线”、“紫线”等现有法定城市规划工具，界定历史、文化与生态资源

现有规划方法要求测绘不同资源，划定明确的边界。其中，绿线代表开放区域和指定的生态区，蓝线代表水体和湿地，紫线代表历史保护区，黄线代表城市的市政基础设施，黑线代表输电线路和输电站。这些方法以及对生态系统与野生动植物走廊的整体性处理，应可帮助划定城市增长边界，明确边界内的受保护土地。

在城市增长边界范围内，常用绿色隔离来进行社区的再划分，这些绿色隔离可以形成开放空间和水体保护带，并且强化区域副中心的形象。例如，在山城重庆，陡峭的山脊作为天然的分隔带，将谷地划分成职住平衡、服务设施完善的分区。

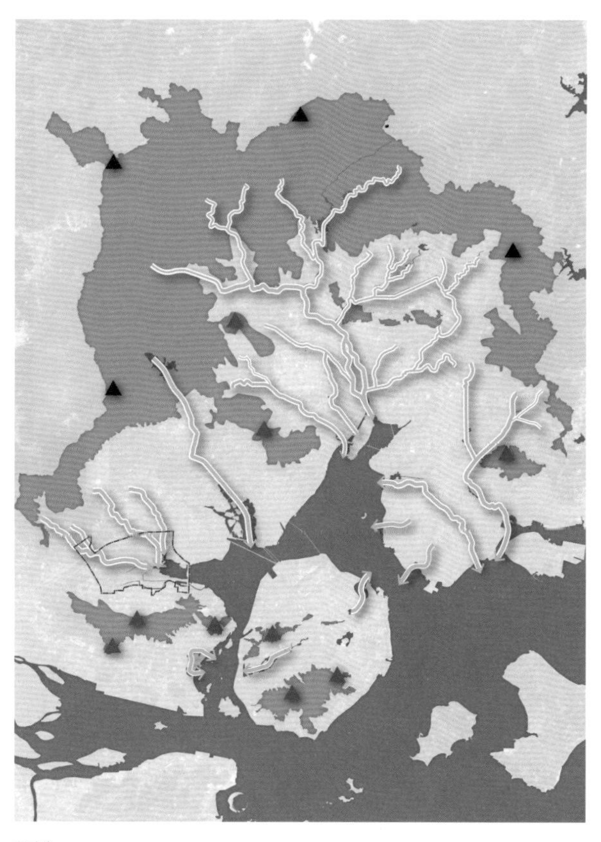

图例：

山脉 ▲ 主要山峰 ▲ 小山峰 → 水路/河岸走廊

图1-12　厦门城市愿景规划地块分析过程中，测绘了排入海湾的河流和山峰等应该保护的自然资源

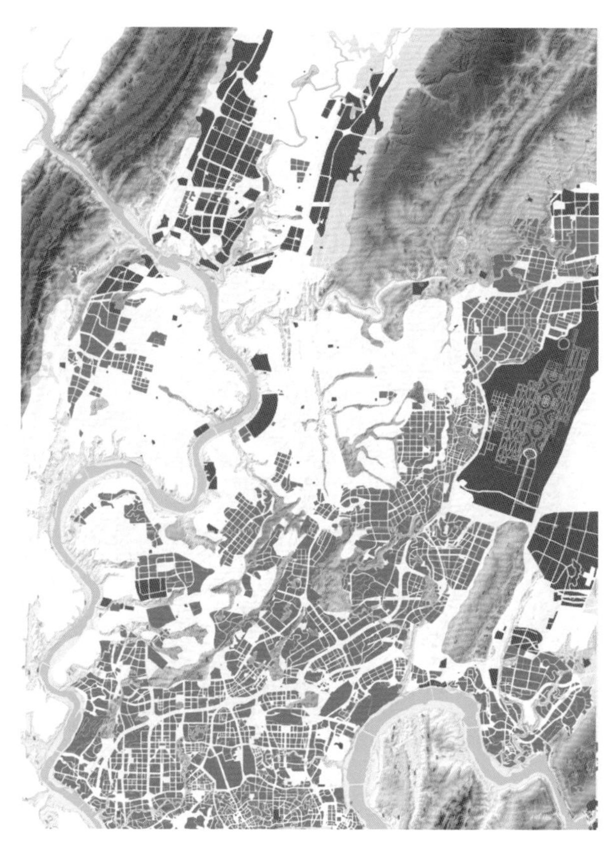

图1-13　重庆发展框架强调，划定的增长区域不能破坏地区生态系统

措施 06 | 界定生产性农业用地，评估农村地区

保护和提高耕地生产力是中国优先考虑的重点。因此，国家政策现在鼓励尽可能地保留现有的耕地。1998年的《基本农田保护条例》规定必须保护“基本农田”，且对下列类型土地提出了要求。

下列可耕地被划分为“基本农田”保护区，需要严格管理：①经国务院有关主管部门批准确定的粮、棉、油生产基地内的耕地；②水利与水土保持设施良好的耕地，正在实施改造计划以及可以改造的中、低产田；③蔬菜生产基地；④农业科研、教学试验田。

各级人民政府在编制土地利用总体规划时，应当将基本农田保护作为规划的一项内容，明确基本农田保护的布局安排、数量指标和质量要求。省、自治区、直辖市划定的“基本农田”应当占本行政区域内耕地总面积的80%以上，具体数量指标根据全国土地利用总体规划逐级分解下达。最后，征收任何基本农田、 35hm^{2}以上耕地或70hm^{2}以上的其他土地，必须获得国务院批准。城市总体规划划定的城市增长边界中必须落实这些保护条例，提供额外保护。

图1-14　对厦门马銮湾新城的地块分析，测绘了现有的村庄、住宅区和农业用地，目的是尽最大可能地保护这些地块

标准 1.1：城市增长边界

根据经济与环境评估结果，划定城市增长边界，城市最低人口密度需达到1万人/km^2。

这是测量城市总体人口密度的基本指标。包含城市增长边界的城市总体规划一经制定，现有人口与所有新居住用地的人口数量之和，即构成未来20年规划的总体预测人口。将该数字除以“可开发城市用地” 总面积，包括城市增长边界内的公路、公用设施、开放空间、所有公有土地和各种形式的商业与居住地块，由此所得每平方公里的平均人口必须不低于1万人。同样，5年一次的规划修编也必须通过内填式开发、城市更新和恰当的新土地人口分配，维持这一最低人口密度水平。

图1-15　俄勒冈州波特兰城市增长边界的农业边界是环境评估的结果（资料来源：http://adcatlshoptalk.blogspot.com/2014/06/009-patrick-sweeney-urban-planning-and.html）

标准 1.2：城市更新

针对全市范围内存在经济复兴机会的衰败区域，执行城市更新战略。

每一座城市的总体规划过程中，必须制定和公布一项城市更新与内填式开发策略。其中结合诸多因素，对衰退地区进行规划和城市更新，实现高密度发展和多重功能，是保持平衡健康的区域经济、强化城市形象的关键。如果城市持续向外扩张，而对具有历史意义的旧城区缺少再投资，往往就会从内部开始衰败。对于具有历史意义的独特地块，必须加以保护，在个别情况下还需要进行修复。城市更新不应该是毁坏现有的社区，而是应以保护、强化和复兴现有社区为目的。

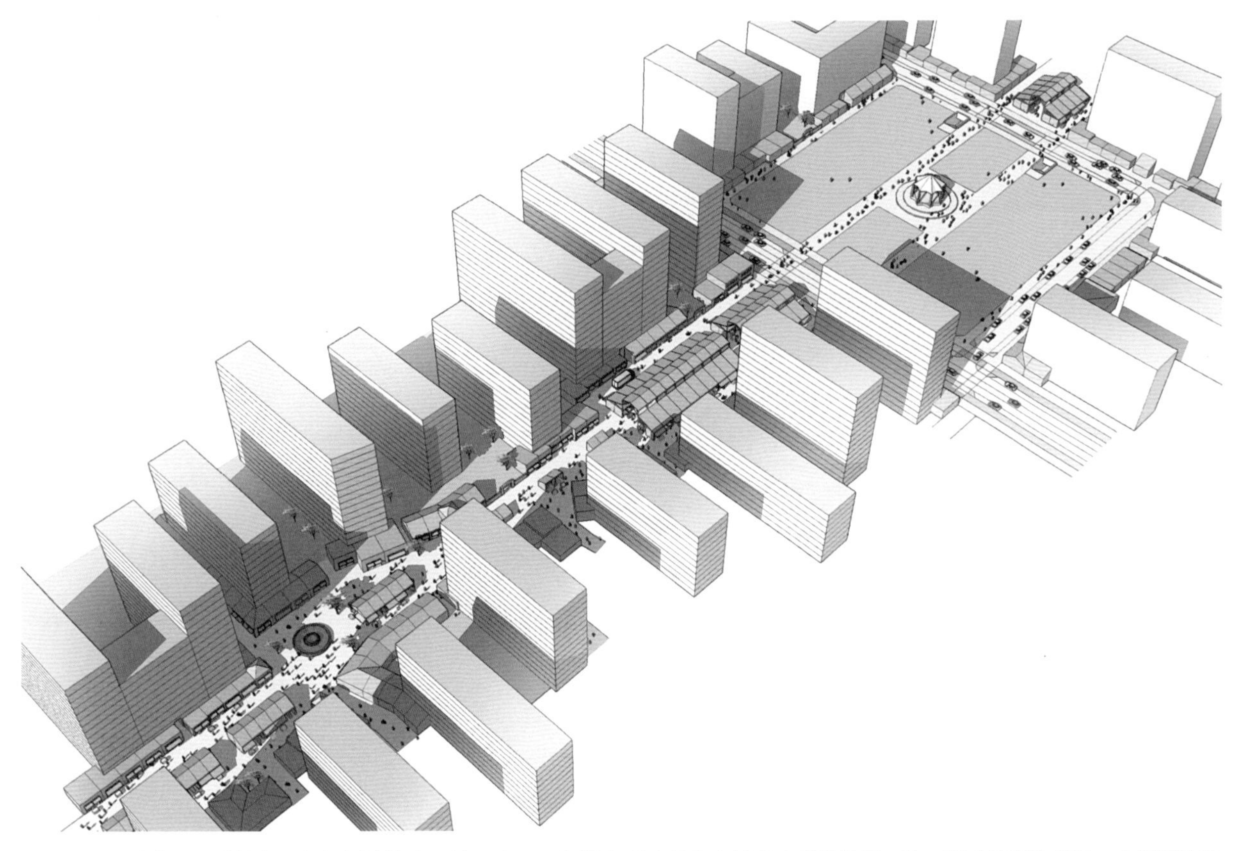

图1-16　长沙黄兴北路城市更新规划的核心设计理念是，保护和重建现有人性尺度的购物街。这一理念将帮助打造一个更适宜步行、人口密度更高的多功能社区，与此同时，保护和强化成熟的地方经济和小商店的实惠购物体验

标准 1.3：资源保护

执行历史、文化和生态资源保护策略。

图1-17　济南的区域规划保护了生态走廊与水文景观，包括湖泊、泉水和主要河流。这些自然资源不仅构成了社区隔离物，也可以作为开放空间中的生活福利设施

图1-18　昆明新城的总体规划设计了滨水公园，并提供了动静皆宜的休闲场所，保护和加强了湖岸环境

除了测绘这些资产并将其纳入城市总体规划外，还应该积极为它们提供必要的公共和私人投资。城市内的历史与文化资源必须加以保护，其有效的新用途也应得到确定。重要的开放空间，尤其是具有重要生态价值的区域，即使在规划为较敏感的用途时，也必须得到保护。例如，济南的天然泉水、昆明的湖岸环境在发挥公共休闲和净化水源作用的同时，都得到了很好的保护。这一条保护标准的目的是在保护的同时，制定策略以实现持续维护和用途平衡。

标准 1.4： 农业与农村

评级和选定需要保护的生产性农业用地与村庄。

并非所有耕地和村庄都可以得到保护，因此必须制定一个合理的评级制度。农田保护法等国家政策规定了对“基本农田”的保护标准与方法。受保护农田所在区域的村庄可以得到很好的保护和加强，而新规划开发区内的村庄则可以在谨慎的规划和合并后得到保护。只有衰败、空置或位于主要基础设施线路上的村庄，才需要搬迁安置。

图1-19　厦门马銮湾新城规划中对鼎美村（A）的保护策略，包括保护具有重要意义的传统建筑，提供村民生活福利设施，升级基础设施，提供和增加村庄周围的开放空间，保护现有的溪流、池塘、果园等

第2章

原则 02：公共交通导向型开发（TOD）

将人口集中在公共交通周边，开发适宜步行的混合用途街区。

原则 02

公共交通导向型开发（TOD）

将人口集中在公共交通周边，开发适宜步行的混合用地街区

目标

2A *围绕公共交通创建人口密度更高的混合用地中心*

- 措施01：努力使公共交通车站周边更适宜步行，并通过公园和露天广场营造地域认同感。
- 措施02：通过城市更新和新建项目，结合TOD的类型分级，将人口密度与公共交通运力相匹配。
- 措施03：在TOD区集中进行商业和大型零售项目开发。

2B *设计便利的步行和骑行线路，连通公交车站和住宅、就业与服务*

- 措施04：保证公共交通车站入口的安全便捷。
- 措施05：通过整合自行车停放处与商店的关系，突出公共交通车站与自行车道和人行道的衔接。

标准

2.1 *人口密度标准*

每一种TOD类型，必须遵照分类中所述的人口与就业密度指导原则。

2.2 *停车限制*

规定商业停车配建指标上限。TOD区内停车配建指标，应不超过全市标准的80%。

2.3 *TOD区内公园*

每个TOD区提供不少于10%的可开发用地作为公园用地，不少于5%用于公共用途。

原理

公交导向型开发（Transit Oriented Developments，TOD）区域是指公共交通站点和走廊周边的区域，具有密度高、功能混合和适宜步行等特点，通常位于城市整体规划中的混合用途区域。在TOD区内，公共交通必须是大部分家庭出行的首选模式，从而缓解交通拥堵，改善空气质量，减少碳排放。提高在公共交通站点周边工作和生活的人口密度，是改善公交便利性和有效性最理想的方式之一。目前，中国城市面临着严重的交通拥堵问题，并造成空气污染。TOD在公共交通车站周边步行或骑行可轻松抵达的范围内，增加商品、服务供应，从而降低了驾车出行的吸引力。世界各国的实践证明，TOD创建的完整街区，能够提供真正的交通方式选择，更适宜生活和工作。

挑战

TOD已经成为城市健康增长的一项全球性标准。这是一个非常简单的理念——将人口集中在公共交通车站周边，开发适宜步行的混合用途街区。TOD的目标是将更多人口集中在便于使用公共交通的区域，使市民能够步行往返公交车站，满足多数日常需求。

但将这个简单的理念付诸实施，需要面临许多挑战。汽车在许多城市已经成为最主要的出行方式，而公共交通则是次要的备用选择。事实上，以汽车出行为导向的区域对道路和停车的需求，与TOD区域的基本需求是相矛盾的。加宽街道会妨碍行人出行，停车会占用公共空间，降低人口密度，并且公共交通的低载客量会影响其发车频率和便利性。

许多城市为了方便汽车出行，将工作、购物和居住等区域集中，将高速公路、公路和主干路作为城市增长的中枢。

中国的优势是公共交通载客量相对较高，新公共交通系统投资巨大，居住区人口密度通常较高。而挑战则在于如何将公共交通车站周边用地规划成

图2-1　广州市的快速公交系统有助于缓解日益严重的温室气体排放（资料来源：Karl Fjellstrom）

适宜步行的居住区和商业区，使无车生活成为优选。这意味着根据公共交通服务水平，合理分配密度和用地混合程度的比例将很有必要。目前，不同区域新开发项目的居民人口分布基本均匀。而在符合TOD要求的城市景观中，公共交通车站周边将建设更高的住宅楼，使更多人口紧邻公共交通。这种设计还可以带来合理的天际线变化，因为许多新开发项目往往令人感到单调，地域认同感匮乏。

人口密度的变化对于商业开发项目尤其重要。在中国，商业建筑往往沿主干路分布，为居住提供了合理的缓冲区，但却降低了使用公共交通的便利性，步行带给人们的愉悦感也大打折扣。随着中国经济从工业向白领就业与服务业转型，高层办公楼和低层研发建筑向公交站点附近区域集中。

如此一来，就可以分散部署就业区，进而防止通勤集中，甚至能形成反向通勤模式。此外，地区和区域级的零售中心应建在TOD区内，保障公交服务到购物出行需求，从而在通勤途中完成购物。

最后，TOD的关键在于混合用地开发，包括文化、服务、购物、公园以及居住和就业等各种用地。TOD区应该是适宜居住的完整社区。因此，公共空间、公园、露天广场和服务设施的布局至关重要。上班族看重中午的步行目的地，居民则看重本地购物设施和公园。混合用地开发带来的是一个更安全且每时每刻充满活力的社区，而不是一到晚上或周末就死气沉沉的办公区，又或是在工作时间空置的居住区。整个开发区应该成为一个活力四射、适宜步行，并且能够营造出清晰的社区归属感的城市区域。

图2-2　加拿大多伦多市区的天际线形象体现了将人口集中在公交周边，开发适宜步行的混合用途社区这一策略（资料来源：Fotolia/AP）

TOD区并非千篇一律，不同的用地性质（居住或商业）和开发强度，会形成不同的TOD区。本章介绍了5类TOD区，它们有不同的用地性质、开发强度和规模。每一类均与公共交通系统的服务水平相匹配。例如，两条地铁线路交汇的地区服务水平最高，适合作为商业中心、建设高层办公楼和零售区，步行半径较大。而快速公交换乘站的服务水平最低，可重点建设人口密度相对较低的居住区，步行半径较小。所有TOD区均包含了本地的服务、商店和公园。而将TOD区内最适宜步行半径之外的地区作为混合用地区，将步行和骑行范围扩大到了居住区或轻工业区。采用这种开发模式所面临的挑战在于，如何将TOD区和混合用途区这种新的区划术语作为城市整体规划和更多本地控制性详细规划的主要区划术语。

中国城市面临的一项基本挑战是提高公共交通便利性、打造更适宜步行和自行车出行的城市生活方式，创建分散就业、居住和服务的混合用地区。TOD区将成为城市肌理的基本组成部分。

效益

经济效益

对成功出行至关重要：市民出行与货物流通能力，是经济增长的一项基本要求。TOD是能够从土地、能源和公共资金等方面，高效管理经济增长的必不可少的策略（卡尔索普联合公司，2012）。

便利的公共交通能够刺激私人投资：北美洲67%的大规模公共交通投资，均带动了对新建筑的投资，后者的投资额远超升级公共交通的成本（ITDP，2014）。

提高公共交通投资回报率：围绕公交站点分配人口密度，能够增加载客量，进而提高公共交通投资的回报（Fehr与Peers，2004）。

增加可供开发商出售的楼层建筑面积：昆明市呈贡区涌鑫地块方案根据TOD原则进行重新设计，将建筑楼面面积增加了50%（能源基金会与卡尔索普联合公司，2011）。

环境效益

减少碳排放：在相同地区内，TOD区的居民使用公共交通的可能性，比其他区域的居民高出2～5倍（美国环境保护署，2013）。在碳排放方面，TOD区也远低于传统的郊区（美国环境保护署）。

保护土地：TOD可将人口增长转向公交覆盖率较高的经济活跃地区，进而起到保护土地和自然资源的效果（Freemark，2011）。

社会效益

提高弱势群体的出行便利：提高建筑密度和人口就业密度，能够改善公共交通的使用效率，增强整个社区公共交通的使用公平化。

建立社会联系：不同于小汽车出行，公共交通是一种共享体验，可以帮助建立社会联系和社区归属感。

最佳实践：哥本哈根

丹麦哥本哈根布创建TOD区所取得的成就源于区域规划，最早可以追溯到1947年。

此规划围绕区域级铁路线集中展开，包括铁路线之间的绿色空间缓冲带。哥本哈根的自行车、步行设施与公共交通之间实现了无缝衔接。哥本哈根1/3的郊区铁路用户通过骑行抵达车站。扬·盖尔从1962年起率先开始改善步行空间，清理斯特罗盖特（Strøget）大街上的汽车，这条街道现在依旧是欧洲最长的步行街之一。20世纪90年代，哥本哈根大胆采取了一系列措施，在新开发项目中重新执行TOD。即在需求产生之前，先建设轨道，目的在于引导需求沿预期的公共交通走廊增长。

通过这种方式，哥本哈根得以帮助开发者确定需要优先开发的区域。哥本哈根的TOD策略已经带来了回报。例如，在无序扩张的休斯顿，交通支出约占GDP的14%，而哥本哈根的交通支出仅占GDP的4%。

图2-3　丹麦哥本哈根是围绕公共交通线路进行无缝城市开发的成功典范（资料来源：Jake Petersen）

图2-4　丹麦哥本哈根北桥区（Nørrebro）诺雷布罗（Nørre-brogade）街沿线的快速公交（资料来源：Jutland Funen Media）

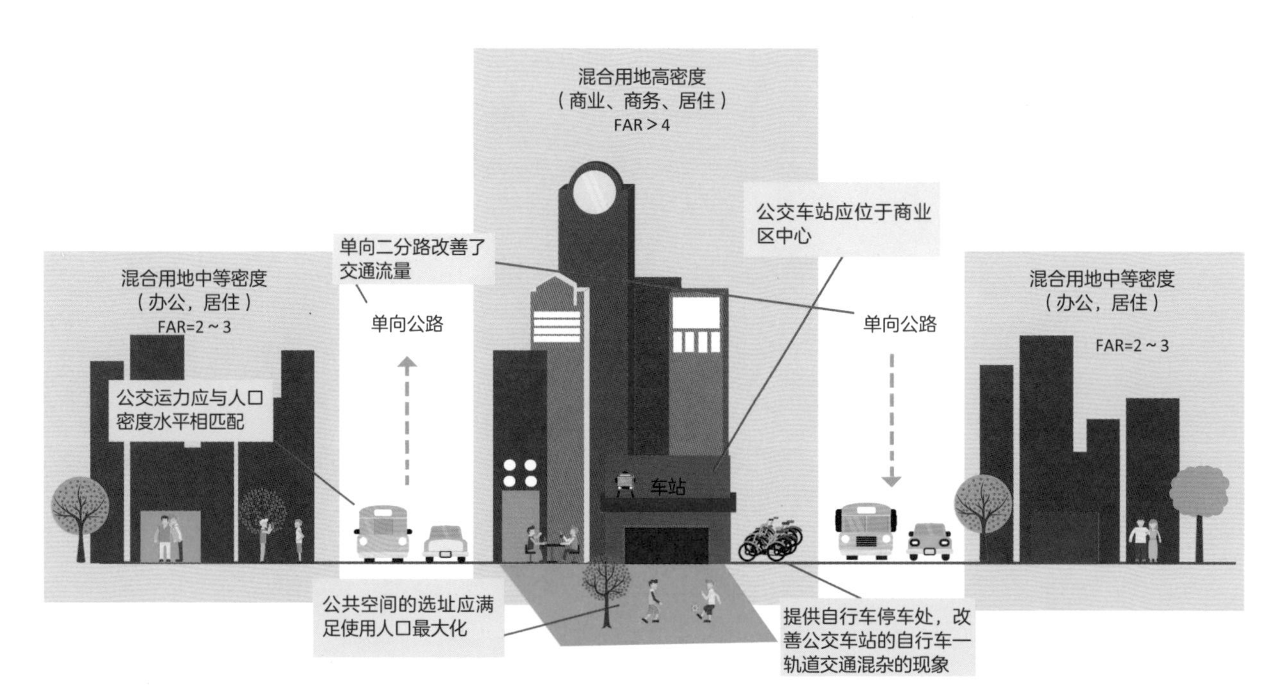

图2-5　TOD人口密度分布背后的逻辑。人口密度应该与公共交通运力相匹配，公共交通车站必须位于最便于市民使用的位置，确保使用人口最大化。运力最高的公共交通车站附近的区域，应该有接近最高的容积率（资料来源：能源创新）

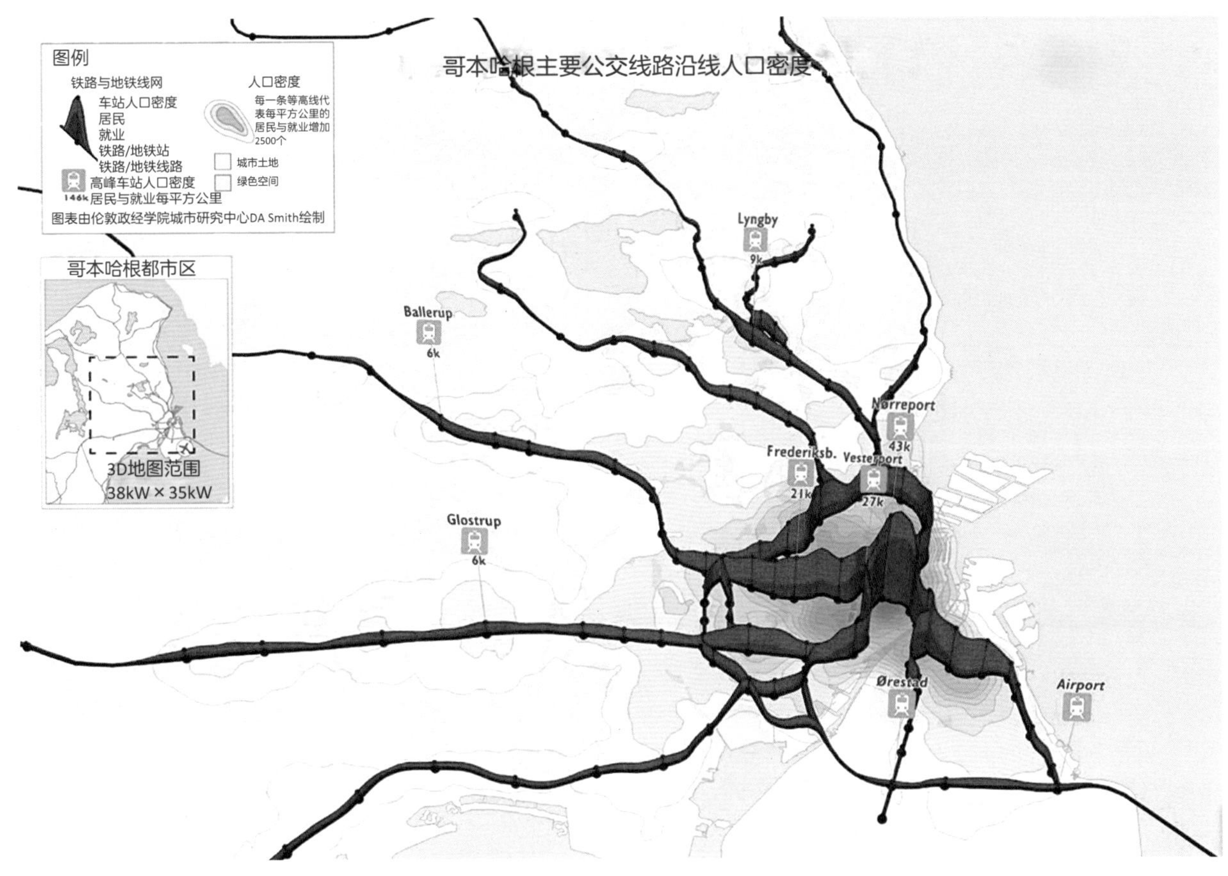

图2-6　丹麦哥本哈根市成功执行TOD示意图。红条的高度代表在公交网络上的居民与就业人口密度（资料来源：伦敦政经学院城市研究中心）

目标 2A：围绕公共交通创建人口密度更高的混合用地中心

高密度对低碳城市至关重要，但单纯依靠密度是不够的。为避免交通拥堵，应尽可能将住宅与办公楼建在公共交通附近。公共交通站点附近居住与就业的总体密度越高，小汽车的使用就越少，而步行、骑行和公共交通的使用量则会增多，这种因果关系一直存在。在公共交通车站周边建设的混合用地区适宜步行，可保证骑行安全，并提供本地服务，因此促进了对公共交通的使用。公共交通车站往来便捷、邻近目的地，这些都缩短了公共交通的行程，提高了出行便利性。

此外，人口密度以及就业与商业目的地的混合部署，必须与公交运力相挂钩——公交运力越高，人口密度就越高，也就可以配置更多区域性用途。TOD区的道路，应配有适宜骑行和步行的通道，并设计公交专用道。步行、骑行和大运量公共交通应该比小汽车出行更便利。TOD区可以缩短行程，节省出行时间，保护大量的耕地。

图2-7　珠海市北部TOD规划中，根据公交运力，在公共交通车站周边战略性部署高密度开发。公交运力越高，开发密度和用地混合程度就越高。上图显示，密度最高的节点，即市中心区，坐落在城际高速铁路线与有轨电车线路的交汇点

措施 01 | 努力使公共交通车站周边更适宜步行，并通过公园和露天广场营造地域认同感

图2-8　加拿大安大略省汉密尔顿市韦德小镇（Westdale Village）的TOD区内，一座充满活力的露天广场不仅丰富了步行体验，还营造出了地域认同感（资料来源：Raise the Hammer）

在公共交通车站周边打造安全舒适的步行环境，可以沿混合用途建筑规划主要步行路线，并为公交用户提供购物、餐饮和其他便利服务，这种方法已经经过实践检验。公共交通车站周边大量的客流量能够带来零售业的繁荣，而且站点周边生活福利设施（如露天广场和公共广场等），可以营造一种地域认同感，鼓励行人活动。通过保护历史建筑、建设公共空间或者开发独特的商业区，在公共交通车站周边形成鲜明的特色，也可以为行人创造舒适的环境。

图2-9　重庆市悦来生态城一期以椭圆广场为中心，这座广场既是一座公园/露天广场，也是地铁站的入口。通过高速公路、展览中心或地铁来到这里的游客，可以穿过这座宏伟的城市花园广场进入生态城

措施 02 | 通过城市更新和新建项目，结合TOD的类型分级，将人口密度与公共交通运力相匹配

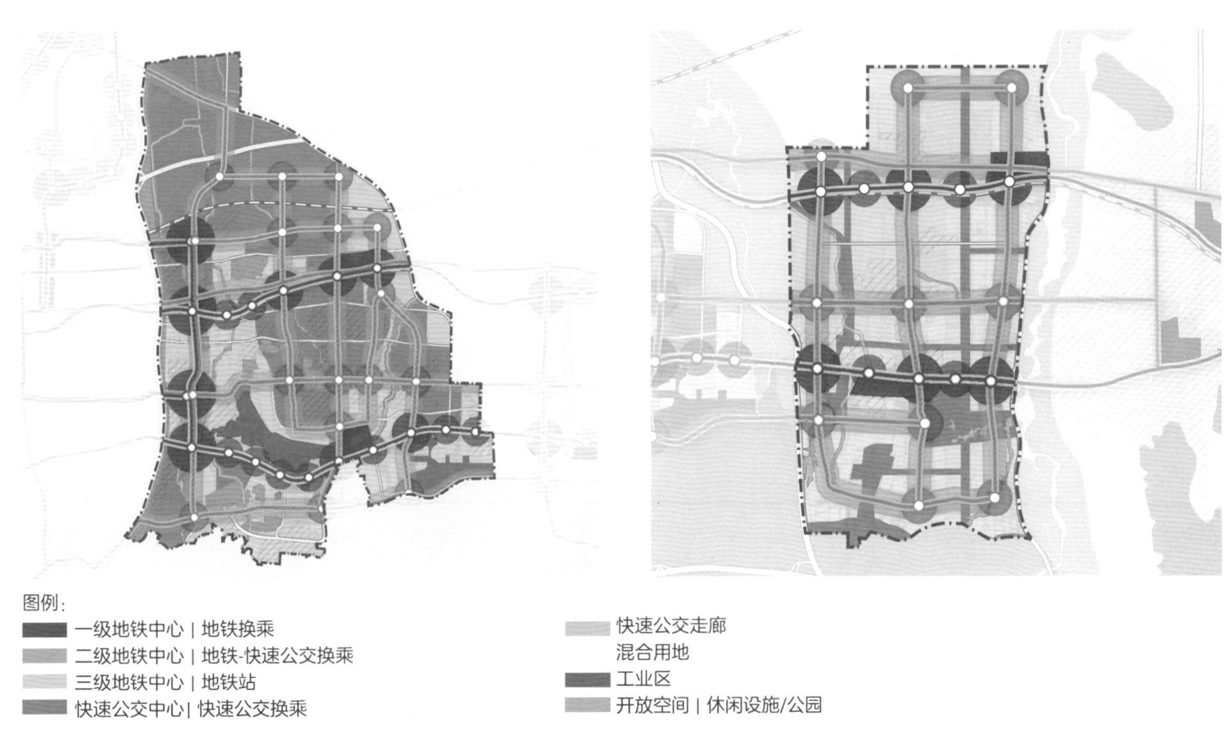

图2-10　济南市的区域规划中，TOD区根据公交运力分布，将公交运力作为确定各个TOD区发展密度的指导因素

最靠近大型公共交通车站的地区，人口密度应该更高。如果多条区域级公交线路在一个地区交汇，应该把这种地区规划成次区域就业中心，以加强公共交通基础设施的投资。在主要公共交通车站周边600~1000m范围内，按照公交系统运力进行区域规划，运力越高，密度和服务混合程度越高。鉴于各种交通模式的运力不同，TOD区的服务混合程度、人口和就业密度也应该有所差异。

例如，可以通过下列基于公共交通类型与运力的分级，对TOD进行分类。各分类的最低人口与就业密度要求，将在下文详细讨论。

一级地铁中心：位于地铁换乘站，步行半径1000m。

二级地铁中心：位于地铁-快速公交换乘站，步行半径800m。

三级地铁中心：位于地铁站，步行半径600m。

快速公交中心：位于快速公交换乘站，步行半径600m。

快速公交走廊：位于快速公交线路沿线，总宽度800m（快速公交路线两侧各400m）。

在内填式开发和城市更新区域以及新建设区域内，必须采用TOD的类型分级。这些区域往往更接近市中心或现有居住区，因此通常会成为开发的主要目标。与新开发项目不同，在城市更新区域内，某些要素因为自身的历史或社会意义必须得到保护，或者更换这些要素不具有成本效益，导致城市更新面临额外限制。这些限制的存在，使城市更新区域要面对复杂性、阶段性和经济状况等方面的挑战，但最终依旧能够成功赋予区域丰富的特色和出类拔萃的设计质量。

措施 03 | 在TOD区集中进行商业和大型零售项目开发

图2-11　昆明市呈贡公交主干路沿线24小时运行的区域商业走廊渲染图，走廊内部包括住宅、商店和服务设施

图2-12　昆明市呈贡将商业与零售项目集中建设在一座公共交通车站周边

大型商业就业中心和零售场地，只能建在公交运力较高的地段。商业密度应该与高峰时段的公交运力、步行和骑行承载能力相匹配。集合休闲、服务与零售的混合用地建筑，应位于就业区，使上班族在步行范围内满足其需求。购物中心等区域级零售中心，应建在大型公共交通车站，以避开小汽车交通和大型停车场。同样地，中央商务区或政府中心等大型办公与就业区，应该在公共交通站点步行距离内。而居住区内地区级零售区的规划，应该结合公共交通车站，从而提高乘坐公共交通购物的便利性。

目标 2B：设计便利的步行和骑行线路，连通公交车站和住宅、就业与服务

保证市民步行或骑行到公共交通车站的安全性和舒适度尤为重要。在现实中，通往公共交通车站的道路被主干路或大型停车场阻断的情况屡见不鲜。TOD区应该采用最基本的城市设计标准，即小街区、宽人行道、有隔离的自行车道以及窄马路等。尽可能把主干路改造成单向二分路，以缩短行人过街距离，保持道路设计的人性化，使步行半径内的混合用地不论白天或黑夜，甚至在周末，都能保证整个区域的活力和安全。

图2-13　重庆市悦来生态城的高密度住宅与商业开发项目以两座地铁站为中心，人行道和自行车道直接连通公共交通车站，便于市民乘坐地铁出行

措施 04 | 保证公共交通车站入口的安全便捷

鼓励市民使用公共交通，必须着眼于可步行性。到达公共交通车站的便捷性以及邻近区域的可步行性，是使市民将公共交通作为出行首选的重要前提。设置良好的寻路指示、建设无障碍通行设施和提高入口可见性，不仅方便用户使用，还能增强通勤安全。通往本地公交车站或换乘其他交通方式的线路，应该设计为便于用户寻找的短程直通路线。

图2-14　重庆市悦来生态城开发项目的核心地带，行人可以通过椭圆广场内部和周边的多个入口从地铁站进入设计一流的公园广场

图2-15　昆明市呈贡新城，一座安全、迷人的露天广场，方便人们使用公交走廊沿线的车站

措施 05 | 通过整合自行车停放处与商店的关系，突出公共交通车站与自行车道和人行道的衔接

自行车停放处往往面积过小，给自行车与公共交通之间的换乘造成诸多不便。因此，大型车站入口附近，应该规划安全的大型自行车停放处。为保证自行车、行人和公共交通系统能够无缝衔接，公共交通车站的设计应该确保在主站点周边配备自行车停放处，并设有直接通往车站的自行车道和人行道。

图2-16　广州市快速公交站设立的公共自行车停放处，提高了公交出行的便利性（资料来源：远东BRT）

图2-17　美国俄勒冈州波特兰市一座公交站旁边设立的自行车停放处（资料来源：Thomas Le Ngo）

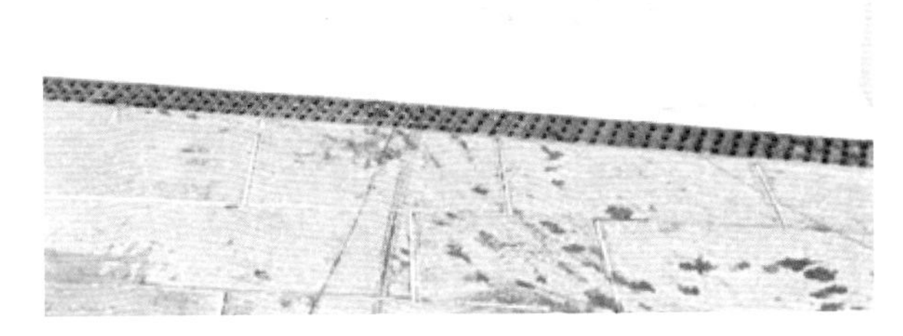

图2-18　奥地利萨尔茨堡市中央车站设计先进的双层自行车停车系统（资料来源：VelopA）

标准 2.1： 人口密度标准

每一种TOD类型，必须遵照分类中所述的人口与就业密度指导原则。

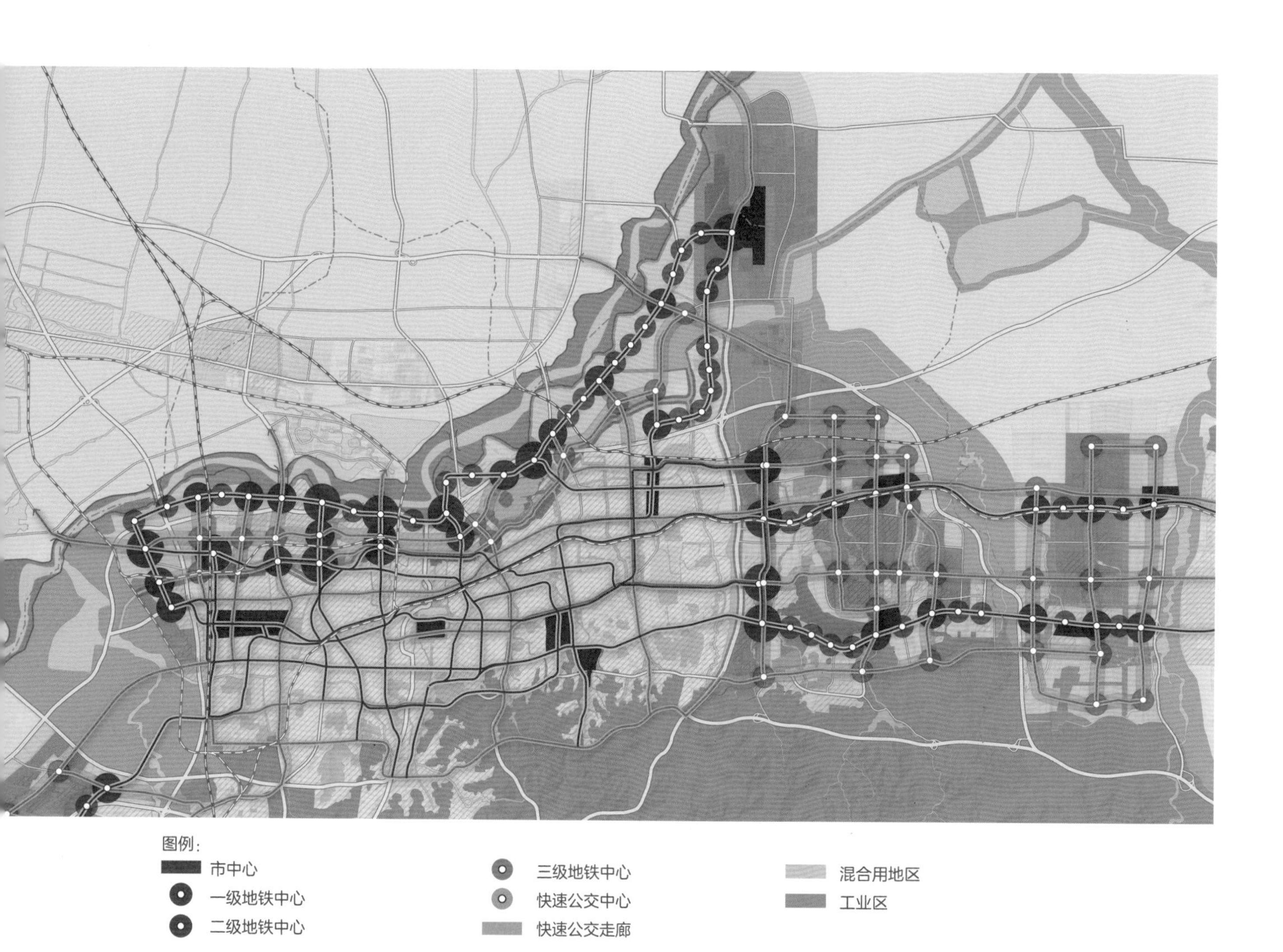

图2-19 在济南市的区域规划中，TOD区根据公交运力进行分布，将公交运力作为确定各个TOD区发展密度的指导因素

下文列出了5类TOD区及其周边的混合用地居住区，以及中央商务区或市政中心等特殊城市中心。每一类土地和TOD区均有最低人口与就业密度标准，目的是保持城市和区域层面的职住平衡。

一级地铁

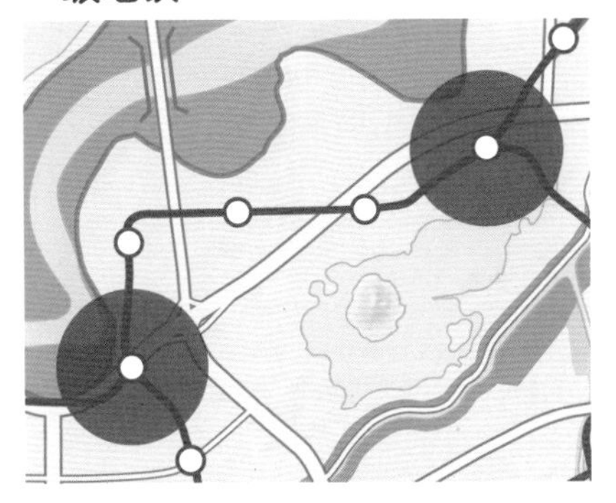

位置：地铁—地铁换乘站

规模：1000m半径 | 314hm²

步行距离：距离车站 12 ~15分钟

最低人口密度：300人/ hm²

最低岗位密度：150个/ hm²

二级地铁

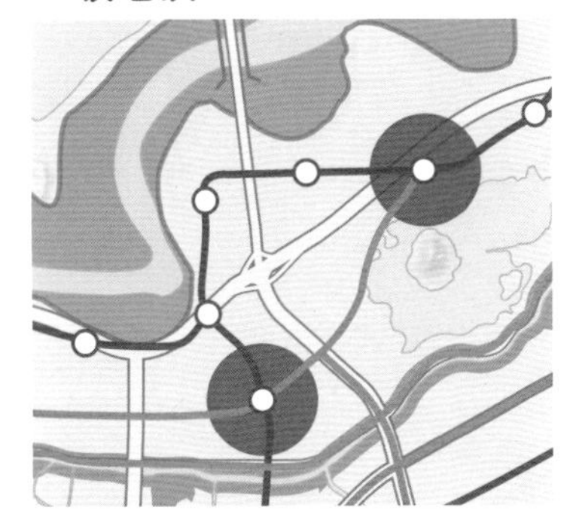

位置：地铁—快速公交换乘站

规模：800m半径 | 201hm²

步行距离：距离车站10 ~ 12分钟

最低人口密度：300人/ hm²

最低岗位密度：150个/ hm²

三级地铁

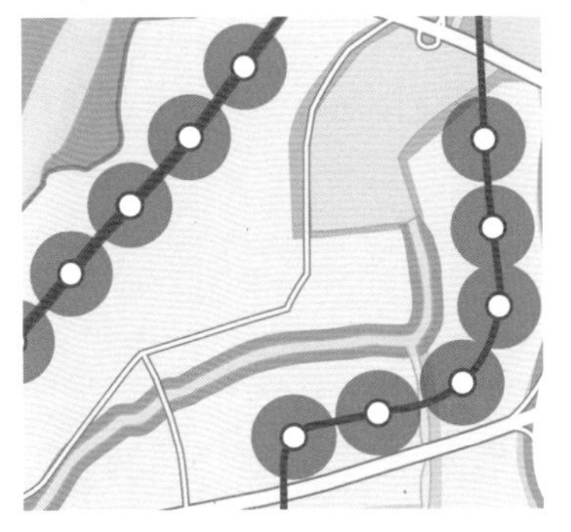

位置：地铁站（单个）

规模：600m半径 | 113hm²

步行距离：距离车站7 ~ 9分钟

最低人口密度：250人/ hm²

最低岗位密度：75个/ hm²

快速公交中心

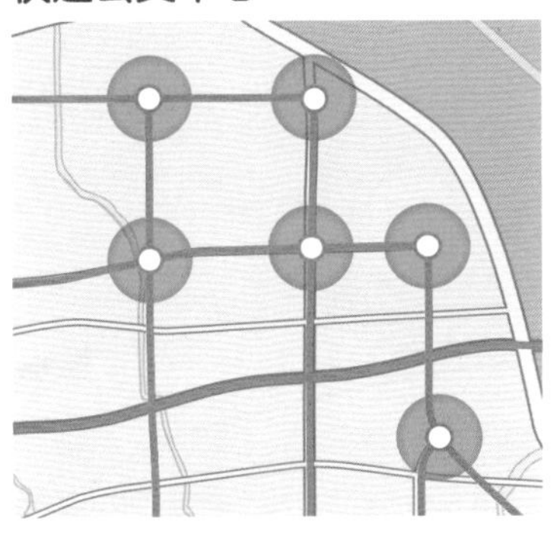

位置：快速公交换乘站

规模：600m半径 | 113hm²

步行距离：距离车站7 ~ 9分钟

最低人口密度：250人/ hm²

最低岗位密度：75个/ hm²

快速公交走廊

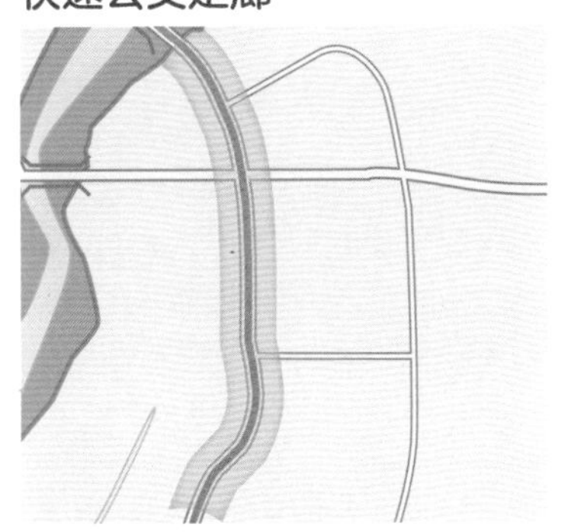

位置：快速公交沿线

规模：总宽度800m

步行距离：距离快速公交线路5 ~ 6分钟

最低人口密度：200人/ hm²

最低岗位密度：50个/ hm²

区域副中心

位置：跨越多个TOD区的特殊区域，作为城市和区域级别的终点，如中央商务区和全市市政中心。

最低人口密度：各不相同

最低就业密度：各不相同

混合用地居住区

超出TOD区半径但依旧在混合用地区内，主要以居住或混合用地为特点，包括住宅、零售与商业用途以及市民生活福利设施。

最低人口密度：150人/ hm²

最低岗位密度：30个/ hm²

标准 2.2：停车限制

规定商业停车配建指标上限。TOD区内停车配建指标，应不超过全市标准的80%。

城市标准

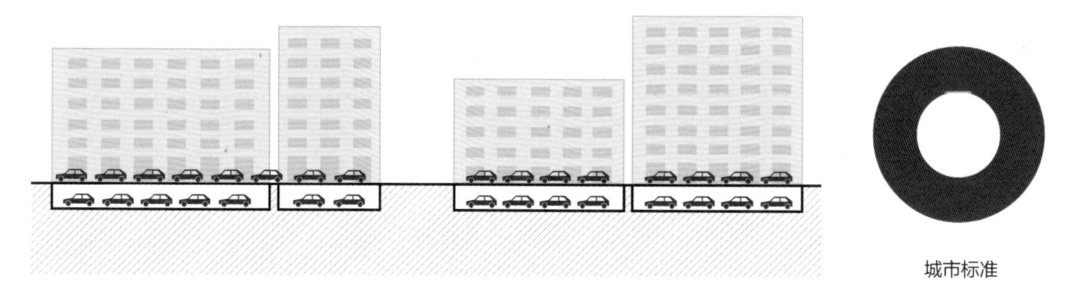

TOD区

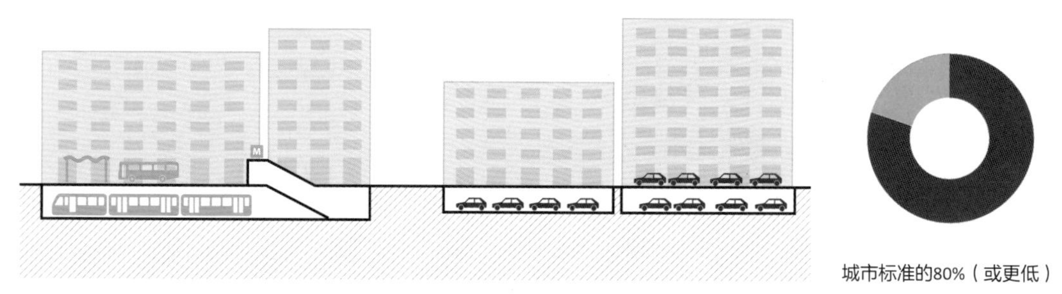

图2-20　为鼓励市民使用公共交通，一个重要的措施是控制停车，从而抑制私家车使用。如上图（城市标准）和下图（TOD区）所示，任何情况下，TOD区的停车场配建指标不能超过城市标准的80%

只有将汽车使用限制在道路网络的承载水平以内，才能避免交通拥堵。高峰通勤时段通常没有必要选择小汽车出行，TOD区更应该限制小汽车通行。抑制驾车出行的方法有很多。伦敦、汉堡和苏黎世在提供公共交通服务的目的地均限制停车。公共交通质量高的地区都应该限制商业停车。

为减少汽车使用，确保实现真正的TOD，应该限制商业停车。停车场配建指标最高不能超过城市标准的80%，且多数停车场应该建于地下，地上停车场则必须设在配有商店和商业开发的人行道边。

标准 2.3：TOD 区内公园

每个TOD区提供不少于10%的可开发用地作为公园用地，不少于5%用于公共用途。

在公共交通车站步行距离内仅仅提供就业和住宅是不够的。无论在TOD区还是其他社区，休闲与公共福利设施都是保持社区活力的关键。开辟可供居民和上班族放松、聚会、散步的地点，可以增强社区活力，培养社区归属感。打造宜居社区，还必须在TOD区内配建学校、剧院、市场等市民生活福利设施以及其他社区服务。可开发用地至少有10%作为公园用地，5%用于公共用地。

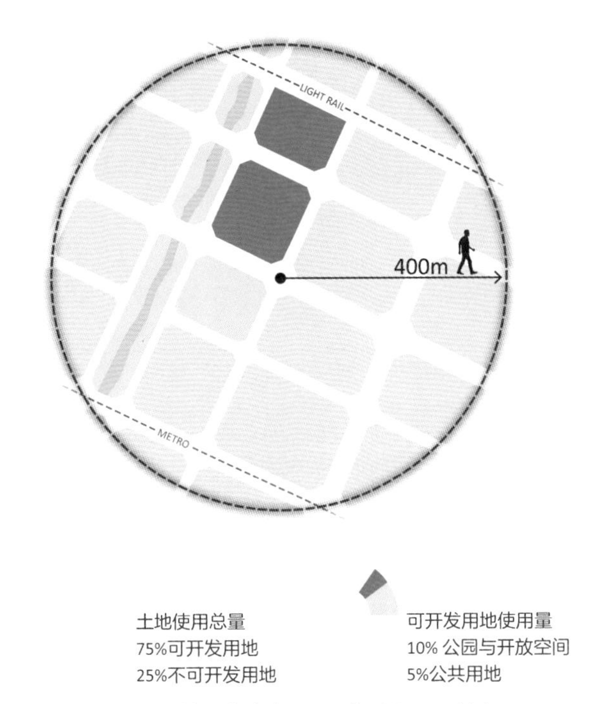

图2-21　可开发用地至少应有10%用作公园和开放空间，至少5%用于公共用地

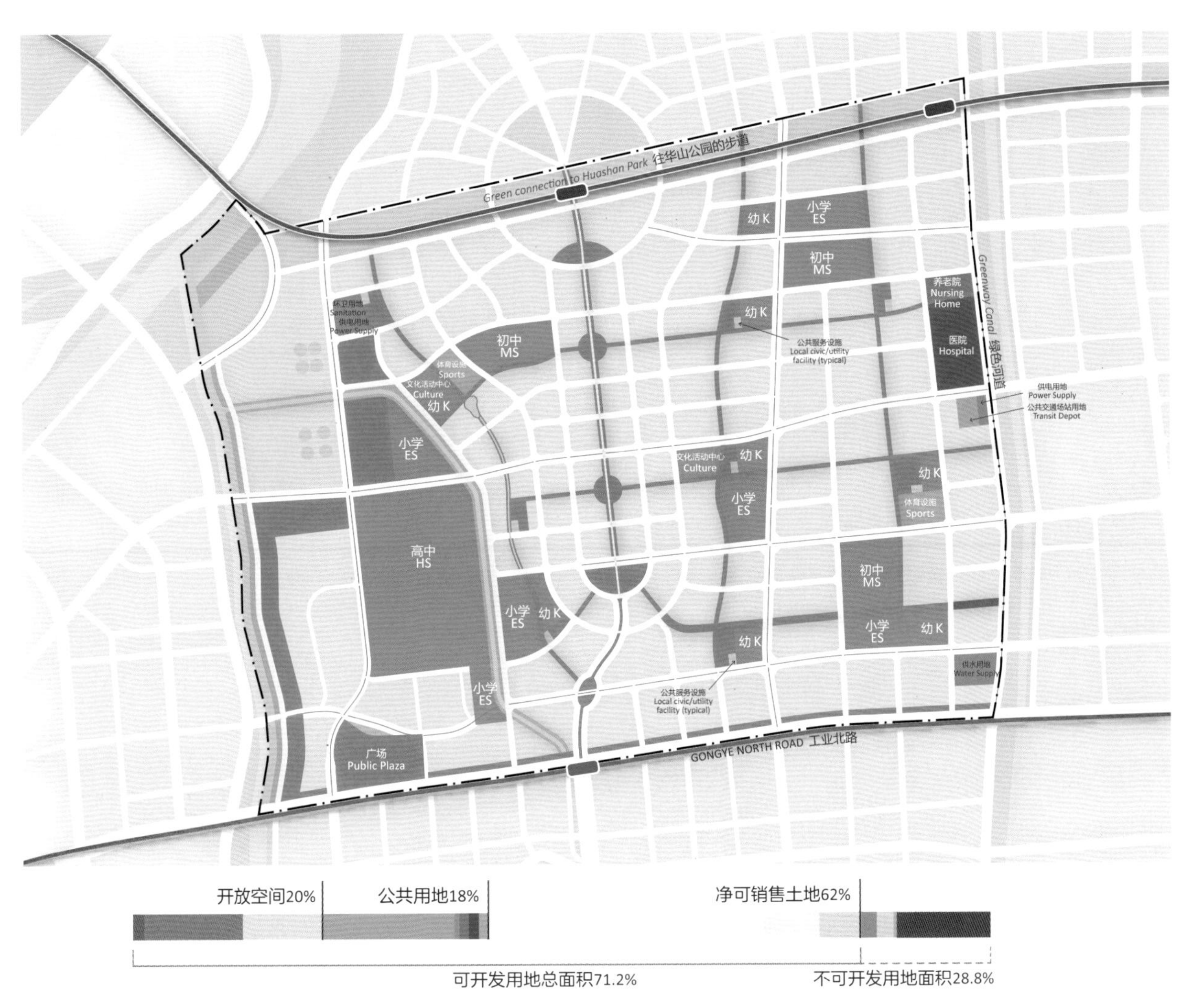

图2-22　济南市张马片区规划的开放空间生活福利设施和市政建筑，分别占总体可开发用地面积的20%和18%

第3章

原则 03：混合用途

创建功能混合社区和片区，缩短出行距离。

原则 03

混合用途

创建功能混合的社区和片区，缩短出行距离

目标

3A *鼓励实现居住、购物与服务的最优平衡*

- 措施01：利用底层的商铺和服务，创造良好的步行体验。
- 措施02：在商业街区创造住宅开发机会。

3B *在短途公交通勤距离内，实现职住平衡*

- 措施03：确立城市总体层面的功能混合开发模式，划定能够实现职住平衡的功能混合区域边界。

3C *整合各个社区内的保障性住房和老年住房服务*

- 措施04：制定片区层面的保障性住房策略与融资机制。

标准

3.1 *服务最低标准*

住宅街区必须保证不低于0.15的容积率，用于在街角设置对公众开放的商店和服务。

“购物区”和购物街沿线的商业地块应保证不低于0.3的容积率。

3.2 *商业目的地*

在80%住宅的800m可达范围内布置“购物区”，并配备市政服务和其他服务功能。

3.3 *保障性住房*

社区内至少20%的住房应为保障性住房。

原理

功能混合是指混合居住、商业、商务和居民服务等功能，以保证在居民生活区附近提供生活配套设施和各种服务。在各个区域内要求达到一定的混合度，以便使居民就近到达必要的生活配套设施而不需要远行，可以节省时间，减少小汽车使用，并提高生活质量。这一点对于涉及老年人或儿童的开发项目尤为重要，因为这两类人群独立出行的难度更大，特别是在道路宽阔、小汽车较多的地区。在城市总体规划层面，应综合公交导向型开发区、大型商业区和混合功能的居住区等设计要素，来确定功能混合区。

挑战

功能混合是最难量化的原则之一，因为很难规定每个居住区功能混合的理想水平。但在提高社区的交通便利性和提高社区活力方面，功能混合是最重要的原则之一。在中国，实现功能混合开发面临许多棘手的挑战，包括物业管理不足、不注重人性尺度，以及城市无序扩张等。其中最大的挑战是商业和居住用地的土地出让规定和使用权年限的差异。这通常意味着灵活性不足，无法按照市场需求轻易调整土地用途。同时商业地块往往较为集中布局，而不是分散在整个社区内。

作为控制性详细规划的一部分，开发商获得的土地往往早已明确了居住区与商业区之间的界限。如果开发商因为耗费时间与地方政府协商修改这些规划条件而延误项目的建设和销售，累计的利息就会给开发商带来损失。

不过，中国的规划法律法规已经有很大改善。深圳和上海的地方城市规划方针为开发者提供了更灵活的区划选择。深圳设计了一种新的区划类别，使开发商可以更自由地确定同一区域内居住功能和商业功能的比例。上海也增加了区划类别，以适应更好的功能混合开发。这种城市规划层面上的政策创新如果能在中国的更多城市推广，将产生重要的影响。

图3-1　昆明呈贡临近公共交通的功能混合开发提供了大量零售和生活一工作选择，打造出一个特色鲜明、全天充满活力的安全社区

开发商往往因为物业管理需要投入大量的资金和时间而缺乏参与其中的动力。而物业管理的不足意味着居民往往会感觉到功能混合区域的环境脏、乱、差。尽管功能混合社区对管理和规划要求更高，但确实可以提高物业价值并促进该片区的经济发展。

虽然中国已有城市实现了一定程度的用地功能混合，但是一些决定功能混合开发成功与否的细节和复杂性往往会被忽视。以中国许多封闭的超大住宅街区为例。其底层商业空间内的各种店铺和小超市并不一定能为街道生活注入活力。中国普遍存在的购物中心现象，同样也是无法营造活力街道的例子。这些现象都已成为中国城市规划师们需要考虑的重要方向。

美国的购物中心的数量虽然在20世纪90年代迅速增长，但自2006年以来却没有增加。此外，由于中国的购物中心往往规模庞大，包含办公甚至居住等用途，城市规划者们应该考虑到底什么才是“有中国特色的功能混合”，尤其在面对中国人口结构持续变化、城市化进程不断加快时更应如此。

为什么这些功能混合开发通常达不到预期的效果？问题隐藏在细节当中，尤其是那些对于创建人性尺度环境至关重要的细节。其中一个饱受诟病的问题是，中国的规划设计往往追求较大的建筑退界，以期在建筑入口创造一种宏伟的感觉。但在纽约、旧金山或以人性尺度环境著称的任何城市，建筑退界都很窄，并且建筑入口也紧邻人行道。一层通常是对公众放的商业空间或活动空间，临街一面热闹繁华，标志、照明和遮阳篷也必须设计为人性尺度。

最后，中国城市的无序扩张也给高质量功能混合开发带来了挑战。因为城市边缘区的居民人口密度较低，市场需求不足以带动这些地区的服务业，所以这些地区的功能混合开发难度更大。此外，中国的“鬼城”现象也是城市无序扩张的后果之一。房地产繁荣时期对住房销售的错误估计，导致公寓楼和高层建筑被大量空置。由于配套生活福利设施缺乏、公共交通迟迟未开通、房地产市场降温，许多地区居民入住速度缓慢，迫切需要新的开发策略吸引居民。

要解决这些问题，必须从政策、财政激励、新商业模式和更完善的城市规划等方面着手。以基于城市更新的项目为例，这些项目多数位于市中心，交通更便利，且已有大量居住人口，因此有潜力成为成功的功能混合开发项目。上海新天地和广州六运小区就是很好的例子。这两个社区现在已经成为适宜步行、充满活力的社区，也是功能混合开发取得经济成功的典范。功能混合开发是改善中国城市生活品质的核心。

效益

经济效益

提高不动产价值：功能混合社区的不动产价值更高（交通与发展政策研究所，2012）。

减少家庭支出：增加本地商品与服务供应，进而减少居民的家庭支出和时间投入。居民可在更短距离内满足日常需求，减少长途出行（Stantec，2009）。

环境效益

改善空气质量：功能混合开发可增加非机动化公共交通，进而减少能源消耗和相关的气体排放（Zhao，2014）。

减少小汽车使用：功能混合社区实现了更好的职住平衡，因此减小了社区内有小汽车通勤情况的可能性（Han与Greeb，2014）。

优化电力使用：形成更多样化的负载需求，降低峰值负载压力，创造更有成本效益、更可靠的电力需求。

社会效益

降低肥胖症患病率：土地使用功能混合水平的提高降低了肥胖症患病率（Frank等，2004）。

提高生活配套设施的可达性：提高生活配套设施的可达性，方便老年人、儿童和残障居民使用。

最佳实践案例：济南市张马片区

济南市高铁新东站附近的张马片区很好地结合了周边地区的土地使用、交通和开放空间，是功能混合开发的典型范例。

规划以三个高密度功能混合公交导向型开发区为核心。其中之一是一座地铁—快速公交换乘站，位于公交主干道和大型开放空间的交汇处。优越的地理位置使得居民可以通过步行、骑行、快速公交和汽车前往区域中心，从周边地区乘坐地铁抵达中心也非常便捷。另外一个公交导向型开发区也是一座地铁—快速公交换乘站，位于开发项目所在区域的南口。

第三个公交导向型开发区位于东侧，是一座地铁站。这三个公交导向型开发区是社区以及周边小区就业与零售的功能混合中心。

该片区总体规划中的城市形态取决于两个重要元素——一条环绕南北向公共交通绿色街道的二分路（共同构成一条公交主干道），以及一个东西向的大型开放空间。公交主干道形成了一个适宜步行、公交便利的核心，可用于高密度功能混合开发。整个片区面积为545hm^2，规划人口为15.1万，共规划有4.7万套住宅，总建筑面积为700万m^2。

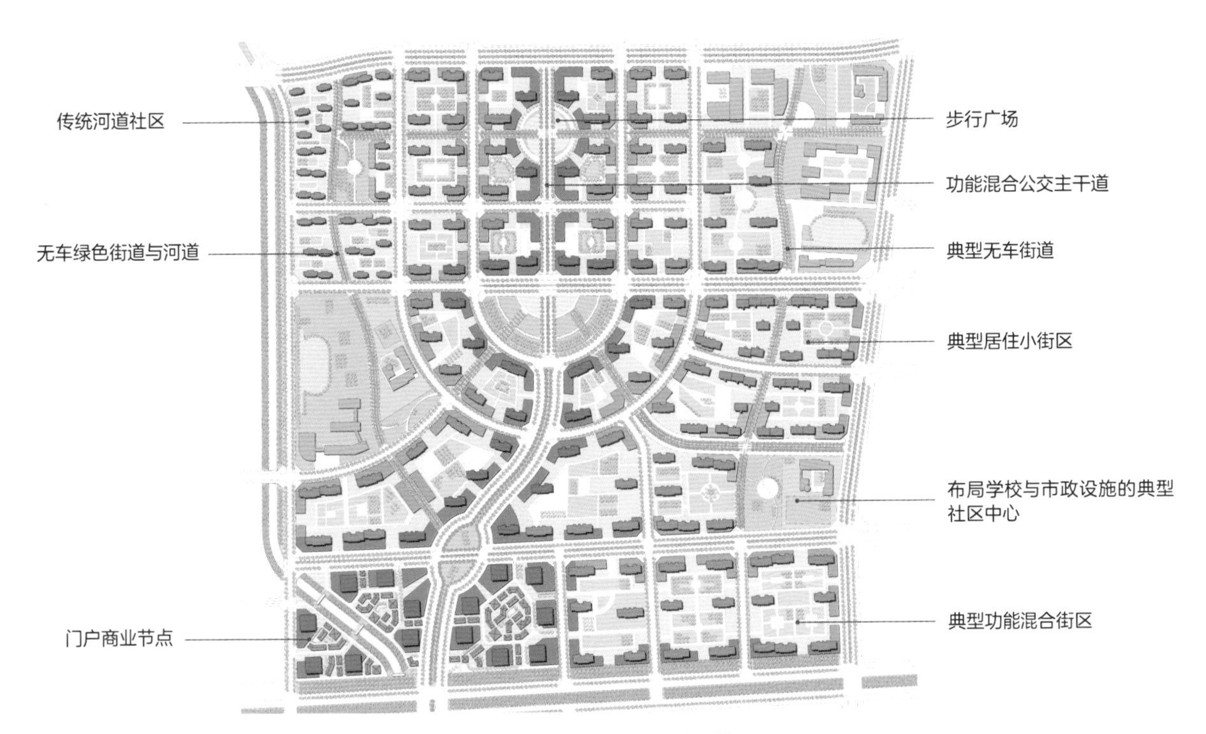

图3-2　济南市张马片区详细设计规划图，功能混合街区位于公交主干道沿线

目标 3A：鼓励实现居住、购物与服务的最优平衡

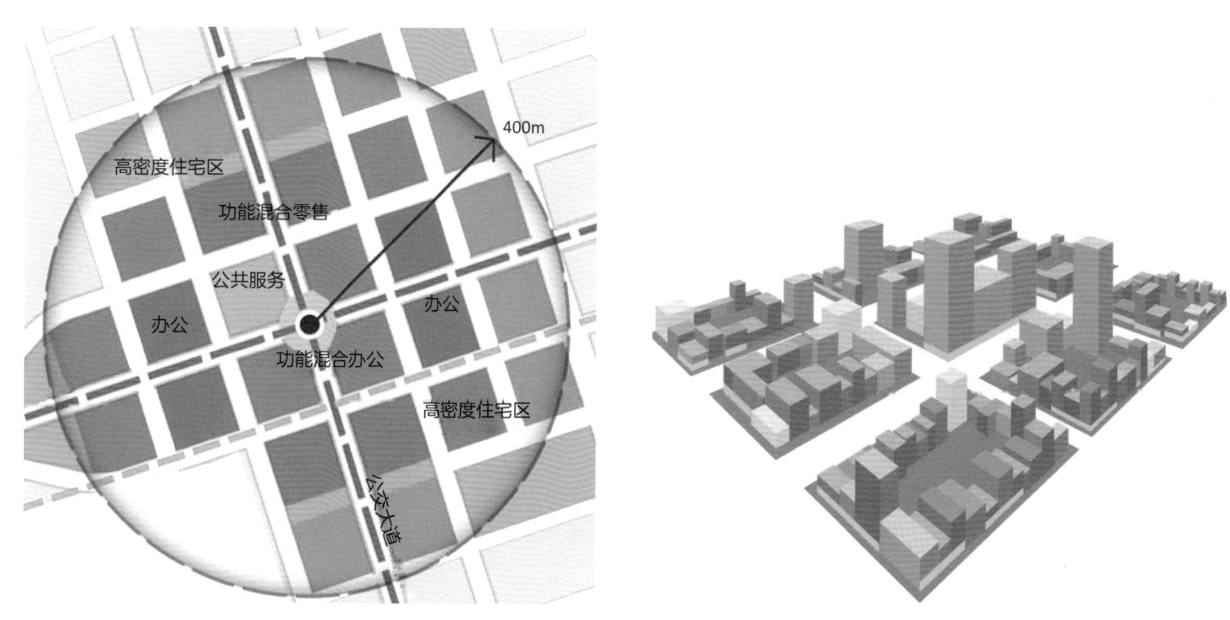

图3-3 恰当混合居住、商业与公共服务功能，能够打造出“24小时”社区，使社区更安全、更有活力、特点更鲜明

中国传统社区的街道很热闹，父母带着孩子在街上散步，老人在街上打麻将。这些社区虽然也存在问题，但邻近职住的购物与服务用途的混合恰恰给社区带来了活力，赋予其独特的魅力和特色。但将传统住宅换成现代公寓之后，中国却正在失去社区独特的场所感，紧凑社区的效率也不复存在。

因此，城市需要将现代住宅的好处和传统城市社区的最大优势相结合。城市应鼓励居住、购物和服务的最优平衡，住宅类型应该满足不同收入阶层和年龄群体的需求。住宅街区内满足社区需求的街角商店和本地服务可以增强社区活力，改善步行环境。此外，商业区内应该混合居住、购物和服务功能，以打造24小时社区。

图3-4 昆明市呈贡公交主干道沿线功能混合街区的规划效果图示意，其中混合了居住、就业和商业购物功能，打造出充满活力的社区

措施01 | 利用底层的商铺和服务，创造良好的步行体验

功能混合开发成功的关键在于打造鼓励步行的环境。建筑底层沿街道两侧的各种服务设施、商店和多个入口，既可以保障街道上行人活动，也可以提高社区活力。除了在底层提供各种服务外，还应保证街区与临近场所之间的人行道和步行街的畅通，便于行人到商店购物。为行人提供安全舒适的步行环境，能够改善步行体验，鼓励步行，有助于缓解交通拥堵。另外很重要的一点是，人行道沿线的店铺和服务功能建筑应该减小建筑后退，以增加街道活动，提高可见性。

图3-5　适宜步行的上海新天地社区，在石库门的基础上进行了重建，创造出宜人的步行环境（资料来源：Kevin Lee/彭博社）

图3-6　上海新天地无车社区，步行街沿线的底层商业和餐厅（资料来源：Bamboo Compass）

措施02 | 在商业街区创造住宅开发机会

整合中央商务区和商业中心等商业区域附近的住宅开发项目，把这些地区打造成24小时开放的社区。商务区通常在工作时间之外以及周末就没有人活动，无法支持本地服务设施和店铺，因此地区就会失去活力。造成这种现象的主要原因就是区域内没有住宅。为了保证晚上的商务区和白天一样充满活力，应该增加商务区的住宅开发。北京中央商务区的建外SOHO项目，在零售和办公用途之外，增加了居住功能，形成了具有人性尺度的小型功能混合街区，使整个社区全天都充满活力。

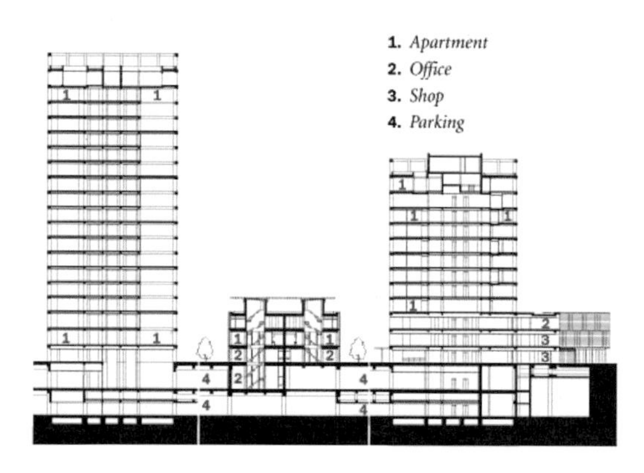

图3-7　北京建外SOHO项目剖面图。图中显示，地下层为停车场，底层为底商，高层为住宅（资料来源：建外SOHO）

图3-8　北京建外SOHO地上前3层为零售，以上为住宅和商业开发项目。人性尺度和多层功能混合等设计，使建外SOHO成为中央商务区最有活力的社区之一（资料来源：建外SOHO）

图3-9　建外Soho开发项目位于北京中央商务区核心位置，项目在设计时便充分考虑到了人性尺度要求。建外Soho项目共有16条小型步行街，步行街沿线有300多家底商和20座小公园（资料来源：建外SOHO）

目标 3B：在短途公交通勤距离内，实现职住平衡

职住平衡对可持续发展有长期影响。各城市总体规划应该划定功能混合区、综合公交导向型开发区、就业区和功能混合居住区，来实现职住平衡。远离现有市区的新城市中心生活不够便利，因此很少能够成功。为避免这一问题，城市规划师可以将紧凑的新城市副中心选在现有市区内部或邻近地区。除了可以保护耕地外，该策略还能大幅度降低向新建区域提供公共交通、公用事业和其他服务的成本，同时缩短多数居民的日常通勤距离。另外，城市总体规划中所确定的各个分区内部的职住平衡同样重要。职工的住房应尽量靠近重要就业中心，并配备便捷、直达的公共交通服务。

通过分散就业区，增加反向通勤，可缓解高峰时段道路和公交系统的拥堵。

在短途通勤距离内实现职住平衡的关键是：

- 为所有新开发区域配备多种高运力公共交通服务。
- 就业中心的选址应该保证通勤距离不超过15km或公交通勤时间不超过30分钟。
- 打造小型分散就业中心，鼓励反向通勤。

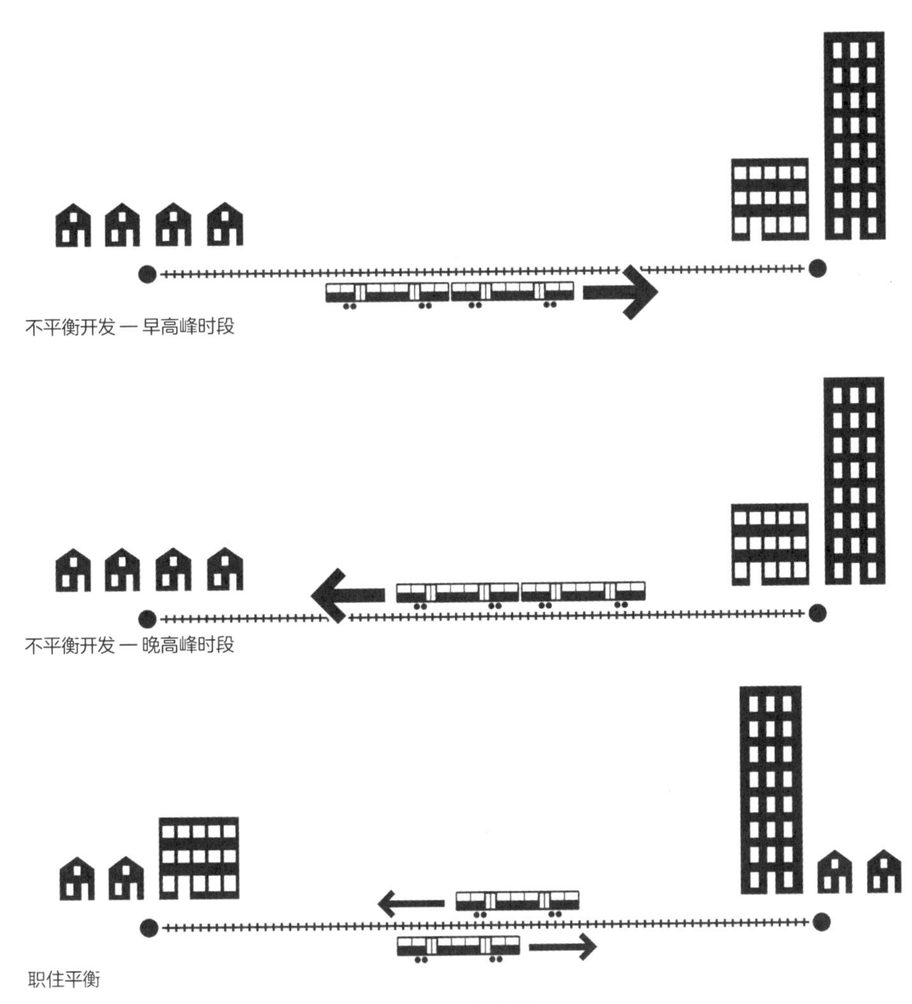

图3-10　上、下午时段的不平衡开发与更为理想的职住平衡开发对比图

措施03 | 确立城市总体层面的功能混合开发模式，划定能够实现职住平衡的功能混合区域边界

在城市总体层面划定职住平衡的片区是非常重要的。这虽然并不能保证所有在区域内工作的人都居住在这个区域内，但可以提高出现这种情况的可能性，并且保证在公共交通及道路交通系统中保持双向交通流量基本均衡，即高峰时段进出该区域的通勤人数相同。此外，满足基本生活需求的所有设施和目的地应该在住宅和公共交通附近布局。各种居住小区级、社区级和区域级零售设施也应部署在通勤区内。还应在开发项目内部及其周边片区之间实现职住平衡。

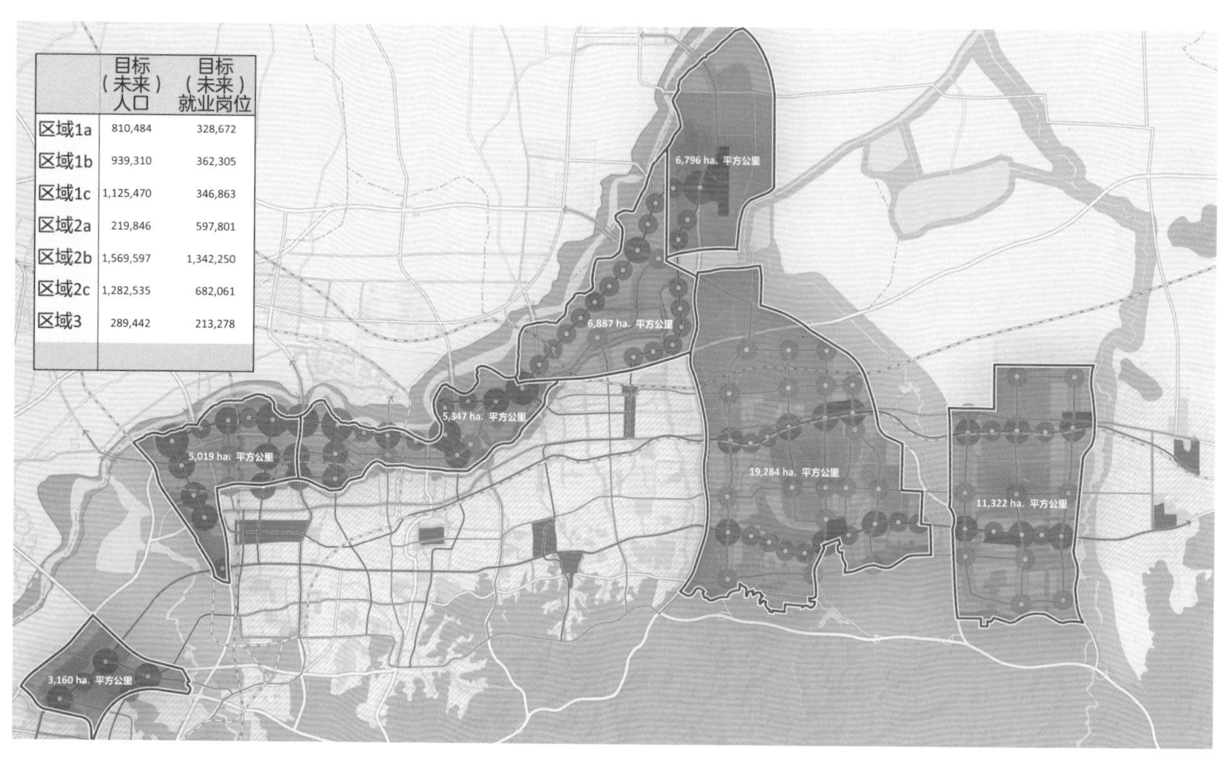

	目标（未来）人口	目标（未来）就业岗位
区域1a	810,484	328,672
区域1b	939,310	362,305
区域1c	1,125,470	346,863
区域2a	219,846	597,801
区域2b	1,569,597	1,342,250
区域2c	1,282,535	682,061
区域3	289,442	213,278

图3-11　济南市区域规划中的开发潜力研究计算结果，概述了各片区未来的人口与就业岗位目标

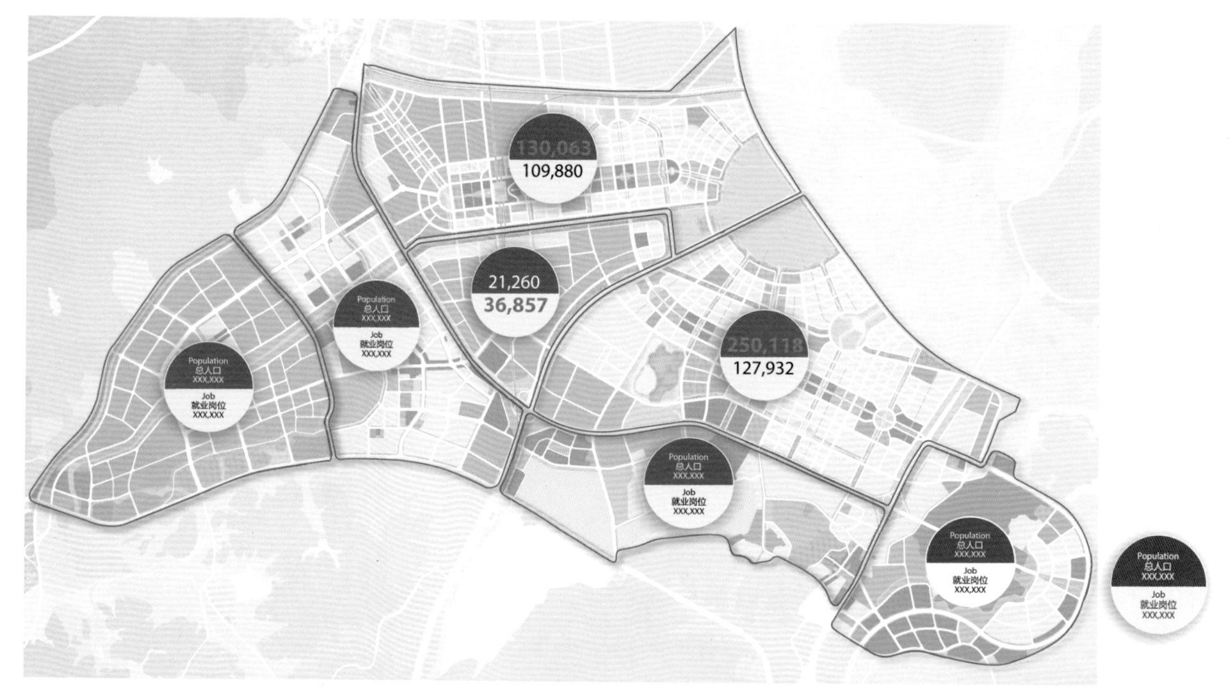

图3-12　珠海市北站地区公交先导开发规划方案提出的功能混合区，平衡了就业与人口，目的是打造24小时充满活力的社区

目标3C：整合各个社区内的保障性住房和老年住房服务

图3-13　荷兰派纳克（Pijnacker）的Keijzershof小区内设有老年住房（资料来源：Planning Headlines）

住宅多样性是成功城市的一个重要指标，包括提供各种住房选择，以满足不同收入阶层和年龄群体的需求。这样一来，住宅小区将变成一个完整的社区，能够集合不同群体及其带来的社会资本。在这种情况下，提供托幼机构、老年人活动中心、健康设施、学校和商店等各种服务，满足所有人的需求，就显得尤为重要。社区内应该同时包含为低收入人群提供的住宅和面向市场的商品房，避免影响社区声誉或者造成社会阶层隔离。囊括全年龄段群体的社区，能够创造互帮互助的机会，使老年人、家庭、单身人士和儿童可以形成积极的互动。

图3-14　杭州的老年人社区团体参加街道活动（资料来源：新华社）

措施04 | 制定片区层面的保障性住房策略与融资机制

保障性住房是一项世界性的挑战，而中国采用了一种非常先进的方式来解决这个问题——将农村贫困人口迁入城市，享受更为便利的服务和就业。重要的是，随着城市的发展和财富的积累，贫困人口不能被留在隔离的住宅街区和社区内。每个片区的保障性住房都应该达到一定比例，并无缝融入各个街区或者社区的结构中。控制性详细规划应当确定保障性住房和老年住房的目标比例，并通过控制性详细规则层面的城市设计来对此类住宅进行统筹考虑。除此之外，还应该将农村拆迁安置房与大型社区相结合，共享服务、公园和购物区域。

标准 3.1： 服务最低标准

住宅街区必须保证不低于0.15的容积率，用于在街角设置对公众开放的商店和服务。

“购物区”和购物街沿线的商业地块应保证不低于0.3的容积率。

为保证步行环境的活跃，商店和本地服务设施应该安排在面向步行街道的底层，在居民和在此工作的市民的步行可达范围之内。所有住宅街区用于底层对外开放用途的容积率不能低于0.15（包括在总容积率内）。对提供及启用面向街道的直接入口的功能单位应给予鼓励，如商店、咖啡厅、餐厅、小公司等，同样包括底层零售和社区设施。其他可行的底层用途还有公共服务功能（例如诊所、社区中心、托幼机构等），以及建筑入口的大厅。购物区内这些用途和服务的容积率必须保证不低于0.3。

住宅街区：非购物区

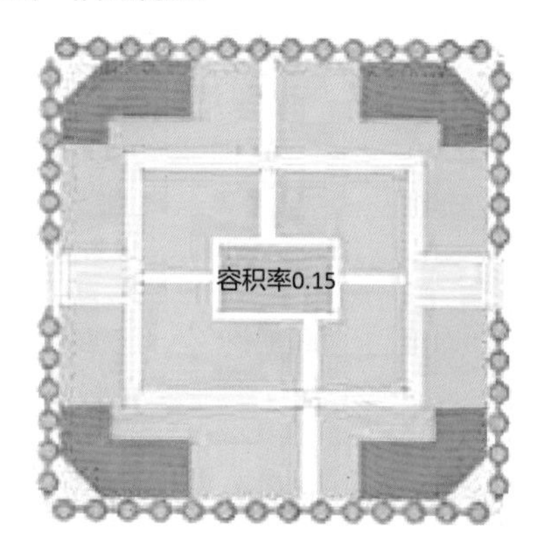

图3-15　非购物区内100m x 100m住宅街区示意图，街角的最低容积率为0.15。

住宅/商业街区：购物区

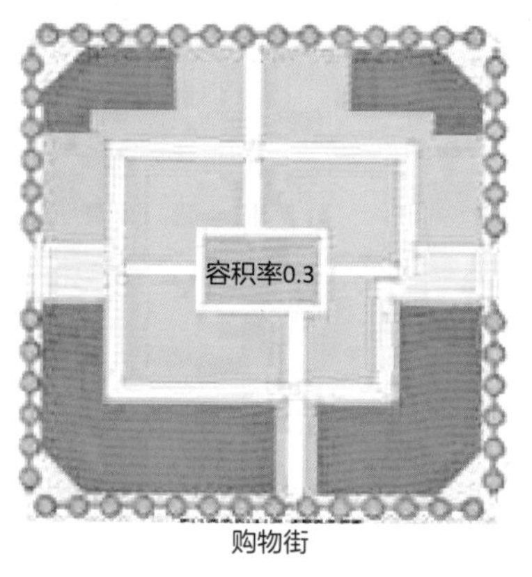

图3-16　购物街沿线的100m x 100m住宅/商业街区示意图，街角的最低容积率为0.3

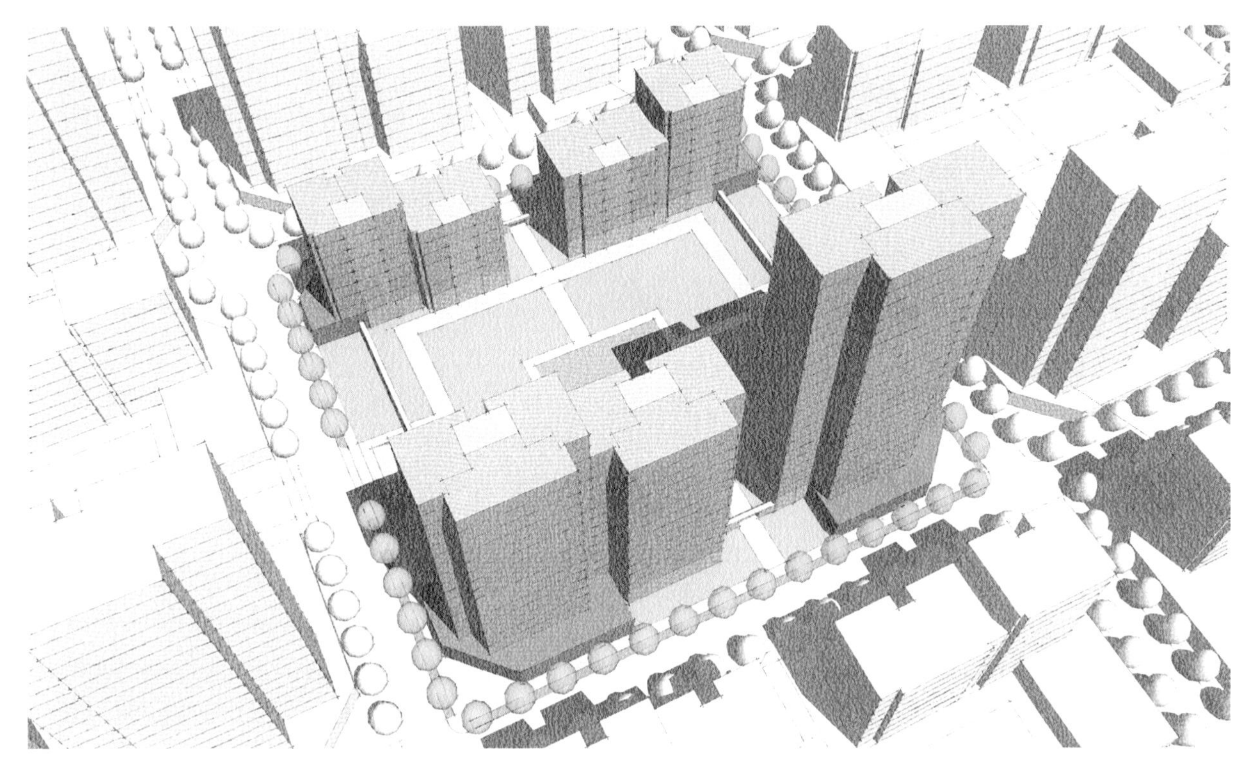

图3-17　非购物区的住宅街区透视图，街角的最低容积率 为0.15

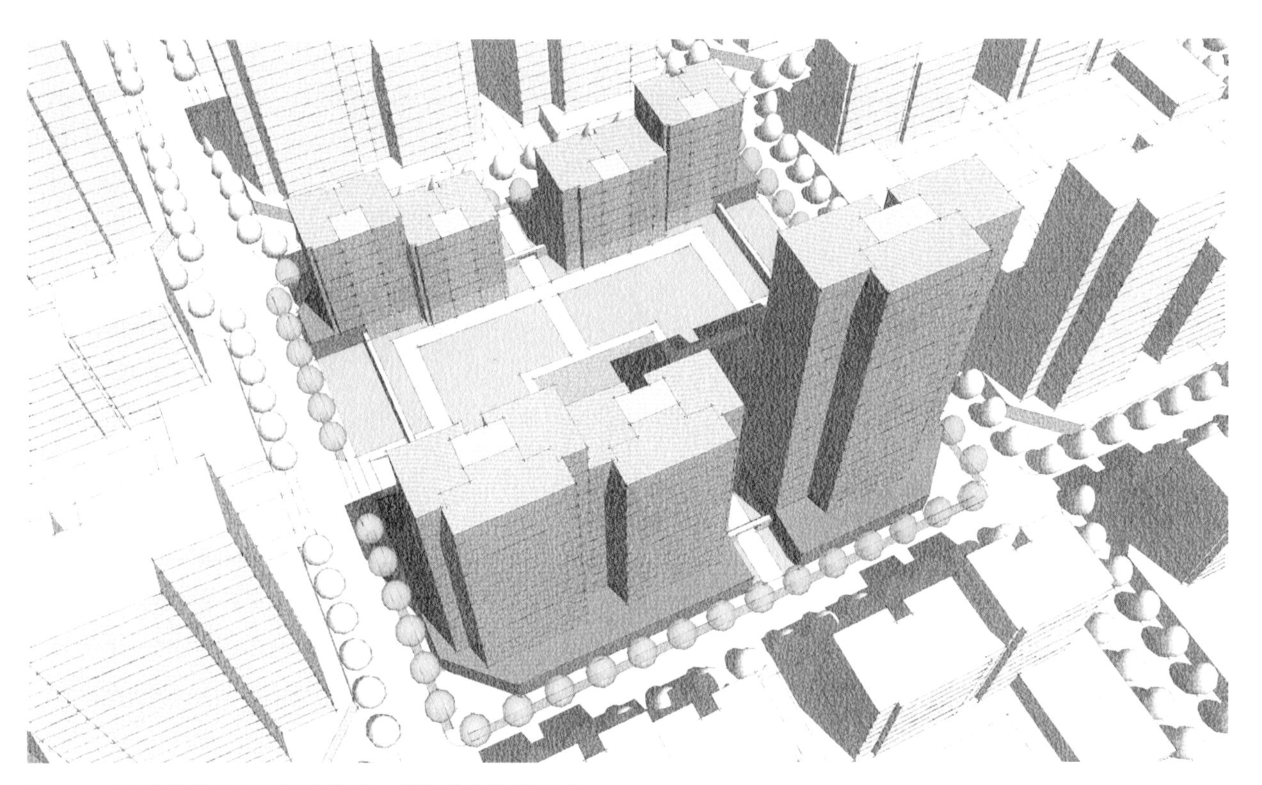

图3-18　购物街沿线的住宅街区透视图，街角的最低容积率为0.3

标准3.2：商业目的地

在80%住宅的800m可达范围内布置“购物区”，并配备市政服务和其他服务功能。

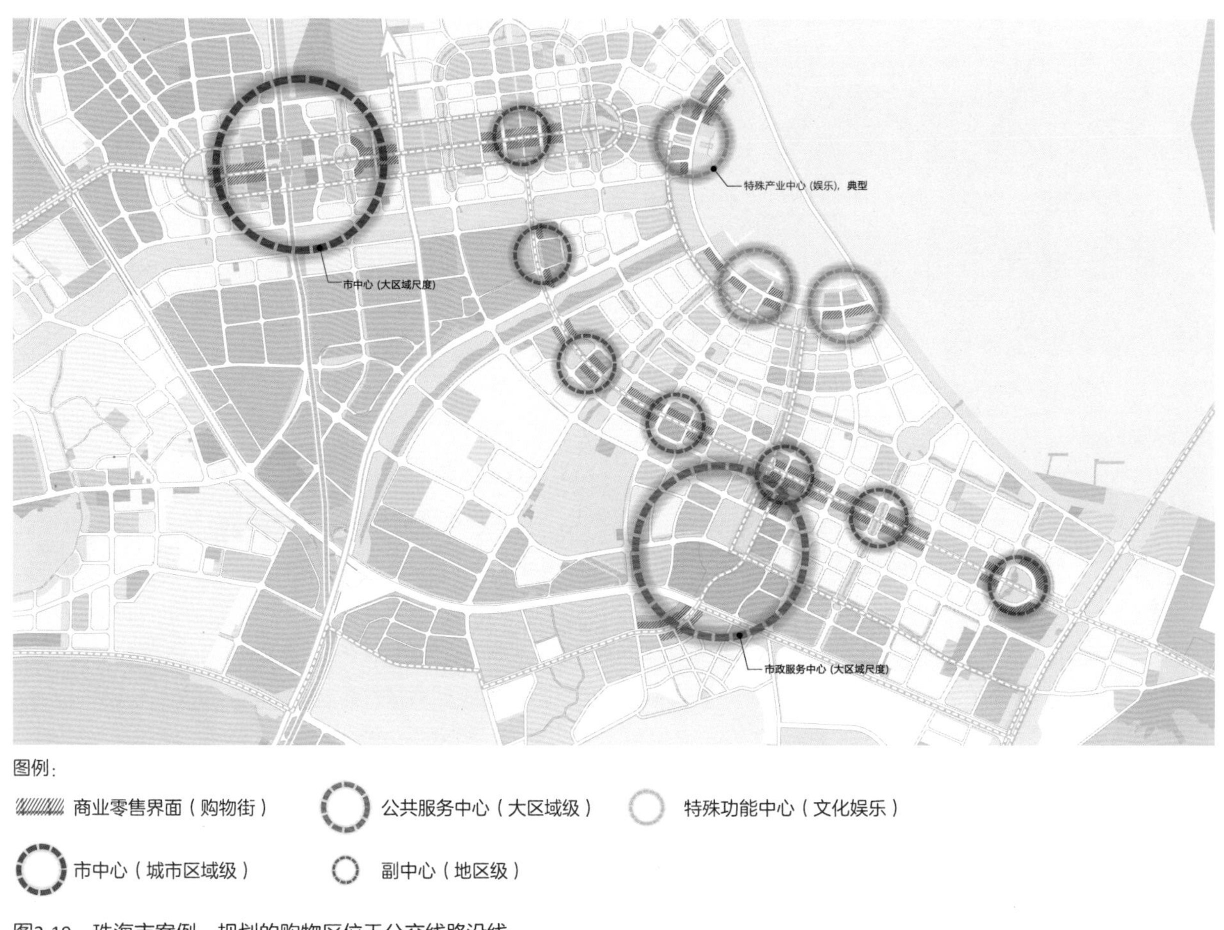

图3-19 珠海市案例，规划的购物区位于公交线路沿线

在住宅附近，即至少80%住房的800m半径内，配备社区生活所需的配套设施、服务和零售设施，混合各种用途，打造出充满活力、适宜步行的社区。生活配套设施包括与社区需求相关的服务，如便利店、零售、邮局、银行、诊所、活动中心、餐厅和农贸市场等。

标准 3.3：保障性住房

社区内至少20%的住房应为保障性住房。

在中国城市和农村，收入水平不均衡现象日益严重，而城市与农村的收入差距仍与1978年改革开放初期的水平相当。为了解决这一问题，“十二五”规划中提出了建设3500万套社会保障房、覆盖20%家庭的目标，这一水平超过了多数发达国家。但要实现这一目标，中国还面临着许多严峻挑战，如土地可用性、融资、政府补贴的有效定位以及住房的运营和维护等问题。

目前，大量低收入人群住宅并不属于正式的政府计划，而以集体宿舍的形式出现，如雇主提供的员工宿舍及“城中村”内或城市边缘区的私人出租房。在上海，外来人口家庭中只有5.5%有能力购买商品房，约80%为租房者，其他家庭主要居住在雇主提供的员工宿舍内。保障性住房政策应该同时解决外来人口及非外来人口的需求。

国际经验表明，除了全面完善房地产市场运行和鼓励工业向成本更低的二线城市迁移外，中国还可以通过特定的政策推进社会保障住房建设。

这些政策应该提高城市实现社会保障住房建设目标的灵活性，而不是强制规定特定类型住房的数量，可以规定各城市的社会保障房建设总体目标，并要求各城市制定实现这些目标的具体计划。计划的实施应该基于对住房需求（如人口结构和社会经济条件）和供给（如针对不同收入阶层提供的住房类型和成本）的认真分析。

总体的计划应该包含市场研究、市场计划、融资计划、就业增长与基础设施需求分析以及涵盖应急措施的长期管理方案。地方政府应该根据分析结果确定一个地区的住房需求，明确住房性质、开发范围以及有效匹配住房供需所需的政策干预。

提高保障住房用地的可用性，鼓励功能混合开发，能够增加全市的保障住房供应。住房规划应该听取参与地方经济发展、交通、城市空间和基础设施服务等规划的各方利益相关者的意见。中国可以借鉴许多美国以及欧洲城市执行的“包容性区划”政策，要求开发商保留项目开发量的10%～30%建设保障性住房。

将部分工业用地重新规划为住房用地，可以增加许多城市居住用地的供给，降低住房价格。此外，改善公共土地存量清单，识别未充分利用的地块，也可以扩展保障性住房开发用地。另外一种选择是将“城中村”包括在城市规划范围内，并规划为低收入人群住房，同时改善偏远位置的现有保障住房的交通条件，从而提高这些住房的效用。

第4章

原则 04：小街区

建设密集街道网络，打造人性尺度的街区，优化步行、骑行和机动车交通流。

原则 04

小街区

建设密集街道网络，打造人性尺度的街区，优化步行、骑行和机动车交通流

目标

4A *建设人性尺度的街区和街道*

- 措施01：利用周边建筑开发街区，形成共用的内部庭院和人流活跃的人行道。
- 措施02：利用公共通道，改造和升级现有的超大街区。

4B *通过密路网分散车流*

- 措施03：快速路和高速公路沿区域边缘布设。
- 措施04：以单向二分路取代通过型主干路，限制主干路宽度。

标准

4.1 *街区规模*

保证居住区至少70%的街区不超过1.5hm²，非工业区内的商业街区不超过3hm²。

4.2 *退线*

缩小退线距离，零售退线不超过1m，商业退线不超过3m，住宅退线不超过5m。

4.3 *街道规模*

非工业区内，无公交专用道的街道，宽度不能超过40m，有公交专用道的街道，宽度不能超过50m。

原理

小街区是高效城市交通网络的重要元素。其中的窄街和小路可以组成密集的网格，更便于行人出行。这一设计原则可以减少小汽车使用，改善空气质量。与此同时，小街区形成了分散的交通路线，有助于优化道路上的小汽车交通流。小街区还可以衍生出多样化的公共空间、建筑和活动，从而有助于提高社区活力。在中国，超大街区为地方政府出售土地提供了方便，进而成为中国城市规划的主流。相比窄马路、密路网，为超大街区开发的大型主干路实际上限制了交通流。在超大街区，所有交通集中在几条主干道上，造成了交通拥堵。宽阔的街道也会对行人出行造成障碍，刺激更多人驾车出行。

挑战

小街区设计原则在中国并不是一个全新的理念。实际上，它们早在“超大街区时代”之前的中国城市形态中就有广泛的体现，有些甚至可以追溯到古代传统城市规划手法。很多历史上的城市形态在中国很多城市得以保留至今，不仅增加了城市景观的多样性，还使得人们可以探索不同城市形态对家庭出行行为和交通能耗的影响（图4–1）。

小街区旨在创建更注重人性尺度的街道和街区结构。但开发小街区最大的障碍，是新中国成立以来建设超大街区的传统。当时，单位邻里式社区理念作为对人民公社的一种逻辑表达，落地扎根，深入人心。这种社区中包含了工厂、住房、学校和服务等，形成了一个完整的社区。在城市汽车问题普遍出现之前，这些社区成为了小而全、自成一体的城市单元。

尽管工厂规模越来越大，并且需要空间隔离，超大街区却依旧是城市格网的基础。但此时，超大街区已经不再是混合用途社区。“园中塔楼”这种现代主义建筑理念开始兴起，并成为隔离居住街区的建设模式。这一标准成为一种自我验证的框架，由于街区规模依旧较大，街道变得更宽，且不支持朝向住宅和人行道的商店。其主要挑战在于市民的一种期望，购房者习惯了退界较大的封闭住宅街区，但这种街区会增加小汽车的使用，抑制街道生活。

图4-1　高密度街道和道路网络在老北京的市中心形成了小街区（资料来源：product Friends House）

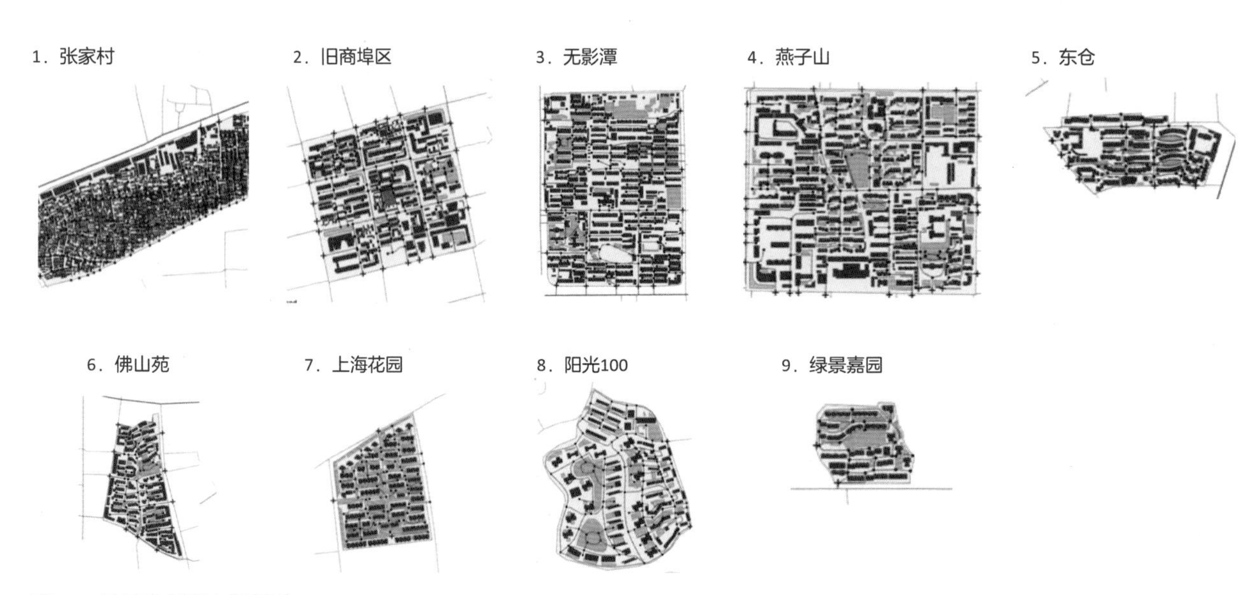

图4-2 社区案例形态示意图

主要社区类型形态特征一览表 **表4-1**

社区类型	传统胡同式（20世纪20年代之前）	密方格网式（20世纪20～30年代）	单位邻里式（20世纪80～90年代）	超大街区式（～21世纪初）
建筑/街道/功能	1～3层四合院，不规则/树形结构，一条购物街，本地就业	方块结构，街区内建筑形态多样，沿街底商	成排中高层无电梯公寓，住宅社区，配备公共服务设施（幼儿园、诊所、餐厅、便利店、体育设施等）	单一住宅功能的高层塔楼
社区可达性/内部停车位	禁止汽车通行	可达性较好，街旁停车，有部分停车位	有一定封闭性（院墙、栅栏，个别情况下入口配有保安），内部停车位不足	完全封闭，停车位充足（地下、地上等）
社区案例	1. 张家村	2. 旧商埠区	3. 无影潭 4. 燕子山 5. 东仓 6. 佛山苑	7. 上海花园 8. 阳光100 9. 绿景嘉园

济南自2009年夏天开始了一项实证研究，旨在了解街区规模和混合利用对交通行为的影响，主要研究代表四种不同城市形态的九个社区。这四种城市形态在中国城市较为普遍，分别是传统胡同式、密方格网式、单位邻里式和超大街区式。它们反映了济南在不同历史发展阶段的城市形态特点。

基于家庭出行行为普查，从家庭出行记录周志中推算出家庭交通出行能耗。分析结果表明，"超大街区式"人均交通出行能耗最高，是其他街区形态的2～5倍。"超大街区式"和其他街区类型之间的差距源于小汽车出行能耗较高。

收入水平虽然也产生一定的影响，但是并未抵消城市形态对交通出行能耗及小汽车使用的影响。在所有收入水平样本组内部可以观察到"超大街区式"的交通出行能耗，与其他城市形态的交通出行能耗存在显著差别。

与此同时，周出行距离在各城市形态间也显现

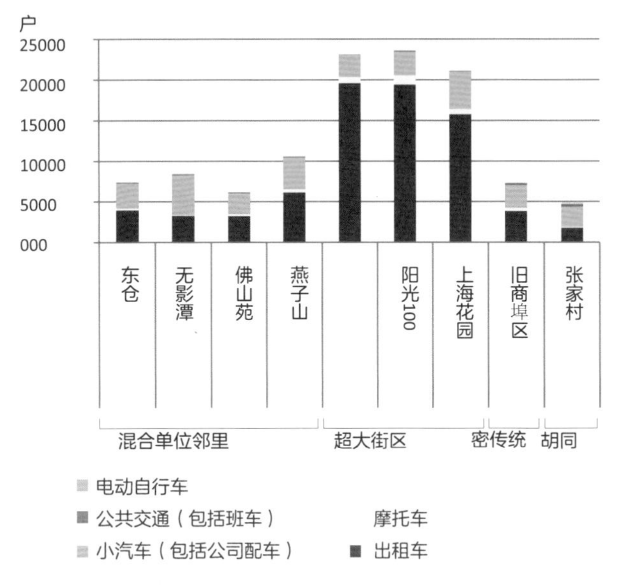

图4-3　不同开发类型户均年交通出行能耗

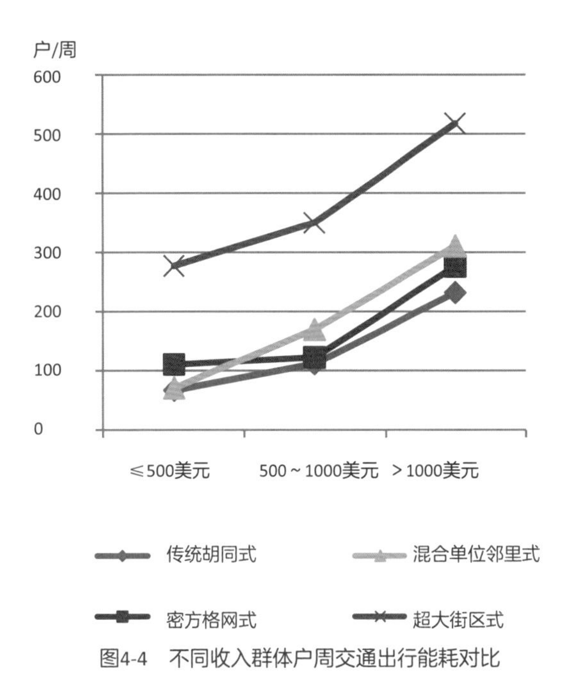

图4-4　不同收入群体户周交通出行能耗对比

出较大差别。“超大街区式”家庭每周平均出行250km，而其他三个城市形态类型的家庭周出行距离（150～170km）则远远低于这一水平。如图4-5所示，这一差别主要来自于小汽车出行距离，而非其他交通方式的出行距离。此外，“传统胡同式”社区各类交通方式的出行距离构成独树一帜。与其他类型相比，“传统胡同式”家庭乘坐公交的频率更低，几乎不使用小汽车，而更多地选择电动自行车出行，总出行距离也更短。

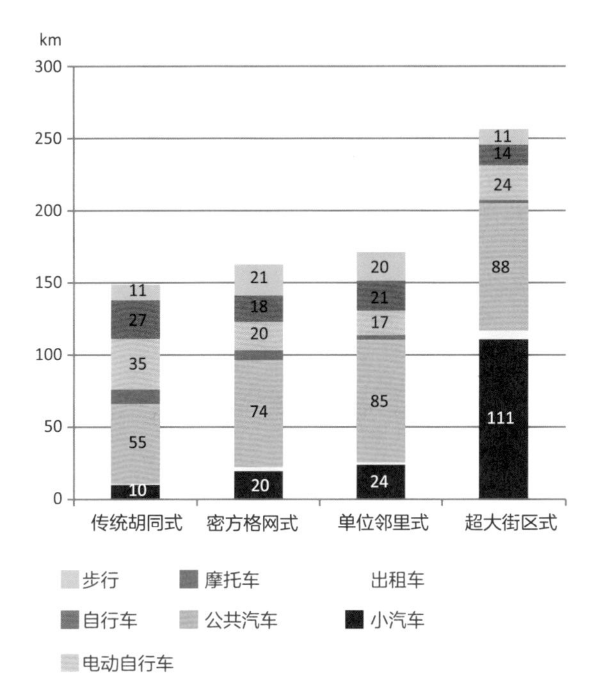

图4-5　四种社区类型户均周出行距离

对比出行分担率，可以发现“超大街区式”和其他城市形态在小汽车使用方面也存在较大差异“超大街区式”家庭在一周内所有出行次数中，约有33%的出行使用小汽车，而其他街区类型的这一比例则低于8%。“传统胡同式”和“单位邻里式”家庭的步行比例超过40%，远远高于“密方格网式”和“超大街区式”的步行比例（25%～27%）。

但是两者的低步行比例成因却不相同。大部分步行出行在“密方格网式”社区由自行车、电动自行车出行取代，在“超大街区式”社区则几乎全部由小汽车出行取代。

综上所述，济南实证分析的结果表明，“超大街区”内家庭的出行距离往往更长、更倾向于小汽车出行，因此交通出行能耗高于其他街区类型内家庭。上述分析表明，为提高中国城市未来的能源效率，中国要在城市形态方面向小街区、混合用途、更适宜行人出行等设计原则靠拢。

效益

经济效益

节省基础设施成本：相比超大街区，高密度城市格网降低了人行道、路缘、排水系统、路灯和行道树的成本，因此道路基础设施成本可在中国规划与开发成本的基础上降低31%（交通与发展政策研究所，2014）。

减少能源消耗：小街区更支持非机动化出行模式，减少了出行需求，从而节约了能源（能源基金会，2011）。

增加零售空间：小街区要求街道密度更高，这自然增加了面向人行道的零售空间，可供开发者出售（中国开发商采访，2014）。

吸引人才：小街区提供了更有趣、更有活力的工作场所，从而能够吸引人才（佛罗里达，2014）。

提高土地开发融资灵活性：开发项目可分为更小的开发周期进行融资，减少了在特定时期需要募集的资金量（中国开发商采访，2014）。

环境效益

降低交通能耗：为满足出行需求，超大街区的居民需要比其他类型社区的居民消耗更多能源（能源基金会，2011）。

减少交通拥堵：小街区城市格网可提高交通流的效率，从而减少25%的交通延误（能源基金会与卡尔索普联合公司，2011）。交通拥堵与环境破坏使北京的经济产出减少了7.5%～15%（Creutzig与He，2009）。

社会效益

提高出行便利性与安全性：小街区可增加老年人与儿童的出行便利。司机在采用小街区设计的城市也更加安全（Marshall与Garrick，2009）。

提高安全性：设有大量短距离人行横道的高密度 街道路网可大幅增强行人安全，减少违规穿越马路的行为。另一方面，密集的街道网络可以在紧急情况下为救护车和消防车提供多条可选线路，提高交通系统的灵活性（城市交通研究中心，2006）。

增强社区意识：小街区提供的固定空间更多，共用这些空间的居民更少，由此形成适当的社交规模，保证居民彼此认识，从而培养社区归属感。

最佳实践： 波特兰珍珠区

20世纪90年代中期，美国俄勒冈州波特兰珍珠区在一系列规划后，于1998年出台《河滨区城市重建规划》，并完成了一次出色的重建。

原有的铁路站场以小街区为基本结构，成功改建成了适合步行的混合用途社区。总体而言，该项目的街区面积均不超过67m×67m，其中84%的小街区配有完备的人行道。许多街区朝向零售商铺，完善了小街区的步行体验，使步行变得更加有趣，并且增进了经济活力，为当地创造了商业机会。

小街区与单向二分路结合可带来额外的好处，这也是珍珠区重建带来的另外一条重要经验。单向二分路可以使道路变得更窄，提高行人穿越马路的能力，同时改善交通流动。

该区域大多数街道限速均不超过32km/h。珍珠地区将小街区与狭窄的道路、良好的步行空间、稳静的交通、活跃的街道界面和混合利用相结合，使该地区的规划大获成功。

底层土地利用

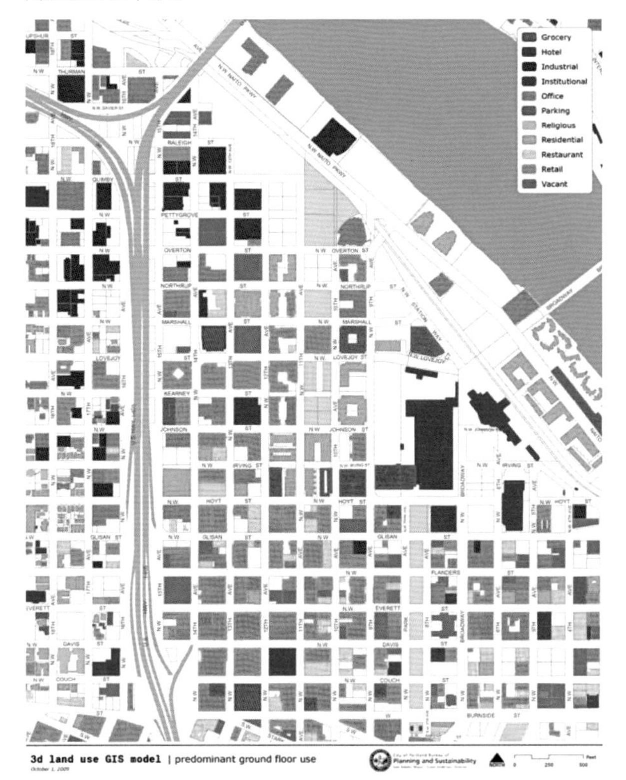

图4-6　波特兰市珍珠区各街区底层的主要土地利用情况（资料来源：波特兰地铁）

主导土地利用

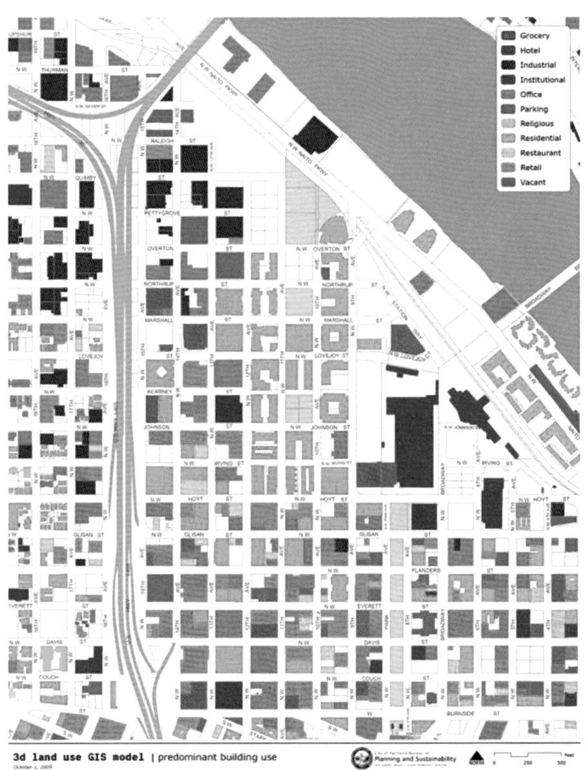

图4-7　波特兰市珍珠区各街区主要建筑土地利用情况（资料来源：波特兰地铁）

目标 4A：建设人性尺度的街区和街道

“小街区”区域规划是城市设计良好的重要元素。不同于“超大街区”，小街区能够创造人性化的环境，在街区周围形成细密的公共空间网络，并在更小区域内提高土地利用混合度。这种设计原则能够带来社会、经济和环境效益。

相比超大街区，小街区有许多优势，例如小街区的社会规模更利于构筑友善的邻里关系。典型小街区的边长大约为100～200m，区域面积为1～2hm^2，街区内只有400～700套住宅，至多可容纳1600人。由于规模较小，多数人可以认识彼此，并建立起密切的社会关系。相反，超大街区可以轻松容纳5000人，但由于规模较大，人们并不认识彼此，孩子接触到陌生人的概率也大。

小街区的另外一个优势在于，能够在可步行范围内混合多种用途的土地。通过合并邻近的“小街区”，可以实现高质量的用途混合。大型商业街区与本地住宅区往往被宽大的主干道隔开，而小街区规划支持通过便利的步行通道隔开各种用途。住宅街区可以提供小型街角商店，而商业街区则应该在附近打造“中央大街”购物区。如此一来，就为各种服务和商店带来了大量的“街道生活”气息。此外，小街区也自然会形成更多变的天际线。在小街区内，建筑高度依方向和位置的不同，变化更为频繁。每个街区又因为采光和临街地界不同，各自会形成不同的建筑轮廓。

总体上，根据小街区规划进行的开发更加多变、更人性化，也允许规模更小的开发者参与城市建设。当然，也可以通过合并多个街区，满足更大的开发需求。多个小街区可以合并出售给一家大型开发商，但必须保留街区之间的街道网络，保证公共路权。

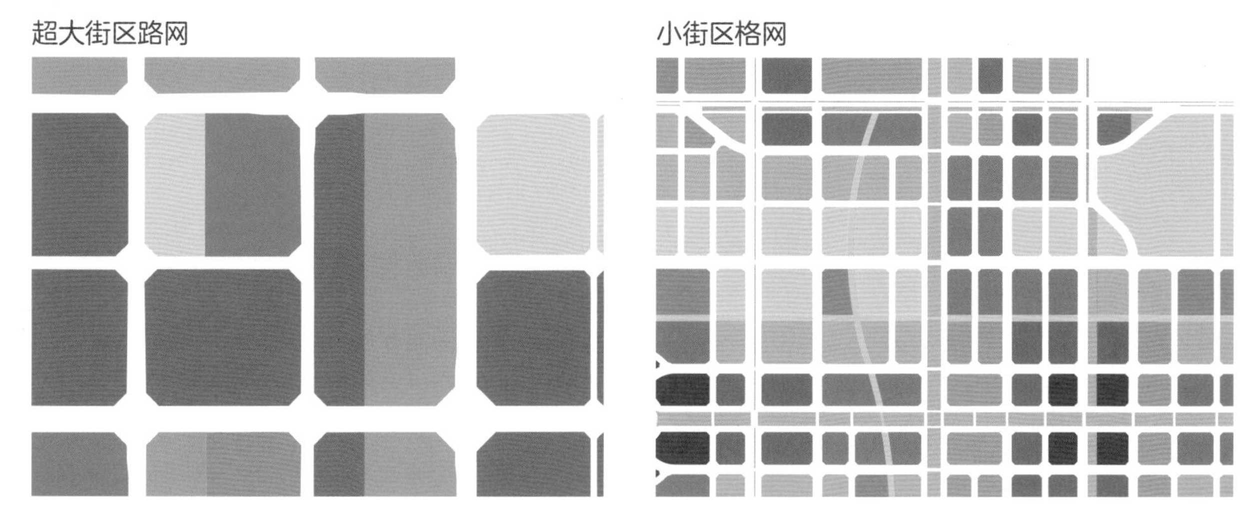

图4-8　超大街区路网（左）与采用小街区和狭窄街道设计的城市格网（右）对比图。小街区能够提供人性化的环境，建筑形式更加多样化，土地用途规划也更加灵活

首钢：改造前

首钢：改造后

悦来生态城：改造前

悦来生态城：改造后

图4-9 重庆市悦来生态城和北京首钢，超大街区路网与采用小街区和狭窄街道设计的城市格网对比图

小街区的最佳实践：

1. 混合使用土地，并在街道两侧尽可能增添零售商铺

此举借由简单易得的便利设施和商铺巩固步行交通。沿街安排活跃的土地利用类型与多种入口，增添了生活气息，增强了人行道的安全性。

2. 在每个街区内混合不同尺度、外形和高度的建筑

避免超大街区内重复单一的建筑形式，借由一系列不同的建筑形式，凸显社区个性，为居民提供更多住房选择。

3. 遵从建筑朝南布局以及对于日照的规定

即使在小街区，大部分建筑也可以并且应该朝南布局，建筑的高度会根据日照的要求而做出相应调整。

4. 提供街区内部的私密庭院

在每个街区四周安置零售商铺和/或低层住宅建筑，从而形成半私密的庭院，为街区提供实用而独特的个性化空间。街区可由通透但安全的栅栏围合。

5. 巧妙混合高、低层建筑可提高开发强度

通过混合不同建筑类型，并将高层建布置在街区南侧，可以将各住宅街区的开发强度大幅提高到标准以上。同时，低层楼房的设置也有利于保持城市的人性尺度。

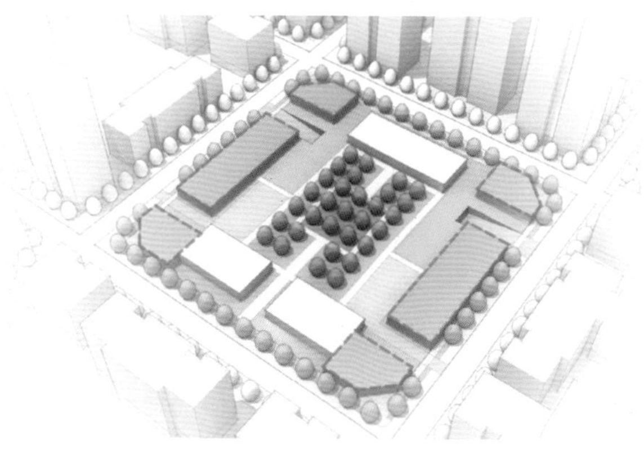

图4-10　在小街区的底层增加临街零售商铺，增强步行交通

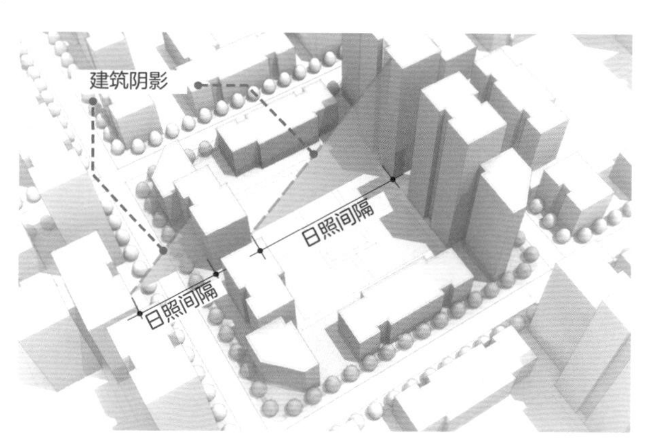

图4-11　小街区达到采光和空间标准示意

图4-12　重庆人和天地，中层住宅的小街区展示了临街商业如何支撑整个项目，并创造出充满活力的步行环境

图4-13　悦来生态城的规划打造了适宜步行的街道和小街区，在中心形成了内部庭院。在小街区内混合高、低层建筑，可以在保持开发强度的同时实现不同的密度和规模的变化

图4-14　重庆市悦来生态城，通过在每个小街区内混合不同的建筑类型和高度，形成了独特的城市形态

措施01 | 利用周边建筑开发街区，形成共用的内部庭院和人流活跃的人行道

高质量的设计是小街区的关键。需要建立一套城市设计控制准则，以创造充满活力、适宜步行的街道界面。每一个小街区都有一个中央庭院，作为住宅街区的私密庭院或商业街区的公共庭院。这种庭院模式让人联想起中国的传统城市形态，如胡同和宫殿。虽然规模不同，但城市面貌相同，从公共街道到半公共庭院，再到私人家庭，都是如此。在每个街区四周安置零售商铺和/或住宅建筑，从而形成半私密的庭院，为街区提供独特的社区特征。街区可由通透但安全的栅栏围合。

这种设计的优势在于，公共区域直接可见，所有居民都可以使用。事实上，所有单位在多数情况下都能看到街道和庭院的风景，同时保持空气流通。这使公共区域更加通透安全，成为社区的焦点。在超大街区中，许多单位平行排列，居民无法看到或直达大型公共开放空间。

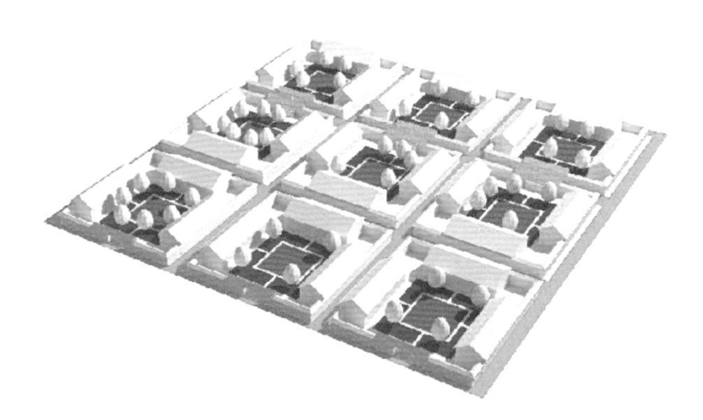

图4-15　传统的中国社区，街区有私密的内部庭院

图4-16　传统庭院模式可以按照更符合如今密度要求的方式重新诠释

图4-17　小街区内部可以提供一个私密空间，居民可以在这个自家附近的安全环境中聚会、休闲和娱乐

最后，小街区周围的建筑可以为临街商铺和本地服务创造更多机会。因此，即便在超大街区内部，也尽量不要在底层安排住宅，因为底层并不适宜居住。将底层提供给宝贵的商业和公共设施，可以丰富社区的街道生活。设计充满活力的街区，少不了有助于提高街道环境活力的生活福利设施，例如长椅、户外咖啡厅、报亭和其他街道设施。这些设施便于居民聚会、休闲和娱乐，可以丰富街道生活，刺激本地商业发展。临街商铺可以将步行环境融为一体，激发街道活力，而上面的楼层则可以实现地区的职住平衡。

图4-18　含内部庭院的住宅街区渲染图。庭院提供的共享空间人人可见，提高了整体安全性

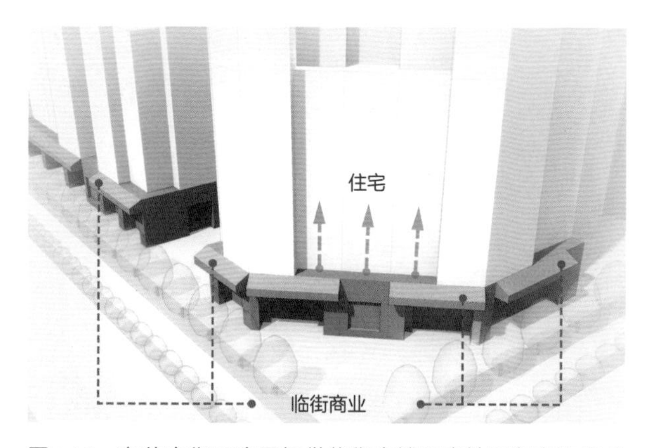

图4-19　在住宅街区底层提供临街商铺和本地服务有许多优势。首先，不需将不适宜居住的底层安排成住宅单元；其次，能够增强行人活动，丰富街道生活

图4-20　小街区外部形成充满活力的人性化街道，底层商铺和服务强化了步行环境

措施02 | 利用公共通道，改造和升级现有的超大街区

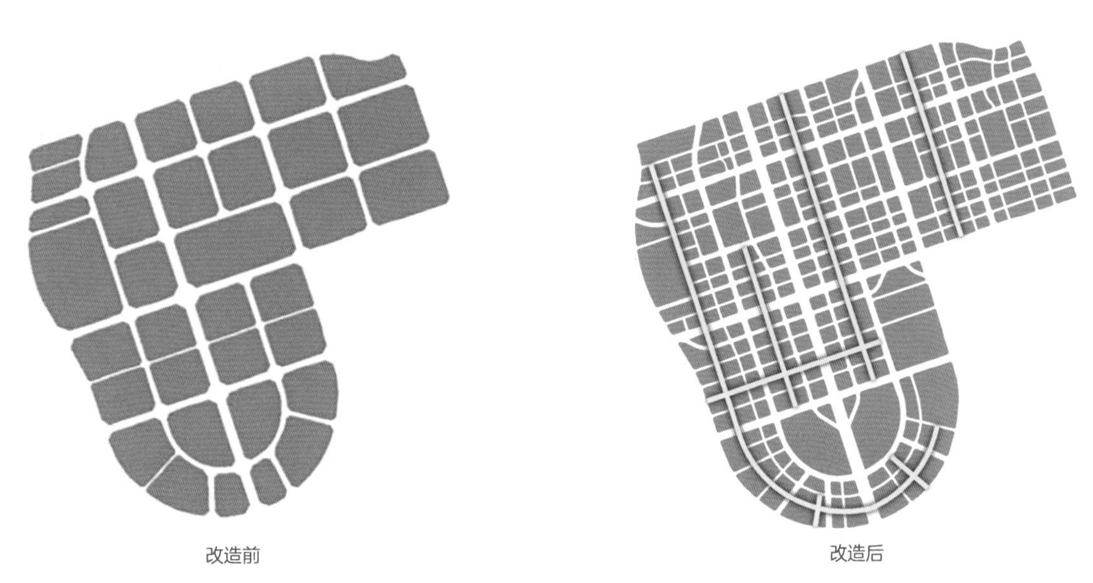

图4-21　中国呈贡原有的超大街区设计被修改为小型街区，引入了内部道路和公共通道（绿色）

国务院鼓励开发现有的超大街区。在许多情况下，可以通过将内部道路对慢速机动车交通、行人和自行车开放来实现这一目标。上图对比了中国呈贡建有主干道的典型超大街区与更合理的城市密路网格局，其中，密路网格局由小街区和更细密的街道网络组成。在原有的超大街区中增设无车街道，创造更直接的慢行联系，提高行人安全，使超大街区更人性化、更适宜步行。主干道主导的超大街区网格，优先考虑的是小汽车而不是人，抑制了行人活动。小街区的城市密路网则以人为本，鼓励步行，促进了经济活动，值得推荐。

目标 4B： 通过密路网分散车流

要发展更加可持续的低碳城市、配合土地混合开发模式，有必要制定新的交通运行策略。这种新的交通运行策略关键是通过道路网络的设计，增加通道数量以分散交通流量，从 而使步行、自行车、公共交通、小汽车和货车等在多方式共用的道路系统中各自平衡所需。最重要的是，这个交通运行系统必须确保公共交通的广泛性、步行和骑行的安全与便利性，并缩短目的地与住宅和公交车站间的距离，从而鼓励和支持公交、步行和自行车替代私家车出行模式。

一旦通过土地使用和设计策略使机动车出行分担率达到一个合理水平，“小街区、密路网系统”会比“大街区、宽马路系统”更能提高交通运行的效率。我们称这种较高密度路网的交通运行系统为“城市密路网”，称现有的大街区宽马路系统为“超大街区系统”。相比之下，超大街区系统已经被证明并不足以应对中国高密度城市所产生的交通流量。

构建城市密路网

城市格网由一系列宽度不同的道路组成，构成相对较小的街区模式。

- 主要的过境交通由多条宽度不超过40m或50m的次干路或成对的单向道路即单向二分路承担。
- 一些特定的公交走廊为那些需要专用路权的公交系统提供空间。
- 作为通过性道路的补充，设置一些机动车禁行的街道，并布置行车道、步行购物街区和公交专用道。
- 最后，由设置宽敞连续人行步道、可连接本地各地块的支路网络，完成了整个道路网络的构建。

大街区宽马路系统，即使是8～10车道的主干路，也经常出现交通拥堵状况。一方面的原因是主干路的交叉口规模庞大、相位复杂、运行效率低下，因而产生交叉口延误致使路段拥堵。另一方面的原因是宽马路系统缺乏可替代的出行线路，一旦道路上出现交通事故就会导致较大规模的延误，从而堵塞路网。事实上，超大街区系统会产生这样的恶性循环：过宽的道路断面事实上会限制步行、骑行和公共交通出行，从而导致更多的机动车交通需求，因此使得道路为满足机动车交通需求的增加而变得更宽，最终导致在这种恶劣的道路环境下，人们难以选择其他替代出行模式而被动选择小汽车出行。值得注意的是，做城市或片区规划时应同时采用这两种系统，因此两种系统之间的过渡尤其重要，下文将对此进行详细阐述。

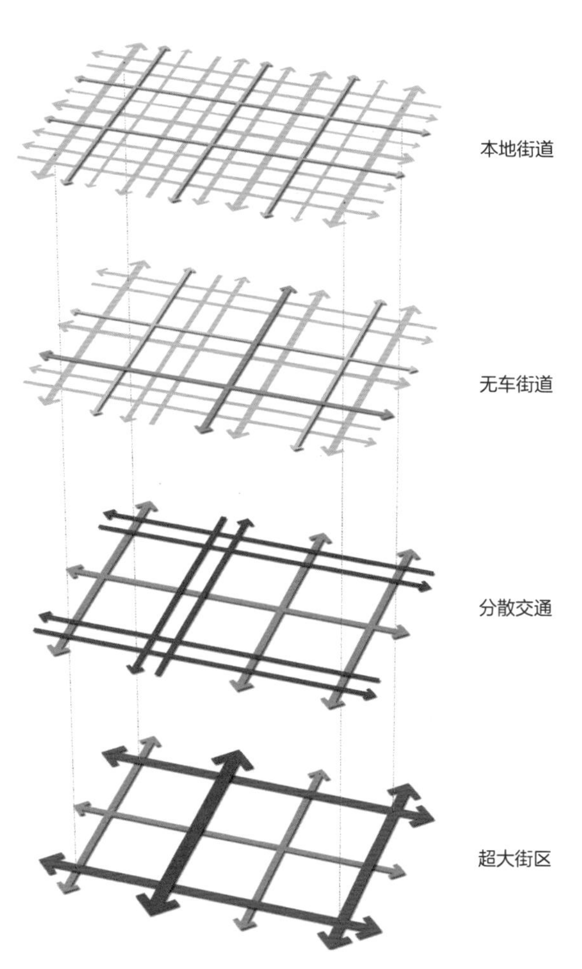

图4-22 将“大街区宽马路”改造成小街区密路网系统，并不影响道路的承载能力

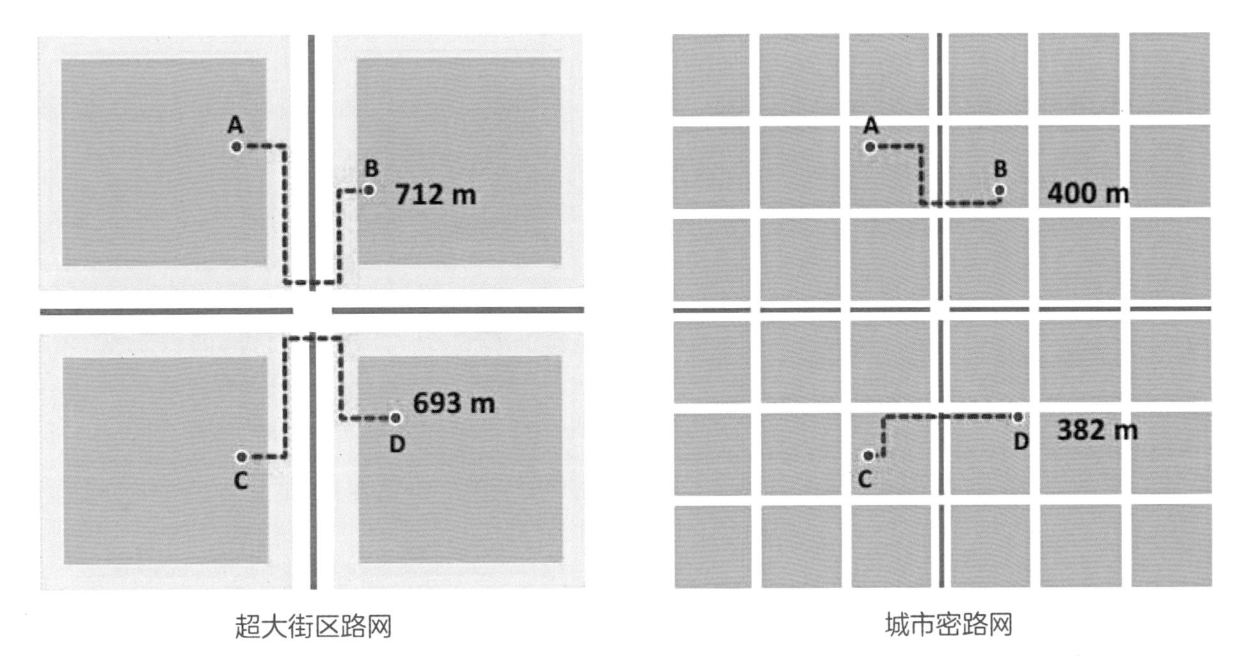

图4-23　小型街区组成的城市格网，使得临近地块之间的短距离出行更直接，步行距离更短。图中对比了相同规模的超大街区路网（500m）与城市格网的行人出行距离。超大街区街道渗透性不足，供行人过街的交叉口更少、交叉口规模更大，使行人出行距离和过街距离更长，从而导致相同两点之间行人的步行距离几乎是城市格网的两倍

城市密路网要求街道断面更窄，便于行人通行。如图4-24所示，小街区、密路网的系统并不会削弱交通网络的承载能力。满足过境交通需求的策略很简单，将一条六车道的城市主干路改造成两条三车道的单向街道，因为避免了左转相位在交叉口造成的时间延误，反而可以提高道路的承载力。此外，也可以将一条六车道的主干路改造成两条临近的四车道次干路。于是在城市格网系统中，更窄的“二分路”和“林荫街道”取代了原本的宽马路。

城市密路网的优势：

- 道路密集、出行线路选择多，从而分散了道路交通流量，降低了多数道路的交通负荷，同时缩短了行人过街距离。
- 允许在之路上左转进入地块，使短距离出行更便捷。
- 一旦发生堵车或紧急情况，交通流较容易疏导至替代路线。
- 增加交叉口密度、缩小交叉口规模，行人过街距离更短、更安全。
- 街道断面更小，改善了公共交通系统对行人的可达性。
- 小街区构成的城市形态，适应性更强，土地利用的灵活性更高，并为小型开发商进入市场创造了机会。
- 应急车辆有多条路线可抵达目的地。
- 单向二车道取消了左转相位，使得多个交叉口的信号同步和交通“绿波”成为可能。

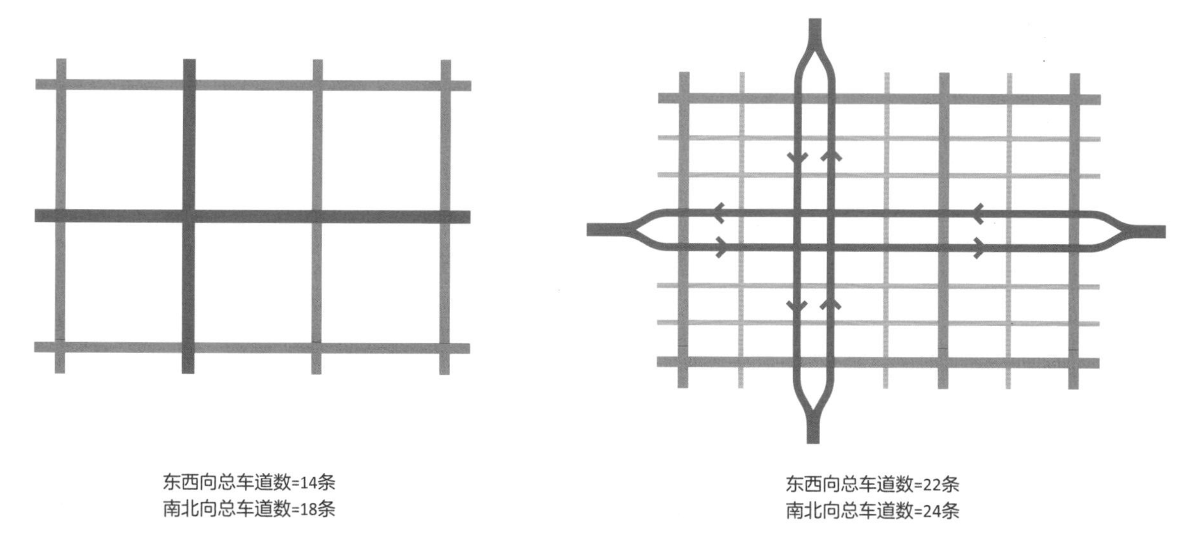

东西向总车道数=14条
南北向总车道数=18条

东西向总车道数=22条
南北向总车道数=24条

图4-24　通过增加支路加密路网、以二分路代替城市主干路，将超大街区改造成城市格网。对比两种不同的城市布局模式可以看出，城市格网提供的土地使用潜力高于超大街区

措施03 | 快速路和高速公路沿区域边缘布设

一般城市总体规划或是片区规划都会同时采用城市格网与超大街区系统。城市格网适用于混合开发区域、高密度住宅或商业区域，如核心车站区域；超大街区系统适用于用地性质以制造、工业、仓储或大型机构功能为主的区域。这两种系统都需要适量的快速路和高速公路支撑，但前提是快速路和高速公路只能布设在片区边缘地带。

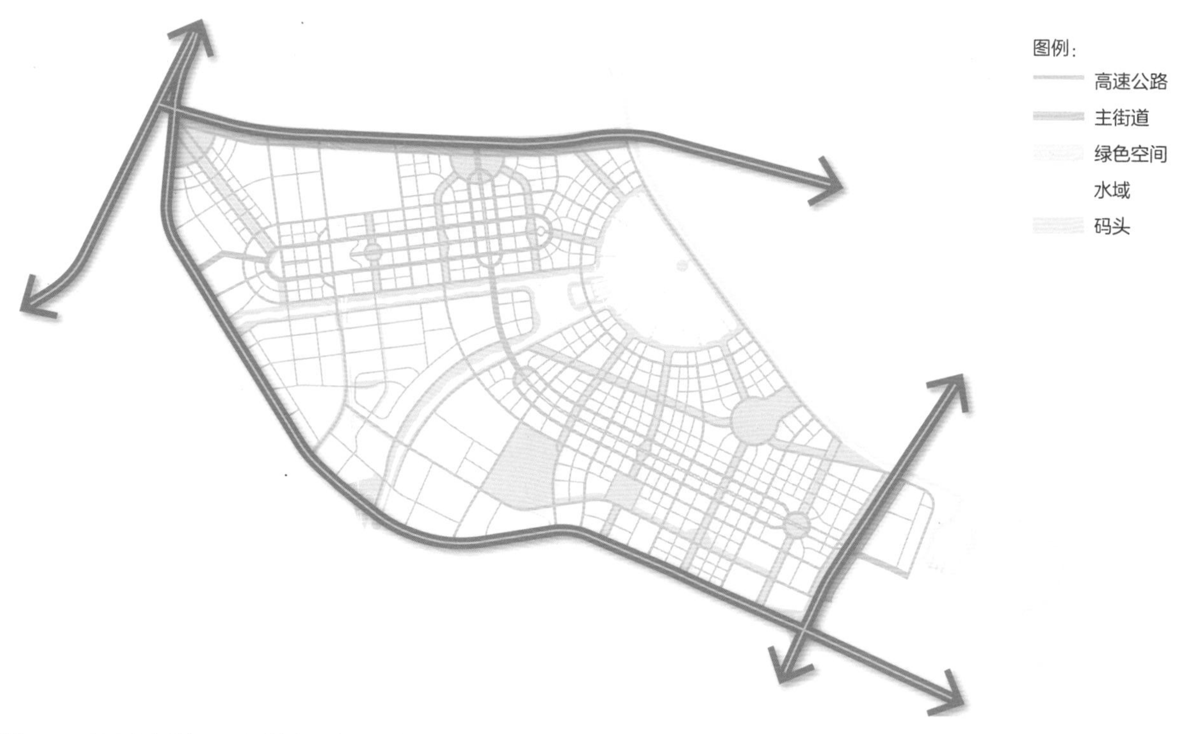

图4-25　中国珠海北部TOD规划中，大型快速路和高速公路沿片区的边缘布设

图4-26　重庆市悦来生态城的高速公路位于开发项目的边缘

措施04 | 以单向二分路取代通过型主干路，限制主干路宽度

城市网格的关键要素之一是利用成对的单向街道分散交通量，同时避免造成行人障碍。这种“二分路”在世界各地被普遍应用，通常用于承接郊区主干路或高速路交通进入城市中心区的密路网。这种交通策略已经在多种交通背景下经过广泛的测试和分析。下文所述的一项研究将探讨在土地混合利用开发或城市更新区域推行单向“二分路”街道和小规模街区的潜在效益。

研究并不是为了证明这种二分路应该完全取代所有的主干路，其结果仅用来说明，单向二分路能够带来系统运行与安全效益，可以成为当前宽马路和超大街区开发模式以外的多样化选择之一。研究详细介绍了单向二分路及其总体效益，及计算机仿真对比分析传统主干路与二分路的结果。

图4-27　重庆市悦来生态城采用单向二分路街道之前的交通运行系统示意图

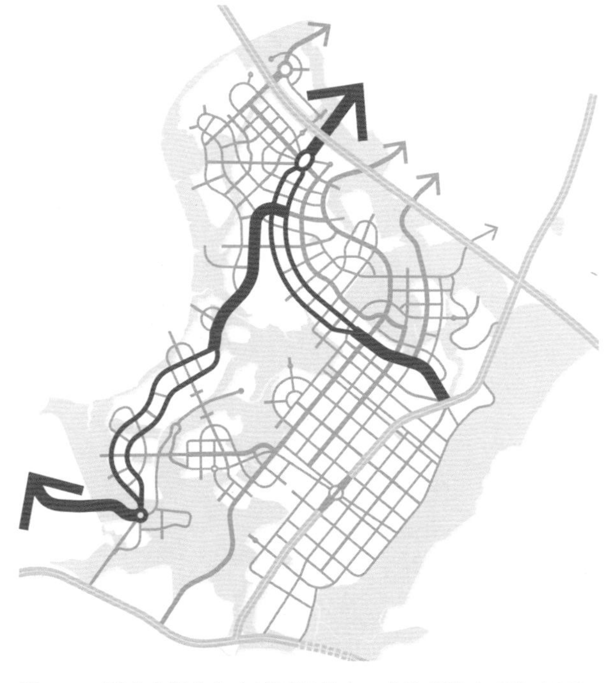

图4-28　重庆市悦来生态城采用单向二分路街道之后的交通运行系统示意图

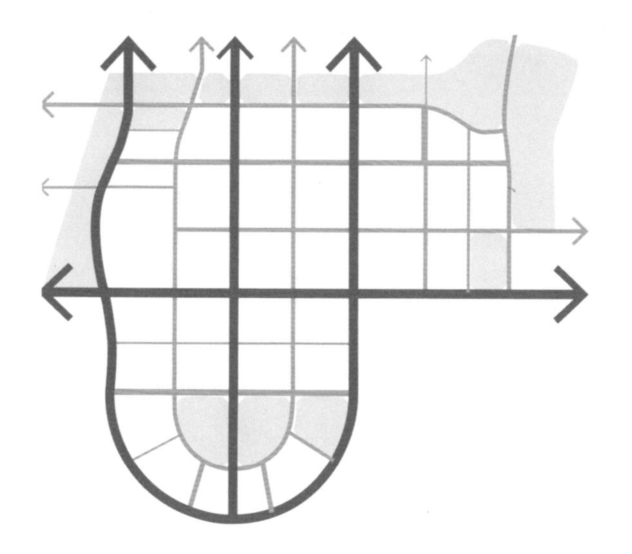

图4-29　昆明市呈贡采用单向二分路街道之前的交通运行系统示意图

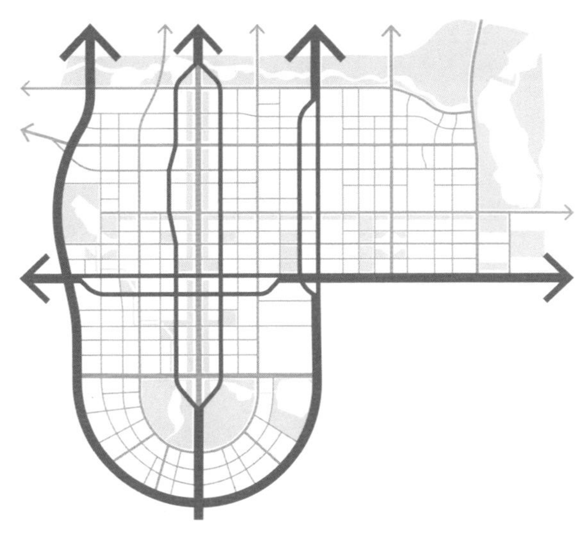

图4-30　昆明市呈贡采用单向二分路街道之后的交通运行系统示意图

什么是单向二分路？

单向二分路是两条平行反向的单行道。单向二分路通常设置于市中心街道格网中，二分路中的两条单行道一般分布在一个边长100～200m的街区两侧。尽管单向二分路可以用于很多类型的区域，诸如高密度商业区、混合用途的市中心区域和居住区等，但其主要用途仍是应用于高密度开发的区域，用以改善交通状况。单向二分路因其被证明不但能够使行人、自行车和公共交通受益，也能有助于改善小汽车交通，因此已经被城市交通领域众多专家广泛认可。

单向二分路在美国和加拿大得到广泛应用，包括旧金山、纽约、西雅图、丹佛、温哥华、多伦多等城市，此外在欧洲和亚洲许多城市也得到应用。中国广州以及北京奥林匹克公园附近也采用了二分路。以旧金山为例，市中心有超过12组单向二分路，每个方向的街道有2～4条车道，单行道一侧或两侧设有自行车道和路内停车。

在高峰时段，通常单车道的流量可达到600～700辆/h。因此，尽管二分路设计相对缩短了街区长度，营造出了更宜人的步行环境，但同时也充分满足了高峰期间的机动车出行需求。因为街区缩短，导致交通信号灯数量增加，的确可能会带来交通延误。下文将继续分析：设置二分路，简化了每个交叉口的信号相位，并创造了整条道路走廊上实现信号联动的条件，因而更可能带来交通运行效率的提升。

概括地说，单向二分路带来的效果有：

- 减少延误，提高交通运行效率。
- 缩小街道尺度，促进步行和骑行。
- 增强公共交通服务。
- 为所有交通参与者创造更安全的出行环境。
- 增加可开发土地净面积。
- 减少燃料消耗和温室气体排放。

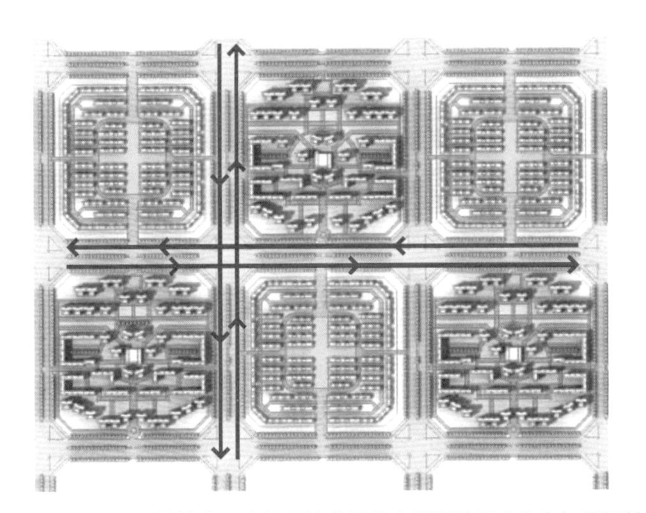

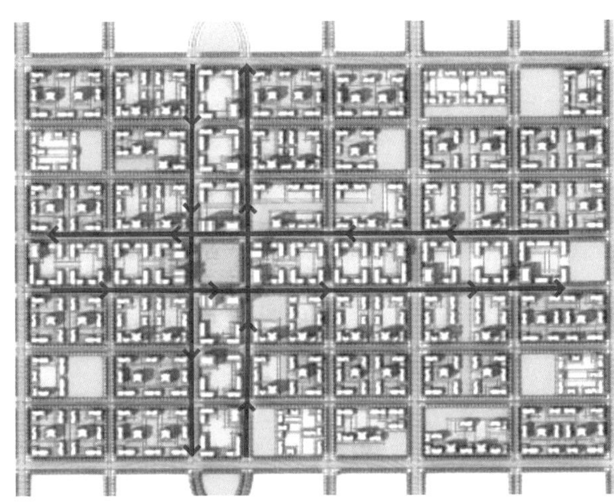

图4-31　采用传统主干路组成的典型超大街区路网（左）与采用单向二分路设计的城市格网（右）交通运行对比。较窄的单向街道上交通信号灯相位更少，缩短了信号灯等待时间，可以实现交通信号的协调联动

交通受益

单向二分路设计的交叉口通行能力比双向道路更高，因为二分路的交通信号灯相位更少，在相位之间切换的损失时间少，并且车辆通过路口的有效绿灯时间更长。特别是二分路设计的每条单行道其人行横道距离更短，因此缩短了行人过马路的时间，增加了车辆通过路口的时间。同时因为相位周期缩短，行人的过街等待时间减少，也使行人能够更好地遵守交通规则。此外，因为信号总体周期缩短，还可以减少机动车总体延误。单向二分路系统具有更高的通行能力，因此提高了交叉口的总体通行效率和服务水平（LOS）。在高峰时段，即使单向交通流量较大，多数二分路沿线交叉路口的服务依旧可以达到C甚至更高水准。

单向二分路只服务于单向交通，从而减少了交通流线冲突点，使得二分路沿线交叉口及垂直道路交叉口间的信号可以实现协调联动。而传统主干道或大型街道上因为需要同时协调至少两个方向的交通，因此更加复杂。

此外，传统大街区因为交叉口间隔过宽，容易导致路段上的车辆行驶趋于分散，难以进行提高通行效率的信号协调。

单向二分路减少了交通流线冲突点，从而降低了机动车与自行车和行人相撞的风险，更好地保障了交叉口的整体交通安全。由于单向二分路和小街区使出行起点和终点之间的路线变短，因此出行时间也得以缩短。很多情况下，当目的地为靠近单行路两侧的吸引点时，车辆不需要横穿对向的单行路就能够直接到达。

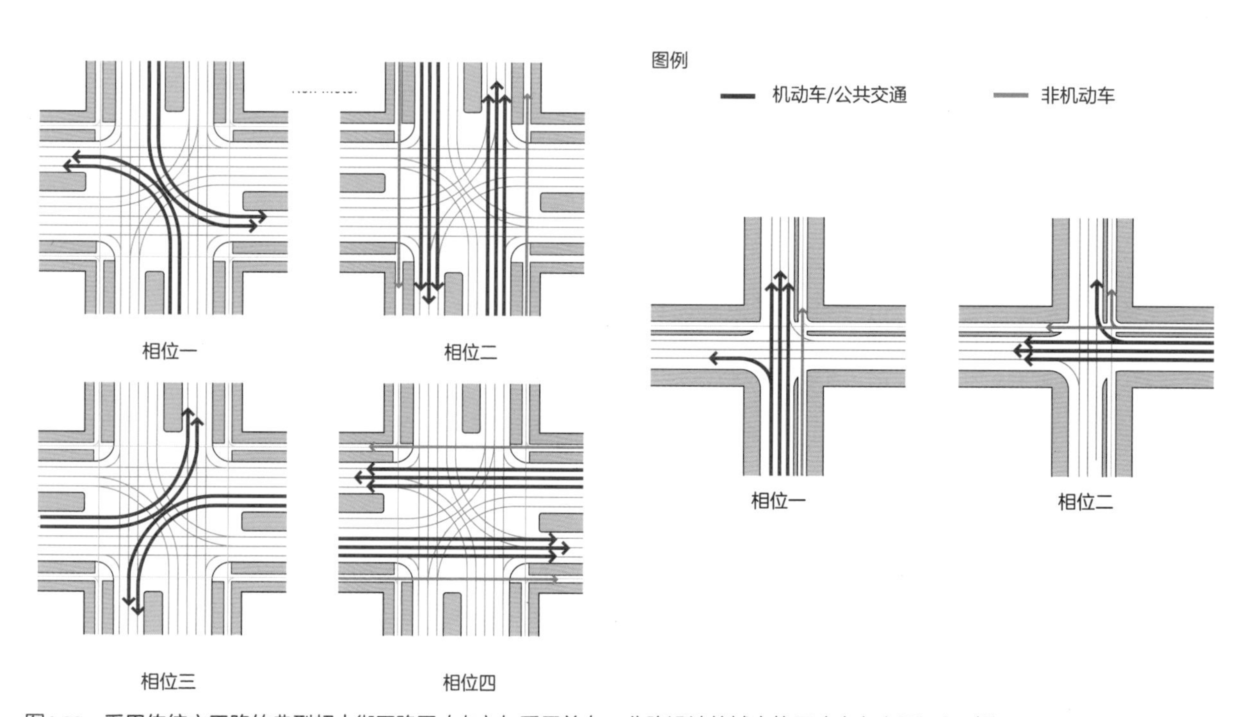

图4-32 采用传统主干路的典型超大街区路网（左）与采用单向二分路设计的城市格网（右）交通运行对比

公交受益

单向二分路提高了路网承载能力，而随着道路交通整体运行状况的改善，公共交通的运营效率也得到提高，从而减少了公交车延误，增强了公交服务的可靠性。通过完善交通信号相位周期、减少交通拥堵，常见的公交车站车辆排队入站现象将大大减缓。缩短信号周期长度，也有助于提高公交车服务的频率（通过调度使发车间隔或小于等于信号周期长度），改进公交发车间隔的均匀性。此外，因为步行和骑行环境改善，各地块间的联系性加强，从而扩大了公共交通服务的覆盖范围，可以有效提升公共交通的客运量和公交出行分担率。

行人/自行车受益

单向二分路使得单向运行的街道断面更窄，其车道数量少于传统双向主干路，因而缩短了行人过街的距离。相比传统的双向主干路，行人穿过单向二分路交叉路口的时间至少缩短了50%。由于车流分散分布在二分路及平行的城市格网道路上，单向二分路在各个交叉口的转向流量会有所降低，行人和自行车穿越交叉路口街道时更加安全。此外，如果交叉口过街的步行和骑行流量较大（中国城市普遍存在），也比较容易设置行人/自行车专用信号相位，既能保护行人/自行车过街安全，也不会对转向机动车交通产生较大的延误。在小街区路网中，通过优化信号相位，单向二分路上的车流可以维持一个合理的行驶速度。这为行人和自行车提供了更友好的出行环境，并保障了所有道路使用者的安全。因为街区较小，行人因为过街需求而步行至信号灯路口的距离也较短，从而减少了行人在街区中间（两个交叉口中间）位置违章穿越道路的危险行为。

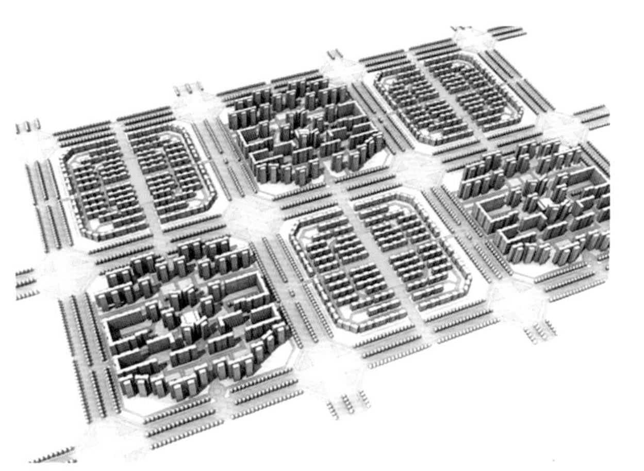

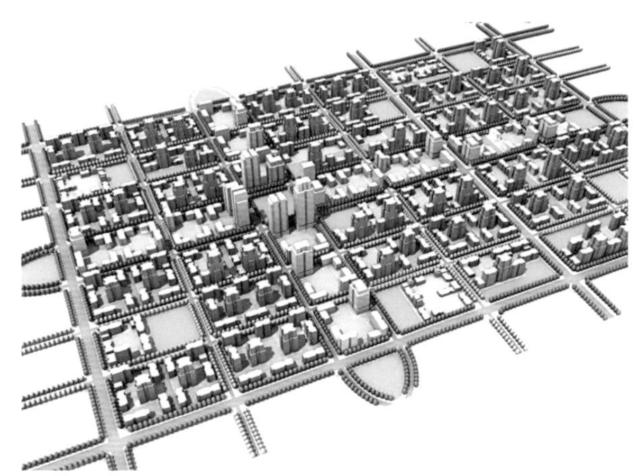

图4-33　超大街区系统（左）与城市格网系统（右）的建筑体量对比。在小街区系统中二分路的效率才会最高

城市设计受益

卡尔索普公司曾就传统超大街区与设有二分路的格网系统的道路面积进行对比研究。该研究假设超大街区内部需设有内部循环道路以实现街区内的联系，并以此对超大街区的道路面积进行计算。分析结果显示，对同等大小的研究区域，“二分路”系统道路面积（66hm²）少于设有内部循环道路的典型超大街区系统85hm²。

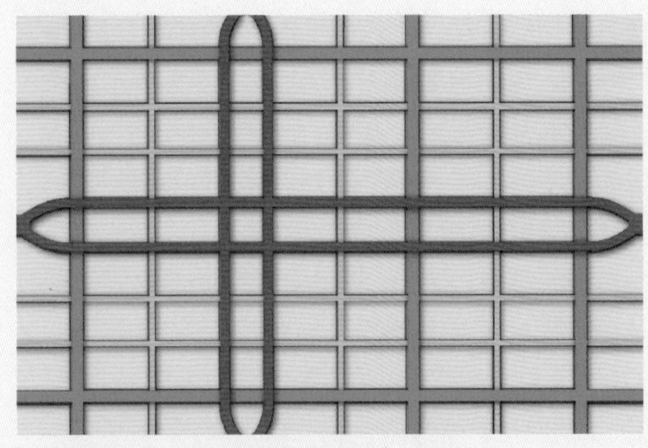

采用单向二分路的城市格网

主干道路面面积=20hm²　干道路面面积=26hm²

地方性街道路面面积=20hm²　合计=66hm²

传统主干路围合的超大街区

主干路路面面积=24hm²　干道路面面积=32hm²

地方性街道路面面积=29hm²　合计=85hm²

图4-34　超大街区与城市格网道路面积对比

模拟情景1.1		
出行A至B	超大街区路网	城市密路网
转弯次数	4	3
研究区域内行驶距离	2400m	1400m
主干路上行驶距离	2400m	850m

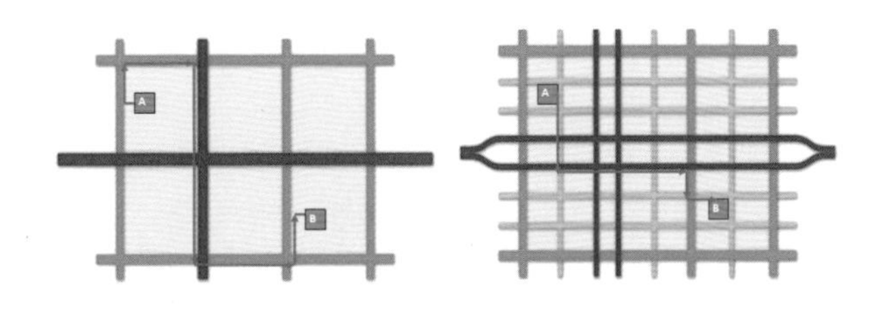

模拟情景1.2		
出行A至B	超大街区路网	城市密路网
转弯次数	2（包括掉头）	1
研究区域内行驶距离	1350m	900m
主干路上行驶距离	1350m	100m

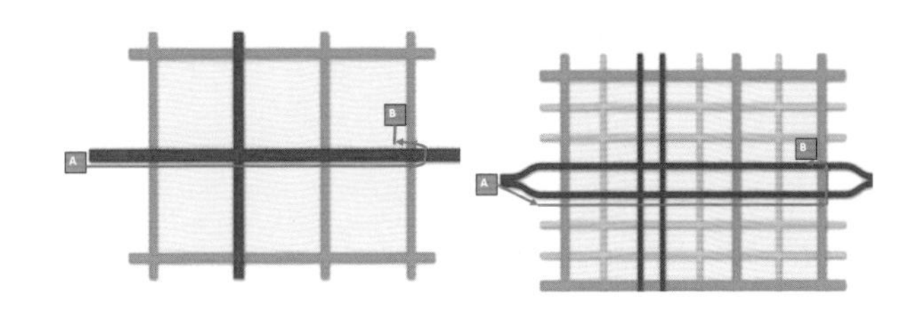

图4-35　传统主干路与单向二分路出行距离对比。

注：假设超大街区主干路的行车道仅允许右转。

车辆行驶距离评估

有关两种道路结构的对比，还涉及其他问题，如在两种不同类型的路网系统中，任意两地之间的出行距离和转弯次数差异。众所周知，单向二分路及其配套的城市密路网组成一个密不可分的交通系统，这个系统可以有效缩短车辆行驶里程，节省出行时间。相对于大街区系统，小街区、密路网提供了更多平行道路，目的地的可达性更强，从而司机可以选择更短的路径出行。

Fehr 及其同仁以四对OD对为情景评估在超大街区系统和二分路系统中出行的最短路径，详情见图4-35。其中三种情况下，二分路系统的最短出行路径比超大街区短150～1000m。情景2.2中虽然二分路系统的行驶距离更长，但两者仅相差150m。在这个例子中，尽管二分路系统的行驶距离长了约8%（150m/1850m），但根据预测，其出行时间却比超大街区系统节省了约10%～15%。

相比超大街区系统，单向二分路系统可以为驾驶员提供更多路径选择或更改的机会，却并不会增加转弯次数。如图4-35所示的分析中，二分路系统在情景1.1和1.2中的转弯次数更少，在情景2.1中转弯次数与超大街区系统相同，在情景2.2中二分路系统比超大街区系统多了一次转弯。但在最后一组2.2的对比中，传统超大街区路网的交叉口间隔宽、流量大、冲突多，在此掉头所需时间较长，而二分路系统虽然可能需要司机额外转弯1～2次，但这些转弯时面对的交通冲突较少，较为容易实现，因而也会更节约时间。

模拟情境2.1		
出行A至B	超大街区路网	城市格网
转弯次数	2	2
在研究区域内的行驶距离	1800m	1650m
主干路上行驶距离	1800m	1250m

模拟情境2.2		
出行A至B	超大街区路网	城市格网
转弯次数	1（掉头）	2
在研究区域内的行驶距离	1850m	2000m
主干路上行驶距离	1850m	1900m

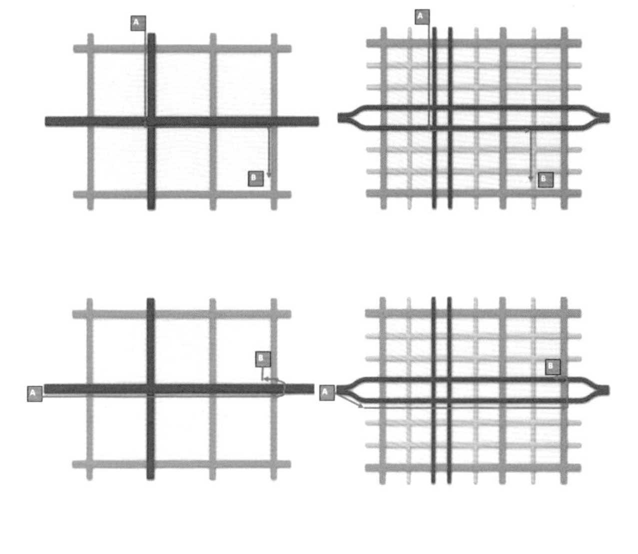

标准 4.1：街区规模

保证居住区至少70%的街区不超过1.5hm²，非工业区内的商业街区不超过3hm²。

小街区能形成窄马路、密路网，改善步行环境，还具有社会效益。小街区形成的社交规模，可加强居民互动，保障街区安全，营造出更宜居的环境。为了实现小街区规划的优势，居住区内至少70%的街区面积不能超过1.5hm²，非工业区内的商业街区面积不能超过3hm²。

图4-36 珠海北部TOD规划图，按照区域将街区分为不同类别。深黄色代表小于1.5hm²的居住区，浅黄色代表超过1.5hm²的居住区，深紫色代表小于3.0hm²的商业街区，浅紫色代表超过3.0hm²的商业街区。74%的居住区小于1.5hm²，92%的商业街区小于3.0hm²

标准 4.2： 退线

缩小退线距离，零售退线不超过1m，商业退线不超过3m，住宅退线不超过5m。

为保持街边景观的连续性和活力，建筑必须紧邻人行道，根据临街用途确定退线。为了使小街区规划达到最佳效果，应该确定最大退线而不是最小退线。缩小退线加强了建筑与人行道代表的公共空间之间的联系，还能够为开发商提供更多可售建筑面积。

根据不同临街用途，对建筑退线规定如下：

- 零售建筑不超过1m。
- 其他商业建筑不超过3m。
- 住宅建筑不超过5m。

这一规定假设，临街用途为住宅时，建筑容许退线为5m，非住宅用途的退线不超过3m。退线应从建筑红线开始测量。

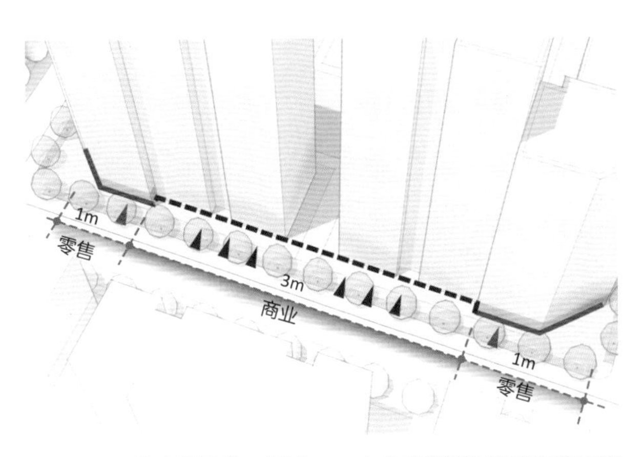

图4-37　零售建筑退线不超过1m，商业建筑距离建筑红线不超过3m

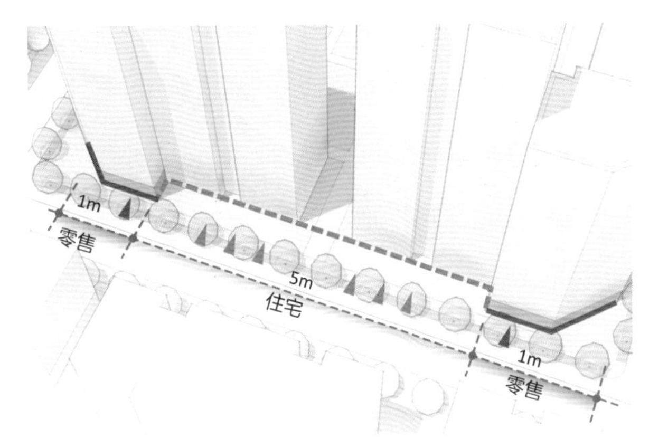

图4-38　住宅建筑退线距离建筑红线不超过5m

标准 4.3： 街道规模

非工业区内，无公交专用道的街道，宽度不能超过40m，有公交专用道的街道，宽度不能超过50m。

我们通过观察发现，小街区能够实现城市的设计与交通运行目标。而设计适宜步行的人性尺度街道同样重要。宽马路上行人过街距离更长，因此会加重交通延误。

窄马路能提高步行的安全性和舒适度，实现预期目标。非工业区街道宽度不能超过40m，有专用公交专用道的街道宽度不能超过50m。

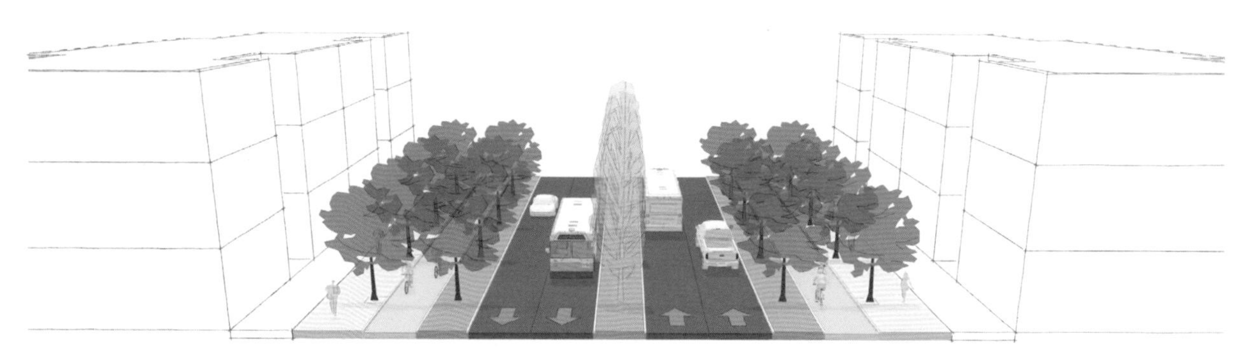

最大宽度40m

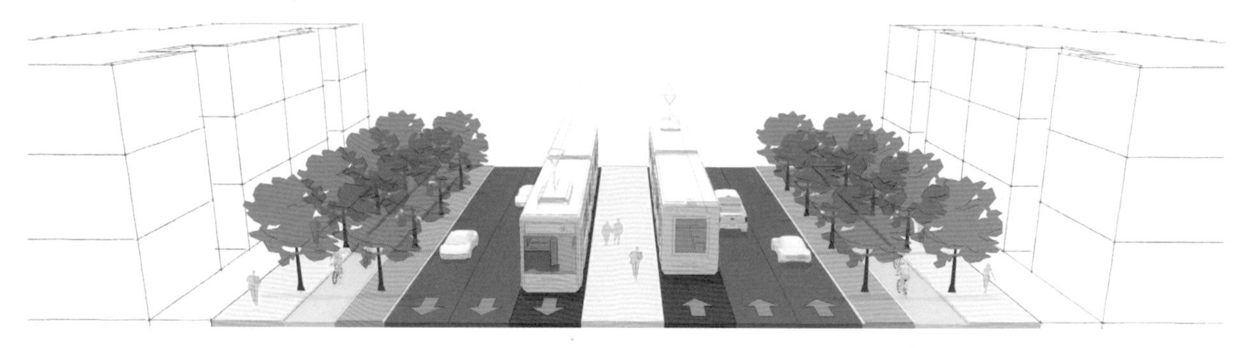

最大宽度50m

图4-39 所有街道宽度不应超过40m。如果包括了专用公交车道，街道宽度不能超过50m

图4-40　韩国的混合街道包括有物理隔离的自行车道和林荫人行道（资料来源：Karl Fjellstrom，交通与发展政策研究所）

图4-41　法国斯特拉斯堡（Strasbourg）Avenue du General de Gaulle是一条适宜步行的公交干道（资料来源：斯特拉斯堡城市委员会）

第5章

原则 05：步行与自行车交通

打造适宜步行和自行车出行的环境，促进非机动化交通。

原则 05

步行与自行车交通

打造适宜步行和自行车出行的环境，促进非机动化交通

目标

5A *保障行人的安全、舒适与便利*

- 措施01：依据周边土地开发强度和用地性质规划人行道。
- 措施02: 设置连续的行道树和行人便利设施。
- 措施03：在交叉口利用路侧停车区设置“路缘石外延”，缩短行人过街距离。

5B *鼓励沿街活动，在主要步行路线沿线打造休闲场所*

- 措施04：沿街布置富于吸引力的街道界面，禁止在建筑前区退线空间内停车。
- 措施05：为了街区安全考虑，在建筑退线区域采用半通透的栅栏设计，起到美化景观的效果。

5C *街道设计应该优先考虑自行车出行的安全与便利*

- 措施06：自行车道与机动车道和人行道之间应设置隔离。
- 措施07：交叉路口的设计必须保障行人和自行车的安全通行。
- 措施08：细分原有超大街区时考虑采用无车街道。

5D *划定无车走廊以容纳通达的专用步行和自行车通道，其中也可以包括公交车道*

- 措施09：无车街道的建筑底层应该提供商铺和服务。
- 措施10：连通无车街道和大型开放空间内的小路。

标准

5.1 *人行道宽度*

四车道及以上的街道，人行道的宽度不应低于3.5m，两车道街道的人行道宽度不应低于2.5m。

5.2 *街道交叉路口*

在不设安全岛的情况下，街道交叉路口两侧路缘之间的距离不应超过16m。

5.3 *活跃的街道界面*

住宅街区四周用作公共服务功能的街道界面比例不应低于40%，商业街区和购物街沿线则不应低于70%。

5.4 *自行车道*

四车道及以上的街道，必须设置有物理隔离的自行车道，宽度不低于2.5m；两车道的支路，自行车道宽度不低于2.0m。

5.5 *无车街道*

每隔1km建设1条由行人、自行车或公共交通任意组合的无车街道。

原理

适宜步行的街道和社区是每一座美好城市的基础。发展步行交通能够减少对机动车的依赖，促进公共交通发展，改善市民体质，增强居民的社区感。不安全的环境会抑制步行和自行车出行，很难促进出行方式的转变，或提高非机动化交通方式的出行分担率。古今中外，步行都是高品质社区的核心。世界上最有吸引力的城市，都强调人性尺度的步行环境。自行车出行需要的土地和能耗远低于其他交通方式，不会产生污染，还能带来健康效益。

高密度的步行与自行车道网络，可以缩短通勤距离，提高通勤效率，鼓励居民采用更健康的通勤方式，减少小汽车使用。事实证明，适宜步行和自行车出行的社区更幸福、更健康，在某些情况下还能启发灵感——阿尔伯特·爱因斯坦在谈论相对论时说过："我是在骑自行车的时候想出来的。"

挑战

中国许多城市的快速发展和机动车保有量的逐步增加，成为交通拥堵日益严重的主要原因。2003年，北京市机动车保有量总计约为200万，平均每7.3户家庭拥有一辆机动车，而在1998年，北京市机动车保有量总计仅为110万，平均每11.3户家庭才拥有一辆机动车。

2010年，北京的机动车保有量已经增加到450万，相当于每4户家庭拥有一辆机动车。过去10年中，北京市机动车保有量的增长速度远远超过居民增长速度。这种现象不只存在于北京，昆明等区域性城市的机动车保有量增长速度更快。不过，美国主要大都市约每两户居民就拥有一辆机动车，相比之下，中国城市的机动车保有量仍相对较低。

然而，中国机动车的迅速增多已经超过了当前交通系统的容纳范围，导致道路过度饱和，延长了通勤者的交通拥堵时间。交通拥堵问题已经严重影

图5-1　1991年，中国上海的自行车大军（资料来源：http://www.theurbancountry.com/2013/02/photos-chinas-history-of-bicycles.html）

响了城市发展、经济增长、公共健康和居民生活质量。当务之急是避免北京面临的问题蔓延至全国。

中国自行车出行的减少与机动车保有量的增加和以机动车为导向的街道设计等有着直接联系。在20世纪60～70年代，自行车是中国最受欢迎的商品，甚至被作为结婚礼物。1986年，中国政府曾向美国总统乔治·布什赠送过两辆自行车。1995～2005年期间，中国的自行车使用量减少了35%，从6.7亿下降到4.35亿。同期私家车保有量翻了一番，从420万增加到了890万。过去10年，中国政府一直在努力调动公众对自行车出行的兴趣，并取得了显著的进步。中国的公共自行车项目在规模和数量上领先世界。目前全国建设公共自行车的城市已经有500多个，投放自行车总量达到150万辆。

虽然公众对自行车出行的兴趣有所提高，但街道设计和骑行基础设施却跟不上变化的节奏。而且多数街道设计仍是以传统自行车为主。但随着电动自行车使用的增加，传统自行车已经过时。中国现有电动自行车超过2亿辆，而私家车只有1.23亿辆，但小汽车依旧占据了大部分道路空间。鉴于电动自行车的价格不断下降，并且可以避开交通拥堵，以前要通过传统自行车完成的行程，已经被电动自行车所取代。中国地方政府必须不断创新，把这种新型公共交通模式纳入规划实践当中。

更合理、更注重人性尺度的街道设计，可减少交通死亡人数。交通事故也是中国面临的一个严重问题。据世界卫生组织报告，中国每年的交通死亡人数超过25万人。在全世界，交通事故是15～29岁年龄群体的主要死因。如图5-2所示，纽约市约65%的交通事故发生在供行人和私家车混合使用的主要街道，这种街道限速往往更高。这表明，街道设计对行人安全非常重要——交通速度必须降低，人行横道必须有安全缓冲，城市还应该考虑增加自行车和行人专用绿道。

交通拥堵也给中国造成了巨大的经济损失。2010年中国统计年鉴显示，北京市的交通拥堵成本为580亿元，约占GDP的4.22%。2014年，北京大学国家发展研究院的一项研究计算得出的总拥堵成本为700亿元，比2010年计算得出的成本增加了20%。图5-3为加拿大温哥华不同交通模式的成本研究结果。数据显示，步行与自行车出行相比驾车出行的效益显著，而北京、上海等城市的交通拥堵与污染成本远远高于温哥华。

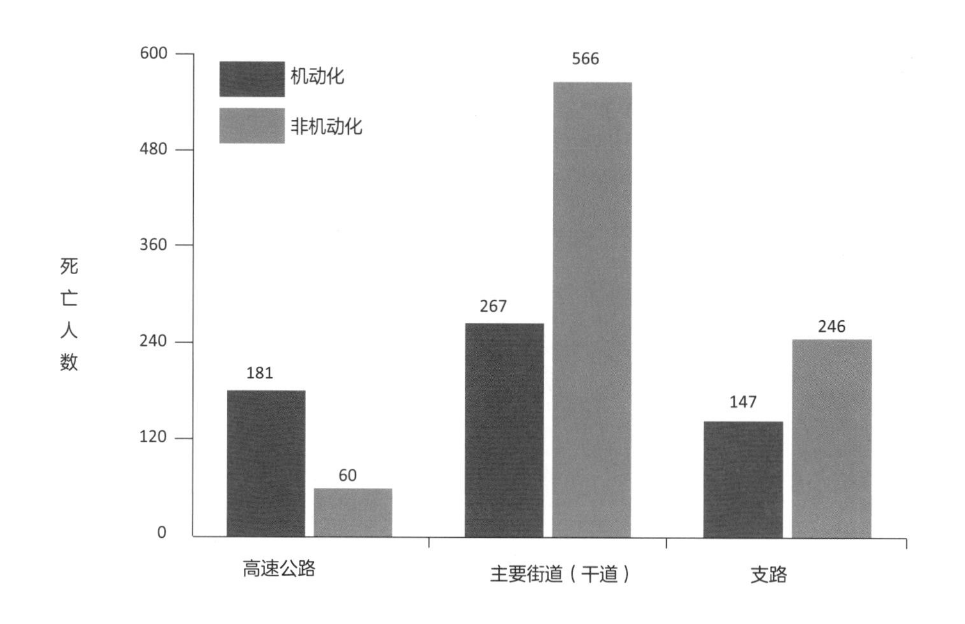

图5-2　2005～2009年纽约市不同道路与交通模式的死亡人数（资料来源：http://www1.nyc.gov/assets/doh/downloads/pdf/survey/survey-2010-traffic-safety.pdf）

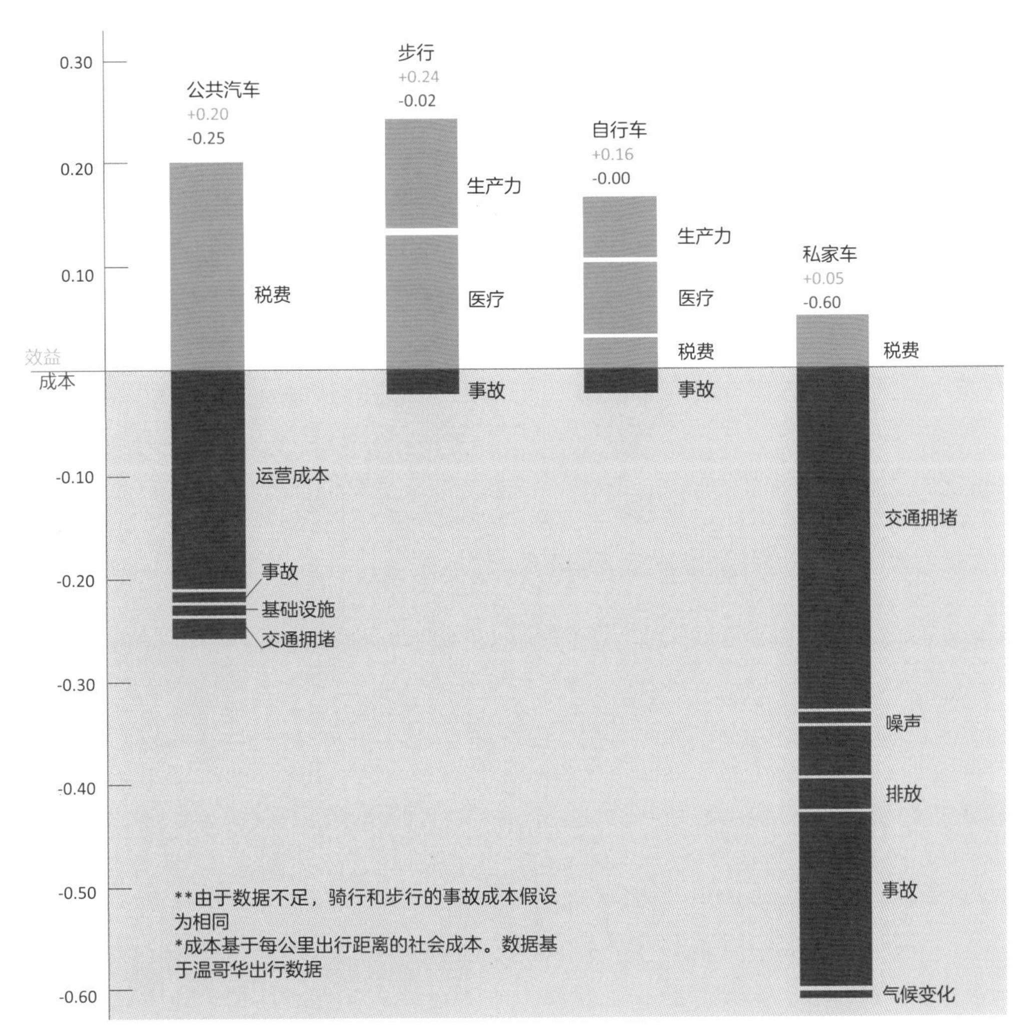

图5-3 加拿大温哥华不同交通模式的社会成本（资料来源：12条绿色导则，2015年，http://movingforward.discoursemedia.org/costofcommute/）

效益

经济效益

房地产价值更高：世界各国城市的例子证明，适宜步行的街区能够带来价格溢价（CEO's for Cities，2009）。

投资回报高：公共自行车系统可以带来许多好处。在新西兰，公共自行车系统带来的效益是成本的10～25倍（MacMillan，2012）。

降低政府支出：通过减少驾车出行、鼓励骑行和步行，政府可避免健康、交通拥堵和污染等问题带来的外部效应（绿色国度和哥本哈根清洁技术群落，2014）。

缓解交通拥堵：改善步行与骑行体验，是减少机动车使用的最佳方法。例如，广州的公共自行车系统每天可减少14000次驾车出行（交通与发展政策研究所，2013）。

降低交通成本：增加步行和骑行，可大幅减少燃油、维护和停车支出。

环境效益

减少碳排放：骑行与步行不产生尾气排放，而机动车却日益成为中国的碳排放源。

改善空气质量：机动车尾气排放是PM2.5和其他有害空气污染物的主要来源。北京的PM2.5排放物，约1/3以上来自机动车 (Weinmann ，2014)。

社会效益

改善身体健康：步行有利于心脏健康，并可减少癌症发病率(Hou和Ji，2004)。相比之下，机动车排放物会导致哮喘等疾病。

促进社会公平：骑行与步行均不是昂贵的出行模式，因此相比驾车出行，更多市民可以接受骑行或步行的成本。

减少伤害风险：增加自行车道可减少所有道路使用者遭遇交通事故和人身伤害的风险。

最佳实践： 六运小区

六运小区是广州的一个翻新小区。在交通与发展政策研究所（Institute for Transportation and Development Policy，ITDP）评出的50个公交导向型开发(TOD)项目中，六运小区名列第五，获得最高金牌评级，排名高于德国、美国加州和波兰等地的类似项目。六运小区建成时，汽车在中国尚未成为主流，该小区因此保持了较严的机动车控制标准。此外，小区也提供了多条禁止机动车通行的步行与骑行道路。六运小区是一个公交导向的混合用途社区，控制机动车通行，因此适宜步行，设计非常人性化。图5-5显示了该区域密集的步行与骑行道路，同时作为对比，图中也显示了数量较少的机动车道路网络。

图5-4　六运小区适宜步行的无车街道环境。由于非机动交通道路铺设良好，该社区对机动车的依赖度很低（资料来源：ITDP）

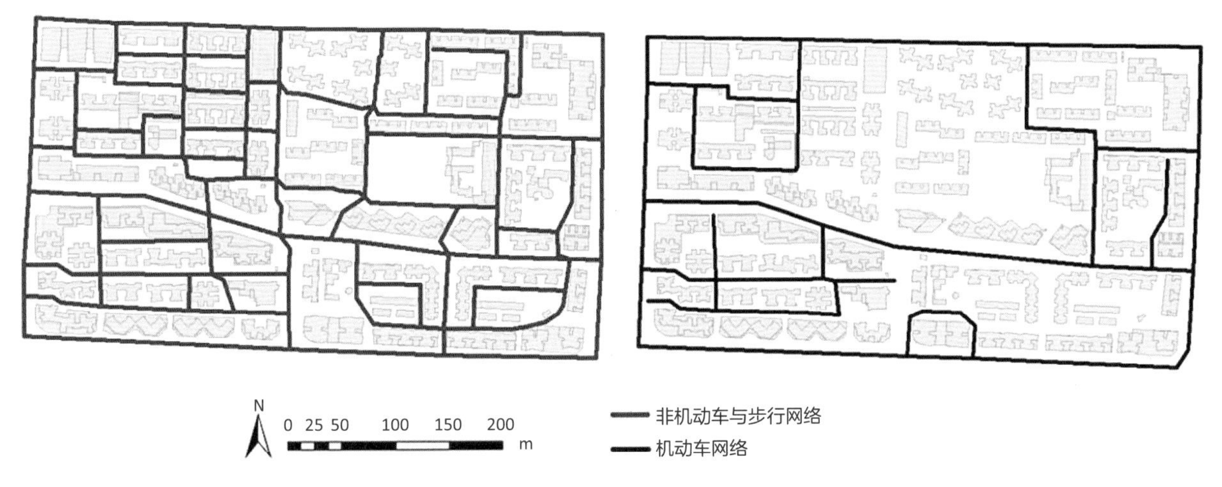

图5-5 六运小区的街道网络专为行人和自行车设计。上图对比了非机动车与机动车道路（资料来源：ITDP）

目标 5A：保障行人的安全、舒适与便利

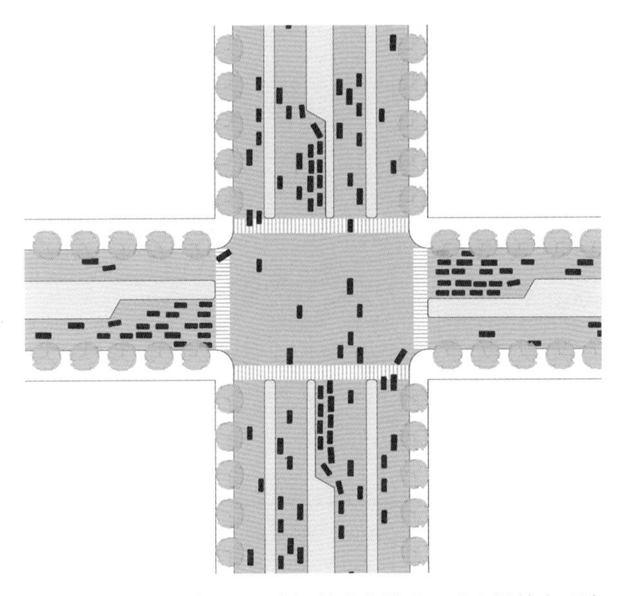

图5-6 标准交叉路口，即宽阔的多车道主干路之间的交叉路口，形成的人行横道区域对非机动车和行人通行都不安全

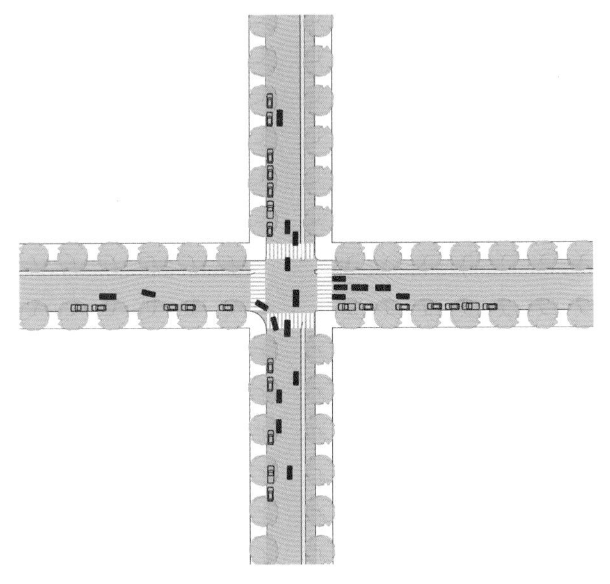

图5-7 单向支路的交叉路口。这种交叉路口的好处在于缩短了行人过街距离，减少了信号相位，简化了交叉路口

街道设计保障过马路的安全，提供舒适、有趣的步行环境，应该成为建立宜居低碳城市的重中之重。行人友好型街道，不仅能培养社区归属感，还能够支持和提高商业价值。通过采用简单的设计标准，就能打造出有助于保障行人安全与便利的环境。限制道路宽度、街区长度和建筑与人行道之间的退线，均能起到鼓励步行的效果。例如，在不设安全岛的情况下，街道两侧路缘之间的距离不应超过16m，过街人行横道必须有明显标记，并保证行人安全。而保证行人安全的关键是合理的交叉路口设计。路缘石外延、中央隔离带和安全桩等设计，能够降低交通速度，保障行人安全。将新开发项目

街区的平均长度限制在150m以内，形成直达线路和通透社区，并建设穿过现有超大街区的公共道路，有助于提高步行街道的连通性，保障步行安全。这些路线形成完整的步行网络，完成行人与社区便利设施、公园和本地目的地的无缝衔接。在每一条街道两侧提供界限分明、安全连续的步行区，能够改善行人安全和舒适度。

图5-8　传统交叉路口会延长行人过街时间，因为宽阔的道路和不安全的环境增加了行人和骑行者的过街难度（资料来源：新城市主义代表大会）

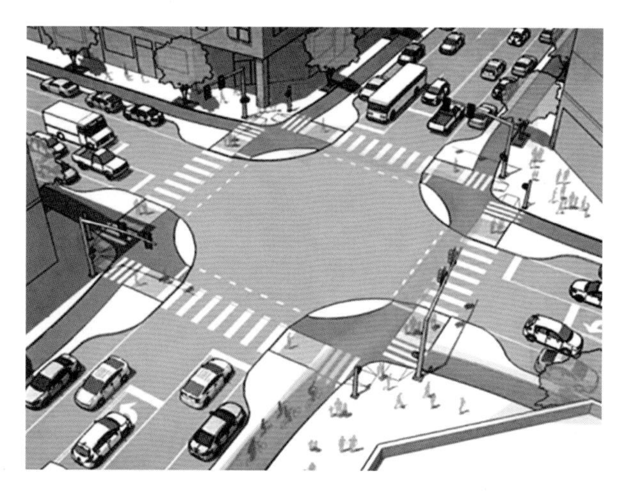

图5-9　路缘扩展（又称路缘石外延）将人行道延伸到停车道或行车道，缩小了行车道的宽度，在街角或街区中间等关键位置提供了额外的步行空间。路缘扩展拓宽了行人的视野，缩短了行人过街距离，降低了转弯车辆的速度，可以明显缩小行车道的宽度，能更有效地改善行人安全（资料来源：SF Better Streets）

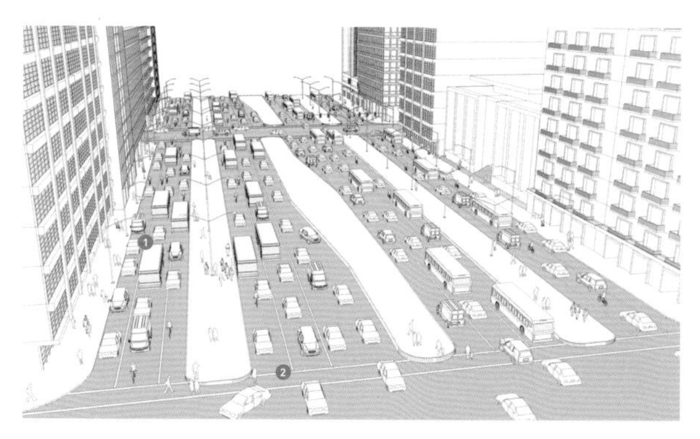

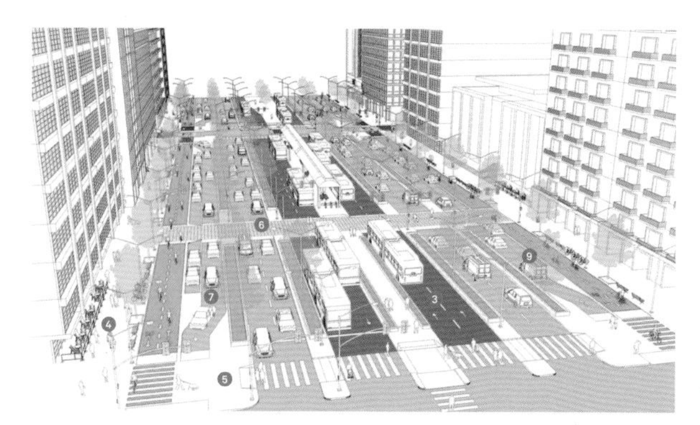

图5-10　美国国家城市交通协会《全球街道设计指南》中，将行人、骑行者、公共交通使用者与机动车驾驶员放在了同等的地位。这种方法的目的是打造既能构成良好公共空间，又能形成可持续交通网络的街道，从而改善生活质量。这种方法通过创新解决气候变化问题，推广健康生活（资料来源：美国国家城市交通协会《全球街道设计指南》）

措施01 | 依据周边土地开发强度和用地性质规划人行道

设计连续的步行路线，关键是提供足够的步行空间，改善步行体验。人行道宽度应该匹配周边的开发强度和用途。例如，在高密度混合用途区和商业区，人行道的宽度应该足以容纳高客流量。在这些地区提供畅通无阻的步行交通流，在鼓励步行的同时，还能活跃临街零售商铺。相比混合用途商业区，住宅区步行交通流量更低，因此人行道可以更窄。换言之，人行道宽度与道路宽度、车道数量是直接对应的。通常情况下，高开发强度混合用途商业区的街道，机动车道数量超过以住宅为主的区域，在住宅区，多数道路是双车道“本地”街道。

图5-11 人行道是城市不可缺少的一部分，应该作为城市设计以人为本的一个核心要素，予以优先考虑（资料来源：Marc Buehler/Flickr）

图5-12 西班牙马德里塞拉诺大街（Serrano Street）不仅为行人提供了通达的步行路线，还有足够的空间，供街边的咖啡厅和餐厅安排户外座位（资料来源：Madrid Visitors Convention Bureau）

措施02 | 设置连续的行道树和行人便利设施

投资升级步行环境，能够大幅提高可步行性。街景设计必须有行道树、长椅、照明和能够保证行人舒适的其他便利设施。

恰当间隔的行道树不仅有良好的环境和美学价值，还能作为行车道与人行道之间实用、明显的隔离物，保障行人安全。行道树不仅能遮阴，还能提高可步行性。研究显示，在种植树木的零售区域，消费者消费商品和服务的意愿较没有树木的区域高12%（Kathleen L. Wolf对市中心商业区城市绿化的公众调查）。

提供长椅、喷泉、垃圾桶、路灯等便利设施和其他街道设施，有助于促进步行区和商业区的繁荣。街道设施的位置，不能阻挡步行路线或绊倒行人，而应该改善步行环境。

图5-13　济南市新东站的街道理念图，展现了舒适的步行环境和宜人的街景设计。在街边和特定自行车道沿线有行道树、景观、长椅和其他便利设施

措施03 | 在交叉口利用路侧停车区设置“路缘石外延”，缩短行人过街距离

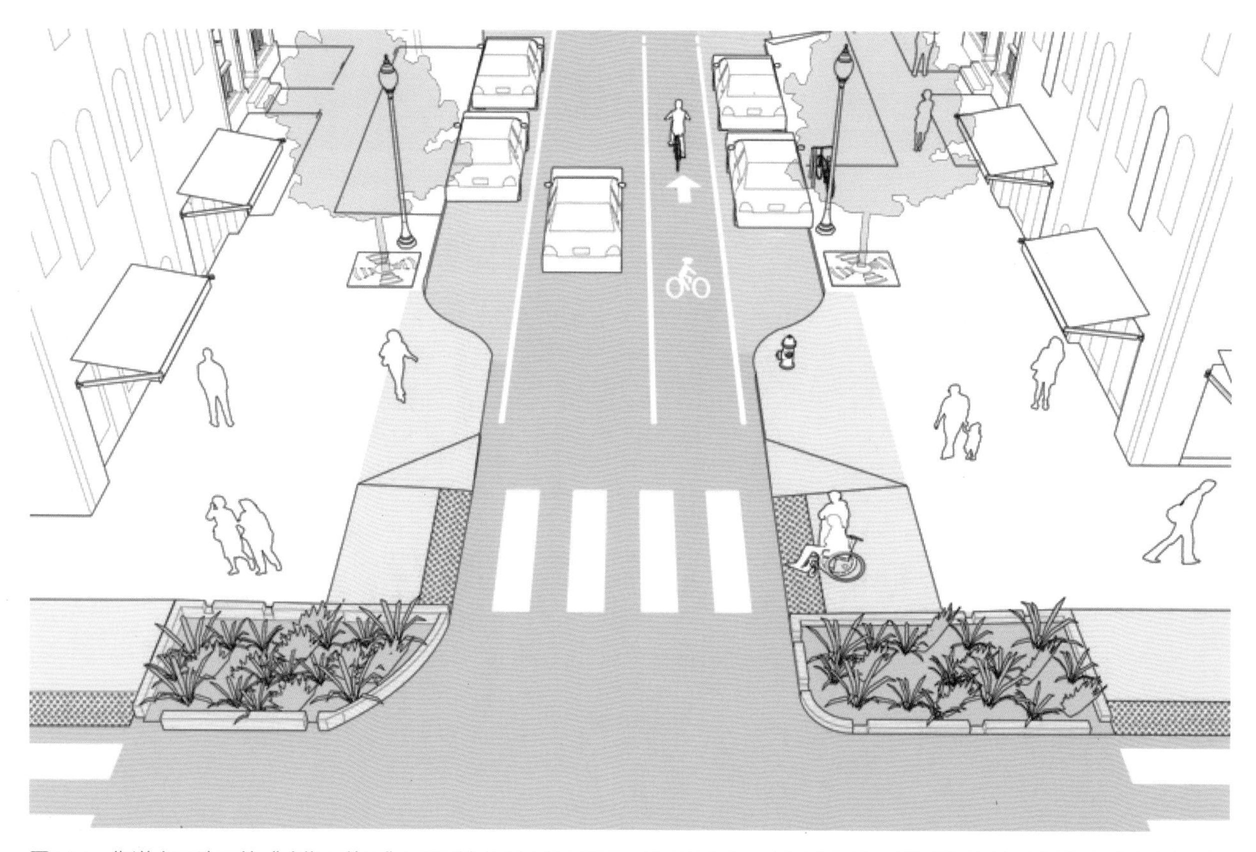

图5-14　街道交叉路口的“路缘石外延”可以缩短行人过街距离，提高行人安全（资料来源：美国国家城市交通协会《全球街道设计指南》）

将交叉口范围内的路内停车取消，改造成“路缘石外延”，可以扩大街角人行空间，缩短行人的过街距离。如果街道交通流量较低，可以最大限度地缩小“路缘石外延”的路缘拐角半径，降低右转车辆的速度。这也能提高行人的安全。

图5-15 扩大后的“路缘石外延”放慢了转弯车辆的行驶速度，缩短了行人过街距离（资料来源：PBIC）

目标 5B：鼓励沿街活动，在主要步行路线沿线打造休闲场所

为了提高街道活力，配备公共用途和零售店铺的建筑应该面向人行道，住宅开发项目应该有多个出入口。这可以提高街道活动水平和安全性，从而鼓励行人出行。确保大型购物街的建筑界面靠近人行道，可帮助确定步行范围，改善街道通透性，为行人提供便利。鼓励商店、咖啡厅、餐厅、小公司等提供直接入口的活跃用途。日托机构、俱乐部、休闲大厅和邮局等社区设施也能帮助营造步行环境。重要的是，建筑必须遵照“小型街区”章节中讨论的最大退线要求，以保持连续的、充满活力的街边景观。

打造舒适步行环境的关键是创建可供行人放松休闲的空间。公园、广场和停车位公园等，为人们提供了休憩和社交的场所，不仅能够培养社区归属感，还能增强可步行性。街道应该配备长椅等设施，帮助营造步行环境。

图5-16 济南市芙蓉街，通过步行街两侧的小型店铺，促进了底层商业活动（资料来源：Rolfmueller）

措施04 | 沿街布置富有吸引力的街道界面，禁止在建筑前区退线空间内停车

图5-17　在六运小区，宽阔的人行道有足够的座位和其他便利设施，同时保证了步行的通畅。禁止在建筑前区退线空间内停车，拓宽人行道，实现了零售活动与步行体验的无缝交互

摆脱封闭的步行环境，打造有吸引力的步行环境，能够提高可步行性。在配备店铺橱窗和户外咖啡厅的街道界面设置入口、展示橱窗、部分通透的栅栏或完全开放的空间，可以使该街道界面更具有吸引力。此外，公园和游乐场也可以为经过的路人创造有趣的步行体验。

实际上建筑前的退线常被用于停车。这破坏了步行的流畅性和行人的视野，从而抑制了步行。禁止停车可以强化步行环境，改善步行体验，同时给人行道带来更多商业活动。

措施05 | 为了街区安全考虑，在建筑退线区域采用半通透的栅栏设计，起到美化景观的效果

临街建筑应该拆除边界防护墙，创造更多景观，或者建设半通透的栅栏。空白的墙壁只会成为各种用途之间的障碍，形成不安全的环境。而矮栅栏在保证隐私和安全的同时，还可以从建筑内看到人行道和街道，因此应该尽可能地予以采用。退线空间必须进行景观化设计，以创造丰富有趣的街景。

图5-18　坚固的空白墙壁除了保护内部隐私外别无益处

图5-19　具有一定通透性的矮栅栏，既保护了隐私，又为人行道提供了被动监视，保证了行人安全（资料来源：MESA）

目标5C：街道设计应该优先考虑自行车出行的安全与便利

20世纪80年代，数以百万计的中国人把自行车出行作为主要的交通出行方式。但如今，在中国许多城市，骑行变得不再安全便利。近年来，世界各地的城市均在努力推广自行车，将其作为城市生活不可分割的一部分，因为自行车出行是一种简单经济、低碳环保的交通方式，是城市居民前往目的地或公共交通车站的理想选择。为了缓解交通拥堵，中国的城市必须通过创造安全的骑行环境，再次鼓励自行车出行。

在中高级交通流量的街道上，应划定有物理隔离的双向自行车专用道，能够鼓励自行车出行，同时保证骑行的安全和便利。为进一步鼓励骑行，还应在建筑内、街道上和公交车站配备安全的自行车停放处。

除此之外，无车街道和包含自行车道的绿道，也能鼓励骑行。如果无车街道与公共交通和人行道相连，则应该对自行车道进行保护。增加自行车使用的另外一种方法是推广公共自行车系统，通过提高出行便利性，鼓励对非机动交通方式的使用。一项关于杭州公共自行车系统的研究发现，30%的用户在通勤过程中使用公共自行车，并且公共自行车挤占了机动车的出行分担率。

图5-20　有物理隔离的自行车专用道，提高了自行车出行的安全性和便利性，同时增加了非机动化交通的使用

措施06 | 自行车道与机动车道和人行道之间应设置隔离

不能将自行车与行人混杂。除了为不同车道提供充足的空间外，隔离物也是提高自行车道和人行道使用效率的关键。如果得不到保护，自行车道往往会被小汽车占用。同样，自行车为了超过或避开其他自行车，也可能转向步行区域。针对这两种情况，建设坚固连续、清晰可见的隔离物尤为重要。在行车道和自行车道之间应该设立坚固的安全桩或矮防护栏，绿化带也能提供额外的保护。在自行车道与人行道之间需要设置轻便的矮防护栏。另外，景观区是最理想的隔离物。

图5-21　在人行道和自行车专用道之间设置清晰的隔离，提高了行人和自行车的安全

图5-22　美国纽约市皇后广场（Queens Plaza）附近有保护良好的自行车专用道（资料来源：Margie Ruddick）

图5-23　行道树缓冲带将单向自行车专用道与街道和人行道隔离开来，提供了良好的保护（资料来源：flickr.com - Patri Wang）

措施07 | 交叉路口的设计必须保障行人和自行车的安全通行

街道交叉路口最容易发生行人和自行车事故，因此必须在此提供安全保护。每一个交叉路口都有各自的特点，合理设计可以保证所有街道使用者的安全通行。自行车道与机动车道的人行横道设计，是保证所有交通模式安全畅通的关键。

图5-24　提高行人与骑行者的安全（资料来源：美国国家城市交通协会《全球街道设计指南》）

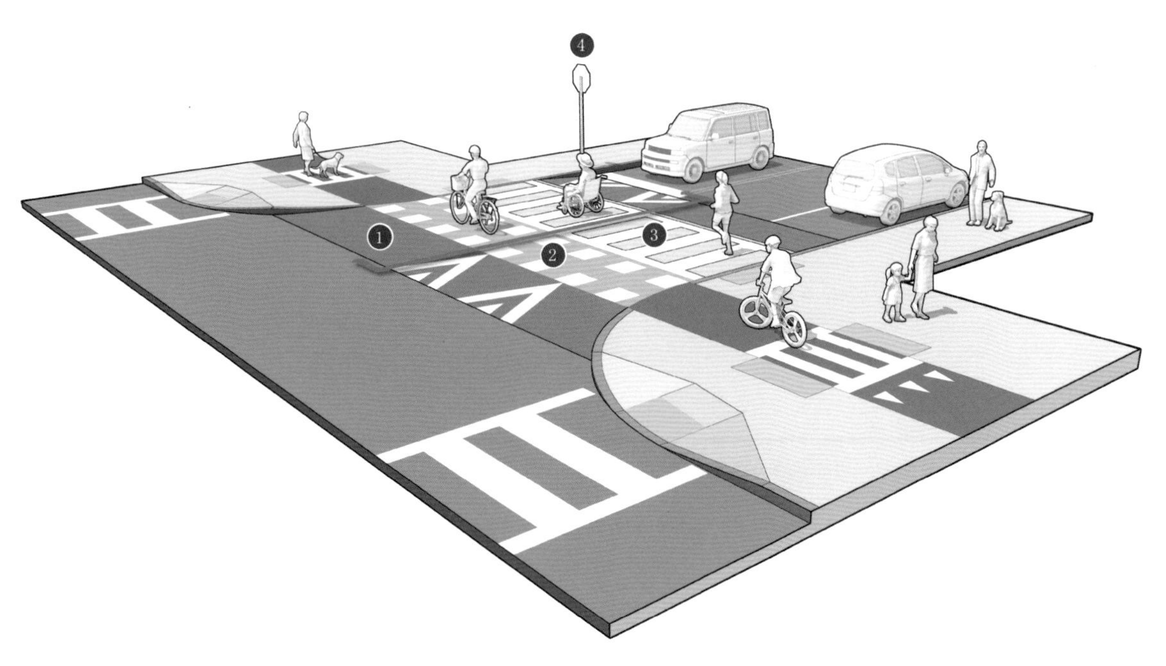

① 机动车引道坡
② 自行车横道
③ 人行横道
④ 停车标志

图5-25　这种交叉路口设计最大限度地保证了行人和骑行者的过街安全（资料来源：美国马萨诸塞州交通部《独立自行车道规划设计指南》）

措施08 | 细分原有超大街区时考虑采用无车街道

个别内填式开发或再开发项目难以重新部署路网。但开发者可以通过增加骑行和步行道路，加强现有建筑环境中的交通联系。最近，国务院针对现有超大街区向到发交通和过境交通开放的建议，仍有待详细研究。通常情况下，人行道和自行车道可以增强内部行车道的功能，将其改造成城市街道。此外，超大街区内的小路可用于非机动车通行，缩短行人和骑行者的出行距离。

呈贡（改造前）

呈贡（改造后）

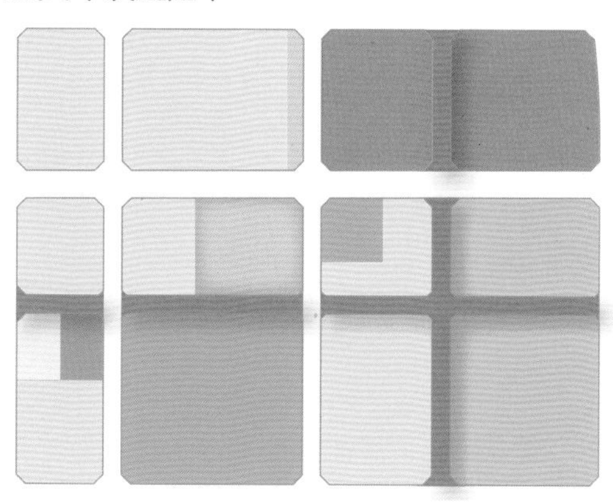

图5-26　昆明市呈贡利用无车街道（绿色）将原有的超大街区进行细分。这些通道提供了高效的人行道网络，将社区内的个人和重要的就业、市政与休闲便利设施联系在一起

目标 5D：划定无车走廊以容纳通达的专用步行和自行车通道，其中也可以包括公交车道

图5-27　无车街道景观理念图，提供了自行车专用道和安全的人行道，同时设有公交专用道。设计优美的景观和行道树，能够增强步行和骑行体验

不安全的骑行和步行环境会抑制非机动车交通。街道设计必须设置禁止小汽车等机动车通行的步行和骑行专用道。这种无车街道的独特性在于，它们不仅支持行人和自行车，在必要的情况下，还可以包含快速公交等公共交通系统。包含公共交通的无车街道又被称为“公交林荫道”，应该有自行车、行人和公共交通专用车道。在城市格网中应间隔一定距离划定这种无车走廊，形成一个无缝衔接的交通网络，补充普通街道上的非机动车道，并连接到所有重要的就业、市政、休闲和公共交通节点。将自行车道、人行道与公共交通结合，是公共交通系统规划成功的标志之一。

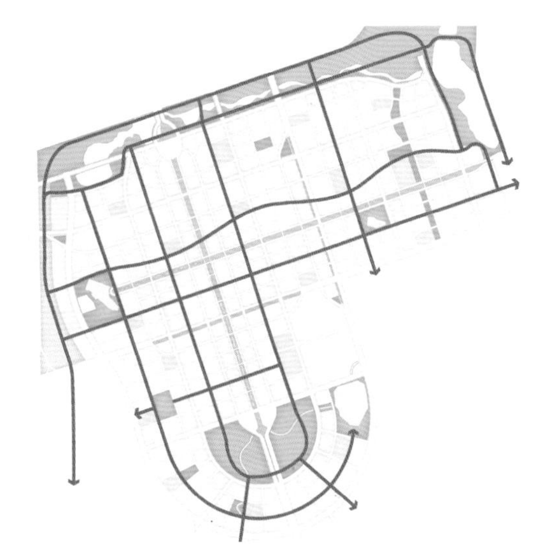

图5-28　昆明市呈贡无车路网。为行人和骑行者提供无缝出行路网，与高效率机动车交通网络同样重要。“无车”路网可以作为对普通街道非机动车道的补充，也可以连接到所有就业、市政和休闲节点。该路网包括无车街道、小路、开放空间内的便利设施以及一条新的连接高铁站的公交林荫道

措施09 | 无车街道的建筑底层应该提供商铺和服务

图5-29　广州市无车街道沿街布满服装批发商店（资料来源：Easy Tour China）

无车街道易转变成充满活力的购物街，如在住宅区内安排本地零售商店和目的地，或作为商业区的行人购物中心，配备区域级零售店铺和工人服务。重要的是，如条件允许，应该将商业购物步行街直接连接到公共交通车站和周边的街道路网，以提高零售店铺商业上的可行性，同时为公共交通用户提供便利的服务。

图5-30　珠海北部TDO无车街道渲染图。无车街道穿过市中心，沿街有高密度混合用途开发项目，底层零售环境充满活力

措施10 | 连通无车街道和大型开放空间内的小路

如果可行，应将无车街道与社区大型开放空间内的小路和自行车道相连。区域公园、滨水小道、长条形公园和社区缓冲带，应该直接连接到无车街道路网。它们还可以作为“绿道”连接线，成为通往主要目的地的骑行和步行线路，或是在地势陡峭的特殊区域利用电梯和楼梯，提供小汽车无法通行的直接通路。

图5-31　济南的区域规划效果图显示，自行车道和人行道将城市连接到开放空间

图5-32　济南区域开发规划中的专用自行车道和人行道，连接到开放空间系统

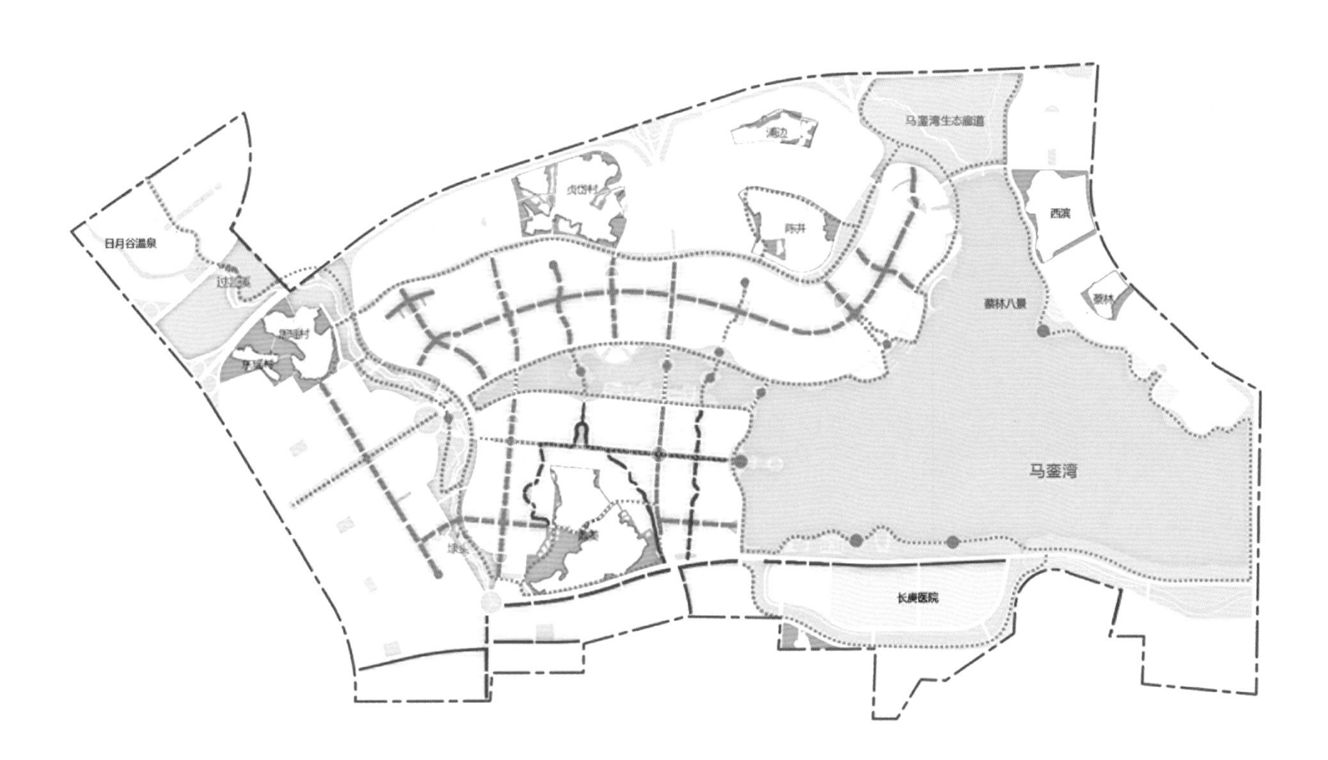

图5-33　厦门马銮湾新城规划图。将整个区域与海湾和周边的生态走廊相连，是设计的核心目标。马銮湾的设计可以抵御洪水高峰，同时紧凑的设计足以保持潮汐作用的冲洗和清洁功能。马銮湾向北延伸到一块新的湿地区域，强化了马銮湾生态走廊。这些区域约占研究面积的1/3。与马銮湾北岸平行的是北溪引水渠沿线的一条绿道，从过芸溪以东附近一直通往马銮湾生态走廊以西。在这条绿道以南是三分路绿道以及滨海公园。通过南北向的绿道相连，形成一个完整的自行车和步行通道网络，打造成一个综合性的内部互联的开放空间系统

标准5.1：人行道宽度

四车道及以上的街道，人行道的宽度不应低于3.5m，两车道街道的人行道宽度不应低于2.5m。

创建安全通畅的步行体验，实现行人与住宅、商业区、公共交通和休闲设施的无缝连通，人行道的宽度至关重要。如前文所述，人行道宽度应该与周边的用途和街道规模呼应。为了确保达到这一标准，交通流量较高的街道，如不少于4条机动车道的街道，两侧人行道的宽度不应低于3.5m。

图5-34　新加坡乌节路，车水马龙的机动车道规划了宽阔活跃的人行道，为购物者提供了安全的环境（资料来源：catchlights_sg/gettyimages）

支路或双车道街道，人行道宽度不应低于2.5m。

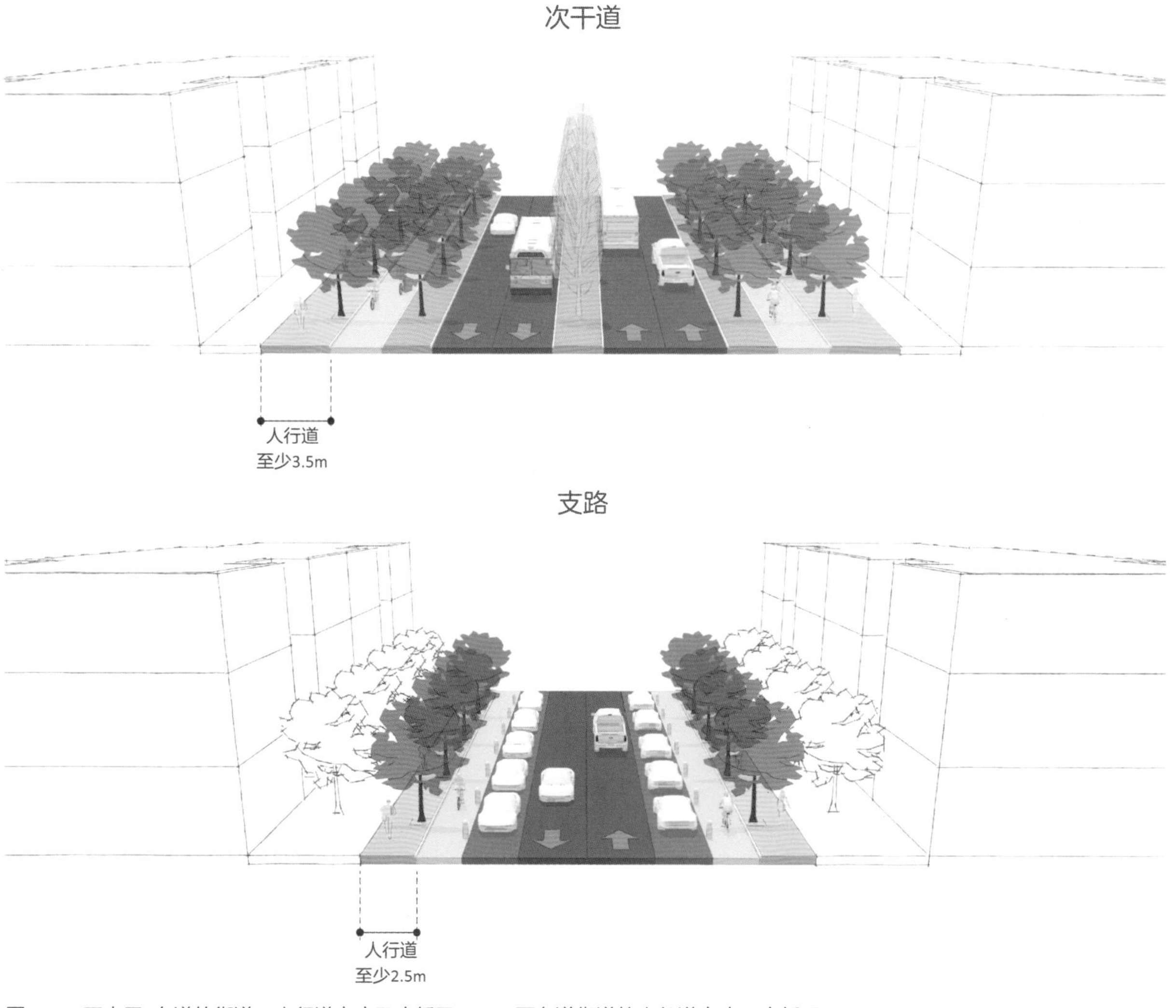

图5-35　不少于4车道的街道，人行道宽度不应低于3.5m，两车道街道的人行道宽度不应低于2.5m

标准 5.2： 街道交叉路口

在不设安全岛的情况下，街道交叉路口两侧路缘之间的距离不应超过16m。

设计安全的交叉路口，缩短行人过街距离，能够鼓励步行，保障行人安全。交叉路口较宽的多车道道路，行人过街时间和距离更长，会成为步行的障碍，尤其会给儿童、老年人和残疾人士造成困难。路缘石外延、中央隔离带、安全岛、人行横道等设计，可以缩短过街距离，更方便通行。为保证行人安全，在不设安全岛的情况下，街道交叉路口两侧路缘石之间的距离不应超过16m。

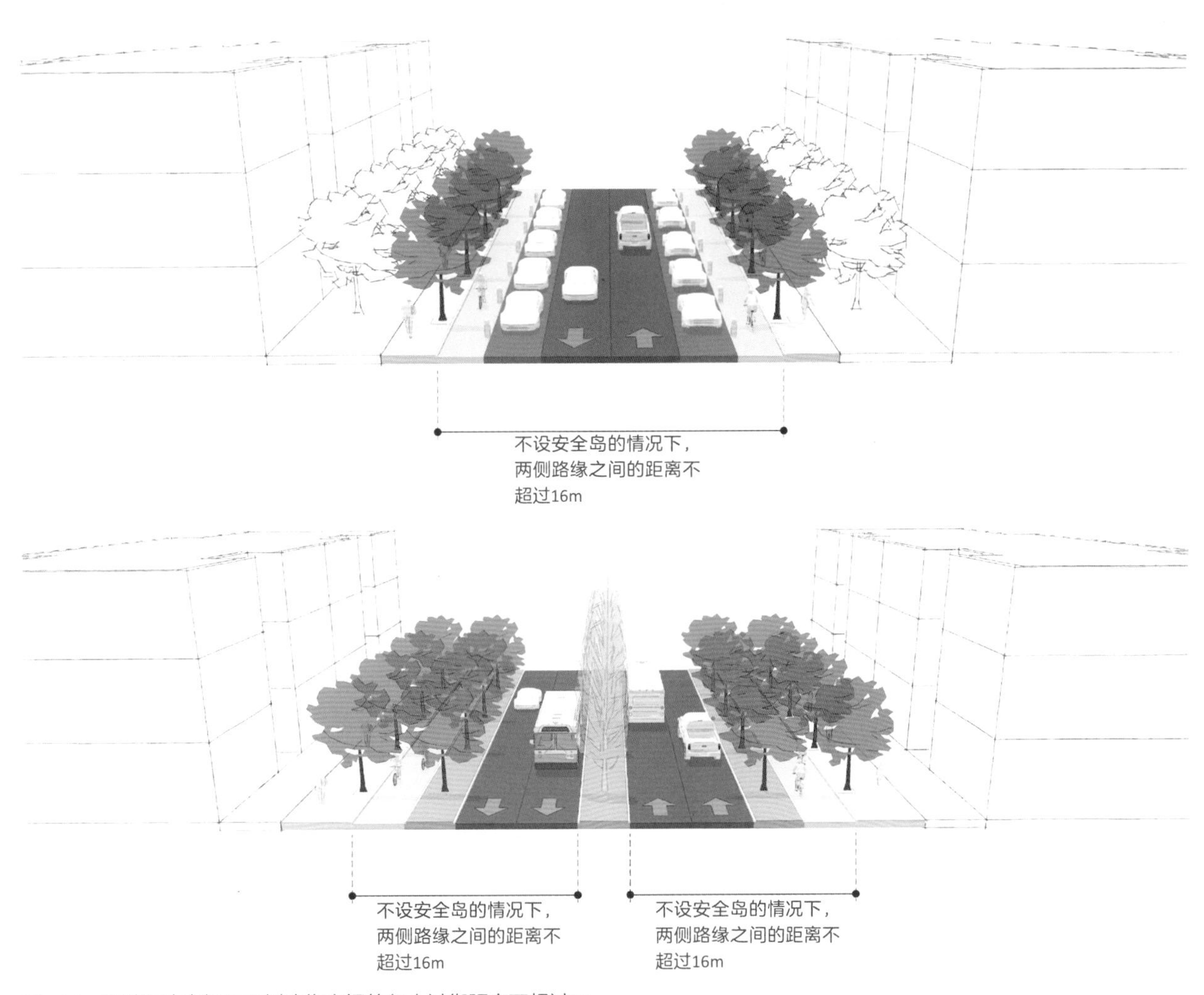

图5-36　街道设计应保证两侧路缘之间的行人过街距离不超过16m

图5-37　在人行横道上提供较宽的中央隔离带或路缘石外延，可以缩短行人过街距离，降低小汽车行驶速度，提高行人安全（资料来源：美国国家城市交通协议）

图5-38　美国怀俄明州班布里奇（Bainbridge，WA），一位行人使用街区中间采用丹麦偏移设计的人行横道。这种设计使行人在穿过街道之前能够看向迎面而来的车流（资料来源：Theo Petritsch，Sprinkle Consulting）

标准 5.3：活跃的街道界面

住宅街区四周用作公共服务功能的街道界面比例不应低于40%，商业街区和购物街沿线则不低于70%。

为了在街道和步行区域街道界面布置有趣、实用的临街用途，街区四周用于公共服务功能的街道界面比例不应低于最低标准。公共服务功能包括商店和其他零售商铺、咖啡厅、餐厅、小企业、社区设施以及社区大厅、入口门厅等住宅服务。最低比例取决于街区内的主要用地性质。非购物街沿线的住宅街区四周，用作公共服务功能的街道界面比例应不低于40%，购物街的商业和住宅街区不能低于70%。

该指标的计算方式是用作公共服务功能的界面所占地块红线长度之和除以整个地块红线的周长。

图5-39　北京前门大街的沿街商铺，形成了充满活力的街角

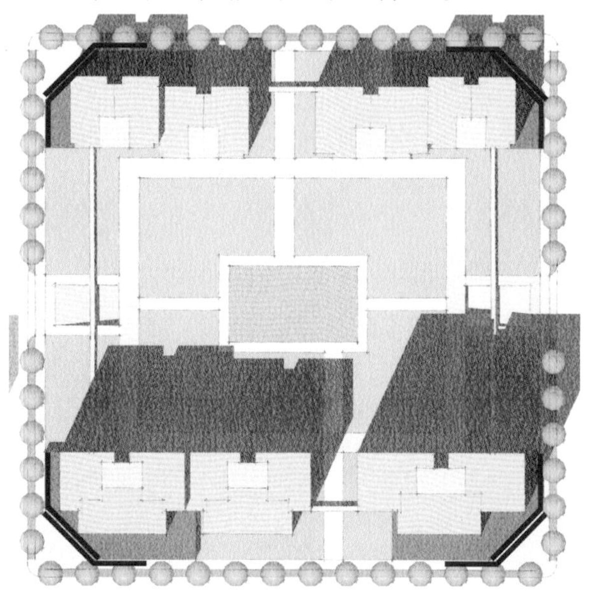

图5-40　非购物区100m × 100m的典型住宅街区，周围用于公共服务功能的街道界面比例不少于40%（蓝线代表对公众开放的商店前区）

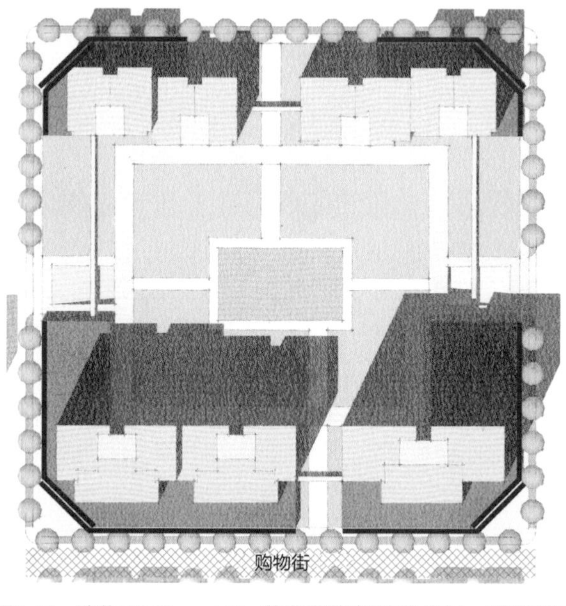

图5-41　购物区100m × 100m的典型住宅/商业街区，周围用于公共服务功能的街道界面比例不少于70%（蓝线代表对公众开放的商店前区）

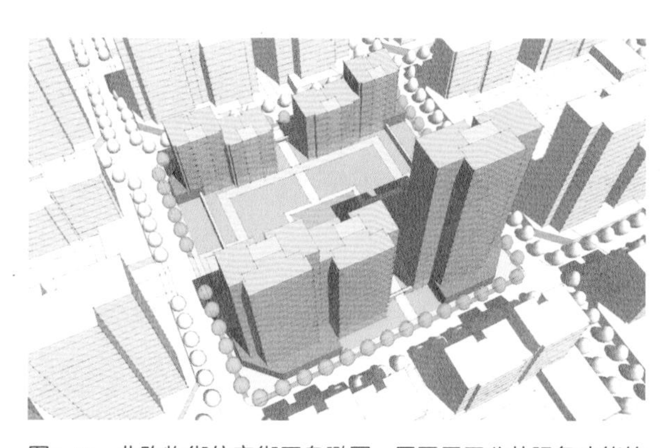

图5-42　非购物街住宅街区鸟瞰图，周围用于公共服务功能的街道界面比例不少于40%

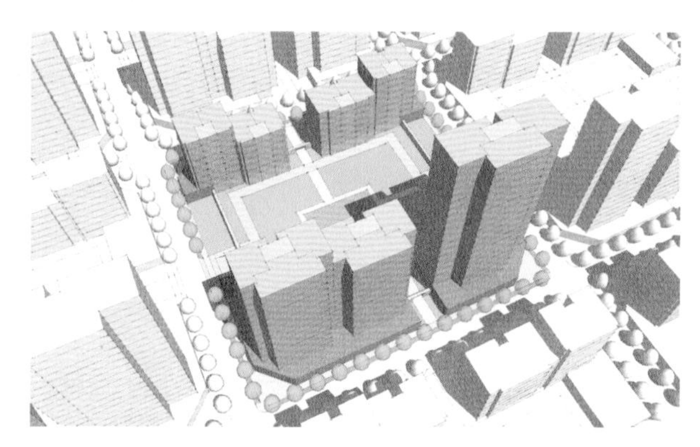

图5-43　购物街住宅街区鸟瞰图，周围用于公共服务功能的街道界面比例不少于70%

标准 5.4：自行车道

四车道及以上的街道，必须设置有物理隔离的自行车道，宽度不低于2.5m；两车道的支路，自行车道宽度不低于2.0m。

为保障骑行环境的安全，街道设计必须考虑骑行者的需求。在高交通流量道路或不少于4条车道的街道上，每个方向都应该提供有物理隔离的自行车道，宽度不低于2.5m。成对单向街道中应该提供一条宽2.5m的自行车道。两车道支路的机动车交通流量较低，自行车道宽度可以降低到2m。除支路之外，所有街道必须设置自行车与机动车之间的物理隔离。

图5-44　不少于4车道的街道，应该配置有物理隔离的自行车专用道（资料来源：左图Flickr - Rich & Cheryl；右图Jamie Sinz）

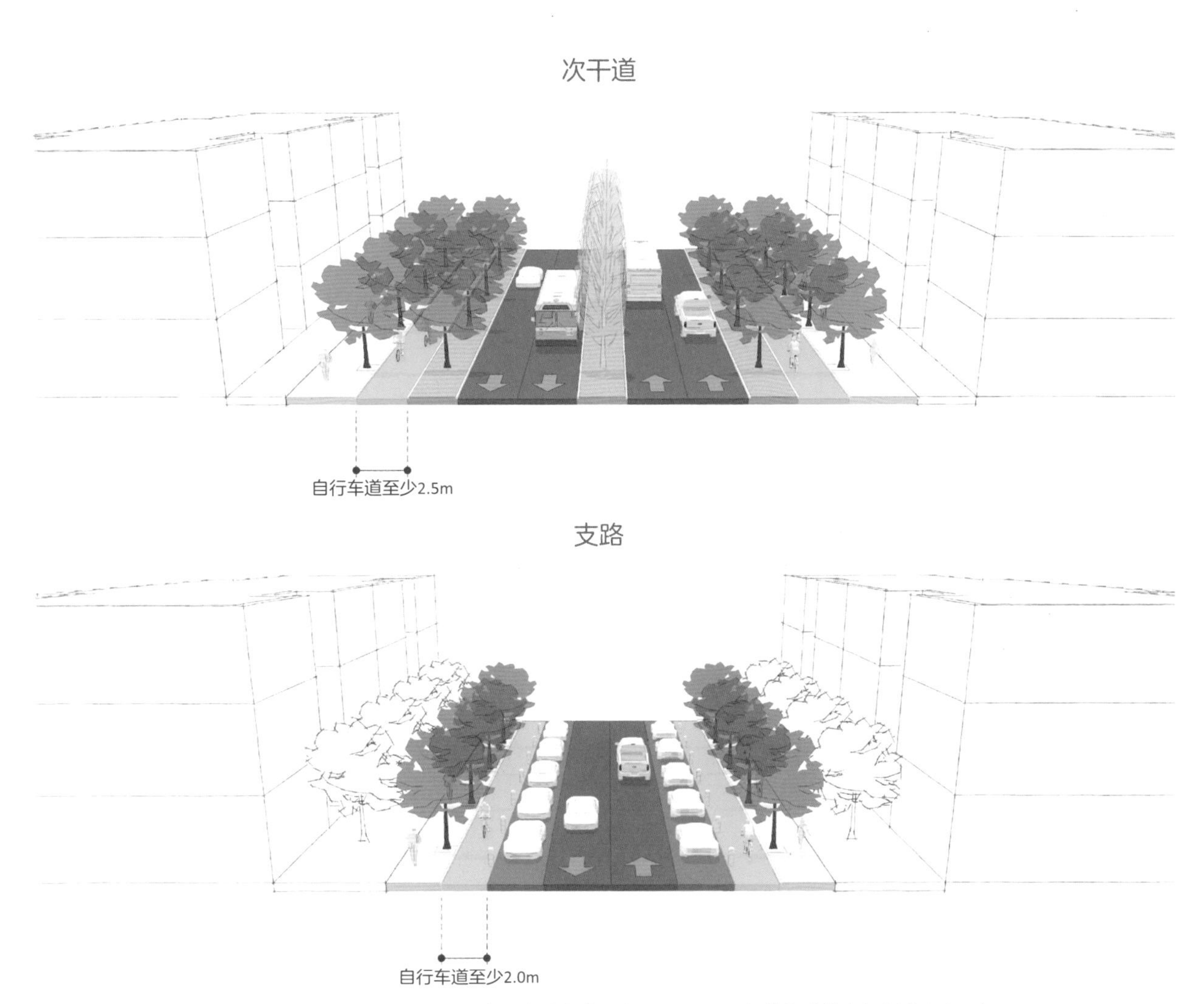

图5-45　街道截面图显示，不少于4条车道的街道，自行车道宽度不低于2.5m，两车道街道的自行车道宽度不低于2.0m

标准5.5：无车街道

每隔1km建设1条由行人、自行车或公共交通任意组合的无车街道。

无车街道应该连接公共交通车站、社区便利设施、公园和本地目的地，构成一个完整的交通网络，不仅可供使用者休闲娱乐，还能满足其他日常通勤需求。为保证无车街道网络的效率，城市格网内应该每隔1km提供无车街道的任意组合（行人、自行车或公共交通）。

图5-46 珠海北部TOD规划中设计的无车街道路网，成为项目开放空间与交通结构中的基本元素

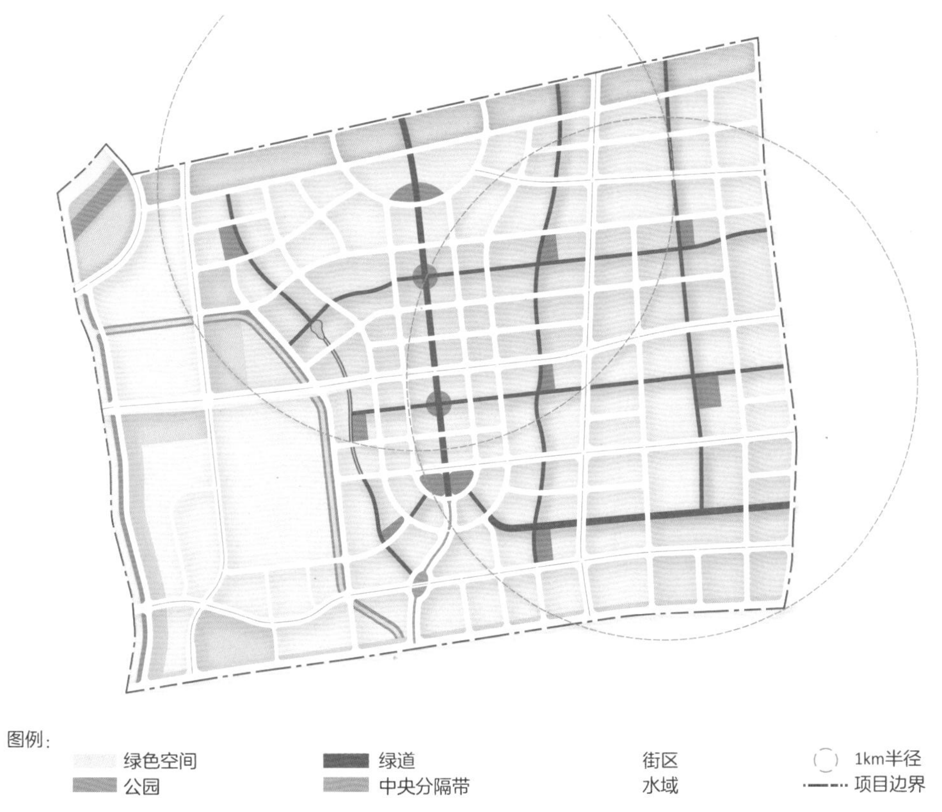

图5-47　济南张马片区总体规划旨在通过无车绿道，连接起一个包含公园、学校和市政设施的综合网络。如图显示，无车街道的间隔不超过1km

图5-48　珠海北部TOD规划中的无车街道路网结合了公共交通、自行车道、人行道、开放绿色空间、水域以及生态系统。整个项目无车街道的间隔不超过1km

第6章

原则 06：公共空间

提供人本尺度的、可达性高的市政配套设施、绿地和公园。

原则 06

公共空间

提供人本尺度的、可达性高的市政配套设施、绿地和公园

目标

6A *在步行可达范围内提供丰富多样的公共空间和公园*

- 措施01：确保公共空间整洁，且维护良好。
- 措施02：开发丰富多样的公园，满足各年龄段从主动性娱乐到被动性休闲的需求。
- 措施03：选择需水量低且能够很好地适应本地气候的植物。

6B *提供人本尺度的广场、市民中心以及社区服务设施*

- 措施04：结合自然和文化吸引点。
- 措施05：广场不仅要服务于大众人群，还要有针对老年人群和残障人群的无障碍设施。
- 措施06：公园和广场的硬质景观的尺度应该与合理的使用水平相匹配。

标准

6.1 *到公园的距离*

至少80%的居住社区应该在社区公园500m覆盖范围内，在大型公园或娱乐中心1000m覆盖范围内。

6.2 *人本尺度的公园和广场*

将邻里公园的硬质景观平均规模控制在4000m以内，将社区公园的硬质景观平均规模控制在10000m²以内。

6.3

景观灌溉效率

传统的有效用水灌溉率应控制在25%以下，而非传统用水灌溉率应该达到80%以上。

原理

具有活力的公共空间能够给城市带来经济活力，这个理论对所有城市都适用。丹麦的扬·盖尔（Jan Gehl）大师说过：城市首先要考虑人，其次是空间，最后是建筑，如果顺序反过来是行不通的。可不幸的是，美国和现在中国很多城市的发展都是背道而驰的，城市公共空间是最后才考虑到的，并没有从人和城市生活本身出发。

好的城市公共空间能够汇集不同的人群，创造城市活力，且提升周边地产的价值。公共空间能够提供一种归属感，且对建立良好的社区和提升生活品质都至关重要。如果没有足够的公共绿地空间，高密度的社区会使居民觉得拥挤不堪，且不舒适。

好的空间都包括什么？

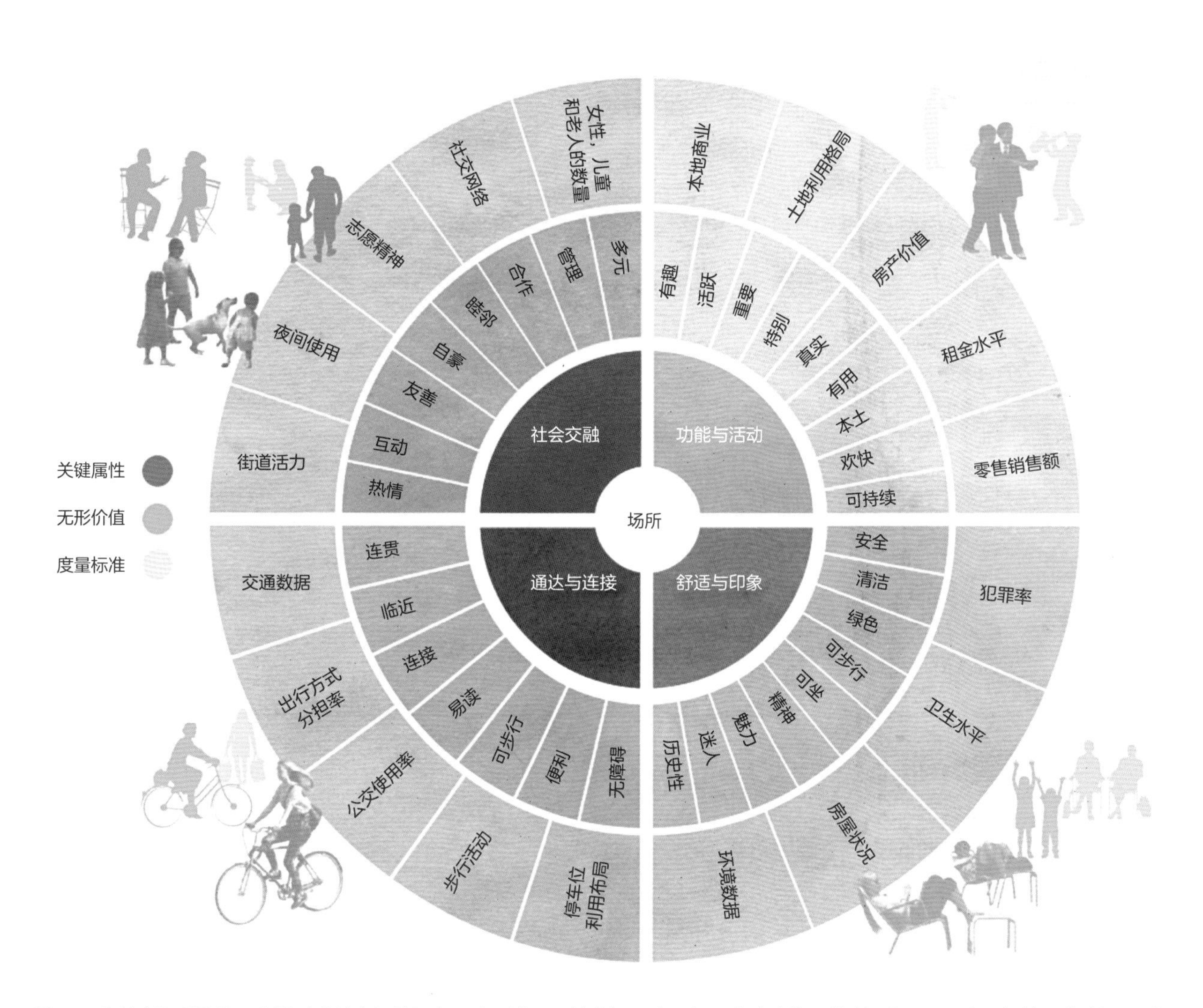

图6-1 公共空间项目是一个针对公共空间的深入研究，该项目的空间示意图标示出成功的公共空间的四个要素。好的公共空间是利于社交活动的、可达性好的、舒适的，并且能够满足不同活动需求的 (资料来源：公共空间项目， Project for Public Spaces)

挑战

中国有历史悠久的非常丰富的街道生活。在北京的某个角落，仍能找到街道生活的痕迹—— 一群上了年纪的大爷们聚在一起看下象棋，人们坐在商店或餐馆外的石头台阶上看着孩子们在玩耍，享受着徐徐晚风，年轻的情侣们吃着烤肉串、喝着啤酒。但随着超大社区与日俱增，以车为本的规划使得街道越来越宽，偏离人的尺度，中国越来越多的街道生活都被迫转移到了大型商场内或封闭的社区内，或者干脆消失了。更糟糕的是，有限的空间又被用来开发公共广场，而这种广场往往又不是根据人的尺度设计的。根据William H. Whyte的观察，“要设计一个不吸引人的空间很难，令人惊讶的是这样的事却常常在发生着。”

随着2016年《中共中央国务院关于进一步加强城市规划建设管理工作的若干意见》（以下简称《意见》）的发布，中国将由原来的超大社区配备私有化社区庭院的开发模式转向小型社区配备公共空间的开发模式。新开发项目将限制私有化社区庭院的建设，已有的封闭社区则将逐步打开大门。当然，公众的态度和地方政府的行动都将影响《意见》的实施，但不管怎样，《意见》给出了正确的方向，城市需要提供更多的、可达性好的绿色空间和广场。同时公共空间的归属问题在互联网上也有很多争论。例如，目前争议比较大的一个例子是，一个开发商想把一个本来是北京市朝阳区的公共院子改造成为一个服务于多层西式平层社区的私人花园，但这样会阻断社区其他居民的通行。

《意见》鼓励建设更多的开放社区，目的之一便是把现有的私密封闭的空间变成公共的、方便可达的空间。中国的经济发展模式使得贫富差距在加大，具有吸引力的公共空间更加应该面向所有人，而不仅是那些能够负担得起私家庭院的人群，这将对打破阶层分隔起到非常重要的作用。

在中国，城市中心的密度越来越高，土地的价格越来越高，所剩的空间也越来越少，封闭庭院是能够转变成公共空间的有限资源。一个公众争议比较大的问题是封闭社区更加安全。但是美国的研究表明，封闭社区实际上降低了安全性，因为街道的被动监视减少了。

除了公共空间应该设置多大以及选址在什么地方的挑战外，另一个挑战就是帮助景观设计师掌握最好的设计原理，设计出具有活力和吸引力的公共空间。规划师和设计师必须考虑到中国所特有的文化特性和人口特征。就像扬·盖尔和William H. Whyte在研究哥本哈根和纽约的公共空间时做过的繁复的人类学、统计学以及分析工作一样，中国的规划师和设计师也需要开展同样的工作。

中国很多城市的公共广场失去了人本尺度，往往都是混凝土浇筑的巨大空间，点缀以少量的树、座椅等元素。这些广场由于太过巨大，往往不会形成积极的空间。回过头来看，传统的中国建筑和寺庙往往都有很活跃的建筑界面，就像著名建筑学家梁思成所描述的一样。很显然，人本尺度的设计理念在中国出现汽车之前是很盛行的。

公共空间应根据服务的人群和功能进行设计。在中国，必须要基于最基本的人本尺度理念，结合目前人们对公共空间的实际使用需求情况，建设更多的公共空间。

例如，过去10年间，中国出现了广场舞风潮，十几人或几十人，特别是老年人聚集在广场上跳舞。这是中国居民回归到公共空间的一个重要信号。研究表明，广场舞的出现对公共空间的设计提出了新的要求。

然而，由于中国城市的密度普遍较高，广场舞也由于噪声以及不当占用空间资源等问题备受非议。由于中国正在进入老龄化时代，城市空间的设计要能够满足老年人的需求，如安全地进行锻炼和活动的需求，这一点将变得越来越重要。

从历史上看，街道生活和公共生活是中国文化中非常重要的部分，展现形式也是多种多样的。关于低碳可持续城市，公共空间、广场、公园和街道都是创建活力社区最重要的部分，也是最重要的空间。

效益

经济效益

提升住宅价格：在北京，如果社区有绿地景观，又临近水体的话，其住宅价格将会分别升高7.1%和13.2%（Jim和Chen，2006）。

提升商业地产价值：公共绿化空间可以提高经济活力。研究表明，绿地空间可以使商业办公和零售商铺的价格提高7%以上（Clements等，2013）。

节省雨水径流控制成本：公共绿化空间可以帮助吸纳雨水，因此减少了相关雨水处理、防止水灾的工程成本（Zhang等，2012）。

环境效益

降低炎热地区的能源使用：树荫可以有效地减少炎热天气里对空调的需求。另外，除了遮阴的直接效果外，绿地也可以有效降低城市热岛效应（Burden，2006）。

提升洪灾防御能力：公园可以消纳洪水，降低洪灾风险和管道溢出风险。在北京，2009年公共绿地为地方政府节省了13.8亿元的雨水控制成本（Zhang 等，2012）。

图6-2　清明上河图，中国北宋画家张择端的存世精品，从小贩、僧侣、工匠和商人等角度刻画出了一个充满活力、经济繁荣、生活丰富的京城街道景象。这幅画作展现的是张择端当时所见的真实情景。重现中国曾经的传统，根据人的尺度设计公共空间是指导未来社区建设的必然趋势(资料来源: http://www. chinaonlinemuseum.com)

提高空气质量：城市绿地可以吸纳二氧化碳，降低空气中的有害颗粒物，如PM10（Sonuparlak，2011）。

社会效益

增进身体健康：绿地系统有益于周边居民的身体健康。而且，绿化环境下还能够提高新生儿的健康比例，提高生活品位和情趣（Richardson，2014）。

增进心理健康：公共绿化空间能够有效地减少心理抑郁风（Maas等，2006）。

提升社区凝聚力：社区周边巧妙设计的公共绿化空间能够聚集人群，是社区居民相互认识、熟悉的最佳场所。

最佳实践案例：纽约市高线公园

高线公园长约1.45mi，从纽约Meatpacking区到Chelsea社区，每年吸引300万参观者（Moss, 2012）。公园建造在一座废弃的高架铁路之上，而纽约市原本是打算将该铁路拆除的。将铁路改造成为公园与将铁路设施完全拆除相比，成本要低，而且绿植可以在铁道上自由蔓延生长。高线公园的改造成本是1.15亿美元，但是带动了周边区域达20亿美元的投资，周边新建8000座建筑，产生了12000个工作岗位，而且公园附近的房产价格也已经增加了一倍。（McGeehan，2011）。

图6-3　居民和游客在纽约高线公园享受着日落时光。这里曾经是一座废弃的高架铁路，而现在却变成了一座贯穿于城市之上、备受欢迎的高线公园，有效地带动了周边地产价格和投资（资料来源：Filipp Solovev）

目标 6A：在步行可达范围内提供丰富多样的公共空间和公园

公园、广场和其他公共空间如绿道，应该是城市街区和邻里社区的重要特征。他们应该是分布均衡且相互联通的，这样才能确保其便捷性。为居民提供到达公共空间的安全的步行和自行车专用道路。这些非机动车道其实也是公共空间的一个重要组成部分，因为它们是安静的、安全的，也适合人们放松和休闲。

一个城市需要不同尺度的公共空间，包括小型的、私密的社区级花园以及适合集会的大型公共场所，能够服务于音乐会、节日庆典和其他大型活动。

公共空间应该是城市的链接纽带。根据扬·盖尔的观点，在高质量的公共空间内生活是一个人一生中非常重要的一部分。因此，城市提供丰富多样的公共空间，满足不同人的不同需求，包括主动需求和被动需求，是非常重要的。同时，这些目的地应该是在短距离内，能够通过步行友好的街道很容易到达的，这样也会给城市注入更多的活力。城市在建设一系列不同级别、不同范围的公共空间时（包括小公园、广场、区域公共空间、缓冲带和绿廊），需要确保不同群体的需求都能够得到满足，既要有适合冥想的空间，又要有适合活动的空间。

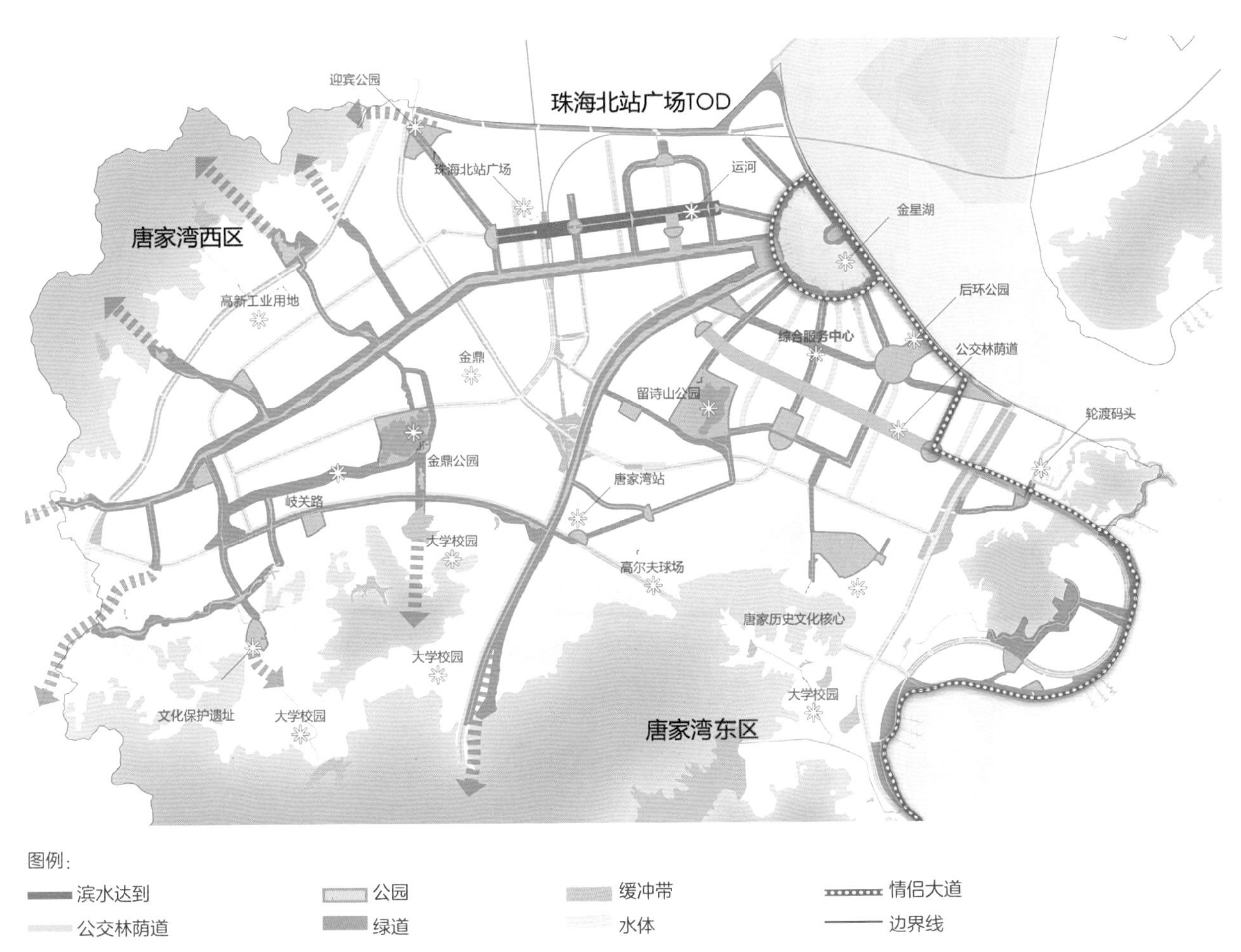

图6-4 珠海市唐家湾新区的公共空间网络规划就串联起了一系列丰富多样的公共空间，包括滨水大道、公交林荫道、公园、绿道和绿带等。滨水大道和公交林荫道是步行的主要通道，绿道和公园则是这些通道的延伸，连接着金星湖和邻里社区。这样伸展开来的公共空间系统可达性高，可以容易地通过步行、自行车和公交等出行方式到达

措施01 | 确保公共空间整洁，且维护良好

任何好的公共空间都需要精心维护，要确保空间的整洁和良好运行。简单的措施，例如设置禁止乱扔垃圾的标识，每隔一定间距提供垃圾桶、堆肥箱和再回收箱，有助于减少垃圾，维护空间的整洁性。

图6-5　坐落在美国纽约市中心的布莱恩特公园（Bryant Park）尽管行人流量很大，但始终保持着干净舒适的环境欢迎着人们（资料来源:www.uzeeum.com）

图6-6　在德国杜伊斯堡市（Duisburg）经过精心维护的开放草坪上，人们在休闲放松（资料来源：Architizer）

图6-7　人们在美国旧金山市的联合广场（Union Square）上欣赏着电影。广场上均匀布置了多个垃圾桶、堆肥箱和回收箱供人们使用，以减少社区活动的垃圾（资料来源：SF Gate）

措施02 | 开发丰富多样的公园，满足各个年龄段从主动性娱乐到被动性休闲的需求

公园应该根据其位置和面积，设计不同的功能。社区级的花园必须要适合少量人聚集、孩子玩耍和日常锻炼。大型社区的公园则必须要提供相对安静的绿地供休闲，还要配置不同的运动场所。而主要聚集地则要结合慢跑道和登山道。

在规划社区公园时，应充分考虑到该区域的特点，并且征求该区域内每个社区的意见。公园的规划则应该充分考虑到家庭、老年人及孩子们的需求。

所有公园都适用的原则，就是找到合适的位置能够让人坐着观察别人的举动。最简单的乐趣就是坐在一个美丽的地方，看着周围人来人往，这也是公共空间最重要的一个方面。

图6-8 济南市张马区规划方案中设计的一个公园，能够满足主动性娱乐的需求

图6-9 济南市张马区规划方案中的公园和开放空间效果图，这里能够承载大量人群和活动，满足主动娱乐和被动的休闲以及大型社区集会活动等

措施03 | 选择需水量低且能够很好地适应本地气候的植物

节水型花园更具有可持续性。节水型花园包括：选择低需水量的适应本地气候的植物，在保持良好景观的基础上节约用水。使用本地植物或地区植物不仅能够减少维护成本，还有益于本地的生态系统。一定的植物配比能够使生态系统得到自然维护，利于无化学虫害管理，而且还能够清洁空气

图6-10 适应本地气候的本地植物更有利于可持续发展。低需水量的适应本地气候的植物是最佳选择，在做景观设计时必须要优先考虑。本图是昆明市呈贡新区总体规划的一个例子

目标 6B：提供人本尺度的广场、市民中心以及社区服务设施

决定一个空间是否以人为本、是否利于社交互动的最重要因素是空间的尺度和可达性。扬·盖尔（Cities for People，2010）强调不同的距离影响人们互动的决定性因素。我们在300～500m范围内可以观察到人的存在，在100m范围内可以观察到人的动作和肢体语言，在50～75m范围内可以识出一个人，在22～25m范围内可以识别出面部表情。100m～25m是扬·盖尔定义的“社交范围”，从城市设计角度而言，这也是最重要的人本尺度。欧洲很多著名的广场和空间都遵循着100m距离这个尺度，即总面积小于10000m^2，其中很多是小于8000m^{2}的。这个参数是设计人本尺度的广场、确保活跃的社交活动的出发点。市政服务设施是城市公共空间不可或缺的一部分，必须能够便利地通过公园或者非机动车道到达。市政节点（市民中心及其他服务设施，如文化、体育和教育场所等）都应该组团式地分布在社区周边，确保适合的邻里尺度。

图6-11　在一个炎热的夏天，孩子们在美国辛辛那提市（Cincinnati）的一个广场上戏水消暑（资料来源：Simon de Bruxelles）

图 6-12　丹麦哥本哈根市一个相对私密的公共空间成为了当地餐厅宜人的室外用餐环境（资料来源：La Citta Vita）

图6-13　重庆的西九广场受到各个年龄段人群的欢迎。西九广场周边有住宅小区，也有零售商铺。广场使不同社会阶层的人聚集在一起，进行社交活动（资料来源:www.Redesign-award.com）

图6-14　日本东京市帝京平成大学中野校区里一个以人为本的、含几何方块的广场（资料来源：Studio on Site）

措施04 | 结合自然和人文吸引点

社区公园需要突出重要的历史吸引点和自然吸引点。同时，结合公园的用途还应该配备餐馆和咖啡馆，这样能够提高公园的活力和经济活力。另外，还要考虑配备花园、运动区域以及桌子等，有助于建立公园的归属感。

图6-15　济南张马区规划中的华山公园，充分结合了自然景观吸引点

图6-16　济南张马区规划中的公共空间，能够满足人们文化集会和社区活动的需求。本图是人们参加小青河节日活动的效果图

措施 05 | 广场不仅要服务于大众人群，也要有针对老年人群和残障人群的无障碍设施

所有的公共空间包括广场都必须要具有包容性，能够满足所有市民的需求，包括老年人、残障人群和儿童。

公共空间的可达性要考虑到特殊人群，要为行动不便者提供如缓坡、栅栏、座椅等无障碍设施，保证所有人都能够顺利到达。另外，强烈建议将公共空间设置在服务设施周边，如商店、学校和儿童托管中心，这样公共空间就可以成为人们日常生活轨迹中的一部分。

图6-17　美国芝加哥市千禧公园（Millennium Park）里的皇冠喷泉（Crown Fountain）就具备非常好的可达性，本地居民和游客，包括老年人和行动不便者都可以顺利来到这里（资料来源：PVA）

措施06 | 公园和广场的硬质景观的尺度应与合理的使用水平相匹配

图6-18 天津的桥园公园，独具匠心地把硬质景观廊道与自然景观相结合（资料来源：Archello）

在中国，通常公园和广场的硬质景观会占据整个公共空间的绝大部分，但这并不是以人为本。公园和广场应该尽可能多地配备可达性好的绿地空间。在城市中，人口密度高的地区如果缺少绿地会使人们感觉不舒服。而且，绿地系统还具有其他诸如净化空气、吸纳雨水、遮阴等作用以及健康效益。空间的大小可以决定人们社交、互动的质量。扬·盖尔认为，100m的距离是“社交范围”，在这个距离内两个人可以感知对方。0～7m的距离是人们进行最重要的社交和互动的距离范围。而这些指标都是中国的设计师们在做大型广场和公园内的小尺度以人为本的空间时需要遵守的。

指标6.1：到公园的距离

至少80%的居住社区应该在社区公园500m覆盖范围内，在大型公园或娱乐中心1000m覆盖范围内。

公共空间必须具备可达性。针对居住型社区，必须要配备步行或自行车可达的高质量的公共空间。社区公园也能够为周边居民提供一种归属感，然而目前中国有很多超大社区，能够容纳上千家庭的超大社区往往是缺乏这种归属感的。社区公园还能够提高土地混合利用的质量，如果社区公共空间能够临近商业区域，则人们会更愿意长时间停留，进行娱乐活动。

图6-19　在济南张马区的规划中，每隔一定距离设置一个社区公园，以此保证周边居民可以步行方式便利地到达

图 6-20　珠海北部以公交为导向开发（TOD）规划中的公共空间和公园规划图，确保绝大多数居住社区在社区公园500m覆盖范围内，在大型公园1000m覆盖范围内

图6-21　在济南张马区规划中，这个活力公园设计有良好的可达性，定位为一个区域级的吸引点，供市民和旅游观光者休闲娱乐

指标 6.2：人本尺度的公园和广场

将邻里公园硬质景观的平均规模控制在4000m^2以内，将社区公园硬质景观的平均规模控制在10000m^2以内。

社区周边有公园和广场，能够供社区居民使用是非常重要的。限制这些公园和广场的尺度，使其更便利、宜人也是非常重要的。然而，目前有很多硬质广场尺度太大，让人觉得空旷和不安。

反过来，如果公园或广场能够保持人本尺度，则会成为周边邻里社区的一个重要目的地。人们能识别出对方的距离大概在50～75m，因此城市广场的尺度控制在4000m^2左右最合适。

邻里公园的平均尺度应该控制在10000m^2，因为这个尺度能够合理地承载各种使用功能。大型市民广场以及娱乐中心则需要更大的尺度，可供大量人群聚集，开展体育、表演等活动。但通常情况下，这些市民广场和娱乐中心都应该分成若干小的混合功能的空间，包括绿地和硬质景观，以支持其多种用途。

图6-22　中国澳门的喷水池广场（Senado Square）具有宜人的尺度，与周边社区完美结合（资料来源：Stareast Travel & Tour, inc.）

图6-23　上海的创智公园（Kic Park）具有人本尺度的广场和绿地空间（资料来源：Architizer）

图6-24　重庆的西九广场，坐落在九龙坡区的核心位置，连接着三个高端社区、一个幼儿园和一个购物中心。设计方ASPECT工作室创造了一个集购物、休闲、集会和社区活动为一体的广场（资料来源：http://www.redesign-award.com/hj_show.asp?id=458）

指标 6.3：景观灌溉效率

传统的有效灌溉用水效率应该控制在25%以下，而非传统用水灌溉效率则应该达到80%以上。

景观的灌溉效率可以通过两个方面来衡量。一个是有效灌溉用水率，即传统方式下的用水量与高效灌溉模式下的用水量的比。另一个是非传统用水灌溉效率，即非传统用水量与总用水量的比。需要采用节水植物和节水灌溉方式，将有效灌溉用水率控制在25%以下，将非传统用水灌溉效率控制在80%以上。

图6-25　昆明呈贡的总体规划中，采用了节水型景观设计，使用低需水量的植物提高灌溉效率

第7章

原则 07：公共交通

公共交通须成为首选交通方式，而非第二必要选择。

原则 07

公共交通

公共交通须成为首选交通方式，而非第二必要选择

目标

7A *利用互联互通的、多层次的公共交通技术，提供更通畅的公共交通服务*

- 措施01：整合地铁、快速公交、轻轨、电车和公交服务
- 措施02：建立公共交通智能一卡通系统。
- 措施03：通过公交的协调配合，提高不同方式或线路间的换乘便利性，将换乘距离控制在150m内。

7B *将公共交通车站设置于住宅区、工作单位和服务点步行可达范围内*

- 措施04：加强到达主要公共交通节点的自行车联系。
- 措施05：公共交通线路建设及扩张须覆盖所有新开发或城市更新区域。
- 措施06：规划可用于快速公交、轻轨或电车系统的公交专用道网络。

标准

7.1 *公共交通规划*

制定公共交通规划，确保公共交通的出行分担率在超大城市和特大城市中达到40%，在大城市中达到30%，在中小城市中的比例不低于20%。

7.2 *与公共交通车站的距离*

所有大型居住和就业中心应位于普通公交车站500m半径范围内，同时位于有专用路权的公交走廊1000m半径范围内。

原理

提高公共交通的可达性，并将其列为首选交通方式，可有效降低对汽车出行的依赖。如果公共交通成为第一选择，人们便会减少驾车出行的频率。很多大城市都以完善的公共交通系统而闻名于世，如纽约、伦敦、中国香港和新加坡。在这些城市，尽管很多人很富裕，并拥有私家车，但是他们通勤时仍然乘坐公交，而非开车。公共交通必须和自行车及步行很好地结合，从而解决人们出行中“最后一公里”的问题。前波哥大市长恩里克•佩纳罗萨曾说过，“一个城市的先进之处在于，连富人也使用公共交通工具，而不是穷人都开车上街。”

挑战

过去几十年，中国为全国及地方性交通网络建设投入了很多。高铁系统里程达1.9万km。中国公共自行车的数量高于世界其他国家数量的总和，中国拥有世界上数量最多的快速公交系统，且目前正在开发先进的可快速充电的电动公共汽车。

图7-1　珠海北区TOD规划中的多模式车站是城市间高铁、电车和普通公交的交通枢纽，共同服务唐家湾地区

"十三五"规划期间的公共交通目标　　表7-1

	人口大于500万	人口300万～500万	人口100万～300万	人口低于100万
公共交通机动化出行分担率	40%以上（60%左右）	30%以上（60%左右）	30%以上	20%以上
城市交通绿色出行分担率	75%左右	80%左右	80%左右	85%左右
公共交通乘客满意度	85%以上	85%以上	85%以上	85%以上
公共交通站点500m覆盖率	100%	100%	100%	80%以上
公共交通站点300m覆盖率	80%以上	70%以上	不适用	不适用
城市公共汽电车正点率	75%以上	75%以上	80%以上	85%以上
城市公共汽电车责任事故死亡率	不超过0.04人/100万km出行	不超过0.04人/100万km出行	不超过0.04人/100万km出行	不超过0.05人/100万km出行
城市轨道交通责任事故死亡率	不超过0.01人/100万km出行	不超过0.01人/100万km出行	不超过0.01人/100万km出行	不适用
城市公共交通来车信息预报服务	建成区内全覆盖	建成区内基本全覆盖	主要客运通道全覆盖	主要客运通道基本全覆盖

（资料来源：交通部发布的《"十三五"公共交通发展规划》）

中国也在不断地提高本国的公共交通标准。2016年7月，交通部发布了《"十三五"城市公共交通发展规划》。

尽管已经进行了大幅改进，中国城市仍然面临着诸多问题，如交通拥堵、空气污染、无序扩张、"最后一公里"问题，以及资金不足等。交通拥堵日益成为经济增长的瓶颈。2016年7月，滴滴出行、高德地图及其他互联网交通公司联合发布了一项报告。报告显示中国最拥堵的城市不再是北上广，而是石家庄。

虽然中国政府对地铁建设的投资仍然在增加，但速度有所放缓。2012年，国家发改委批准为25个城市交通项目投资8000亿元人民币。2016年，国家发改委再次批准了43个城市建设新项目。总批准投资额共增加3000亿元人民币，并将出资支持芜湖、绍兴、洛阳和包头等三线城市发展地铁系统。到2020年，中国将有50个城市拥有地铁系统。地铁运营高效可靠，但投资成本也非常巨大。在中国，每公里地铁系统建设需大约7亿元人民币的投资。现在，很多地铁建设资金是由政府提供的，但这些资金很快便会用尽。为地铁系统建设融资，并鼓励私营部门参与投资，是政府目前面临的一大问题。

不同类型公共交通方式的关键特性　　表7-2

	快速公交	轻轨	地铁轨道
路权	混合、共用（平面）、专用车道	专用（高架或设置路障）或共用（平面）	专用、立体
运行方式	强化路面	钢轨	钢轨
建设周期	1～2年	2～3年	4～10年
最高运力(人/车)	160～270	170～280	240～320
最高运力(人/车组)	160～270	500～900	1000～2400
线路运力人次/（方向·h）	1920～16200	6000～54000	12000～57600
最高时速（kph）	60～70	60～80	70～100
平均建设投资（百万美元）	8.4	21.5	104.5
平均运营成本（美元/（车·km））	2.94	7.58	5.30

（资料来源：首尔发展研究院，2005）

中国正在发展成本更低的公共交通方式。例如，若快速公交如果设计合理，则可发挥与地铁一样的作用；但如果设计不合理，那么快速公交只能成为一种与普通公交相当、甚至差于普通公交的交通方式。从快速公交的特性分析及其与轻轨和地铁的对比中可以看出，快速公交的线路运力可以与地铁相媲美，甚至高于轻轨，而它所需的建设时间、投资成本和运营成本却均较低。

越来越多的常规公共汽车开始使用电动汽车。这一方面有助于解决很多中国城市面临的严重污染问题。国家发改委已经发布了关于加快促进电动公共汽车在城市应用的宏伟目标。北京计划在2019年前实现80%的公交车使用电动车。中央政府也为地方政府增加电动公共汽车的使用提供补贴。

中国城市面临的另一挑战是，不仅需要建设精心设计的交通体系，而且要确保方便所有居民使用。

针对可达性，一个非常重要的设计考虑是城市不断扩张带来的影响。中国的城市人口不断增加，因而居住成本也在不断提高。在北京等一线城市，人口密集的市区更便于乘坐公共交通，但是很多居民负担不起市区的房价，因而他们通常只能居住在城市的外围地区或郊区。其中一个很典型的例子是，在河北燕郊工作日早上，很多年轻职场人士的父母会代替他们排队等候每小时一班的通往北京市区的公交车，以便他们能够多一个小时的睡眠时间，而且在公交车上还能有座位。

发展公共交通非常重要，地方政府必须采取诸多措施来解决这一发展问题。例如，上述例子中的职场人士几乎没有其他可选的交通方式去往北京市区，在这种情况下，可通过进行混合用途区域规划或实施税收激励政策，鼓励他们在郊区工作。为了制定可靠的公共交通策略，中国的地方政府必须结合不同的策略，为居民提供更高效而舒适的出行服务。

效益

经济效益

降低拥堵成本：高质量的公共交通有助于减少私家车的通勤使用，从而减少交通拥堵（美国公共交通协会，2015）。

房价更高：距离公共交通车站较近的位置房价更高。香港公共交通车站附近的房价溢价为11%，波哥大为14%，北京为每年增长2.3%（Deng和Nelson，2010；Ma等，2013）。

降低交通成本：在公共交通体系较为完善的城市中，人们用于交通的家庭开支预算较少。从而导致紧凑型城市整体具有更强的承担能力。

环境效益

降低碳排放：有效的公共交通系统可降低排放量。例如，武汉市汉口区的交通排放量比汉阳区低30%，这是因为汉口区开发紧凑，且公共交通体系较完善，而汉阳区的开发密度较低，人们开车通勤的比例较高（Han和Greeb,2014）。

提高空气质量：公共交通的二氧化碳、氮氧化物和PM2.5排放量低于汽车出行的排放量（Wang，2012；Chen，2012；Hughes，2011）

社会效益

增加弱势群体的出行便利性：高质量的公共交通可提高公共交通使用的频次，为所有年龄段人群和所有收入人群提供便利的交通服务（盖尔事务所与能源基金会，2014）。

降低车祸风险：公共交通出行引起的车祸事故死亡率是小汽车出行的1/10（Litman，2013）。

最佳实践：广州快速公交系统

自2010年2月开通以来，广州快速公交成为亚洲TOD发展进程中具有划时代意义的事件。快速公交沿着广州最繁忙的街道之一的中山大道以每小时22.5km的时速运行，穿越几个密度最高、最具前景的街区，包含与步行、骑行和地铁等方式的便捷衔接。

线路促进了广州最密集的两大区——天河区和黄浦区的发展。走廊沿线规划了面积为329000m²的商业房地产开发项目，包括东濠涌博物馆、骏景花园等几个大型住宅开发项目，以及即将建成的为超过5万名居民提供居所的公寓。周边房价在快速公交开通后的两年内上涨了30%。

投入运行的首年，广州快速公交的时速提高了20%。按照平均工资计算，节省的时间相当于1.58亿元人民币（约合2400万美元），并提高了出行者对公共交通、安全性和整座城市的满意度。未来10年，该项目预计减少865000吨的二氧化碳排放量，大大降低城市空气污染。在此期间，从社会成本和效益方面衡量，该项目预计获得131%的投资回报。

图7-2　快速公交促进了广州市人口最密集街区的发展，提高了房价，并大幅降低二氧化碳的排放量（资料来源：史密森学会，库珀·休伊特，国家设计博物馆）

最佳实践：瑞典哈马碧新城

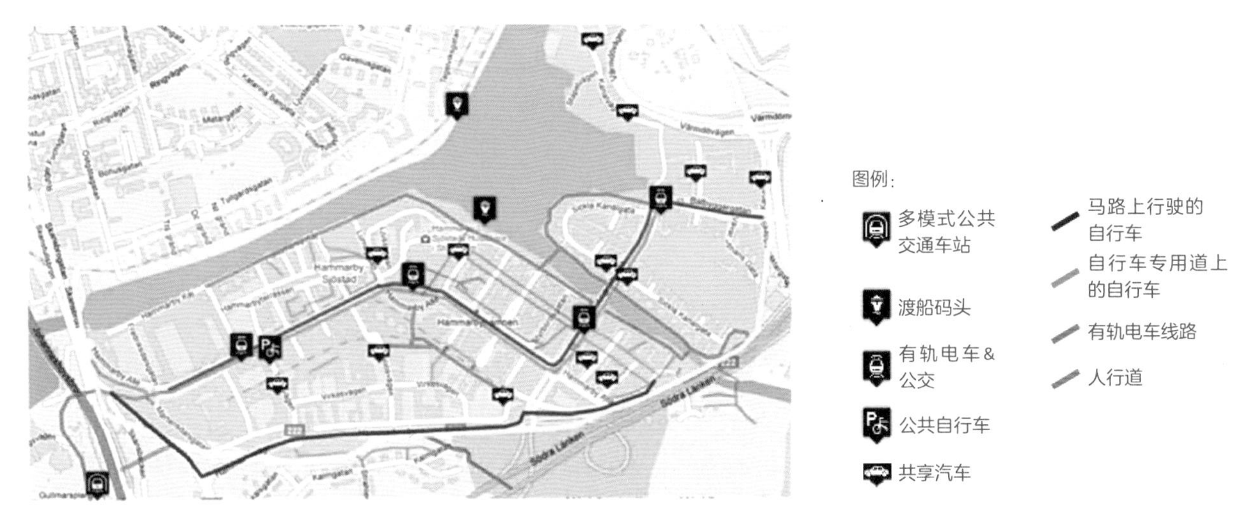

图7-3　哈马碧新城内拥有各种设计一流的公共交通方式、自行车道和人行道。哈马碧的公交主干道贯穿全区，所以人人都可以步行到达公共交通车站（资料来源：交通与发展政策研究所）

哈马碧新城是瑞典斯德哥尔摩的一个城区，距离市中心2mi。作为TOD型开发片区，该地区的汽车使用率低于其他街区，79%的出行是通过公共交通或非机动交通实现的。哈马碧的规划包括有轨电车线路导向型开发。公共交通系统包括去往斯德哥尔摩其他地区的几条重要线路，如斯德哥尔摩轻轨，到达斯德哥尔摩的时间为20分钟，每12分钟发一班车，与斯德哥尔摩地铁相连，在居民区每300m停靠一站。同时还有三条公交线路，和全年开通并免费使用的渡船，每15分钟一班跨越哈马碧新城河。更重要的是，哈马碧在居民入住前便保证了公共交通线路的畅通运行，从一开始就培养居民的绿色出行习惯。

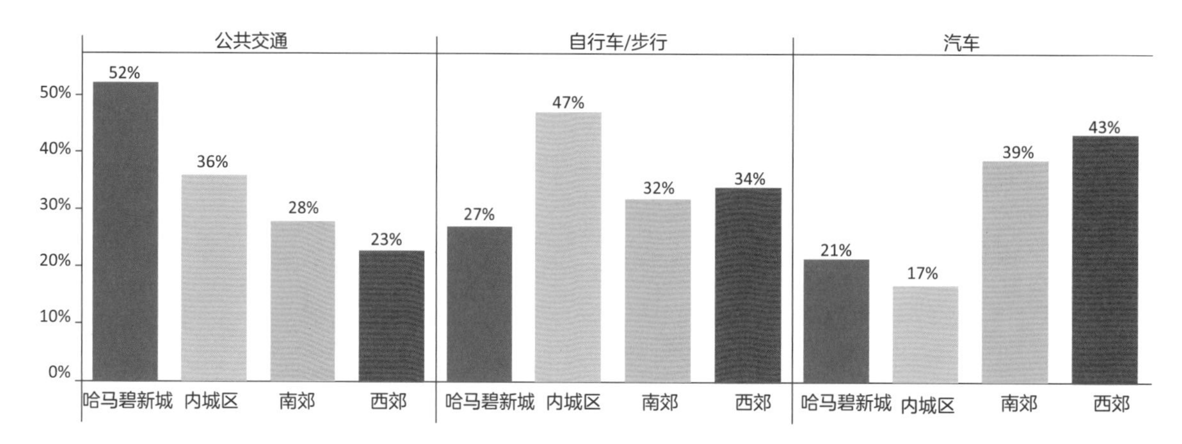

图7-4　哈马碧新城与斯德哥尔摩其他郊区、内城区交通工具使用比例对比图（资料来源：Sweco）

图7-5　以Scrape公园为中心的哈马碧新城鸟瞰图，哈马碧的综合公共交通网络为区内外提供了便利的设施（资料来源：Esquilo，维基共享资源）

目标 7A：利用互联互通的、多层次的公共交通技术，提供更通畅的公共交通服务

建设拥有较高运力、高速度的公共交通走廊网络，并设置公交专用道，可确保提供更通畅的公共交通服务。建立整合的多模式系统，实现无缝、高效、快速的公共交通换乘，将有助于降低对汽车出行的依赖，并尽可能地为大多数乘客减少换乘次数。可通过多种方式和技术，实现普通公交、电车、快速公交、轻轨和地铁间的换乘。此外，还有很多其他类型的服务，如快线、普通线路和社区线路等。无论采用何种技术和车型，公共交通均可分为两大类：拥有专有路权的公共交通和混合车道上的公共交通。拥有专有路权的公共交通包括地铁、快速公交及大多数的轻轨线路。作为有效的长途公共交通方式，它们是城市交通系统的支柱。混合车道上的普通公共交通系统运行较慢，但是可为大多数地区提供服务，其如果协调性较好，可成为主要交通系统的支线。在所有的案例中，完善公共交通体系的关键在于实现不同系统和服务间的无缝融合。一卡通系统可方便人们进行换乘。新型无线信息系统可显示车辆出发抵达的时间和地图线路。

图7-6　厄瓜多尔基多的快速公交系统因提供更多可靠和精心设计的车站而成为世界著名典范（资料来源：www.wdeadlinedetroit.com）

图7-7　广州快速公交走廊的公交站提供实时出发和到达信息，为人们提供便利无缝衔接的换乘（资料来源：Activity Partners）

措施01 | 整合地铁、快速公交、轻轨、电车和公交服务

香港、纽约、新加坡等城市拥有世界上最密集的公共交通网络。虽然地铁是公共交通网络的重要组成部分，但是越来越多的城市更加青睐快速公交（BRT），原因是其成本较低、实施效率高、线路灵活。中国的每个城市都需要根据自身条件确定合适的公共交通组合方式，同时应当为交通便捷的地方提供更多高效畅通的交通服务，从而保证整体公共交通的顺利运行。通过整合地铁、快速公交、轻轨和普通公交等多种公共交通方式，保障公共交通系统的便捷、快速、无缝衔接。

图7-8　天津火车站为多模式车站，是高铁和地铁的交通枢纽，提供便利高效的换乘服务（资料来源：M. Choco）

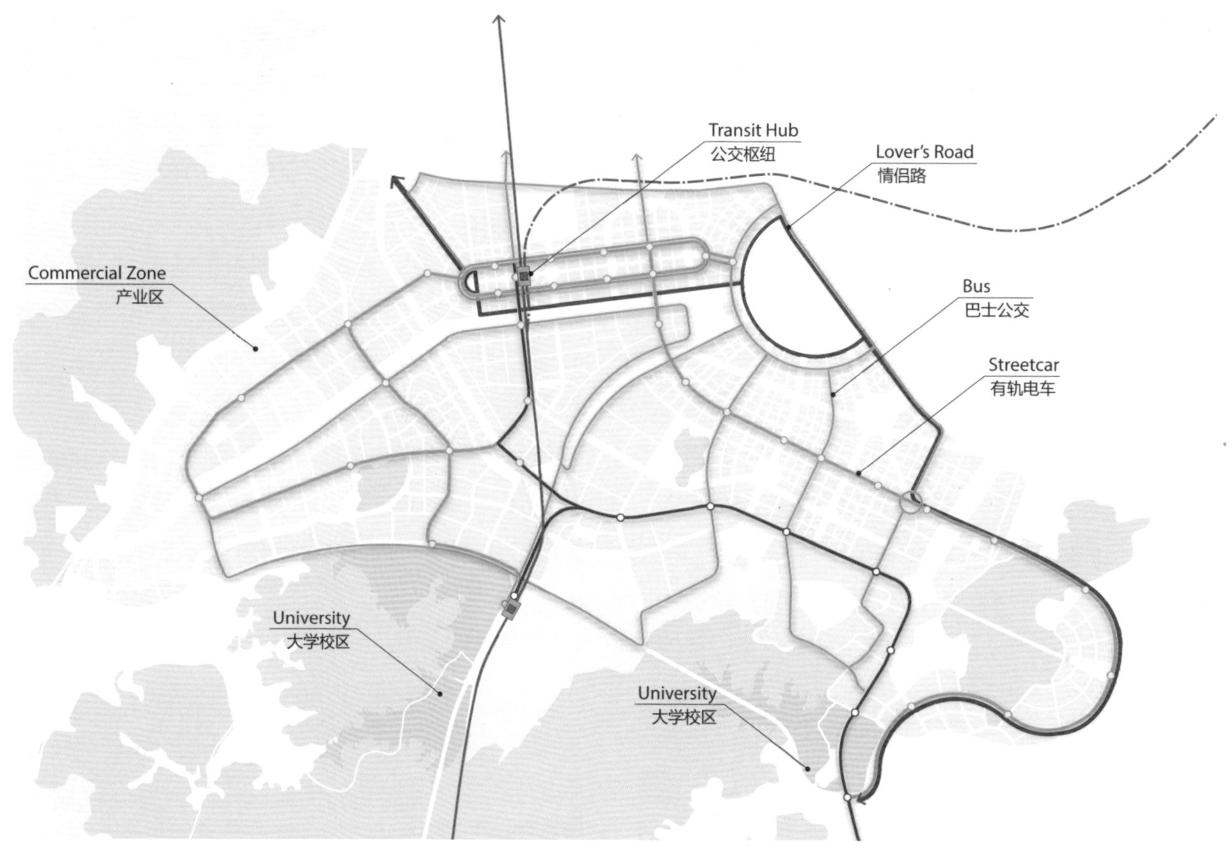

图7-9　珠海唐家湾区总体规划的公共交通网络无缝整合了城际高铁、电车和普通公交线路，从而提供一流、高效的服务

措施02 | 建立公共交通智能一卡通体系

用户使用一卡通可用于乘坐地铁、快速公交、公交和使用公共自行车，并可通过手机、网络或报亭为一卡通充值。很多城市的各交通方式拥有各自的售票和票价系统。利用简单便捷的售票系统整合各交通方式，可减少使用公共交通的障碍。

图7-10　在美国德克萨斯州奥斯丁市，通过扫描二维码可在车上验证供多日使用的移动端车票

图7-11　在香港，使用“章鱼卡”方便换乘各种公共交通方式（资料来源：用户体验）

措施03 | 通过公交的协调配合，提高不同方式或线路间的换乘便利性，将换乘距离控制在150m内

普通公交线路应与城市中的轨道和快速公交系统连接通畅。换乘的设计必须有助于减少交通方式和线路间的障碍和时间。多模式车站中不同的站点间步行距离最多不超过150m。实现步行和自行车与所有的公共交通方式的融合，须配备安全、便捷的线路和自行车存放点。智能技术可提供实时的公共交通数据，并帮助优化车辆调度。

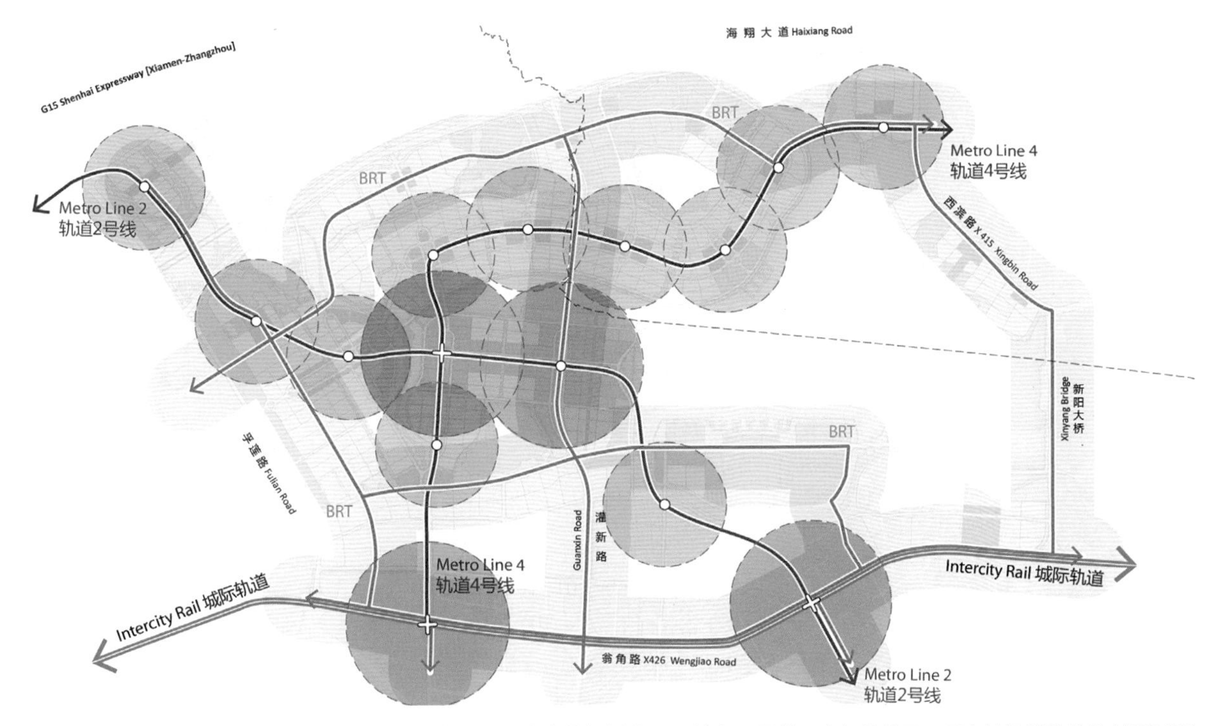

图7-12　通过整合地铁、快速公交和城际列车，在厦门马銮湾的规划中，公共交通覆盖了大部分地区。两条地铁线路均连接到城际车站，而几个快速公交换乘车站均实现了本地和片区的可达性。地铁、快速公交和公共交通车站以合适的间隔布置，为居民和上班族提供最大限度的步行可达性和连通性

目标 7B： 将公共交通车站设置于住宅区、工作单位和服务点步行可达范围内

为确保高效使用公共交通，系统必须以合适的运力和服务水平连接大多数出发地与目的地。这意味着所有的主要目的地和大多数的住宅地区需要配备更多的公共交通服务。在大多数城市，这意味着在主要开发区半径1000m内需要设置拥有专用路权的地铁或快速公交，并在居住地500m半径内设置普通公交支线服务。在新开发区域，不同公共交通车站可实施TOD型城市发展模式，提高主要车站附近的开发密度和服务。公交支线系统应协调各干线线路，并提供无缝衔接的换乘路线。

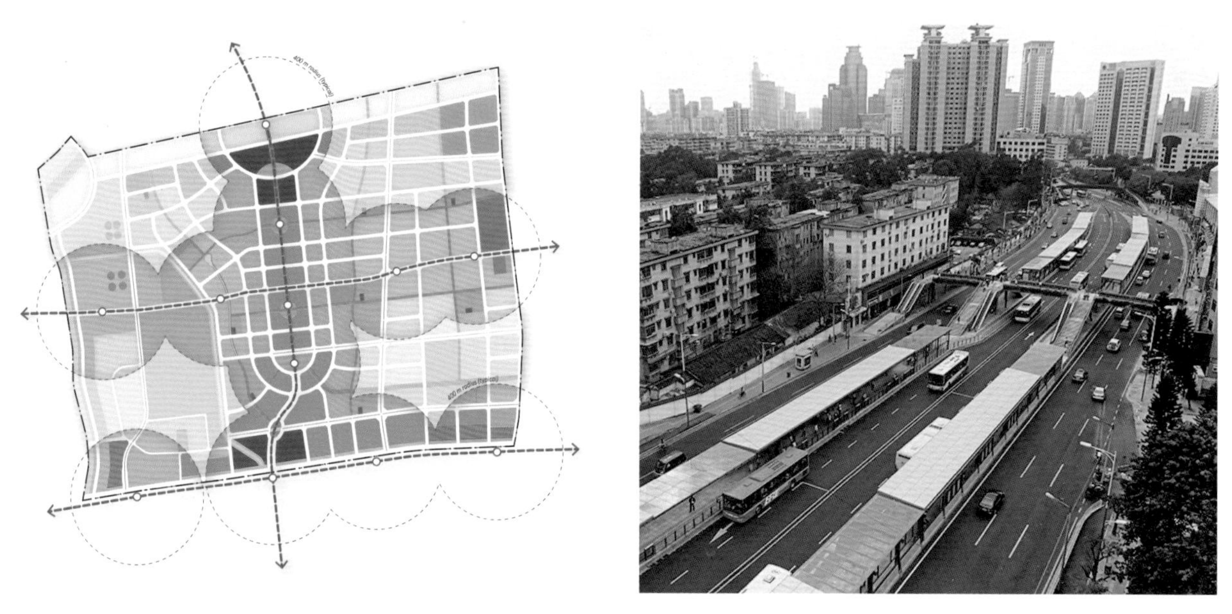

图7-13 在广州，围绕快速公交走廊进行开发的地区，步行即可到达快速公交车站（资料来源：Karl Fjellstrom，交通与发展政策研究所）

措施04 | 加强到达主要公共交通节点的自行车联系

通过骑车或者步行直接到达主要车站比乘坐公交支线方便。如果有强大、贯通、完整且安全的自行车道网络，就可以通过组合自行车和公共交通轻松实现通勤出行。安全、便宜和近距离的自行车存放设施对于通勤者同样重要。居住区的主要新修地铁站点应提供充足的自行车停车服务。在步行无法抵达工作场所和主要商业目的地时，公共自行车系统更加便捷。

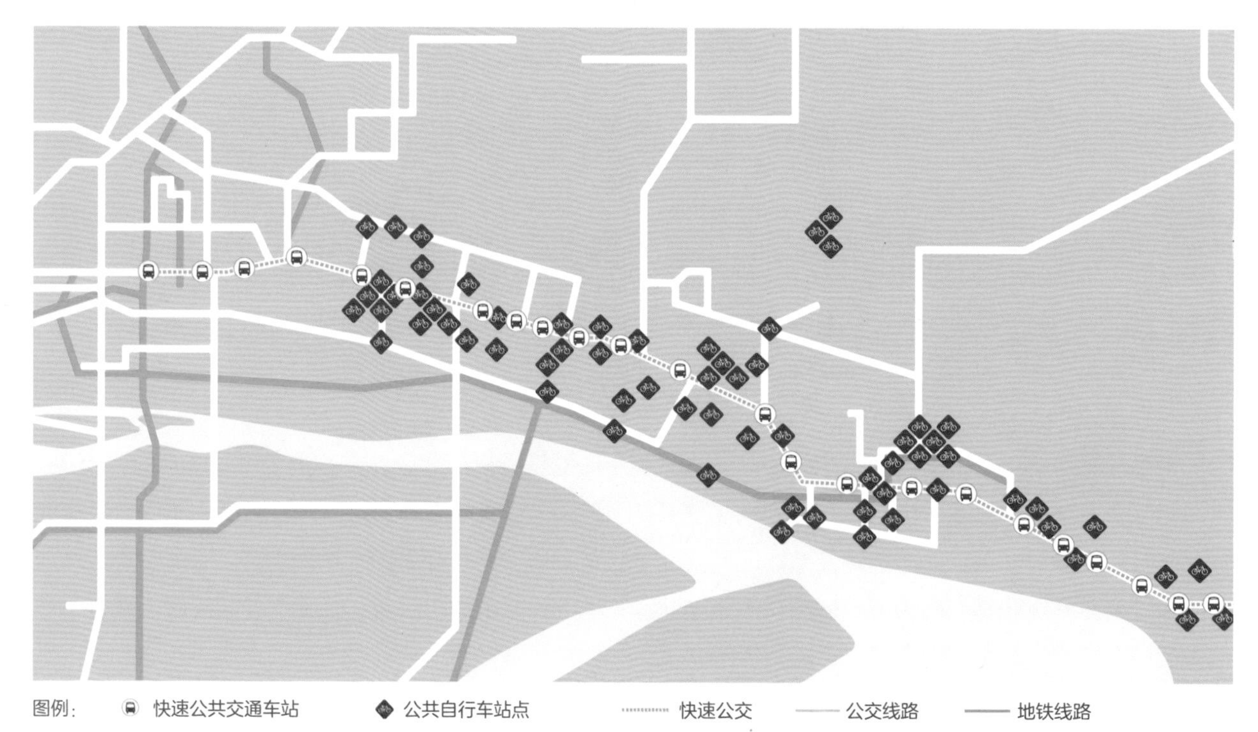

图7-14 广州快速公交系统将自行车道、公共自行车和地铁车站整合。2010年，在快速公交走廊沿线布置了公共自行车和113个站点，为快速公共交通车站保留充足的自行车停放位置（可停放5500辆）。东濠涌曾是一条被污染的运河，而今改造为一条绿道，并设置了4km长的自行车和步行车道，连接至快速公交走廊。高峰通勤时段，单向快速公交系统每小时运送27000名乘客，并与自行车道、公共自行车站点、地铁线路和其他公交支线相连

图7-15　广州华景新城快速公共交通车站的公共自行车使往返快速公交站点更加方便、舒适、安全（资料来源：交通与发展政策研究所）

图7-16　广州快速公交系统与自行车道和步行道无缝连接（资料来源：NACTO城市自行车道设计指南）

措施05 | 公共交通线路建设及扩张须覆盖所有新开发或城市更新区域

图7-17　济南地区规划扩大公共交通体系，以确保公共交通可覆盖所有新开发区域。以公共交通运力和可达性为关键因素的TOD开发

公共交通服务不足的地区不应再规划新的开发。事实上，新地区规划应该将其使用和开发密度分布在设计的公共交通服务周边。混合用途和居住片区应配有通向市中心、主要就业区的公共交通服务，同时也拥有本地性的普通公交。就业集中的工业区应规划通勤公共交通系统，以满足高峰出行需求。为了更有效地提供高运力公共交通服务，最好的选择是整合商业区和住宅区附近的轻工业和研发园区，实现一线多用。

措施06 | 规划可用于快速公交、轻轨或电车系统的公交专用道网络

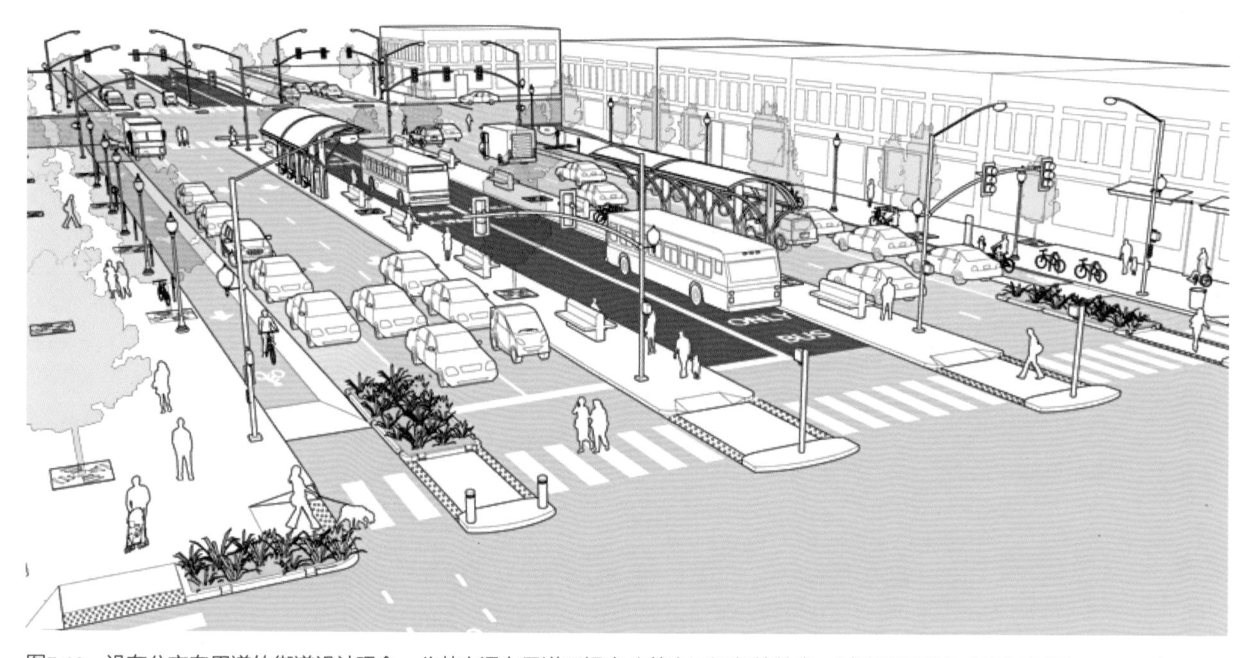

图7-18　设有公交专用道的街道设计理念。公共交通专用道可提高公共交通运行的效率、时速和便利性（资料来源：NACTO）

开通快速公交前

开通快速公交后

图7-19　引入快速公交前后的广州天府路交叉口对比（资料来源：交通与发展政策研究所）

在新区的规划中，须预留公交专用道网络，以便建设快速公交和轻轨。如果在道路平面和横断面设计中已经提前考虑，即便需求较低，增加公共交通专用空间也相对容易。这些专用道可进行临时绿化，以充当中央隔离带，或者可对路面进行铺装，供普通公交使用。随着出行量的增加，可增设更多先进的车站和换乘设施。最终的交通系统运力需考虑快线和越站车道，保留足够的路权空间。

标准 7.1：公共交通规划

制定公共交通规划，确保公共交通的出行分担率在超大城市和特大城市中达到40%，在大城市中达到30%，在中小城市中的比例不低于20%。

国务院新出台的城市标准规定了各类城市的公共交通分担率目标，完成这些目标是一项复杂而艰巨的任务，需要对公共交通、系统整合、步行/自行车环境及土地规划等各方面进行投资。每个城市的发展中，公共交通的混合方式和车站的开发密度均有所不同。但是，在所有案例中，TOD原则和适宜步行与骑行的街道，将有助于提高公共交通投资的有效性，且更方便人们出行。此外，合理的职住平衡、高密度开发，以及城市各地区的土地混合利用将有利于任何形式的公共交通发展。将本地性支线系统与专用道上的大运力区域公共交通系统相结合，对所有城市而言均是非常重要的。

图7-20　广州的快速公交系统改变了全世界公众对公共交通的看法，并在系统投入运行后大幅增加了广州市公共交通的出行分担率（资料来源：Karl Fjellstrom，交通与发展政策研究所）

标准 7.2：与公共交通车站的距离

所有大型居住和就业中心应位于本地普通公交车站500m半径范围内，同时位于有专用路权的公交走廊1000m径范围内。

车站间距是公共交通便利性和客运量的关键要素之一。在所有城市住宅开发中，以500m半径来布置普通公交站是一种典型且便捷的方式。可通过使用快速公交这类拥有专用路权的系统来增强服务，从而进一步增加客运量，缓解道路拥堵，并减少出行时间。此外，这类系统还有助于降低能源消耗、运营成本和空气污染。

这些措施在新开发区域很容易实施，路权和土地使用有助于强化线路。在已建成区域进行公共交通改造，通常包括使用混合交通车道。在城市中心区域，应考虑立体隔离线路，从而减少交叉口的交通延误，同时满足步行/骑行的路面需求。

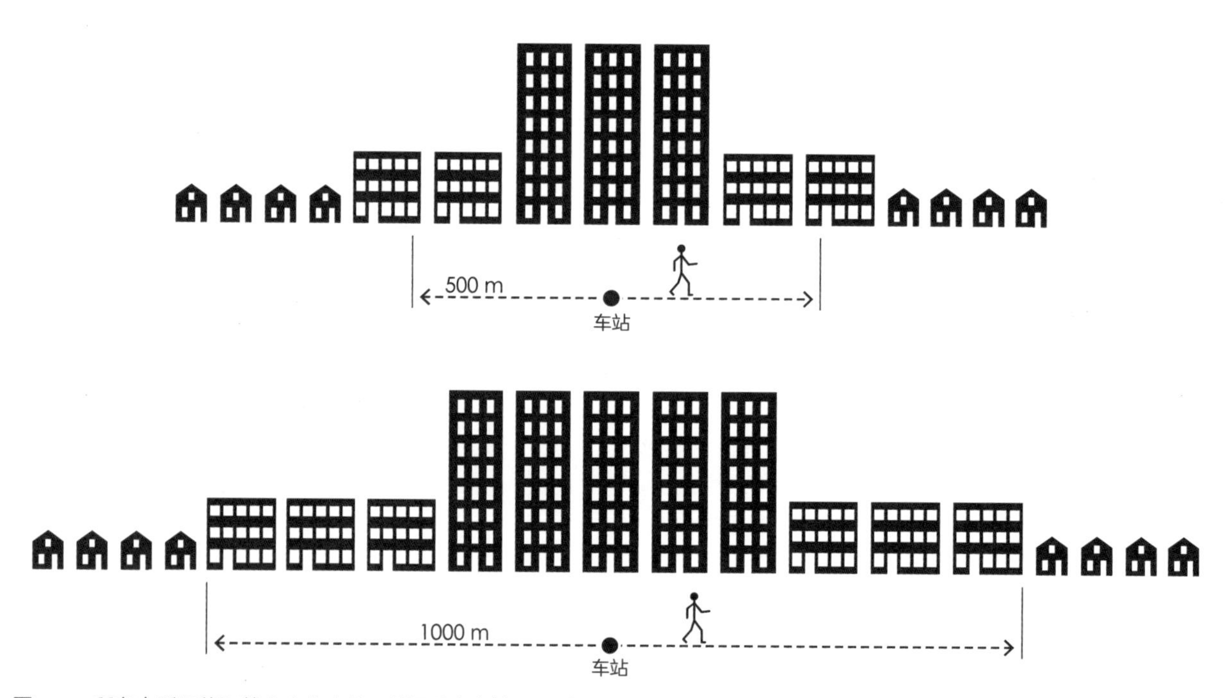

图7-21　所有大型居住和就业中心应位于普通公交车站500m半径范围内，同时位于有专用路权的公交走廊1000m径范围内。开发必须以公共交通为导向，从而降低对小汽车的依赖，提高公共交通的可达性

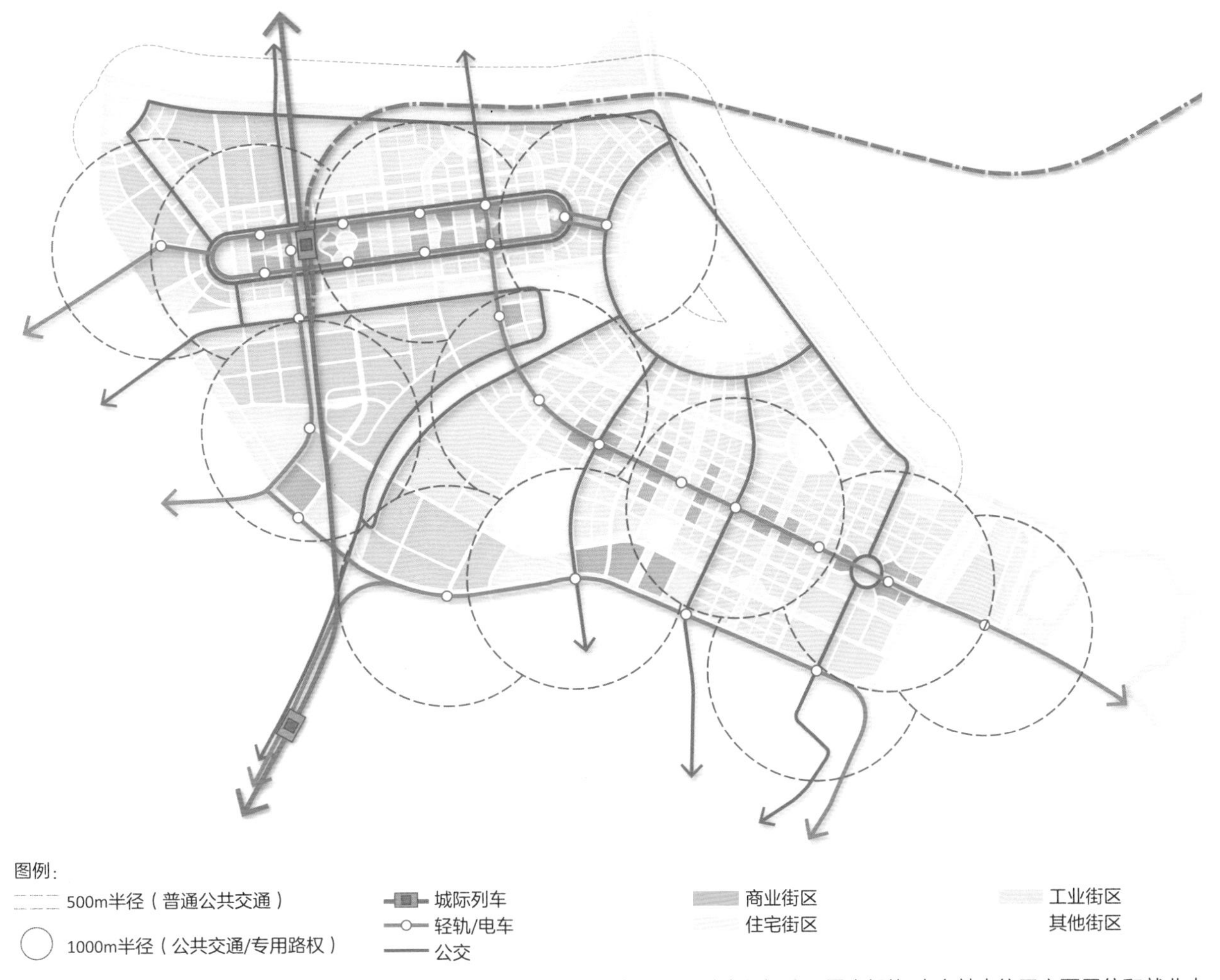

图7-22　在珠海北区TOD规划中，所有住宅和商业区的公共交通站点均可通过步行抵达。图中轻轨/电车站点位于主要居住和就业中心，圆圈表示半径1000m范围。

第8章

原则 08：小汽车控制

规范停车与道路使用，提高道路交通效率。

原则 08

机动车控制

规范停车与道路使用，提高道路交通效率

目标

8A *通过调节机动车停车和道路使用，增加出行便利性*

- 措施01：在全市范围内划分机动车使用控制分区。
- 措施02：降低一类控制区的停车配建指标，并提出上限。
- 措施03：实施停车收费管理控制。
- 措施04：缩减小汽车道，增设公交专用道或公交专用路。
- 措施05：拥堵收费。
- 措施06：控制小汽车保有量。

标准

8.1 *机动车分区控制策略*

在全市范围内制定分区域的差异化机动车控制策略。

8.2 *私家车保有量*

私家车千人保有量增长速度减缓。

8.3 *停车收费*

过去十年内停车收费水平是否上调。

原理

即便对城市进行了科学合理的规划，实现了高路网密度、小街区、相对平衡的职住分布，规划了大容量的公共交通系统，但对小汽车的持有和使用不加以限制，那么这个城市的交通最终还将面对严重的拥堵问题。一个城市的交通要想健康的发展，其车辆的使用水平应控制在道路承载能力范围以内。在提供优质的公交服务、鼓励人们使用公共交通的同时，还应当采取必要的小汽车限制措施，以降低市民对小汽车出行的依赖。国内外诸多城市都已经采用了减少停车位、提高中心地区停车费用、拥堵收费、汽车限行或限购等交通需求管理的政策措施来缓解交通拥堵问题。

美国公交协作研究项目（Transit Cooperative Research Program,TCRP）的成果之——“TOD对居住、停车和出行的影响”（TCRP Report 128，Effects of TOD on Housing, Parking, and Travel）研究表明：减少停车位的供给和提高停车收费，对区域交通分担模式和交通运行具有显著的影响，可以有效提高公交分担率，降低小汽车分担率；而过多的停车供给，会间接引导、刺激小汽车出行方式，带来诱增交通量，从而导致路网交通负荷和停车压力增大；减少停车供给，还可以减少用于停车配建的投资，从而提高土地的利用效率。

越来越多的国内外城市成功案例告诉人们，采取各种形式的小汽车限制措施和大力发展公共交通必须两手抓，才能缓解城市道路交通的拥堵难题（可参考1.4节最佳实践案例部分的内容）。

挑战

城市发展面临的最严峻的挑战之一是对机动车的依赖。随着经济增长，许多中国城市也开始效仿

图8-1　伴随经济发展，人们对机动车的依赖日益严重

发达国家的发展轨迹，快速发展机动化，收入的普遍提高刺激了机动车保有量的增加，同时促使人们在城市外围的郊区地段购买更宽敞的住宅，并使用私家车出行。这种蔓延式的发展导致无法集约高效地利用土地，并强化了人们对机动车出行的依赖。

为遏制这种趋势，中国多个城市已开始尝试对私人机动车交通的发展进行控制，主要的控制手段是限制小汽车保有量。北京、上海、广州、贵阳、石家庄、天津、杭州和深圳等8个城市分别出台了限制小汽车保有量的政策。

从全国已经实施机动车控制的8个城市的总体情况来看，实施限购的效果明显。小汽车增速明显减缓，交通恶化趋势得到遏制，为城市实施综合交通政策和发展大容量公共交通系统赢得了时间。例如，实施限购后的2011年，北京净增机动车的数量只有17.4%，是近年北京机动车数量增长速度最慢的一年。上海实行私家车牌照拍卖以后，每个月新增不到1万个新车牌，控制了机动车的增长。但同时在政策实施过程中也存在很多争议，有很多人认为限购是治标不治本的政策。城市拥堵是很多城市发展的必然阶段，决策者们需要在其他公共政策上探寻科学合理的缓解拥堵和改善环境的方法，比如大力发展公共交通和慢行交通，改善出行环境。而且限购在一定程度上损害了社会公平性，目前的拥堵是现有的有车族造成的，而限购这一政策是把责任成本转嫁给后来买车的人以及外地人，这显然有失公平。

深圳、上海等城市也开始探索缩减停车配建、提高停车收费等限制机动车的手段。此外，各地政府实施的机动车控制措施是缓解小汽车快速增长的一个方面，更重要的是人们的出行理念需要转变，以小汽车出行效率为考量的观念需要扭转，对社会公共资源利用效率的评价指标需要改变。

效益

经济效益

减少道路拥堵，提高出行的速度，节约出行时间：快速机动化使城市交通拥堵日益严重。据报道，45%的莫斯科受访者和35%内罗毕受访者每

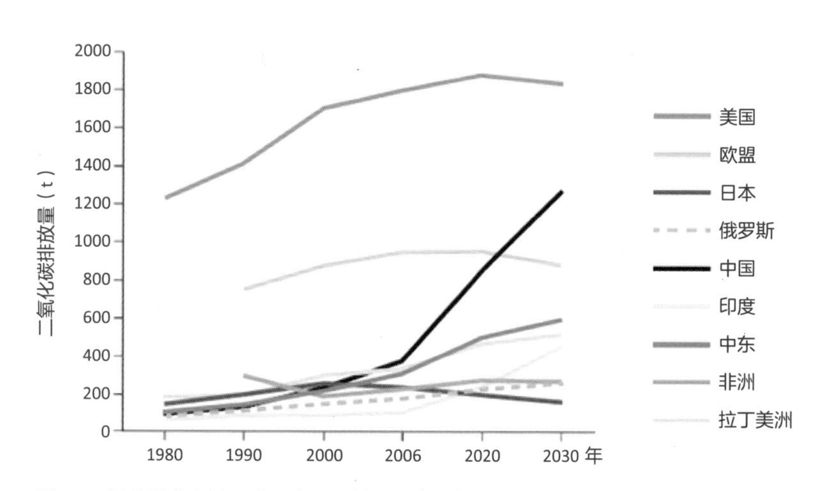

图8-2 部分国家和地区实际与预测交通二氧化碳排放量（资料来源：世界银行）

天被堵在路上的时间长达3小时甚至更久（IBM，2011）。根据估算，拥堵造成的经济损失一般为国内生产总值的2%～3%之间（公交都市）。根据IBM的调研，超过一个月时间内，大约一半受访者由于交通因素不得已取消已经计划的工作、购物、休闲、娱乐或者外出就餐等活动。人员、货物、运费和原料的延误也成为拖累经济生产力、降低城市竞争力的主要原因。研究表明，20世纪90年代，曼谷每天早晨由交通拥堵引起的延误导致超过400亿美元的经济损失（世界银行，1996）。

环境效益

减少拥堵，减少尾气排放和污染，绿色出行比例提升：城市过度依赖机动车交通产生负面作用，包括道路交通拥堵及拥堵带给人们的精神压力、驾驶综合症，同时机动车交通还会加剧空气污染、并引起疾病，此外机动车交通也难以避免带来人身伤害和交通事故死亡等。近年来城市空气污染程度和交通事故数量随着机动车辆的增加而增长。以机动车加剧空气污染为例，机动车尾气排放的污染物，包含大量的铅、臭氧和悬浮微粒，很容易引发上呼吸道疾病，长时间接触会严重损坏人体器官的健康。此外，交通是导致全球气候变化的主要因素。机动车尾气排放中的二氧化碳在全球范围内严重威胁和破坏气候，导致海平面上升、洪水、极热气候和干旱等自然灾害。全球1/4的二氧化碳排放量来自于交通系统，其中18%来自于公路交通（UNEP，2010）。道路交通二氧化碳排放量还会持续增长，预计2050年会达到排放总量的1/3。而二氧化碳排放量增长最快的就是发展中的新兴国家，例如中国和印度。

社会效益

促进公共资源的共享，保护社会底层人民的利益，提高社会公平性：中国社会仍然存在一个普遍的观念，那就是穷人坐公交出行，有钱人开小汽车出行。所以不管在哪个城市，家庭经济收入达到一定水平时，首先要做的事就是购买一辆小汽车，这不仅关系到出行方式，更关系到家庭在社会中的地位和面子问题。想要扭转这种以小汽车出行为荣的局面，一方面要对小汽车的购买和使用设置较高的限制条件，控制需求，另一方面也要加大城市的公共交通基础设施建设和提高公共交通的服务水平，加大供给，一推一拉，双管齐下，缺一不可。这种现象在一个拥有十几亿人口的大国，并不是短时间所能扭转的，需要一个长期的努力过程，并且对中央政府和各省市政府的执政能力和决心的考验非常大。各级政府一方面要面临小汽车生产和消费带来的经济贡献的减少，一方面又要面对小汽车购买和使用控制政策引发的民众抱怨和不满。因此从短时间内看，限制小汽车购买和使用、大力发展公共交通的举措，在一定程度上是对富裕阶层的限制、对广大普通民众的保护。

事实上欧美很多城市的公共交通非常发达，例如前面提到的伦敦、哥本哈根、新加坡和纽约等城市，民众使用地铁和常规公共交通方式通勤的比例非常高，通常人们不会用出行所采用的交通方式来判断一个人的经济和社会地位。中国则需要通过漫长的努力，限制小汽车购买和使用的同时，大力提升公共交通的地位和服务水平，吸引民众采用公交方式出行，避免公交沦为底层人民的专有工具，从而进入恶性循环。当公共交通出行的便捷性优势明显高于小汽车，并且公交服务水平和乘坐体验也都较高的时候，公交将成为出行的首选方式，考虑到购买和使用小汽车较重的经济负担和较高的准入门槛，相信民众也不会一定要执着于购买一辆属于自己的小汽车了。

最佳实践：英国伦敦

伦敦于2003年2月17日引入了拥堵收费机制，该项措施旨在抑制城市中心的交通拥堵，并用收费所得为伦敦的交通设施投资筹集资金。

拥堵收费时段为每个工作日的7:00～18:00，人们在支付11.5英镑的拥堵费后当日内可无限次出入拥堵收费区。在工作日的非收费时段及周末和节假日对进入拥堵收费区或在拥堵收费区内行驶的车辆不收费。

据伦敦交通局预测，2015～2016财年伦敦拥堵收费区在扣除运营成本后的净收入将达1.72亿英镑，与2004～2005财年的0.97亿英镑相比增长了77.3%。伦敦交通局预期将收入所得的10%，即1710万英镑投入步行、自行车相关项目。

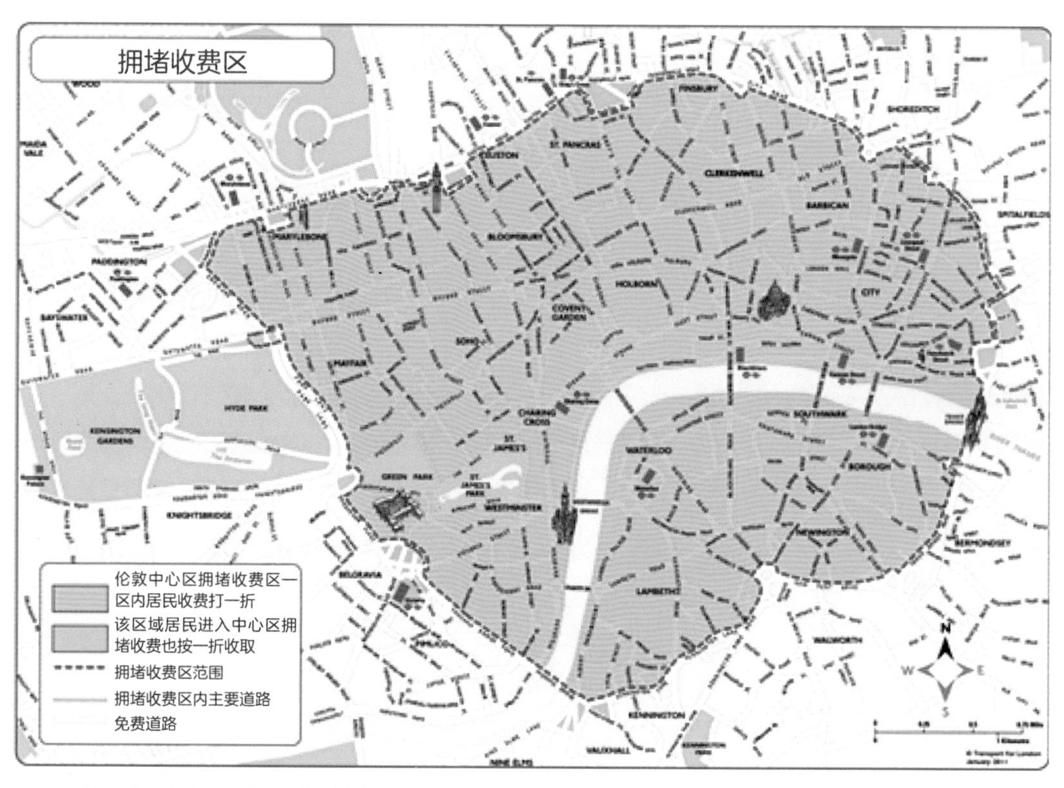

图8-3 伦敦市中心拥堵收费区（资料来源：Wikipedia，http://en.wikipedia.org/wiki/London_congestion_charge#Introduction_.28February_2003.29）

拥堵收费变化情况　　表8-1

日期	收费金额	增长
2003年2月	£5	—
2005年7月	£8	60%
2011年1月	£10	25%
2014年6月	£11.50	15%

（资料来源：Wikipedia，http：//en.wikipedia.org/wiki/London_congestion_charge#Introduction_.28February_2003.29）

2015～2016财年拥堵收费净收入分配意向表　表8-2

	意向分配资金（百万英镑）	百分比
公交车网络优化	74	43%
自治市规划项目	15.5	9%
道路桥梁维护与提升	60.2	35%
道路安全	5.2	3%
步行与自行车项目	17.1	10%
拥堵收费净收入	172	100%

（资料来源：TFL GLA Budget Submission 2014）

最佳实践：丹麦哥本哈根

停车位的供应和收费水平管理，是控制哥本哈根市中心小汽车交通量的关键。在过去的几十年间，哥本哈根停车位的数量每年减少2%~3%。停车收费也是不断变化的，要确保收取足够高的费用，以促进车位使用的快速周转。一般路侧停车收费是4美元每小时，在大众公共交通系统服务较好的地区，停车收费会更高。最后，丹麦的税收体系也被用于限制小汽车的拥有和使用，购买私人小汽车所需缴纳的税费是车辆自身日常费用的3倍。同时，为了限制购买大型、高油耗的小汽车，车辆购置税随着车重量和发动机排量的增加而增加。目前，丹麦每千人拥有小汽车330辆，在欧洲排名第11位，排名在一些经济发展水平比丹麦低的国家（如西班牙）的后面，甚至低于日本的小汽车拥有量水平。高昂的小汽车拥有和使用成本、支持公共交通优先发展、设计让行人和自行车方便的道路交通设施，共同帮助哥本哈根成为一个宜居的城市。今天，哥本哈根市中心街头路侧几乎看不到小汽车停车位，却随处可见自行车停车设施，自行车出行比例在丹麦日益增长。

图8-4　哥本哈根街头的自行车停车设施（资料来源：宇恒可持续交通研究中心）

最佳实践：新加坡

新加坡政府从1972年起就坚定地通过一系列针对小汽车的附加税、养路费，以及小汽车的限量系统来逐渐紧缩小汽车的保有量。所有对小汽车购置和使用征收的税费都纳入统一基金。新加坡政府不断增加小汽车购买的各种税费，从1948年开始的道路税，到20世纪60年代末的进口附加税，然而随着居民收入增加，这些附加税不足以抑制小汽车的购买使用，政府又制定了一项额外的注册费，高达小汽车售价的150%，并且对注册车龄达到10年的小汽车有严重的惩罚。除了提高收费遏制车辆的拥有，新加坡还直接管制小汽车的供应数量。1990年新加坡引入了小汽车限量系统，要求每辆新车都要有一个拥车证，拥车证的有效期为10年，通过抽签获得。拥车证的价格以几何速度增长，1990年豪华车（排量2.0L及以上）的拥车证价格为330美元，两年之后这个价格飙升到了11400美元，到1995年价格达到了7万美元。除了控制小汽车的保有量，拥车证还带来了大量的现金收入，1991年为1亿美元，1996年就已经达到了12.3亿美元。

为了更加完善对小汽车使用环节的收费和管理，新加坡政府还引入了一系列使用收费。1975年开始引入拥堵收费制度，将一块6km^{2}的区域划为“拥堵收费区”，早07:30～10:15进入该区域的车辆需要在挡风玻璃的显著位置放置一个特别许可证，并交纳每天2美元的费用。没有许可证的驾驶者如果被巡逻警车抓到将被处以高额的罚款。在拥堵收费制度实施的第一年，高峰时间进入该区域的车辆减少了76%，其中有9%的人改为乘坐巴士。1994年，拥堵收费制度在全天内实行，范围也有所扩大，导致进出该区域的交通量立刻下降了9.3%。拥堵收费区内的中央高速公路高峰时间的平均车速由31km/h猛增到67km/h。随后，新加坡开始淘汰地区通行证，代之以全面的电子道路收费系统，这个系统是无线射频、光学探测、成像以及智能卡等高度精密技术的结合，使得收费可以根据交通拥堵情况、车辆通过的时间地点变化而变化。除了道路收费，新加坡驾车者还要面临其他和汽车使用相关的费用。燃油税为车价的50%，与大多数欧洲国家接近，使用含铅汽油还要支付额外费用。新加坡的停车场大多数归政府所有且收费很贵，市中心的停车位每月需征收45美元的附加费。尽管有这些惩罚性收费，新加坡的小汽车保有量依然在持续增长，从1980年每15.8人拥有一辆小汽车增长到1997年每8.8人拥有一辆。但是因为高额的购置和使用税费，使得新加坡小汽车保有量的增长率从20世纪80年代的6%显著下降到3%。

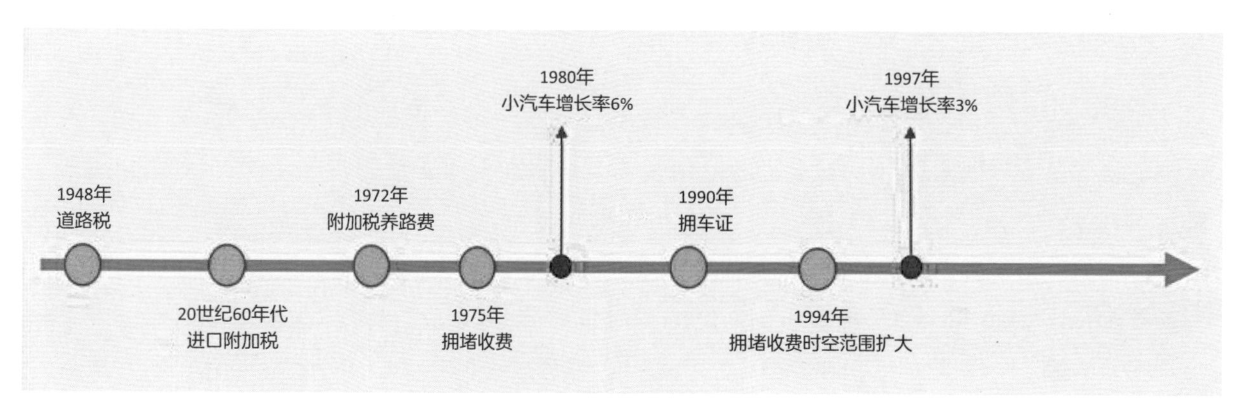

图8-5　新加坡小汽车控制政策演化图（资料来源：宇恒可持续交通研究中心）

图8-6　新加坡的小汽车控制政策显著改善了交通状况（来源：dj.caissa.com.cn）

最佳实践：上海

上海是全国最早实行车牌拍卖的城市，也是目前中国最早实施私车牌照拍卖政策的城市。

2016年6月18日上海市交通委员会公布修订后的《上海市非营业性客车额度拍卖管理规定》。规定调整后，只有拥有上海户籍或者持上海市居住证，且在申请之日前已在上海市连续缴纳社会保险或个人所得税满3年，并且未持有客车额度证明、未拥有使用客车额度注册登

图8-7　上海私车牌照竞拍（资料来源：roll.sohu.com）

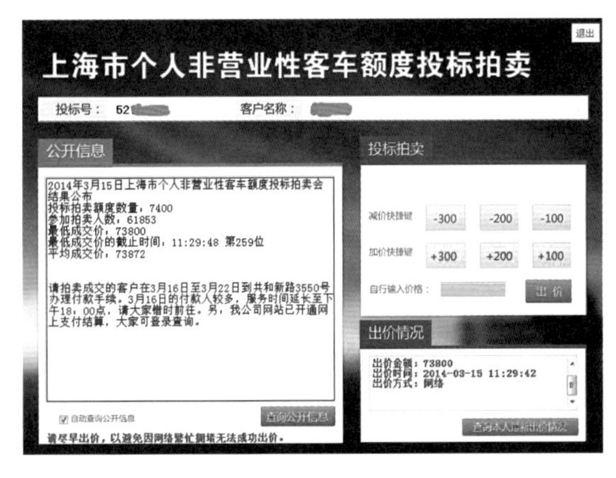

图8-8　上海私车牌照网上竞拍（资料来源：club.kdslife.com）

记的机动车，同时持有效的机动车驾驶证，在申请之日前1年内不存在道路交通安全违法行为记录，以及符合经联席会议提出报上海市政府批准的其他条件，才可以参加竞拍私车牌照。

上海车牌拍卖政策实质是用市场化和行政化结合的混合性手段来配置稀缺的交通资源，用行政决定的稀缺车牌额度来衡量交通资源的稀缺性，并通过竞拍抬高购车成本，最终达到限制汽车保有量的目的。

实行私家车牌照拍卖以后，上海每个月新增不到1万个新车牌，有效地控制了私车总量的增长速度，在一定程度上缓和了有限的道路供给与日益增长的交通需求之间的矛盾，为上海市发展公共交通赢得了时间和空间。

牌照拍卖资金的合理使用，在很大程度上促进了常规公交和轨道交通等公共交通设施的发展；保证公交及相关基础设施建设具有稳定的资金来源。由于政策作用减少了私家车数量，缓解了高峰时段的交通压力，总体上提高了公共交通和私人车辆的出行效率，在一定程度上减少了车辆尾气的排放，有助于城市综合环境的治理，同时对道路安全提升、城市噪音减缓和设施损耗减少等方面也都有积极作用。

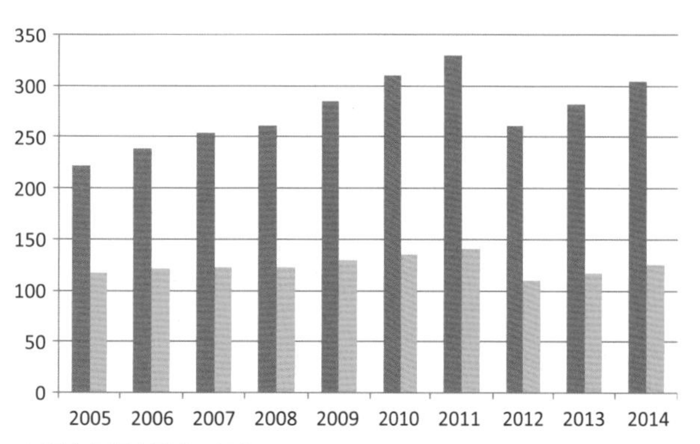

图8-9　上海市近十年民用汽车保有量和千人拥有率（资料来源：上海市历年统计年鉴）
（注：从2012年起，民用车辆拥有量的数据不含强制报废量，故统计数据显示出现折点）

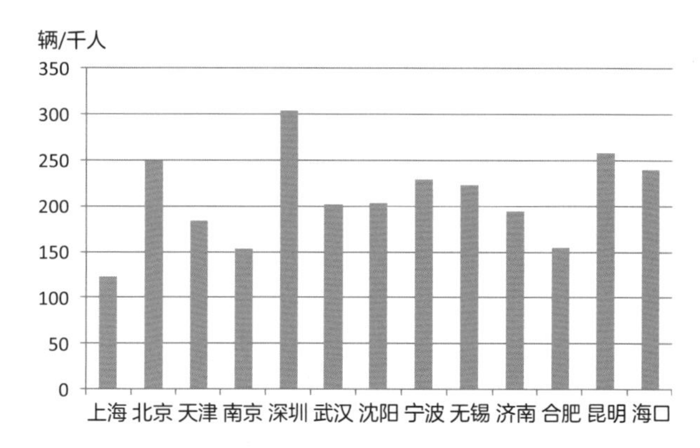

图8-10　截至2015年底全国部分主要城市民用汽车保有量（资料来源：各城市统计年鉴）

目标 8A：通过调节机动车停车和道路使用，增加出行便利性

调节手段分为两种形式，即对车辆拥有的控制和对车辆使用的控制。对于机动车保有量激增的城市应该在短时期内双管齐下，既要限制机动车保有量的增长，又要降低机动车的使用频率。长期来讲，调节的重点应该放在对车辆使用的控制上，提高小汽车使用成本，降低其使用频率，并大力发展公共交通，确立公共交通的主导地位。

措施01 | 在全市范围内划分机动车使用控制分区

根据不同区域的公交可达性和服务水平、土地利用性质和开发强度及道路网容量等因素，将城市划分为若干类机动车使用控制区域，如一类控制区、二类控制区等。根据分区确定不同的停车配建标准和停车收费原则。个别城市也可据此确定拥堵收费水平等。

其中一类控制区的公交可达性最高，距离地铁站点或快速公交站点最近，且土地利用强度及混合程度高，道路网容量饱和度高。

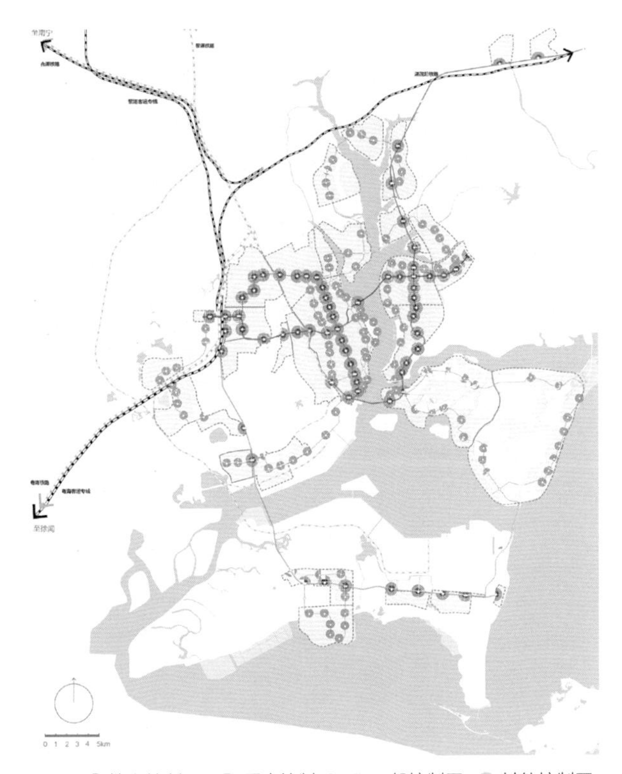

图例：核心控制区 重点控制区 一般控制区 其他控制区

图8-11　湛江机动车使用控制分区（资料来源：宇恒可持续交通研究中心）

措施02 | 降低一类控制区的停车配建指标，并提出上限

依据多项研究成果，大中运量的公共交通（包含轨道、快速公交和有轨电车系统等）站点对步行的吸引力随距离增加而降低。距离站点较近的居民出行完全可以由公共交通承担，即使降低距离站点较近的建筑物的停车配建标准，也可以公共交通方式替代小汽车出行，这是引导和鼓励公共交通出行、遏制小汽车出行的有效措施。距离大中运量公共交通站点距离越近，其公交可达性与服务水平越高，因此公共交通出行比例也就越高，小汽车停车需求也就越少。这样的区域停车配建指标应该提出上限，而不是很多城市现行规定中的停车配建下限。一类控制区的配建指标应提出上限，具体数值应按照现行规定中指标的下限进行折减，至少折减20%。

《深圳市城市规划标准与准则》中提出，轨道车站500m半径范围内的住宅停车位，不超过相应分类配建标准下限的80%。而针对商业类项目配建停车位，也根据划分的三类停车供应区域分别配给不同的指标。其中一类区域的停车配建指标最低，并同时提出了上限和下限。同时可以效仿哥本哈根，在完善公共交通服务的基础上，在建成区逐年减少一定比例的停车位，如2%～3%。

深圳停车配建标准 **表8-3**

商业类	行政办公楼（车位/100m²建筑面积）	一类区域：0.4～0.8；二类区域：0.8～1.2；三类区域：1.2～2.0
	其他办公楼（车位/100m²建筑面积）	一类区域：0.3～0.5；二类区域：0.5～0.8；三类区域：0.8～1.0
	商业区（车位/100m²建筑面积）	首200m²每100m²2.0 2000m²以上每100m²一类区域：0.4～0.6；二区域：0.6～1.0；三类区域：1.0～1.5每2000m²建筑面积设置1个装卸泊位：超过5个时，每增加500m²，增设1个装卸货泊位
	购物中心、专业批发市场（车位/100m²建筑面积）	一类区域：0.8～1.2；二类区域：1.2～1.5；三类区域：1.5～2.0 每200m²建筑面积设置1个装卸货泊位；超过5小时，每增加500m²，增设1个装卸货泊位
	酒店（车位/客房）	一类区域：0.2～0.3；二类区域：0.3～0.4；三类区域：0.4～0.5 每100间客房设1个装卸货泊位，1个小型车辆港湾式停车位，0.5个旅游巴士上下客泊位
	餐厅（车位/10座）	一类区域：0.8～1.0；二类区域：1.2～1.5；三类区域：1.5～2.0

（资料来源：深圳市城市规划标准与准则）

措施03 | 实施停车收费管理控制

停车收费管理是一种基于市场机制的交通需求管理手段。通过调整停车位收费标准，可以引导和改变人们在重点地区内的出行方式，从而提升优化交通状况。

我们建议：

（1）在全市范围内取消免费停车位；

（2）提高一类控制区的停车收费标准；

（3）提高路内停车收费标准，与路外停车收费拉开差价。在城市中心区占路停车的收费水平应显著高于建筑物配套的地面停车场或地下停车库，以鼓励人们将车停到路外的停车场，避免小汽车停车对道路资源的占用。例如在北京，核心商业区路侧停车收费第一小时10元，第二小时开始按15元/小时计费，而建筑配套的地面停车场为8元/小时，地下车库则执行6元/h的收费标准。

（4）实行停车累进费率原则，利用价格机制限制长时间停车，提高车位周转率。例如上海的一级道路停车收费标准为：首小时0～15分钟4元，15～30分钟4元，30～60分钟7元；超过1小时后，每30分钟10元。采取分段计费方法。

（5）加强违法停车管理，加大执法力度，提升罚款额度。

深圳市路边临时停车管理系统根据区域的类型，有针对性地实施不同收费标准。其中，一类区域实施最高的收费标准，限制路边临时停车；三类区域则实施最低的收费标准。此外，在交通状况相对较好的时段，每类区域均可适当降低收费标准，如在晚上10：00后免费停车。

深圳市路边临时停车位使用标准　　表8-4

时段		收费标准（元/半小时）					
		一类区域		二类区域		三类区域	
		首半小时	首半小时后	首半小时	首半小时后	首半小时	首半小时后
工作日	白天（7:30～22:00）	5	10	3	6	2	4
非工作日		2	4	1.5	2.5	1	1.5
晚上（22:00～次日7:30）		免费					

（资料来源：《深圳市路边临时停车收费管理办法》）

措施04 | 缩减小汽车道，增设公交专用道或公交专用路

很多城市的核心商业区、历史文化街区和旅游风景区，都是人流密集、出行需求较高的地区，也是容易造成严重交通拥堵的地区。近年来，中国有很多城市因为交通拥堵、出行环境恶化和街区品质不够宜人，那些曾经在城市历史中闪烁光辉的传统区域正在经历着竞争力和吸引力的下降，逐渐走向衰落。城市复兴成为很多老城区的燃眉之急，最有效的复兴手段莫过于控制小汽车的出行和使用，大力提倡以公共交通和步行自行车交通出行。缩减小汽车道，将道路空间还给公共交通和步行自行车，恢复区域的交通畅通，能够迅速增加吸引力和人气，同时配合街道环境的整治、公共空间品质的提升、街道底商形象的提升等手段，可以帮助传统城市核心区在短时间内迅速崛起。以济南为例，因其地下水位原因不能修建地铁，同时也未进行任何小汽车出行限制政策，近几年来济南市已经连续多次位列全国最拥堵的城市排行榜，甚至数次超越北京成为"首堵"。特别是济南市中心的大明湖区域，因为是狭长地形城市的中心、很多过境交通的必经之地，因而成为全市最拥堵区域，这大大降低了大明湖旅游区的吸引力和人气。如果能将大明湖附近的核心旅游和商业区划为"低碳区"，缩减部分道路的小汽车道改为公交专用道，甚至是将部分核心区的道路根据实际情况改为公交专用路，则可以大幅提升公交和步行自行车出行比例，减少小汽车的通过数量，帮助大明湖在短时间内迅速恢复交通秩序并聚集人气。图8-12所示即为大明湖周边的一条公交线路，由棕色虚线的路径改为绿色实线路径，且将绿色实线路段改为公交专用路，允许公交和步行自行车交通方式，禁止小汽车通行。

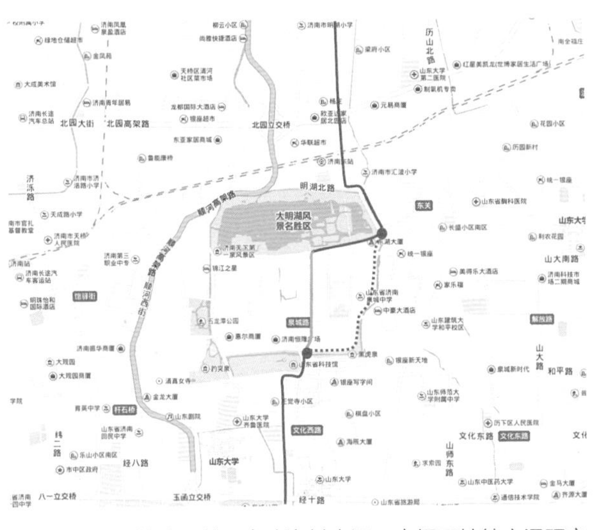

图8-12　公交线路调整示意（资料来源：宇恒可持续交通研究中心）

图8-13　公交线路调整中绿色路段现状（资料来源：百度地图）

措施05 | 拥堵收费

图8-14　新加坡拥堵收费（资料来源：www.quanjing.com）

拥堵收费通过经济性措施来限制机动车在特定区域（如一类控制区）的使用，是一种更可持续的管理道路使用的方式。在缓解城市拥堵的同时，还可以将所收的费用用于改进公共交通网络。

拥堵收费政策适用于交通拥堵特别严重，并且已经采取了诸如提高停车收费、增加小汽车购置税费等政策，但却仍然收效甚微的城市或地区。实施拥堵收费的城市，建议在一类控制区内实施拥堵收费政策。按照不同路段、时段、车辆种类制定不同的收费标准。

措施06 | 控制小汽车保有量

在一个城市已经采取了减少停车配建规划指标、大幅提高停车收费标准后，如果小汽车购买快速增长的势头仍然不能得到控制，或是城市交通拥堵已经严重影响了居民日常生活出行、经济生产效率和城市发展，我们建议该城市论证采取机动车保有量行政控制手段。根据城市的常住人口、公交发展水平、经济状况等设定每年新增车辆配额。此措施应该是短期政策，直到公共交通取得较大发展成为人们主要的日常出行交通选择，小汽车的使用率显著下降。新增车辆配额可以采用摇号或拍卖的形式分配，需结合城市具体情况进行专题研究。利用行政手段设置车辆登记配额（例如北京、上海），实施摇号、拍卖制度，可能会在短期之内减少新车增长从而间接缓解拥堵，这对于机动车保有量急剧增加的城市能够起到有效的遏制作用。长期来讲，用行政手段控制小汽车保有量不一定是最理想的可持续的解决方案。相反，它有时可能触犯公民权利或剥夺个人追求舒适私人机动车出行的选择权。许多发达城市的案例证明，行政手段与经济手段相结合更加具有可持续性。

标准 8.1：机动车分区控制策略

在全市范围内制定分区域的差异化机动车控制策略。

所有城市，无论机动车发展水平的高低，均需在全市范围内制定整体机动车控制策略。新加坡和东京在机动车千人保有量达到50辆/千人的时候，就开始采取机动车控制措施了。香港更是在机动车千人保有量仅为30辆/千人的时候，开始实施第一套机动车控制政策。城市应该尽早制定并实行机动车控制策略。如果没有在机动车发展的初级阶段就采取机动车控制策略，将会放任机动车侵占更多的道路空间，并且会错过发展公交系统的时机。这将给城市的整体交通状况带来负面的影响。

针对全市的整体机动车控制策略，首先要综合考量不同区域的公交可达性和服务水平、土地利用性质和开发强度及道路网容量等因素，将城市化分为若干类机动车使用控制区。再根据不同的分区确定不同的停车配建标准和停车收费原则。提供的公交服务水平越高，且土地利用强度及混合程度越高，那么停车配比就应该越少，停车收费水平也应该越高，以引导小汽车合理使用，实现低碳绿色出行的规划理念。

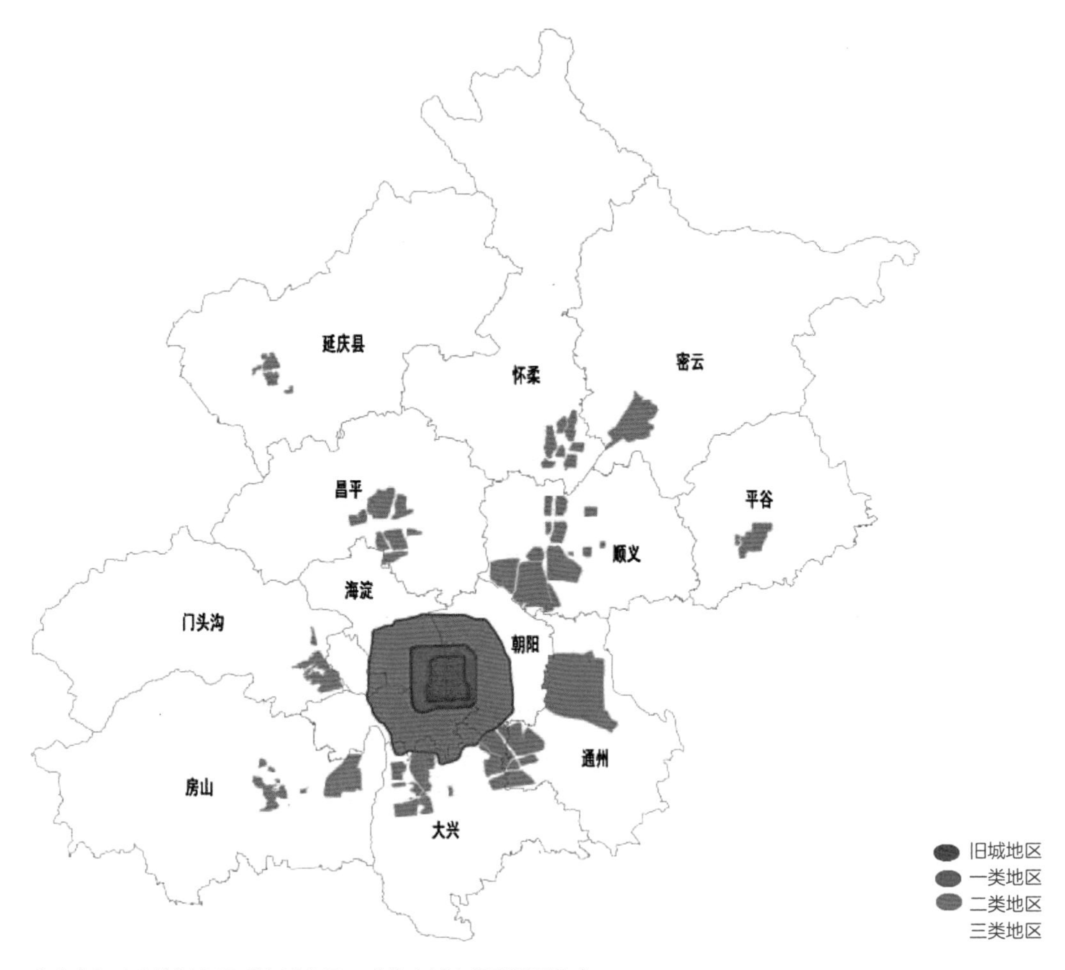

图8-15　北京市机动车控制分区（资料来源：《北京城市低碳导则》）

标准 8.2： 私家车保有量

私家车千人保有量增长速度减缓。

从世界范围内看，中国大部分城市的私家车千人保有量并不算高。但是中国城市的私家车千人保有量不仅增势迅猛，而且呈现出加速增长的趋势。而城市的基础设施建设、公交服务水平以及人们的交通意识很难同步跟上，由此带来了一系列问题。

因此我们希望城市通过根据自身情况，有选择地采取前面提到的一系列建议措施，最终使私家车千人保有量增长速度减缓。具体指标为私家车千人保有量年增长率不应超过过去5年内的平均年增长率。

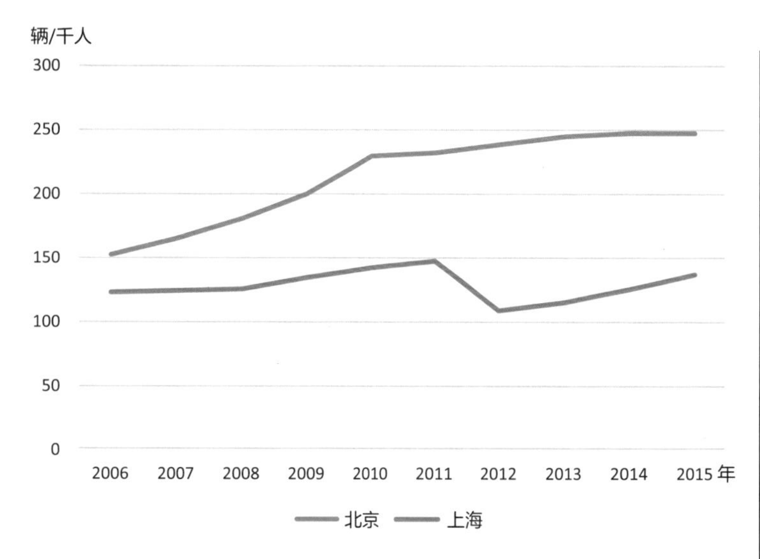

图8-16 北京和上海私家车千人保有量（2006～2015年）（资料来源：北京市统计年鉴，上海市统计年鉴）

年	北京	上海
2006	152	123
2007	165	124
2008	180	125
2009	200	134
2010	230	142
2011	232	147
2012	239	108
2013	245	115
2014	247	125
2015	247	137

标准 8.3：停车收费

过去十年内停车收费水平是否上调。

根据前面提到的“措施03：实施停车收费管理控制”，我们衡量一个城市控制机动车，特别是私家小汽车的力度，最有效的手段是判定该城市是否采取了小汽车停车收费的调整政策。具体还可以考察该政策中城市中心区或主要商业就业地区的停车费率上涨幅度如何，停车收费结构是否合理。事实上，很多城市的停车收费标准都已经使用了很多年。例如济南，作为省会城市，其城市经济和交通近年都高速发展，然而今天执行的停车收费标准却仍然是1999年颁布的。在济南的市中心，小汽车停车收费仅为2元/小时，并且全时段均维持这样较低的停车费，另外地下停车场也没有执行比地面停车收费更优惠的收费政策。这种过低的停车收费无疑鼓励和推动了小汽车的过度使用，并且最终导致交通拥堵。城市经济、人口和小汽车保有量都在迅速增加，而停车收费水平常年不变，势必导致小汽车出行成本过低，导致小汽车使用失去控制。值得注意的是，中国类似济南这种情况的城市还很多。

第9章

原则 09：绿色建筑

执行最佳实践，减少建成环境对自然环境和人类健康的影响。

原则 09

绿色建筑

执行最佳实践，减少建成环境对自然环境和人类健康的影响

目标

9A *采用绿色建筑评价体系，落实最佳实践*

- 措施01：进行可行性研究，确定最恰当的评价体系和认证级别。
- 措施02：重视建筑使用后性能。

9B *减少建成环境对自然环境的影响*

- 措施03：选择恰当的设计与材料，提高建筑围护结构的性能。
- 措施04：选择高效暖通空调系统。
- 措施05：采用节能照明和日光照明，降低能耗。
- 措施06：采用自动化控制，优化照明，减少电力消耗。
- 措施07：推广本地太阳能发电，降低能耗，落实净电量结算政策。
- 措施08：通过试运行和改进运营与维护方法，保证建筑性能。
- 措施09：安装节水装置、灰水处理和雨水收集系统，降低用水量。

9C *减少建成环境对居民健康的影响*

- 措施10：增加户外空气流通，选择高效过滤器，改善空气质量。
- 措施11：指定低有害性材料，推广使用绿色建材。
- 措施12：选择适当的暖通空调系统，提高居民的热舒适度。
- 措施13：执行水箱维护，安装本地饮用水过滤器，改善水质。

标准

9.1 *所有新建筑必须达到绿色建筑二星级标准*

中国所有新建筑至少应该达到绿色建筑二星标准。

9.2 *能耗强度标准*

保证住宅与商业建筑的现场能耗不超过75kW·h/（m^2·a）。

9.3 *建筑围护结构设计与建设标准*

非透光部分高于GB 50189—2015标准30%，窗户超过75%，并保证漏风率不超过4.5m^3/（h·m^2）。

9.4 *暖通空调效率标准*

建筑设备的性能系数（COP）不低于5，如果本地情况允许，安装节能装置。

9.5 *太阳能光伏面板安装覆盖率*

至少60%的屋顶安装光伏面板，鼓励在建筑幕墙上安装光伏建筑一体化系统。

9.6 *灰水与雨水处理规定*

以北京的现行政策为参照基准，在不同地理区域建设处理系统。

原理

绿色建筑是一个整体性的概念，建立在建成环境会对自然环境和居民日常生活产生深远的正面和负面影响这一认识之上。绿色建筑的目的是在建筑的使用寿命周期内，扩大积极影响，减少负面影响（USGBC 2016），即绿色建筑应该最大限度地节约资源（电、水、工地和材料），保护环境，减少污染，为居民提供健康、舒适和高效的空间，与自然和谐共存（张建国，谷立静，2012）。虽然建筑技术在不断进步，不同地区也有不同的最佳实践，但绿色建筑的本质是对以下一条或多条原则进行优化：

- 能效
- 工地效率
- 水效率
- 材料效率
- 避免有毒化学品的使用
- 设计遵从自然
- 室内环境质量提升
- 垃圾减量
- 减少碳足迹
- 运营与维护优化

《世界绿色建筑趋势报告2016》《World Green Buiding Trends 2016》显示，中国人中有49%认为绿色建筑有助于降低能耗，有49%相信绿色建筑可以保护自然资源（全球范围两项人数比例分别为66%和37%），另有42%认为绿色建筑可以改善室内空气质量（全球比例为17%）。对室内空气质量的关注和对健康社区的重视，表明健康和幸福才是中国绿色建筑开发的重中之重。绿色建筑不仅可以降低能耗，还能为居民提供健康的休憩空间。

绿色建筑理念在20世纪90年代进入中国，中国对绿色建筑的研究和应用始于2001年（张建国，谷立静 2012）。2005年，中国建筑首次获得能源与环境设计先锋奖（Leadership in Energy and Environmental Design，LEED）金级认证，之后中国开始大力发展绿色建筑（Christina Nelson，2012）。2006年年中，中国公布了第一项国家绿色建筑标准GB/T50378—2006，又称为“绿色建筑三星标准”。2015年初，这一标准为更全面、更完整的GB-T50378—2014标准所取代。除了国家绿色建筑标准外，截至2015年，已有31个省级行政区根据自身的地理、经济和社会经济条件，颁布了绿色建筑政策，其中既有强制政策，也有激励措施，旨在促进绿色建筑开发。江苏、贵州和浙江等省份均颁布了绿色建筑条例，规定建筑必须达到特定的星级标准。截至2015年底，全国共有3979个项目参与绿色建筑评价，总建筑面积达4.6亿m^2（中国建筑科学研究院天津分院，2016）。

然而，随着快速的城市化和工业化，中国对新建筑的需求急速增长，能源消耗速度也不断加快，中国面临着严峻的挑战。目前，相比许多发达国家，中国的绿色建筑市场仍处在起步阶段。中国政府制定了2020年之前绿色建筑占新建项目50%的目标（新华社，国家新型城镇化规划，2014）。为了促进绿色建筑开发，地方政府也在努力提供更多激励措施。云南省提出2020年之前，新建项目中绿色建筑的占比达到50%的目标。此外，中央政府在2015年已停止向绿色开发项目发放补贴，但厦门等许多城市仍继续发放绿色开发项目补贴。

挑战

在2015年9月的中美元首气候变化联合声明中，中国承诺在2020年之前，新建项目中绿色建筑的比例达到50%。中国已经实现甚至超越了“十二五”规划中的气候与能源目标，“十三五”规划中提出的新目标同样有望实现。随着城市化的快速推进，中国有许多学习绿色建筑技术与设计方法，并将其应用到新建筑和原有建筑当中的机会，但同时也仍存在许多阻碍绿色建筑开发的问题。

《绿色建筑评价标准》

2014年颁布的《绿色建筑评价标准》的国标代码为GB/T50378—2014，是GB/T50378—2006的修订稿，从2015年初开始实施。《绿色建筑评价标准》涵盖了施工管理、能源、水、材料、室内环境和运营管理等。不同于之前的版本，2014年的标准采用了加权评分法，类似于LEED，放弃了之前以达标项数量为基础的方法，将建筑分为三个类别，包括一星、二星和三星。这种方法使具体项目可以更灵活地选择最可行的绿色建筑设计策略。2014年的标准考虑到了不同建筑类型和气候分区（中国建筑防水协会，2014），包括更多量化和质化评价项。2014年的国标在2006年版本的基础上进一步完善，但在规定性、灵活性和处理中国各地区不同地理环境的局限性等仍面临问题和挑战。

“绿色建筑”阐释

绿色建筑依旧被中国许多开发商认为是昂贵和复杂的。中国开发绿色建筑的历史较短，因此多数开发者还未能取得绿色建筑的长期效益。对于建筑生命周期成本的考量，以及绿色建筑在节能、工人生产效率、更安全的室内空气质量、建筑寿命、小环境足迹等方面实现成本效益的理念，依旧没有得到广泛的认同。

绿色建筑投资成本

中国建筑质量基准较低，并且绿色建筑的设计、技术和施工得不到有效落实，因而建设绿色建筑的回报周期相对较长。

中国的地理条件多样性

中国建筑科学研究院天津分院在2016年公布的统计数据显示，夏热冬冷地区累计获得绿色建筑评价标识的项目占46.7%，寒冷地区项目占30.7%，如图9-1所示。其他项目位于全年高温或低温的地区。这些数据反映出，区域气候条件确实会影响绿色建筑的开发。为了在全国推广绿色建筑，地方政府和相关机构需要参考国家标准，并根据本地条件因地制宜。

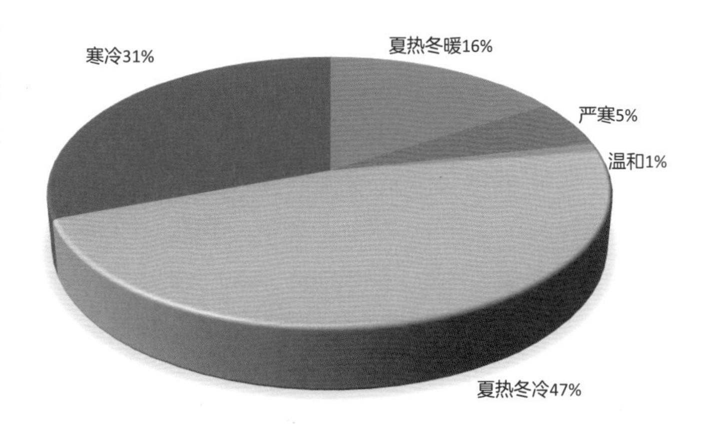

图9-1　2008～2015年绿建评价标识项目气候区分布（资料来源：http://mp.weixin.qq.com/s?__biz=MzAwMzMyNDQ2OQ==&mid=2650091697&idx=1&sn=abf246e39f7afc933b4a1ed5d999162a&scene=2&srcid=0531KL6G2Lk9ZhfCkB3VvF97&from=timeline&isappinstalled=0#wechat_redirect）

效益

经济效益

减少能耗，降低运营成本：相比传统建筑，绿色建筑能耗更低，从而降低了运营成本。总体而言，绿色建筑的总拥有成本（建设与运营）更低。

创建和扩大绿色产品与服务市场：随着绿色建筑理念得到普遍认可，在绿色建筑咨询和绿色产品与材料等绿色建筑相关市场出现了大量机会。另外，将现有建筑进行现代化改造，提高建筑效率，同样潜力巨大。

社会效益

改善住户健康与舒适度：绿色建筑能带来良好的室内空气质量、美观的绿地、舒适的热环境等，从而可以改善住户健康，提高幸福感。

减轻城市基础设施的负担：绿色建筑采用各种节能、节水策略，可减少能耗和用水量，从而缓解本地基础设施的压力。

环境效益

改善空气质量和水质：绿色建筑能大幅降低能源、水和碳消耗量，因此可以对总体空气质量和水质产生持久的正面影响。

节约自然资源，保护生态系统：可回收再利用的材料、节水装置、节能建筑系统和其他许多绿色建筑策略，有助于减少传统建筑对环境的负面影响。

最佳实践：深圳市建筑科学研究院办公楼

深圳市建筑科学研究院办公楼位于深圳，采用了40多项可持续技术，打造出低能耗、低成本、生态环保、人性化的工作环境，是中国当前绿色建筑体系的典范。

低能耗，低成本：深圳市建筑科学研究院办公楼的能源消耗强度（energy use intensity，EUI）为63 kWh/m^2，只有深圳类似建筑平均能源消耗强度的61%，每年可节省电费约70万元。这种低能耗、低成本的效果，得益于各种节能策略组合。不同于深圳其他类似的建筑，该建筑采用了自然通风，将空调使用量减少了30%；另外，用电照明被自然光照明所取代，不仅降低了能耗，在建筑内还能观赏到周边山脉的壮美景观。建筑中采用了高效率暖通空调系统，配有独立温控和湿度控制系统，更适合深圳潮湿炎热的典型亚热带气候。建筑围护结构采用了低辐射双层玻璃窗，并在不同高度采用了不同的遮阳设计，保证了良好的建筑热性能和声性能。深圳市建筑科学研究院办公楼还采用了各种可再生能源系统，安装了太阳能光伏面板、风力涡轮机和太阳能热系统等用于发电。光伏系统每年可发电7万kWh。此外，该建筑也有出色的节水性能，配备的雨水收集系统、灰水回收和节水装置，相比深圳类似规模的传统建筑可节约用水43%。该建筑的年度用水量中有40%来自再生水。

生态环保与人性化：深圳市建筑科学研究院办公楼不仅有效降低了能源消耗与成本，也为建筑使用者创造了一种激励性、恢复性的人性化工作环境。建筑内分布的垂直景观，以及“空中花园”和中庭花园，都给建筑增添了更多绿色。该院对建筑性能与用户满意度进行的调查评估显示，约94%的用户对建筑“满意”或“可接受”，78%对温度满意。较高的满意度源自良好舒适的环境。该建筑的热舒适度达到了美国暖通工程师学会的55-2010标准。另外，调查显示，多数用户对建筑的声性能、照明、室内空气质量和室内湿度满意（Diamond等，ASHRAE 2014）。

图9-2　深圳市建筑科学研究院办公楼（资料来源：http：//www.cidn.net.cn/admin/eweb/UploadFile/20121210151848670.gif）

图9-5　深圳市建筑科学研究院办公楼的植被设计。绿植形成的悬挂植物幕墙，为东西向的通道提供了遮阴（资料来源：ASHRAE 2014）

图9-3　深圳市建筑科学研究院办公楼窗户。窗户的设计便于自然通风，可以水平旋转，引导工作表面上方的气流（资料来源：ASHRAE 2014）。

图9-4　深圳市建筑科学研究院办公楼立面设计。建筑高度的设计，可以捕捉东面吹来的盛行风，并阻挡西风（资料来源：ASHRAE 2014）

图9-6　深圳市建筑科学研究院的“空中花园”。六层的“空中花园”常被用来举办正式和非正式的会议和活动（资料来源：ASHRAE 2014）

最佳实践：创智天地（Knowledge Innovation Community，KIC）311办公楼

上海创智天地（KIC）是一个混合用途开发项目，占地面积100万m^2，内有办公室、酒店、公寓和一家商学院。KIC 311办公楼是该项目的一部分，包括三幢A级办公楼，总面积超过9万m^2。项目从规划阶段开始便将可持续性作为重中之重，在能源、废弃物、材料和用水等方面采用了可测量的高性能标准，并优化了室内环境质量（indoor environmental quality，IAQ），以改善居民健康与舒适度。项目成功获得了LEED-CS白金级认证，也是中国未来绿色开发的重点示范项目之一。

公共空间与设施：超过32%的项目开放空间，包括绿色屋顶和行人基础设施设计，均通过原生适存植被进行恢复或保护，最大限度地减少了化肥、农药和灌溉需求，降低了建筑生命周期的成本。绿色屋顶与植被还有助于减少热岛效应，进行雨水管理。项目配备了安全的自行车存放处与淋浴设施，并规划了多条班车，鼓励用户使用替代交通方法，以减少

图9-7　KIC 311办公大楼使用的高性能幕墙（资料来源：瑞安房地产）

机动车出行的碳排放。项目的地下停车位有限，并优先为低排放/节能高效的汽车提供停车位。

水：上海雨水丰沛，项目利用雨水收集系统和灰水回收系统，满足了100%的灌溉需求和91%的马桶冲水需求。滴流灌溉和低流量装置可以大幅降低用水需求。

能源：项目设计了能源模型，用于模拟各栋建筑和中央机房的能耗。项目使用的高性能幕墙，可减少20%的暖通空调能耗。高效率LED照明装置和日光传感器，可将年度照明成本减少45%。相比美国暖通工程师学会的基准，每栋建筑的最低年度能源成本降低了26%，与中国建筑规定相比，在正常营业情况下能源成本降低了40%。太阳能热水系统使用清洁可再生能源提供了充足的生活用热水，蓄冰系统帮助降低了能源需求，提供了35%的建筑制冷需求。上海的峰谷分时电价比率为1：4，因此使用蓄冰系统，还节约了30%的暖通空调公用事业成本。项目中执行了测量与变量程序和持续监控，以实现和维持建筑生命周期的最佳绩效，为维护人员提供必要的工具和数据，用于定位未按预期运行的系统，从而优化整栋建筑的系统性能。

材料：再循环储存室位于便利的位置。在施工过程中，对建筑垃圾和现场状况进行了非常细心地管理。材料经过精心选择和记录，包括21%的回收再利用成分和90%的区域材料，以减少提取和处理未加工原材料以及运输过程所产生的环境影响。

室内空气质量：通风系统提高了通风换气率，改善了用户的室内环境。密切监控和记录施工活动和放射性材料，在人员入驻之前控制和保证室内空气质量。

最佳实践： 高觅上海办公室

高觅上海办公室是亚洲首个获得LEED v4铂金级认证的办公建筑，也是全球第一个和唯一一个获得LEED v4 IDC认证的项目。高觅上海办公室坐落于长宁区，总面积1000m^2。该项目不仅有智能照明等能效系统，还配备了雨水收集系统、屋顶太阳能光伏系统、更完善的空气质量设计和用户健康设计等，希望为用户提供一个舒适高效的工作环境。

高觅上海办公室安装的空气净化系统和空气质量监控系统，可以保证良好的空气质量。办公室内还安装了空气清新系统和空气循环系统，以改善空气质量。全年PM2.5平均值均低于30μg/m^3。

办公室的辐射采暖地板配有成对除湿系统，用于供暖、制冷和保持合理的湿度。相比传统的暖通空调系统，辐射式供暖/制冷提供的温度更均衡，具有更高的舒适度。此外，除湿系统可以帮助办公室清除过多的湿气，从而保证即使在潮湿的雨季仍有舒适的工作环境。这些智能设计为高觅员工提供了高质量的工作空间。

图9-8　高觅上海办公室的空气质量监控系统（资料来源：高觅）

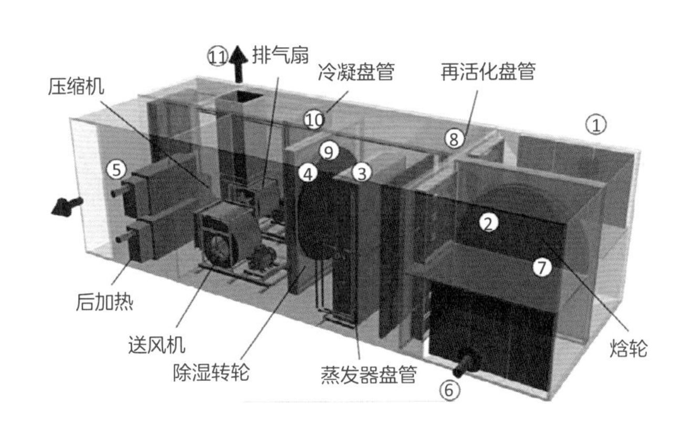

图9-9　高觅上海办公室的除湿系统（资料来源：高觅）

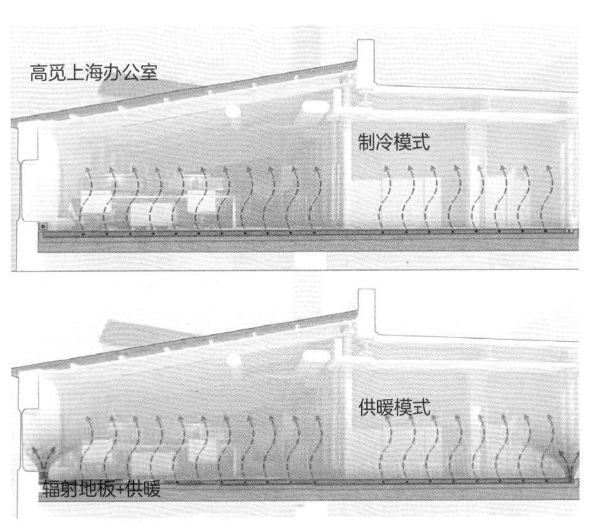

图9-10　高觅上海办公室的辐射式供暖制冷系统（资料来源：高觅）

目标 9A：采用绿色建筑评价体系，落实最佳实践

绿色建筑已成为全世界城市开发的新方向。为便于推广绿色建筑，保证新建与原有绿色建筑的性能，各国第三方认证机构制定了多个绿色建筑评价体系。亚洲较为常用的是相对成熟的美国能源与环境设计先锋奖（LEED）、英国建筑研究院环境评估方法（BREEAM）和新加坡绿色建筑标志。

中国在2008年推出三星评价体系。三星评价体系分为一星、二星和三星三个级别获得评级的难度逐级提升。这种评价体系基于评分法，向以下七个类别赋予等权重分值：室外环境、节水与水资源利用、节能与能源利用、节材与材料资源利用、室内环境质量、施工管理与运营管理。为了鼓励开发绿色建筑，中国政府还提供了星级建筑补贴，二星建筑最高45元/m^2，三星建筑最高80元/m^2。三星评价体系的普及程度正日益提高。

中国在完善绿色建筑标准和三星评价体系时，其他国家已经有了更成熟的绿色建筑评价体系。美国绿色建筑委员会在1998年建立的能源与环境设计先锋奖（LEED），是全世界适用范围最广的评价体系，分为四个认证级别（认证分数逐级提升）：认证级、银级、金级和铂金级。LEED主要涉及六个领域：可持续场址、节水与水资源利用、节能与能源利用、材料资源利用、室内环境质量和设计创新。虽然LEED来自美国，基于美国的建筑标准，但它已成为全世界最常用、知名度最高的绿色建筑评价体系。LEED在中国也得到了认可，占据了巨大的市场份额。

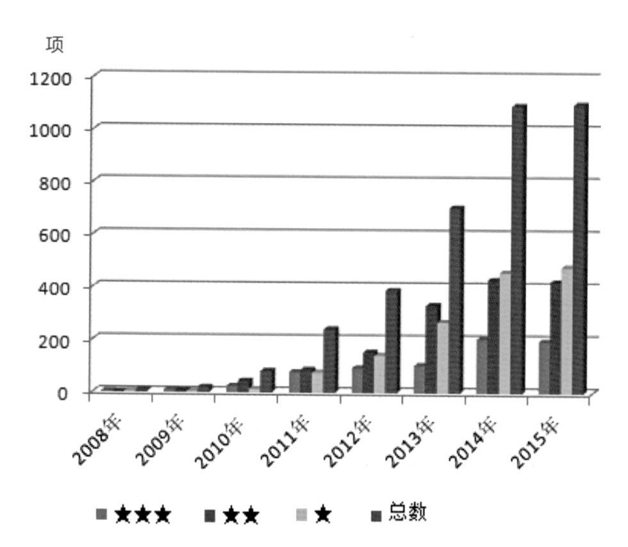

图9-11　200～2015年的中国绿色建筑开发（资料来源：http://www.chinagb.net/policy/bzgf/20160202/114560.shtml）

其他全球评价体系大多以本地性能标准为基准，因此它们只适用于本国市场，很难应用于其他国家。例如，英国建筑研究院（BRE）在1990年建立的BREEAM评价体系和新加坡建筑学院（BCA）在2005年公布的绿色建筑标志，均基于本国的建筑标准，因此中国若按照国标规定使用这些评价体系会出现问题。但LEED则是例外，因为它能够灵活地适应本地规定。

除了以节能、节水为核心的成熟评价体系外，近几年有一些新的评价体系开始流行，它们为绿色建筑设置了更高的标杆，或对用户健康有更多考虑。WELL建筑标准（WELL）是一项只关注居民健康与福祉的建筑标准。该标准以整体的方法评价建成环境中的居民健康，涵盖了行为、运营与设计等方面，并制定了七大概念的绩效要求，包括空气、水、营养、照明、健身、舒适和精神。WELL建筑标准对达到每一类合格分数的建筑授予三个级别的认证：银级、金级和铂金级。居住建筑挑战（Living Building Challenge，LBC）是全世界最严格的建筑性能标准，要求再生建筑空间能够对与建筑交互的人类与自然系统产生积极影响。该标准以花作为比喻，因为理想中的建成环境应该像花一样简单高效，对自然环境的回馈多于索取，并且外形精美。

尽管评价体系非常多样，但中国当前的首要任务应该是在全国推行三星评价体系，因为该体系是基于中国国情的绿色建筑标准。各个项目的所有者与项目团队应进行全面的可行性研究，对比不同的标准，并不断对三星评价体系进行完善与优化。

措施01 | 进行可行性研究，确定最恰当的评价体系和认证级别

绿色建筑评价体系各有侧重，专注于不同的建筑性能。因此在选择评价体系之前，应该进行全面深入的可行性研究。

首先应该确定评价体系的认证机构、评分系统、基线标准和建筑的预期认证级别、建筑预算等。下表为不同评价体系的基本信息。

中国三星评价体系、LEED和绿色建筑标志的基本信息　　表9-1

认证类别	中国三星评价体系	LEED	绿色建筑标志
标志	绿色建筑标识 GREEN BUILDING LABEL	U.S. GREEN BUILDING COUNCIL	BCA GREEN MARK
制定国家	中国	美国	新加坡
制定时间	2008年	1998年	2005年
普及地区	中国	全球	新加坡
认证机构	中国住房和城乡建设部	美国绿色建筑委员会	新加坡建筑学院
认证级别	三星/ 二星/ 一星	铂金级/ 金级/ 银级/ 认证级	铂金级/ 金+级/ 金级/ 认证级
最高分	3星	110分	140分
体系	评分法（必选项）	评分法（得分项）	评分法（得分项）
权重	所有分数权重相等，但与各项相关的分数为实际加权分数	所有分数权重相等，但与各项相关的分数为实际加权分数	适用于每一类（基于行业调查）
信息收集	设计/管理团队	设计/管理团队或LEED认证专家	设计团队
基本标准	中国国标	美国暖通工程师学会	新加坡NRB
测量类别	1.室外环境 2. 节水与水资源利用 3. 节能与能源利用 4. 材料资源利用 5. 室内环境质量 6. 运营与管理	1.可持续场址 2. 节水与水资源利用 3. 节能与能源利用 4. 材料资源利用 5. 室内环境质量 6. 创新与设计	1. 节能 2. 节水 3. 环境保护 4. 室内环境质量 5. 其他绿色特征与创新
激励措施	二星补贴45元人民币/m^2 三星补贴80元人民币/m^2	仅在美国：加快审查/批准程序；密度与高度奖励；税收抵免；费用削减/补贴和循环贷款基金	仅在新加坡：绿色建筑标志激励计划；其他政府拨款与资金
主要提交资料	能源模拟 采光模拟 计算流体动力学（可选）	能源模拟 采光模拟 试运行	能源模拟 采光模拟

（资料来源：高觅）

然后进行更详细的分析，考虑场址、水和能源等建筑性能，最终敲定使用哪种建筑评价体系。下表为不同评价体系的重点区域。

评价体系对比图 **表9-2**

评价体系对比指标		场地与栖息地	交通与可达性	水	能源	材料与废弃物管理	健康与空气质量	运营与管理	社会公平	环境美化与社区
建筑	新建项目LEED评价体系	包括下列项目的得分：·替代出行	在“可持续场地”中的各种“替代交通”得分	包括对下列各项的评分：·节水目标·高用水效率景观美化·创新废水处理策略	包括对下列各项的评分：·试运行·冷媒管理	包括对下列各项的评分：·可回收物收集与存储·快速可再生材料·认证木材	包括对下列各项的评分：环境吸烟控制·低排放材料·热舒适度验证	不适用	不适用	包括对下列各项的评分：·设计创新
	中国三星评价体系	包括对下列各项的评分：·减少噪音·重视风环境	不适用	包括对下列各项的评分：·早期设计中的水系规划·避免管道泄漏·监控非传统资源安全·中水使用效率	包括对下列各项的评分：不适用电锅炉、热水器、冷却装置·窗户气密性标准	包括对下列各项的评分：·提高混凝土效率·采用高效结构系统·规定有害物质的阈值·鼓励使用灵活隔断	包括对下列各项的评分：·减少噪音·空气污染物集中排放·自然通风允许的最高温度·隔音要求	目标：·执行节能节水·执行绿色管理政策·节约资源·经济效益	不适用	不适用
	生态建筑挑战	包括对下列各项的评分：·城市农业·栖息地交换	包含在“场地”类别中的“无车生活”评分当中	净零用水目标	净零用水目标	包括对下列各项的评分：·材料“红色清单”·一次性体现的建筑碳足迹抵消	包括对下列各项的评分：·亲生命性（设计特性受到自然的启发或与自然有关）	不适用	包括对下列各项的评分：·人性尺度与人类居所·民主与社会公平·对自然的权利和接触大自然的机会	包括对下列各项的评分：·美与精神·启发与教育

（资料来源：呈贡涌鑫混合用途项目 — 可持续设计专家讨论会）

措施02 | 重视建筑使用后性能

绿色建筑能够使用后阶段按照设计方案有效运行尤为重要。各种绿色建筑评价体系倾向于以可持续设计与施工为重点，但较少关注建筑的使用后性能。以LEED为例，项目不需要通过核验便可能获得LEED认证。LEED更多的是一种设计工具，而不是建筑性能评价工具。相比之下，WELL、生态建筑挑战（LBC）和中国三星评价体系等认证体系均将性能审核作为一项要求，以确保绿色建筑按照设计意图运行。建筑使用后性能审核这对于中国快速发展的建筑环境尤为关键。中国城市需要参考不同评价体系的强制审核流程，颁布书面规定，对所有建筑进行性能审核，无论建筑是否希望获得绿色建筑认证。

目标 9B：减少建成环境对自然环境的影响

过去几十年，中国快速的经济增长与城市化，加快了建筑开发的速度。新的大楼拔地而起，旧的建筑被改造翻新，中国城市的景观与天际线在不断变化着。住宅与商业建筑能耗占全国总能耗的30%以上，而且仍在持续上升。目前中国人口已达到约14亿，因此建筑行业必须以可持续、高效率的方式使用能源，才能保证有能力回应未来的能源需求，这对中国来说非常重要。

图9-12 呈贡项目的暖通空调系统利用垂直与水平环路，将地热田与辐射式供暖+制冷系统相结合。这种供暖系统效率极高，为昆明呈贡项目节约了28.6%的成本。（资料来源：呈贡涌鑫混合用途项目 — 可持续设计专家讨论会）

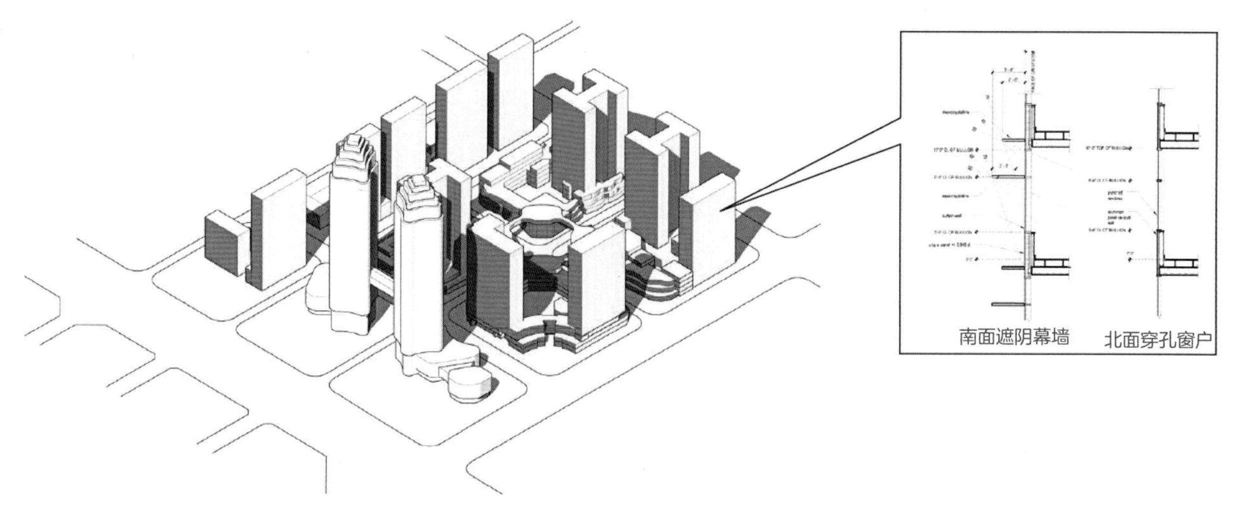

图9-13　云南昆明呈贡区的建筑围护结构改造升级示意图（资料来源：呈贡涌鑫混合用途项目—可持续设计专家讨论会）

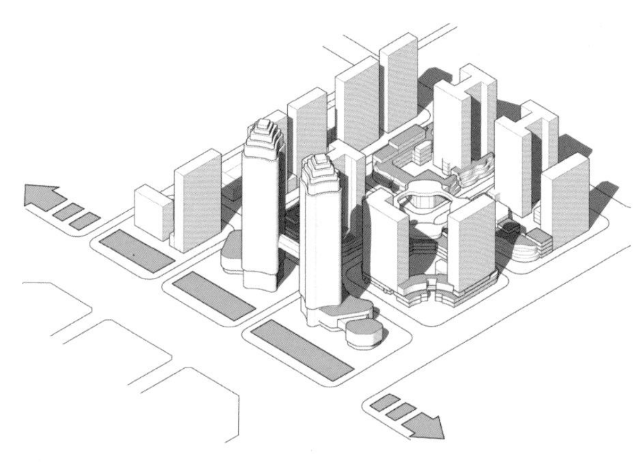
图9-14　呈贡项目中的雨水收集与生态湿地示意图（资料来源：呈贡涌鑫混合用途项目—可持续设计专家讨论会）

建筑的高能耗和高用水需求，对自然环境产生了负面影响，也给自然资源带来了负担。结果导致中国面临着资源短缺和严重污染问题。为了缓解这种局面，中国应该采用绿色建筑设计，重点提高能效和用水效率。

中国多数建筑的围护结构质量较差，存在漏气和能源损耗等问题。因此，在设计建筑围护结构时应该使用更好的隔热材料。中国的地理环境复杂多变，各个地区应该根据本地的地理和气候特点，选择合适的高效暖通空调（HVAC）系统。除此之外，优化照明与电力技术，采用现场可再生能源发电，以最大限度地降低能耗。为了保证建筑性能，实现持续节能，试运行、运行与维护都不可或缺。此外，建筑应安装灰水处理和雨水回收系统，以达到预期的用水效率。

上述策略可以使建筑达到更高的目标：成为净零能耗甚至净正能耗建筑。理想情况下，建筑产生的能源可以抵消消耗的能源；产生的能源应该来自可再生能源，避免给有限的自然资源造成额外负担。净零能耗建筑是中国未来建筑开发的方向。但在此之前，首先应该节约能源，提高能源效率。

措施03 | 选择恰当的设计和材料，提高建筑围护结构的性能

建筑围护结构是建筑效率最重要的决定因素之一，因为大部分热增益/损耗都发生在围护结构。目前中国建筑围护结构的设计与施工主要存在下列问题：

- 隔热性能不佳，导致热量穿透建筑围护结构，造成热损耗。
- 施工方法落后/质量不佳，使空气会通过建筑围护结构的缝隙。
- 窗组件性能不佳。

这些问题使热量和空气很容易穿透建筑围护结构，增加了供暖/制冷负荷。

住宅建筑经常采用混凝土外墙。但经过一段时间之后，热量会穿透外墙。中国的住宅建筑往往不考虑隔热问题，这导致夏季热量会透过外墙进入内部，而冬季热量又会向外流失。因此，建筑中必须提高隔热性能，阻止热量进入或离开居住空间。隔热材料必须是低挥发性有机化合物，不能包含红色名录[①]中的材料。

进行隔热设计时，避免热桥同样很重要。热桥是指建筑围护结构的施工方法导致通过热短路进出建筑的热传输率较高。这种情况通常发生在建筑围护结构的突出位置，如阳台、防护墙和挑檐等。避免热桥和减少进出建筑的热量的一种方法是提供断热条。断热条可以在保温层提供持续隔热，而不是将建筑结构包裹在隔热材料内，或者对其进行完全非隔热处理。将这些结构和建筑特征与建筑相连，使它们可以像巨大的制冷和加热翅片一样发挥作用，如图9-15所示。

图9-15　阳台连接处的热桥示例。热量通过阳台与建筑的连接处向外逸散（资料来源：Schöck）

建筑围护结构的缝隙如果没有经过恰当密封，会发生空气渗漏。这些缝隙通常在窗框和门框周围，以及排气扇、通风管、管道和导线管穿过建筑的位置。中国多数公寓在初期施工过程中，并未预留排气扇、通风管、管道和导线管的孔洞，只能由业主在买房后初步装修或改造时自行添加。这些缝隙密封不充分或完全没有密封的情况很常见。应对这种情况最好的做法是在门窗生产过程中包含挡风雨条。另外的问题是，门窗装配不合格，以及在初步施工完成后在外墙上临时穿孔。为尽量减少空气渗漏，在初始设计与施工阶段必须考虑外墙穿孔。通过空气渗漏测试，检查建筑围护结构是否严密。

材料与建筑围护结构的选择会影响建筑的总体性能。玻璃幕墙不仅美观，还能使充足的太阳热能进入建筑。太阳热能是建筑热增益的主要来源，也是产生大部分冷却负荷的原因。解决这个问题的方法是调整建筑朝向，优化热增益，采用遮阳系统，通过选择更先进的材料提高围护结构的性能。

① 指一些灭绝危险很大的物种的名录。

措施04 | 选择高效暖通空调系统

中国住宅建筑常安装分体式空调系统，商业建筑则多采用冷水风机盘管（FCU）。这两种系统确实具有成本效益，但能源消耗量较大。截至2008年，供暖与制冷占到住宅和商业建筑总能耗量的53%（Amecke等，2013）。

为建筑选择暖通空调设备的关键，是要考虑到设备和系统的整体效率。值得注意的是，每一个项目都是独一无二的，并且始终应该考虑多种策略。

对于住宅和商业建筑而言，热泵是一种理想选择，可将热量从一个位置输送到另一位位置。热泵有三种类型：气源热泵（ASHP）、水源热泵（WSHP）和地源热泵（GSHP）。气源热泵从大气中抽取或向大气排放热量。水源热泵在建筑内的水源之间传输热量，或从区域分配系统传输热量。地源热泵通过水或空气回路，传输地面热量或向地面排出热量。压缩式热泵使用冷媒运行，但选择冷媒时必须遵守《蒙特利尔议定书》及其后续修订版，以确保所用冷媒没有破坏臭氧和导致全球变暖的潜在危害。

水环热泵是住宅与商业建筑的理想选择。水环热泵并不直接产生热能和冷能，而是从建筑内的一个空间吸收热量，然后将热量传输到另一个空间排出。在极端室外温度的情况下，气源热泵或传统锅炉和冷却塔可以提供额外的热能和冷能。热泵系统从建筑一个位置向另一个位置传输热能，可以同步实现供暖与制冷。由于内部空间通常需要制冷，但很少需要供暖，因此从中传输的热能，可以排入生活热水系统。这也减少了配备天然气或电热水器的必要性。

热泵系统还可以分离通风系统与供暖和制冷系统。通过系统分离可以大幅减少能耗，并且不必为提供最低的通风换气率运行大型供暖和制冷系统。

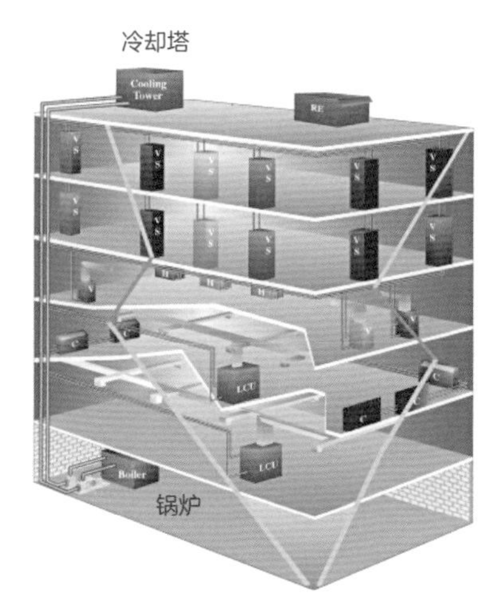

图9-16　热泵负荷分配。热泵系统通过在建筑内传输热能，实现了同步供暖和制冷（资料来源：Climate Master）

通过安装专用室外空气系统（outdoor air systems，DOAS），可以使用小型设备来处理进入建筑的室外空气，只需要在必要的时候运行供暖与制冷设备，不需要始终运行。

变风量（variable air volume，VAV）系统是商业建筑的另外一种选择。这类系统可以全年供应约13℃的冷空气。在冬天需要供暖时，可以在变风量终端设备上安装加热线圈，对送风重新加热。变风量系统可以在任何地点供应冷风，在必要时还可进行二次加热，同样可以实现同步供暖和制冷。而且变风量系统的效率高于冷水风机盘管系统。每一台冷水风机盘管系统都要单独安装风扇，而变风量系统只需要在空调箱安装风扇，这降低了该系统的能源成本。同时变风量系统还支持使用楼宇管理系统（building management systems，BMS），根据空间需求，对暖通空调系统的运行进行编程，以获得最高效率。

变风量终端设备的空调箱（air handling unit，AHU）可以安装节能装置，使系统可以在不加热或冷却空气的情况下，供应100%室外空气。这种模式仅适用于本地气候状况符合送风温度与湿度要求的情况。

措施05 | 采用节能照明和日光照明，降低能耗

中国有最先进的照明技术和充足的自然光照明，因此没有理由不充分利用日光照明和节能灯具。考虑到多数公司都在白天经营，因此使用节能灯具和自然光照明，可大幅降低能耗。虽然中国许多原有的建筑和最近的设计已经开始使用节能光源，但依旧需要加大鼓励措施，让每个人都采用节能光源。许多国家均推出了激励措施，鼓励企业主和业主采用节能照明。

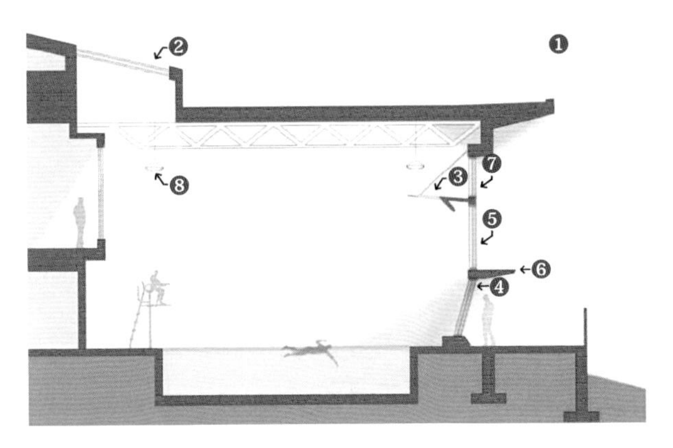

❶ 直接阳光照射
❷ 半透明光漫射天窗
❸ 内部光架/半透明散光器
❹ 带斜角的透明玻璃，减少眩光
❺ 半透明光漫射玻璃
❻ 外部遮阳设备
❼ 透明玻璃
❽ 配有调光镇流器的荧光灯，与光敏传感器相连
高觅的设计目标：提供尽可能多的日光照明，同时避免造成眩光、刺眼或光幕反射的直射阳光，并在空间内形成强烈反差，尤其是考虑到水生环境下的舒适度和生命安全问题。设计元素包括天窗、半透明光漫射玻璃、光漫射光架、带斜角的玻璃和外部遮阳设备

图9-17　华盛顿州立大学娱乐中心的日光设计理念。通过认真的空间规划和材料选择，可以保证空间光线充足，减少能耗（资料来源：高觅）

节能照明

中国市场上已经有各种节能或高效照明装置。灯具的光通量或照明输出与功耗的比率是测量灯具效能的指标。该指标也可以用来测量灯具产生的可见光质量。普通荧光灯可以达到约每瓦90lm，而LED灯可以达到每瓦140lm，所以为了降低能耗，制定灯具功效标准是有意义的。

日光照明

明亮、充足的日光照明，经过恰当控制，可以打造出更有活力、更舒适的室内环境。自然光照明不仅对用户有显而易见的好处，也为实现节能和提高生产效率创造了很好的机会。

经过恰当的设计和控制，日照效果在大多数空间都比人工照明的表现更出色，还能大幅提高生产力，从而改善建筑的整体效率。从设计到施工阶段客户的责任心和与施工团队的协作有着非常关键的作用。对于高成本的特性必须进行评估，因其涉及玻璃类型、遮阳策略、间隔深度、窗户朝向和天窗或中庭等其他关键元素的确定，从长远考虑对能效和成本效益都有重要的影响。一些建筑为了减少电气照明成本以达到节约资金的目的而过度使用日光照明，但这种设计可能会大幅提高空间制冷的能源需求，反而会增加成本（Heschong，2003；Choi，2012）。

措施06 | 采用自动化控制，优化照明，减少电力消耗

目前，中国几乎没有对自动化控制的规定，而其他国家为了减少能源浪费，早在十几年前就已开始强制执行自动化照明控制规定。事实上，中国目前只规定了住宅楼楼梯间的自动化照明控制。而中国的商业和住宅建筑占地面积超过了900m^2，照明所占用的能耗约为建筑总能耗的20% ~ 30%，因此，如果中国也能将自动化照明控制规定纳入建筑与电力标准，可以大幅降低能耗。

未使用的能源往往会被没有必要的人工照明、暖通空调和插头载荷白白浪费。不论是在没有人的空间开着灯，或者在下班前忘了关上电脑，只要有了自动化控制，都可以帮助减少能源浪费。最常见的自动化控制设备包括但不限于：

- 空位传感器
- 日光传感器
- 时间控制
- 亮度调节

通过认真规划和执行自动化控制技术，只在必要时提供人工照明、插座供电甚至暖通空调，可以节约大量能源。

空位传感器

多数人已经很熟悉人员传感器及其工作原理：它们会根据当前空间的占用情况自动开灯或关灯。但有没有一种方式可以利用相同的技术，甚至相同

图9-18 路创Quantum仪表板。这是路创Quantum系统的用户界面，显示出通过自动化照明控制节约的能源（资料来源：www.lutron.com）

的硬件，来进一步减少能源浪费？答案就是空位传感器。两者之间的主要区别是空位传感器（也可能是某些人员传感器中的一种模式）需要手动通过开灯。这样可以避免因为虚假信号触发人员传感器，使用户进入由邻近空间照明的房间时（虽然可能达不到工作任务所需要的照度水平），不会触发传感器而使灯具再亮5～60min（取决于传感器上设置的延迟时间）。一个典型的使用例子是，一个人想回到封闭的办公室去取他忘记带走的手机或其他私人物品的情况。

日光传感器

自然光是免费的，而且通常资源充足。日光传感器将根据空间和任务类型，测量和确定自然光照明是否足够。根据测量结果，若充足，日光传感器则可以关上灯，或者结合自然光照明调低亮度，达到适宜的照明效果。

时间控制

在多数设施内，有一些区域在某段时间或者某一天内是常常被占用或者空置的。时间控制的方式可以设置时间表来控制某个区域内人工照明的运行时间。将电灯设置为在非运营时段减少照明负荷，能耗可以大幅降低。

亮度调节

在规划和设计一个空间时，有时为了达到美观怡人的设计效果，有可能导致空间过度照明。亮度调节可以根据空间或设计师的照度要求，限制最高亮度，控制照度输出，为空间提供恰当的照明，以减少能耗。

措施07 | 推广就地太阳能发电，降低能耗，落实净电量结算政策

目前，中国所有建筑都由中央发电厂供电，这些电厂多位于城市远郊。电网系统的缺点在于，系统输配电系统过程复杂、相互依赖并且效率低下。

为了提高输电效率，减少能耗，中国应该鼓励分布式发电（distributed generation，DG）。分布式发电是指本地发电、本地使用的系统，可以节约输电成本，减少远距离输电的能量损耗。分布式发电有许多种选择，其中太阳能光伏（photovoltaic，PV）发电是目前最流行也最适合中国城市的一种选择。

太阳能光伏发电系统有两种运行模式：并网模式和离网模式。并网太阳能光伏发电系统接入公用电网，其中包括太阳能光伏板、并网逆变器、买售电电表和并网设备。白天，光伏系统发电直接供建筑使用，剩余未使用的电力则出售给电网。并网太阳能光伏发电系统比较适合商业建筑，因为峰值电力需求往往出现在白天，因此可供建筑直接使用。

离网太阳能光伏系统是独立系统，包含了太阳能板、离网逆变器、太阳能电池充放电控制器和蓄电电池组。日光充足时，系统把太阳能转换为电能；没有日光时，系统存储电能用于未来使用。因此，离网太阳能光伏发电系统较适合住宅建筑，因为该系统可以蓄电，供居民晚上回家时使用。

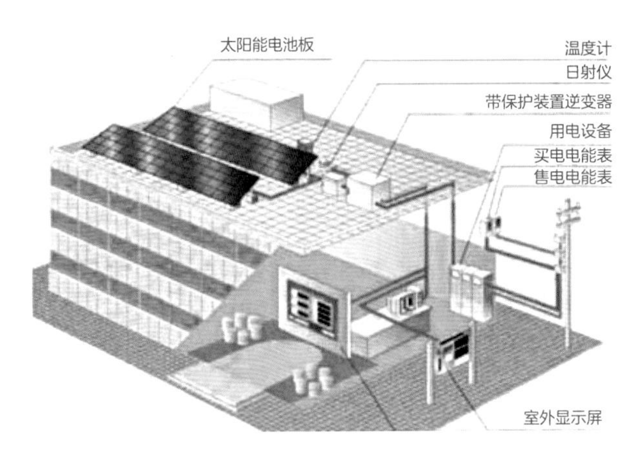

图9-19　并网太阳能光伏分布式发电系统（资料来源：http://news.cableabc.com/userfiles/images/QQ截图20121206091240.jpg）

目前，屋顶安装的光伏板占多数，但随着城市内高层建筑越来越多，屋顶太阳能的容量与光伏面板服务的面积相比显得不足。为了解决空间局限性问题，继续鼓励开发光伏发电，必须考虑光伏建筑一体化系统（Building Integrated Photovoltaic System，BIPV）。光伏建筑一体化系统将光伏模块整合到建筑围护结构当中，如光伏玻璃幕墙和光伏屋面卷材。光伏建筑一体化系统能有效利用所有建筑外部区域收集太阳能。

图9-20　用于分布式发电系统的屋顶光伏面板（资料来源：高觅）

为了促进中国发展分布式就地光伏发电，政府应该强制执行净电量结算政策。净电量结算使安装光伏板的住宅和商业建筑能够向电网输送剩余的光伏电能。目前在中国净电量结算是一个自愿项目，而非强制性的政策。中国应该强制执行净电量结算，要求采用光伏发电的所有建筑都参与净电量结算。

图9-21　瑞士伯尔尼附近Scheidegger大厦的光伏幕墙（资料来源：Atlantis Solar System AG，http：//www.daviddarling.info/encyclopedia/B/AE_building-integrated_PV.html）

措施08 | 通过试运行和改进运营与维护方法，保证建筑性能

中国建筑在施工完成后，通常会转交给运营团队，导致许多绿色特性和系统达不到预期的效果。造成这种差异的原因有很多，但最终几乎都可以追溯到设计、施工、建筑运营方面的误差。仅仅根据绿色理念设计和建设一栋建筑，并不足以达到“绿色建筑”的标准。

归根结底，绿色建筑必须践行可持续性的承诺，所以由与项目设计或施工没有利害关系的第三方机构进行试运行，是保证项目成功的关键一步。可以根据设计意图，在完成施工后测试和评估实际建筑性能，确保建筑能够达到预期的性能水平。对建筑性能有影响的所有相关能源系统，都应该执行试运行，包括但不限于：

- 建筑围护结构
- 暖通空调系统
- 建筑自动化系统（BAS）
- 生活用水系统
- 配电系统
- 照明控制系统

不论绿色建筑的设计或施工有多完美，如果施工完成后没有坚持对建筑的恰当运营和维护，建筑的长期性能将会受到不良影响。在试运行阶段制定恰当的运营与维护规程，对绿色建筑尤其重要。与绿色建筑相关的特性与系统，初始安装成本通常高于传统系统，但随着时间的推移，节能或提高生产效率所节约的成本将足以收回初始投资。如果建筑管理人员没有接受过按原计划运营或维护成本所需要的培训，导致建筑无法达到最佳性能，绿色特性与系统长期的成本节约将可能大打折扣甚至无法实现，使安装系统最初的目的落空。在试运行期间，应该对建筑运营与维护的培训程序进行核实、记录和存档，为建筑管理人员提供统一的、可靠的参考资源。

一栋建筑的生命周期可能超过20 ~30年，因此培训程序的记录与档案，对于保证未来的工作人员根据原始设计意图更好地了解建筑运营与维护，同样具有重要的意义。应该每5年进行一次重新试运行与培训。

措施09 | 安装节水装置、灰水处理和雨水收集系统，降低用水量

中国水资源丰富，约占全球总量的6%，但人均水资源却仅有世界平均水平的1/4（郝章平，2012）。如图9-22所示，中国是全世界13个贫水国家之一（丁蕾，2016）。另外，中国还面临着水资源分布不均匀的问题：81%的水资源位于长江流域和南方地区，北方地区水资源缺少情况则愈加严重（万炜，2010）。基于这些现实情况，执行灰水回收处理就变得非常关键。

灰水是中国应该关注的另外一种资源。有关灰水回收与处理的研究已经进行了一百多年。日本、美国等发达国家已经采用了先进的灰水回收技术，并制定了全面的法律政策，推行灰水处理系统。中国在灰水回收处理方面落后于这些国家。直到1958年，中国才将灰水回用作为一项国家科研课题（张颢川，卢振兰，2013）。而且由于起步较晚、水回用技术的资金投入不足，中国的灰水应用与利用率依旧很低。收集回用系统是解决中国缺水问题的关键。此外，利用灰水回收系统还可降低水收集与市政管网输送的成本。

102960
46800
28080
9360
7900
4680
2140
加拿大 巴西 俄罗斯 美国 世界人均 日本 中国

图9-22　全球人均水资源量对比。中国人均水资源量仅有约$2100m^3$（资料来源：http：//www.iwhr.com/zgskyww/ztbd/nsbd/dybf/webinfo/2013/03/1360423714906319.htm）

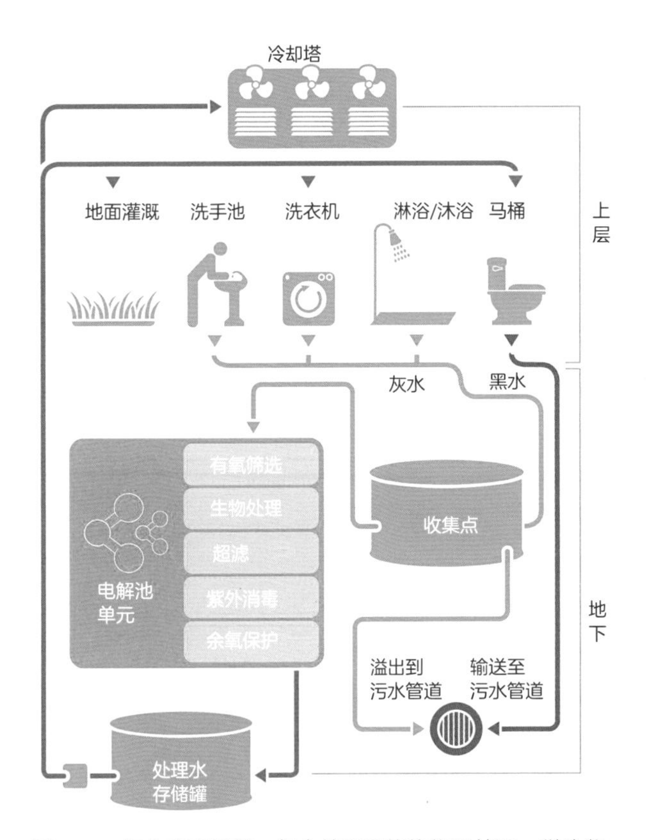

图9-23　灰水处理系统。灰水处理系统将物理处理、微生物处理与氧化处理融为一体（资料来源：http：//www.dewater.com/water_recycling/greywater.html）

灰水系统包括市政灰水系统和建筑灰水系统。市政灰水系统由政府拥有和管理，而建筑灰水系统通常管理不善。建筑灰水系统往往由私人代理运营所有，在安装之后得不到良好的维护，导致无法保证回收处理后的灰水质量达标。由于上述原因，许多灰水处理系统反而变成了累赘（张金梅，2010）。

灰水回用的关键是处理技术。目前，中国已经掌握了成熟的灰水回收技术。多数灰水处理系统都采用了生物膜生物处理工艺。生物处理的特点是适合大型处理项目。膜生物反应器是一种新型灰水回用技术。经过生物处理的水质相对稳定，但投资与成本较高（苏乐军，2002）。基于灰水回用的不同目的，可以采用不同的水处理技术。

雨水回收是节约建筑水资源的另外一种有效途径。通过雨水收集与回用，可以减少排入市政管网的雨水量，从而降低市政管网在暴雨时期面临的压力。

不同地区因为降雨量的巨大差异，对雨水回收的关注点也有所区别。在降雨量较少的北方和西部地区，重点应该是雨水利用和执行雨水回用政策。而在降雨量丰富的华东和华南地区，重点是降低雨水排放量，从而减少雨洪量。总体而言，城市建筑雨水规划应该基于本地条件、洪水控制、地形和生态特性等展开。

目标 9C：减少建成环境对居民健康的影响

设计合理、高质量的绿色建筑不仅有益于环境，也对在建筑内工作和生活的人们有益。增加通风和安装适用的暖通空调系统等绿色建筑策略，可以最大限度地减少能耗，并增加居民福祉和生产效率。近几年，中国糟糕的空气质量成为一个热点话题。北京和许多其他大城市的雾霾，引起了广泛关注，颗粒物污染问题亟待解决。而多数建筑所采用的空调系统只是重复循环未经过滤的空气，因此室内空气质量同样很糟糕。而建材中包含的有害放射性化学物，进一步污染了室内的空气质量，将人们置于危险之中。

住宅与商业建筑均需要增加室内通风，采用高效率的空气过滤器，以保证室内空气质量达到适合人类健康的水平。由于建材与建筑垃圾是主要污染源，材料的选择应该慎重。除了空气质量，建筑还应选择恰当的空调系统，通过支持单独控制、形成热流梯度和避免分层，提高热舒适度。水质也是影响建筑使用者健康的问题之一。对于旧建筑，为了提高水质，应该使用高度抗污染材料设计水箱，并进行定期消毒，以避免二次污染。住宅建筑应该安装净水过滤器，提高饮用水水质。

措施10 | 增加户外空气流通，选择高效过滤器，改善空气质量

中国在2010年才颁布了针对空气质量与排放的国家法规①。20世纪90年代和21世纪初，中国经济增长迅速，在此期间，发电厂和工业设施可以随意向大气中排放副产品。宽松的规定使得被污染的空气几乎没有经过处理便直接进入了建筑。

有许多污染物会影响空气质量。常见室内空气污染物包括：

- 二氧化碳
- 颗粒物（PM）挥发性有机化合物（VOCs）

这些污染物会造成身体不适，引发哮喘症状，造成眼睛、鼻子和咽喉发炎。颗粒物会经肺进入血液，对心血管系统造成不利影响。

控制和清除PM 2.5颗粒物（小于2.5 μm的颗粒物）相对简单，高效过滤器可以清除高达99%的PM2.5颗粒物。从占用空间中清除二氧化碳和挥发性有机化合物的方法是提高建筑的通风换气率，以经过过滤的新鲜室外空气替换肮脏的污染空气。

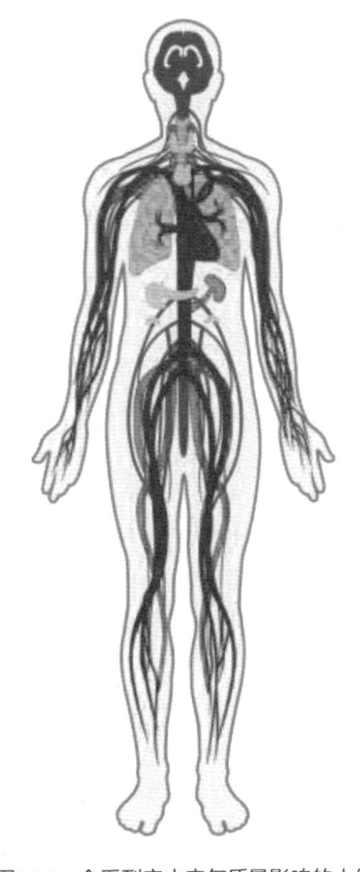

图9-24　会受到室内空气质量影响的人体系统。室内空气质量可能对人体许多系统产生不良影响（资料来源：国际WELL建筑研究院，2016）

措施11 | 指定低有害性材料，推广使用绿色建材

统计数据显示，中国每年约有11.1万人即每天304人死于室内空气污染②。住户不能在完工后马上搬进新建或翻新的房间，这是一条广为人知的潜规则。胶黏剂、油漆、地毯、复合木制品、瓷砖、家具、干式墙等常见的建材，都会产生令人担忧的挥发性有机化合物、甲醛和硫、铅、水印等有害化学物。

为了降低建筑居民面临的健康风险，避免有毒建材垃圾进一步造成空气和水污染，在设计采购阶段必须提前检测建材的有毒成分。项目所有人应该降低对有毒材料的容忍度，并明示含有害化合物的低危害材料。当前建筑行业的做法通常选择更廉价的材料，而不是更高品质的产品，即使一些新材料和产品在出售时标示为“绿色”和“高品质”，也需要数年时间才能通过现实的考验。中国的检测实验室较少，并且结果可能不全面，因此必须以长远眼光，系统地进行采购，以满足中国快节奏的建设进度。

① 北京奥运会和上海世博会期间临时颁布了相关的规定。
② 数据来源：hhp://binzhou.dzwww.com/xwjj/201205/t20120510_7123682.htm。

建材选择在绿色建筑施工与运营过程中具有重要作用。但由于缺少标准以及生产供应链的疏忽，导致中国的建材市场情况复杂，缺乏透明度，绿色建材不成熟。

虽然绿色建筑需求不断增长，但可持续建材目前仅占整个市场的5%。建筑法规的执行参差不齐，导致开发商没有动力采购正规的绿色建材。建材供应商可能不需要遵守规定，便授予材料权威认证，导致原材料被大量消耗，形成有毒建成环境，造成负面的健康与环境后果。与指明无毒建材同样重要的是，根据项目预算和可持续性目标，明确规定使用一定比例的包含再利用、再回收、快速可再生成分的材料。

图9-25　硫霉菌排放与氧化镁板。干式墙受热和湿度的影响会排放硫和霉菌，导致各种健康问题，如哮喘、慢性咳嗽、头痛和其他疾病。目前中国市场上已经有一些材料可以作为替代选择，如长城灰浆中使用的氧化镁板（资料来源：http：//www.slit.cn/thread-822299-1-1.html，http：//info.b2b168.com/s168-5773834.html）

措施12 | 选择适当的暖通空调系统，提高居民的热舒适度

建筑结构设计的最终目标是保障居民的热舒适度。热舒适度不仅可以提供不同于室外环境的空气调节空间，还会影响居民的情绪、绩效和生产效率（国际WELL建筑研究院，2016）。居民在能够调整热环境时，满意度和生产效率都会提高（美国绿色建筑委员会，2013）。当居民可以获得±3℃的局部温度控制时，生产效率可以提高2.7%～7%。

但中国的住宅与商业建筑往往存在不同程度的热舒适度问题。商业建筑出现热舒适度问题的原因是暖通空调系统并非由居民控制，而是由物业管理处控制。居民调节室温通常需要向物业管理处进行申请。但由于运营或成本问题，物业管理处有时候会拒绝居民的申请。

住宅建筑在冬季会出现温度分层的问题。当房间送风和回风高于活动区域（高出竣工楼面0～2m）时，会出现温度分层。中国的住宅建筑最常采用的是可变冷媒流量分体空调系统或直接膨胀式（DX）分体空调系统。室内机安装位置高于活动区域，送风和回风均在相同的高度，如图9-26所示。室内机安装了较小的扇片，因此送

图9-26　分体式空调系统。分体式空调系统安装在居住房间墙壁较高的位置（资料来源：Brisbane Air）

入空间的热空气无法与室内空气混合，只是上升到房间的上方，导致活动区域的空气无法得到调节。

商业建筑可以通过两种方式提高热舒适度：私密、封闭房间单独控温，共用空间温度梯度调节。拥有了对活动空间的控制权，居民就可以直接控制他们的热环境。

为了提高住宅建筑的热舒适度，所选用的系统必须能够有效将送风与空间内的空气混合，例如，将中央空调系统与占位传感器和带导管的分体空调系统联动。这将使房间内的空气得到调节，热空气并非仅仅悬浮在活动区域上方。

中国约半数人口密集区域位于亚热带或热带，湿度较高。因此，出于舒适度和健康考虑，排出室内空气中的多余湿气同样重要，否则会滋生霉菌，引发呼吸系统感染等居民健康问题（CDC，2014）。

措施13 | 执行水箱维护，安装本地饮用水过滤器，改善水质

每年，中国有1.9亿人因水污染患病，约6万人死于水污染引起的疾病（如肝癌和胃癌）（陶涛，信昆仑，2014）。中国政府非常关注水质问题，水处理厂的出水达标率也在不断提高。2009年，全国自来水厂出水达标率（根据《生活饮用水卫生标准》）为58.2%；2011年提高到了83%；到2016年，北京、上海、常德等许多城市的自来水厂出水达标率达到了100%（邵益生，2012）。

虽然自来水厂的出厂水质达标率逐年提高，但是末端用户的饮用水水质依然存在问题。即使在北京等一线城市，末端用户水龙头的出水达标率也仅有99%[①]（北京市环境保护局统计）。不达标值均为余氯指标，不符合0.05mg/L的末端余氯标准，导致水中微生物滋生在较不发达城市，尤其是一些老城，依旧使用屋顶水箱供水，因此水污染问题更加严重，造成污染的原因是不注意水箱清洁与维护。

必须采取恰当的措施，解决最终用户面临的水质问题。由于居民生活用水仅占1/3，而其中烹饪和饮用水只占生活用水的2%左右。因此不建议进行大规模投资改善总体水质。相反，可以在厨房安装净水过滤器，以提高饮用水的水质（陶涛，信昆

图9-27　因不注意水箱清洁导致的水污染（资料来源：http：//bbs.clzg.cn/forum.php?mod=viewthread&tid=136382）

图9-28　水箱内的腐蚀情况（资料来源：http：//news.sina.com.cn/c/2010-03-02/110817151870s.shtml）

① 新《生活饮用水卫生标准》。

仑，2014）。用户可以要求过滤器供应商提供每月一次的维护服务，或自行维护，以防止污染。一旦使用净水过滤器的用户达到一定数量，采取集中饮用水处理系统会更加经济。采用屋顶水箱区域，为了保持储水罐的清洁无菌，应该采用下列策略：

- 水箱应使用食品级不锈钢材质或在原有材质上内衬纳米级PE膜
- 在水箱中添加消毒设备

这些措施效率更高、更合算，并能给居民带来直接的好处。

图9-29　厨房水龙头上安装的过滤器（资料来源：http：//b2b.hc360.com/supplyself/80472556526.html）

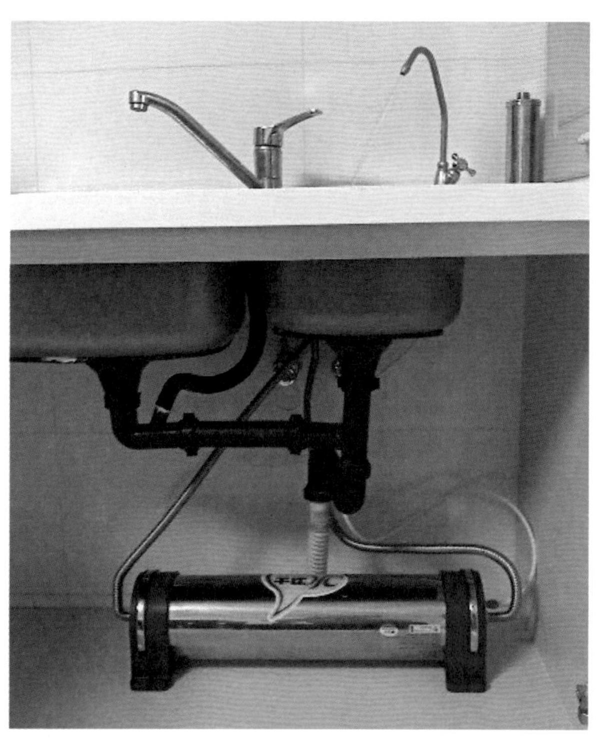

图9-30　厨房水龙头安装的过滤器（资料来源：http：//www.syjiancai.com/trade/b_372137.html）

标准 9.1：所有新建筑必须达到绿色建筑二星级标准

中国所有新建筑至少应该达到绿色建筑二星标准。

目前，中国政府对星级认证绿色建筑提供补贴，二星建筑最高可获得45元/m^{2}补贴，三星建筑最高可获得80元/m^{2}补贴。受到补贴的鼓励，大批建筑商申请了三星认证。个别城市将获得一星和二星认证作为强制规定。例如，上海要求超过2万m^{2}的公共建筑与政府建筑，必须取得中国二星认证；所有新建民用建筑应该至少取得一星认证（www.shgbc.org）。但与此同时，并非所有中国城市和省级行政区都有相同的要求。因此，为了加快绿色建筑的开发与实施，所有新建筑至少应取得二星认证，最好达到三星认证标准。

标准 9.2：能耗强度标准

保证住宅与商业建筑的现场能源消耗不超过75 kW・h/（m^2・a）。

能耗强度（Energy use intensity，EUI）把不同地区、不同用途建筑的能耗标准化。能耗强度代表了每平方米建筑每年的能源消耗量。能耗强度有两种类型，分别是初始能耗强度和建筑能耗强度。初始能耗强度是指建筑运行所消耗的能源总量，包括从生产点到建筑的所有生产、交付与传输损耗。建筑能耗强度代表了建筑消耗的能源，通常体现在公用事业账单中，或者可以根据公用事业账单进行计算。

目前中国传统设计的建筑与按照西方标准设计的新建筑，在能耗强度方面有显著差异。传统建筑的消耗率为30～50kWh/（m^2・a）。而新建西式建筑的消耗率为120～150kWh/（m^2・a），是传统建筑的两倍以上（Connelly，2012）。

舒适、健康、高效的建筑的设计、建设和运营，需要将这两种设计标准相结合。部分时间运行部分空间的模式，结合室外空气过滤与高效设备，能够支持健康绿色建筑的开发，使建筑能耗强度低于75kWh/（m^2・a）。高效建筑可以实现50kWh/（m^2・a）的能耗强度。

标准 9.3：建筑围护结构设计与建设标准

非透光部分高于GB 50189—2015标准30%，窗户超过75%，并保证漏风率不超过4.5m^3/（h・m^2）。

选择高性能玻璃，如双层和三层玻璃，可以大幅提高建筑围护结构的性能。选择使用氩气等高耐热惰性气体的窗户，能进一步提高建筑围护结构的性能。在玻璃上使用低辐射涂层同样很重要，这种涂层可以减少透过玻璃进入房间的热能。

如果幕墙不完全由玻璃组成，选择高性能隔热材料，可以帮助降低穿过建筑围护结构的热传输率，从而减少所需要的机械装置，降低相关能源成本。目前GB 50189—2015有关建筑围护结构性能的规定非常宽松。将墙壁的最低传热系数和窗户太阳得热系数提高30%，将窗户的传热系数提高75%，可以大幅改善建筑围护结构的性能。表9-3与表9-4为针对GB 50189—2015定义的气候区建议的传热系数。

为了解决高层建筑围护结构空气渗漏的问题，建筑的围护结构必须经过压力测试。在增压和降压至75Pa的情况下，漏气率不能超过4.5m^3（h·m^2）。

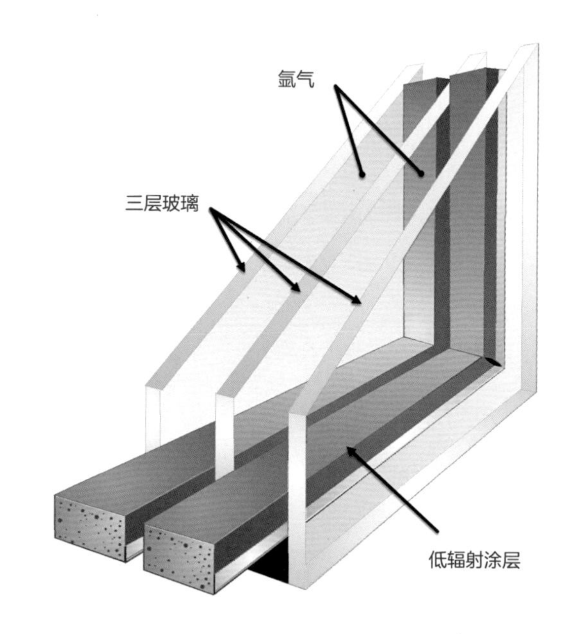

图9-31 理想的窗户结构：三层玻璃，低辐射涂层，每层玻璃之间填充氩气，而不是空气（资料来源：高觅）

热性能参数（W/m²·K） **表9-3**

	寒冷A&B	寒冷C	寒冷	夏热冬冷	夏热冬暖
屋顶	0.25	0.32	0.39	0.49	0.63
外墙	0.32	0.35	0.42	0.7	1.05
地板 突出部分	0.32	0.35	0.42	0.7	—
地下车库与机房	0.35	0.49	0.7	—	—

窗户热性能参数 **表9-4**

	传热系数（W/m²·K）					太阳得热系数		
	寒冷A&B	寒冷C	寒冷	夏热冬冷	夏热冬暖	寒冷	夏热冬冷	夏热冬暖
单层玻璃外层窗户	0.5	0.55	0.625	0.75	1	—	0.36	0.34
天窗（≤20%屋顶面积）	0.5	0.55	0.625	0.75	1	0.31	0.25	0.21

标准 9.4：暖通空调效率标准

建筑设备的性能系数（COP）不低于5，如果本地情况允许，安装节能装置。

供暖和制冷能耗是降低总体建筑能耗最重要的因素之一。热能消耗是住宅建筑和商业建筑最主要的耗能项。选择性能系数不低于5的暖通空调系统，将大幅减少总体能耗。性能系数是多个性能效率指标之一，以一台设备的能源输出量除以输入量可以得出性能系数。

在气候允许的情况下，暖通空调中始终包含节能模式，以降低制冷能耗。启动节能模式后，输入到空间内的室外空气不需要调整温度和湿度。这便避免了生成冷却水的需要，因此可以关闭冷却水生产设备。

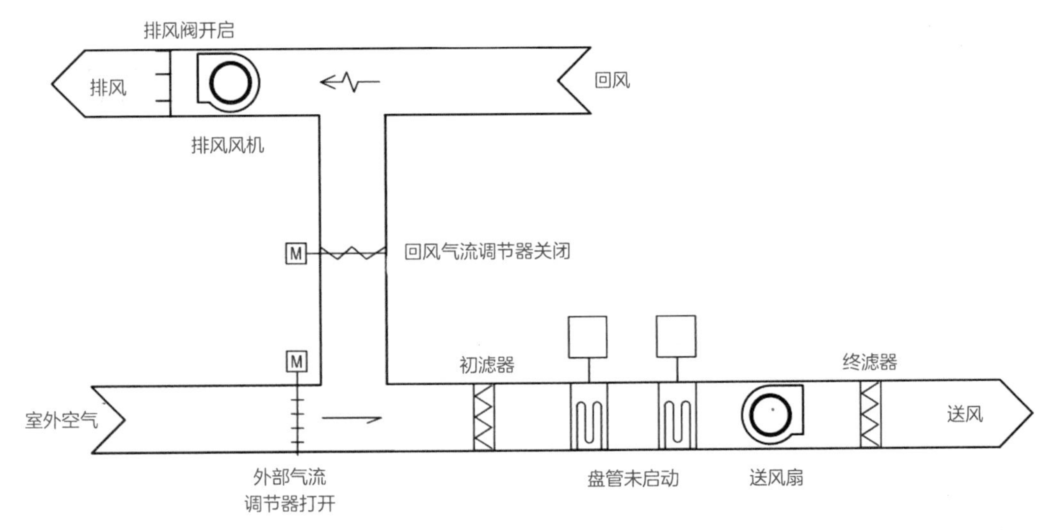

图9-32　空气节能装置可直接向空间内供应未经调节的室外空气，从而避免了加热和制冷能耗。对室外空气不经过调节直接供应，不会产生加热或制冷能耗

标准 9.5：太阳能光伏面板安装覆盖率

至少有60%的屋顶安装光伏面板，鼓励在建筑幕墙上安装光伏建筑一体化系统。

对于现有商业建筑，考虑到屋顶可能用于其他目的，无植被覆盖的屋顶空间应至少60%安装并网太阳能光伏面板。

至少60%新建建筑无植被覆盖的屋顶空间，应该安装太阳能光伏面板。随着光伏建筑一体化技术的进步，除窗户外的建筑立面与屋顶均可以安装光伏一体化系统。

图9-33　高觅上海办公室的并网太阳能光伏面板（资料来源：高觅）

图9-34　光伏建筑一体化（资料来源：http：//www.romag.co.uk/media/129323/bipv-deloitte-hq-holland-romag.jpg）

标准9.6：灰水与雨水处理规定

以北京现行政策为参照基准，在不同地区建设相应的水处理系统。

关于灰水处理系统，根据《北京市中水设施建设管理试行办法》，建筑面积超过2万m^2的酒店与住宅建筑，或建筑面积超过3万m^2的公共和企业建筑，应按规定配套建设中水设施。属于上述类别的现有建筑，可根据条件逐步建设中水系统。北方地区的雨水回用可以参照北京市政府的相关政策，任何新建筑的施工、扩建与翻新改造，均应配建雨水收集系统。不同区域的建筑应参照各地标准，考虑各自的地理特征，安装雨水与灰水回收系统。

第10章

原则 10：可持续基础设施

通过开发可再生能源、推广资源回收再利用、提高公共基础设施的效率等手段，减少能源消耗、用水量和垃圾数量。

原则10

可持续基础设施

通过开发可再生能源、推广资源回收再利用、提高公共基础设施的效率等手段，减少能源消耗、用水量和垃圾数量

目标

10A *搭建区域节能与区域可再生能源系统*

- 措施01：进行综合能源规划与地图定位。
- 措施02：搭建区域节能系统。
- 措施03：推广区域可再生能源系统。
- 措施04：在全国实行上网电价补贴，建立碳交易市场。

10B *搭建区域节水与水管理系统*

- 措施05：与海绵城市理念相结合。
- 措施06：通过设备升级和提高净化水水质，完善区域污水处理厂。

10C *建设区域垃圾管理系统*

- 措施07：优先考虑垃圾回收再利用。
- 措施08：通过等离子气化技术处理不可回收的干垃圾，通过堆肥和厌氧消化处理不可回收的湿垃圾。

标准

10.1 *创建区域能源模型，每年一次进行校准*

创建竣工区域能源设施的能源模型，并每年一次进行更新。

10.2 *达到区域能源设施密度与效率标准*

区域能源设施全负荷运行的性能系数不低于5.5。

10.3 *处理后污水质量标准*

改建后污水处理厂的效率应该达到城市污水排放标准。

10.4 *垃圾分类与运输标准*

根据区域类型进行垃圾桶分类，针对不同类型的垃圾，执行不同的垃圾运输标准。

背景

中国能够保持持续高速的经济增长，不断提高制造业竞争力，主要得益于大规模的基础设施建设。基础设施与经济增长的关系密不可分。基础设施通过提供交通便利、水处理、发电、废弃物处理等服务，促进了经济增长。中国正在不断加快城市化进程，截至2015年底，中国城市化率达到了56.10%（新华网，2016），预计到2020年将达到60%（新华网，2016）。人口增长带来的挑战，使中国迫切需要具有高性能、高成本效益、高资源效率和环保的可持续基础设施。

近年来，在宏观层面，可以看出中国已经在大力开发可持续基础设施（绿色科技资本顾问，2014）。具体措施包括：

- 持续加大对国内清洁能源的投资
- 增加可持续基础设施投资
- 重心向技术转移

中国发布的“十三五”规划（2016～2020年），亮点之一是继续推动可持续发展，实现更高的目标。“十三五”规划以建设更清洁的绿色经济为核心，承诺开发清洁能源、控制排放、发展绿色产业、进行环境管理与保护，以及执行生态保护与安全措施等。

规划中重点提到了下列与可持续基础设施有关的举措：

- 建设城市污水处理设施、再生水循环利用与配套设施，减少水污染并且全面提升水安全保障能力
- 在燃煤电厂采用低排放控制技术，减少雾霾及空气污染
- 加强有害废弃物污染控制，减少土壤污染

为了落实这些举措，中国城市必须以更加可持续的方式进行基础设施建设。

图10-1　城镇新建污水处理厂（资料来源：http://info.water.hc360.com/2010/07/230850209157.shtml）

挑战

中国一直在大力发展城市可持续基础设施，尤其近几年成果显著。大力发展基础设施带动了经济增长，促进了社会与环境的发展。但在建设可持续基础设施的过程中，中国依旧面临着许多挑战。

城市基础设施系统内部发展不平衡

2014年，中国城市市政公用设施固定资产投资额约为1.6万亿元；其中道路桥梁、交通和铁路、园林绿化投资分别占47%、20%和11%，城市排水系统、环境卫生、天然气系统等共占22%（中华人民共和国住房和城乡建设部，2015）。从这些数据可以看出，能够产生显著短期经济效益的道路和交通系统，是城市基础设施开发的重点。而城市污水处理系统、公共厕所和市政垃圾处理系统等，虽然有长期经济效益，但需要更多初期投资，因此没有得到充分发展。这些基础设施系统（水处理、市政垃圾处理等）与全社会的福祉和环境可持续性息息相关（宋贤萍，2016）。

中国城市的地理多样性，使城市的基础设施开发参差不齐，也产生了不同的新问题

中国幅员辽阔，资源分布不均衡，因此各地基础设施开发水平参差不齐。2000～2006年，全国基础设施开发的总效率值提高了0.243，其中东部城市的效率值从2000年的0.261提高至2006年的0.696，而西部城市从0.097提高到了0.154（何珊，2015）。中国东部、南部和北部沿海的高密度城市人口急剧膨胀导致资源短缺，给城市带来了交通拥堵、住房紧缺、供水和供电不足等问题。环境污染、资源枯竭又导致基础设施投入速度减缓，且无法在短时间内带来预期回报（何珊，2015）。而中国西部城市受益于政府政策，基础设施开发一直保持着良好的势头。但西部城市人口密度相对较低，因此近期内需要提高基础设施开发效率，使每一笔基础设施投资都物有所值。

效益

城市生态可持续发展由城市供水能力、空气质量、在卫生和废物管理方面的基础设施决定。通过适当的管理和运营，可持续基础设施可以给中国带来长期经济、社会和环境效益。

经济效益

城市基础设施对城市经济发展具有两面性。其积极意义如清除和回收利用固体废弃物、处理污水、堆肥等。负面作用则主要表现为：城市污水处理措施不能最大限度地处理市政污水导致水源污染，从而削弱了供水系统带来的经济效益；固体废弃物处理不善或不及时，导致饮水质量下降；传统火力发电过程中伴随着固体颗粒物和硫化物的产生，严重污染空气损害人体健康（鞠齐，2006）。可持续基础设施可以改善城市环境质量，进而创造投资亮点，吸引更多资金投入城市基础设施建设，形成良性循环（鞠齐，2006）。

社会效益

《保护地球——可持续生存战略》一文中，一早就从社会属性定义过可持续性发展，即“在生存于不超过维持生态系统承载力的情况下，提高人类的生活品质”（世界自然保护同盟、联合国环境规划署、世界野生生物基金会，1991）。可持续性基础设施通过不断改善城市环境来维持生态系统的承载力，好比可再生能源、污水处理以及固废回收利用等措施，缓解了供电、供水以及土地占用的压力。经过合理规划的城市可持续基础设施可以为居民提供便利的服务，直接改善人民的生活水平保障生活品质。基础设施满足市民如供水、供电等基本生活需求，通过建设机场、铁路等带来交通便利等。同时，可持续基础设施的建设还可以提供更多的就业机会。

环境效益

目前，城市约占全球温室气体排放量的70%。经过巧妙设计、规划和开发的基础设施，可以帮助人类迈入可持续的未来，应对气候变化的挑战。完善和建设经过合理设计的城市基础设施，是保护环境的关键一步。城市基础设施涵盖了能源、水和垃圾管理等多个方面。可持续的城市基础设施有助于保持和改善水质和空气质量、有效管理垃圾、提供便利公共交通以减少小汽车使用，从而起到保护和恢复自然资源的作用。

最佳实践：青龙湖生态区

青龙湖生态区位于北京郊区，占地2535万m^2，总建筑面积约1060万m^2，服务人口19.73万。该生态区预计到2030年之前可实现碳中和。生态区总体规划遵循了可复制、全球投资、生态修复与保护、减少资源需求和智能绿色实施等方面的一系列原则。在未来15年开发期内，该项目将随时引进更加智能、高效的建筑和可持续系统，为居民和游客提供能源、水、垃圾处理、食物和交通等服务。

青龙湖生态区有超过19km^2未开发山地，海拔较高，是安装风力涡轮发电机的理想地点。生态区内日照充足，到2030年之前将建设约30hm^2太阳能光伏发电场。区内农业用地可产生7000万m^3生物质气，相当于到2030年之前由1400万m^3天然气产生的热能。此外，生态区产生的垃圾可以直接通过等离子气化技术用于发电和供热。

图10-2　青龙湖项目概况图（资料来源：高觅青龙湖项目MEP报告）

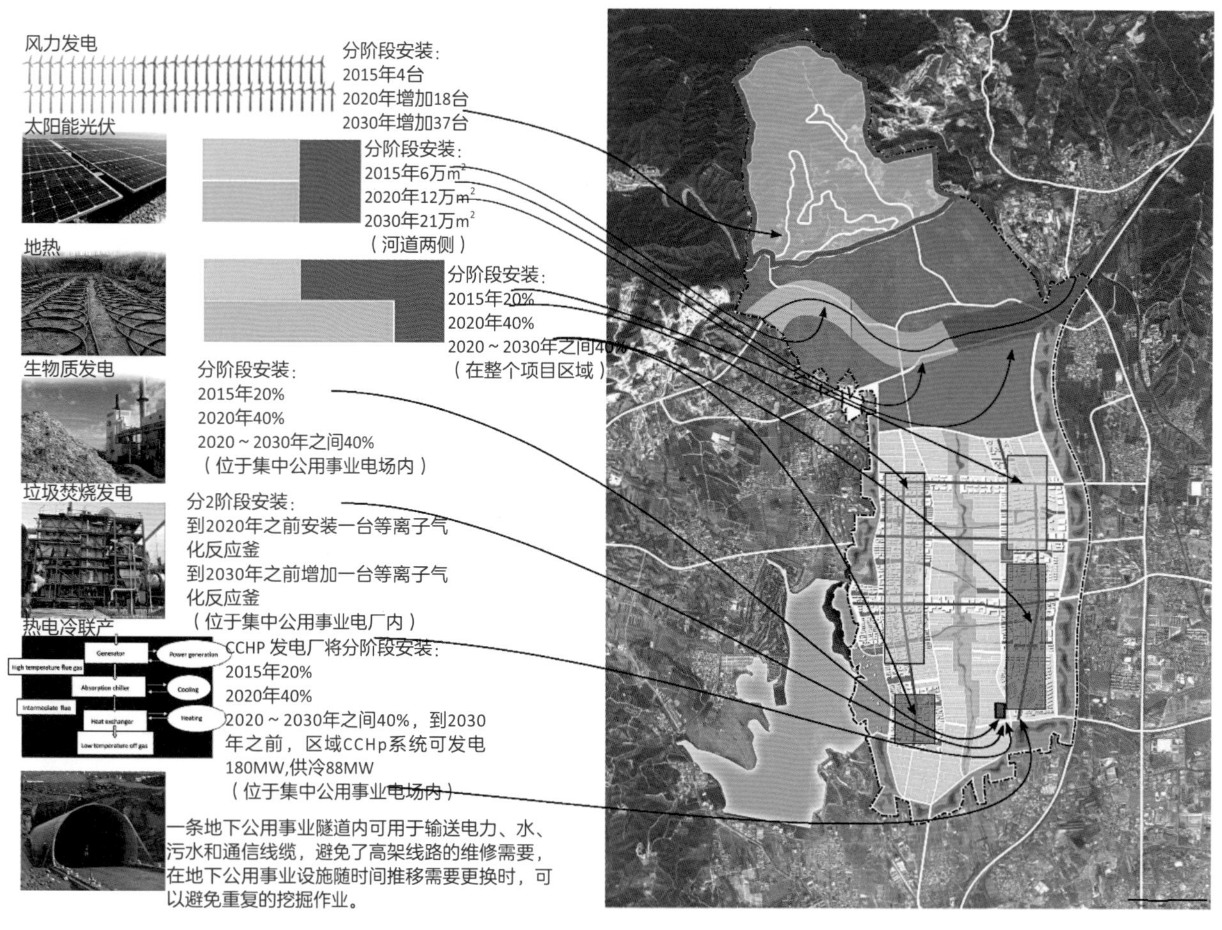

图10-3　青龙湖项目生态基础设施规划图。在15年开发周期内，开发智能、高效的建筑和可持续系统，为居民和游客提供能源、水、垃圾处理、食物和出行服务（资料来源：高觅青龙湖项目MEP报告）

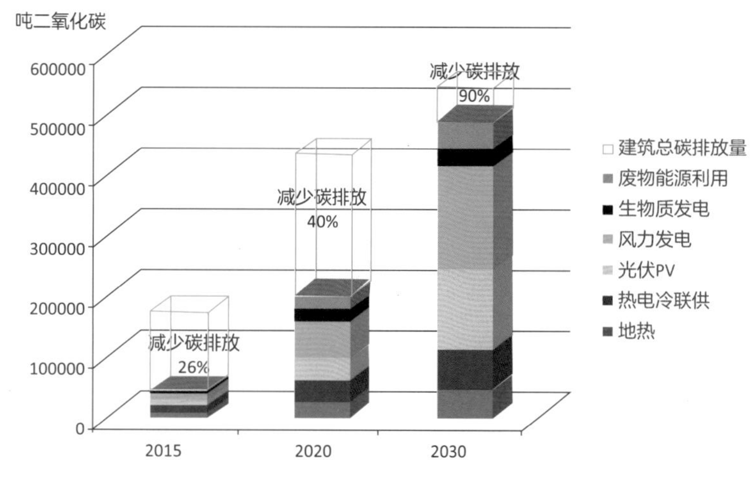

图10-4　青龙湖项目2015年、2020年和2030年减排目标（资料来源：高觅青龙湖项目MEP报告）

目标 10A： 搭建区域节能与区域可再生能源系统

中国电力供应多数依赖煤炭。2015年，煤电约占全国总发电量的64%（中国经济网，2016）。燃煤发电会排放大量对人体健康有害的污染物，如二氧化碳和二氧化硫等。实际上，在2013年中国就已经成为全世界最大的二氧化碳排放国，年二氧化碳排放量达到10亿吨（澎湃新闻，2014）。巨大的电力消耗和大量的碳排放，给中国造成了严重的环境问题，如PM2.5带来的空气污染。为了解决这些问题，中国应该采用效率更高、更环保的能源生产系统。提高区域能源效率的第一步，是进行综合能源规划，由政府制定分布式发电政策。在区域内设计和采用深水冷源、季节性储能和电动热泵等节能系统。政府还应大力推广使用可再生能源，鼓励能源市场的绿色电力和碳交易。

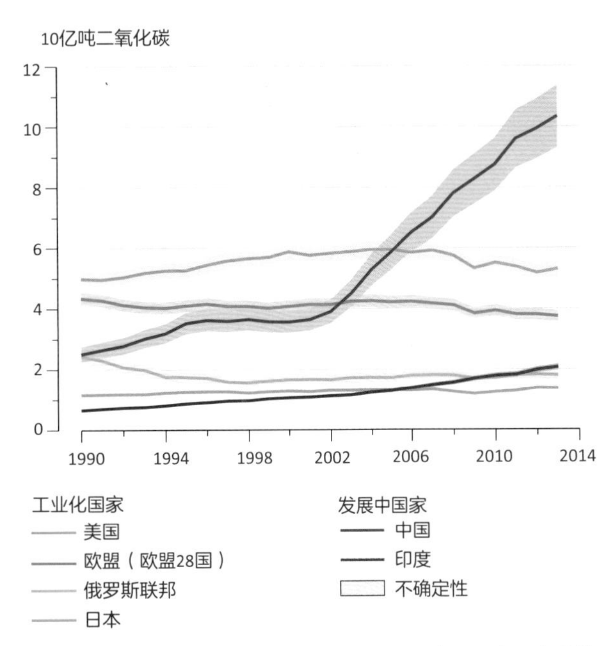

图10-5　前五大排放国和欧盟来自化石燃料使用和水泥生产的二氧化碳排放量（资料来源：荷兰环境评估局与欧盟委员会，2014年全球二氧化碳排放趋势报告）

措施01 | 进行综合能源规划与地图定位

综合能源规划是指分析能源系统开发的影响因素，同时考虑未来的能源消耗与产量。能源规划和地图定位这项工作目前由学术机构负责执行，在国家层面通过对各区域和城市进行案例研究，分析能源生产的来源。但这些分析所提供的信息是分散的，并不能用于制定特定区域的能源规划。

综合能源规划为研究不同能源选择之间的联系、对比不同选择之间的平衡与及其影响创造了机会。能源系统运营寿命长，能源规划能够显示当前的决定将对未来的能源选择产生何种影响（IAEA）。

使用能源模型，可以检查和预测区域能源使用情况。能源模型中必须说明能源来源、产能和建筑能耗等，从而帮助准确地描绘现状，确定进行改进的基准。

由于城市空间的重要性，城市规划不能出现大的变化这一点是尤为重要的。根据大致估算的建筑面积可以确定区域能源设施的规模。而在实际设计过程中，建筑面积不能有较大幅度的改动。设定楼面面积和建筑高度的最大值和最小值，可以确保设计出规模恰当的区域能源设施。

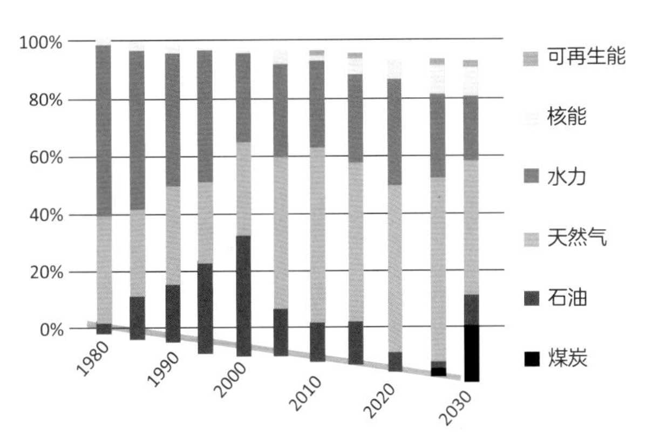

图10-6　能源规划示例。这个样本分析中包含了当前可用的能源，并预测了未来的能源市场变化。所有能源规划都应该包括未来能源资源多样性的类似规划（资料来源：IAEA）

在城市规划过程中，还应该考虑到不同城市街区的拟定建筑类型、建筑分布情况以及现场公用设施的路线安排、解决方案等。在区域内相对平均地分配不同建筑类型，更有利于全天候的负载转移。

措施02 | 搭建区域能源系统

目前政府提供的区域能源只有集中供暖。但这种集中供暖只在秦岭一淮河线以北提供。这条线以北的城市提供集中供暖，而以南的城市，不论遭遇怎样的气候状况，都没有集中供暖。这意味着，上海即使温度低至零度，也不提供集中供暖，居民只能自己寻找解决办法。

虽然有些城市已经开始在新扩建区域提供区域能源设施，但这并非强制性要求。要求在所有区域内建设区域能源设施，可以提高整体效率，降低总体容量需求。每栋建筑不再安装单独的设备，而是共用一座区域能源设施，通过集中的设备来满足所有建筑的需求。区域能源设施可以根据一天内不同类型建筑的使用情况来调整负荷。在冬天，居民可以回到温暖舒适的环境，而不是面对比室外温度更低的公寓。

在设计区域能源设施时，可以并且应该采用不同的供热和供冷资源。季节性蓄热、深水冷源和电动热泵等，能够以可再生的方式高效提供热能，都是很好的选择。这些系统可以添加到经过重新设计的原有系统，或者作为新区域系统的首选解决方案。要注意的是在使用电动热泵时，必须利用来自可再生能源的电力资源。考虑到各个地区可用资源种类不同，同时许多城市规模庞大，因此在个别情况下，这些系统可能能力不足或不适合特定需求。例如，只有在水源热泵和深水冷源泵输送距离过远的情况下，才能采用补充性的热电联产和热电冷联产系统。

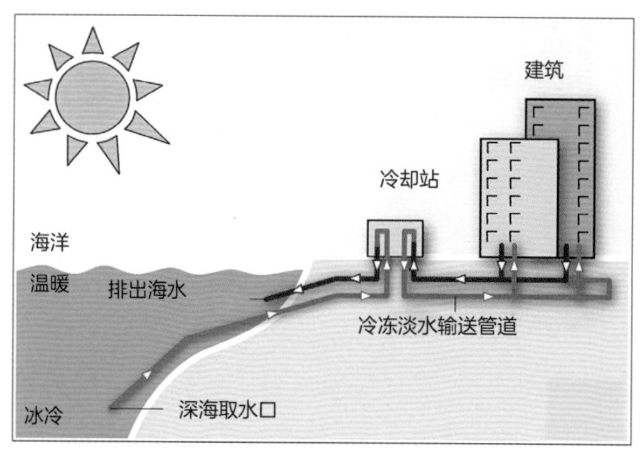

图10-7　深水冷源利用大型水体中的自然冷水作为载体来排出区域内产生的热量。在选择水体时，必须保证排入水体的热量不会影响自然生态系统（资料来源：Eco Power International）

措施03 | 推广区域可再生能源系统

2015年，煤电仍占全国总发电量的约64%，石油发电占18.1%，天然气发电占5.9%（中国经济网，2016）。而风能和太阳能等可再生能源发电仅占很少一部分。燃煤发电依旧是人为二氧化碳排放的最大来源。煤矿开采会释放甲烷，这也是一种强效温室气体。为了实现“十三五”规划的目标，建设更清洁、更环保的经济，治理严重的空气污染，中国必须继续推广可再生能源发电。

中国有广阔的疆域，按照《2016年全球可再生能源现状报告》的统计，中国的可再生能源装机容量在全世界排名第一。中国拥有各种可再生能源，其中有全世界最丰富的水力发电、太阳能发电和风力发电资源。但总装机容量或总发电量并不能代表可再生能源的利用效率。如表10-2所示，中国的年人均可再生能源装机容量仅有0.1kW，远远落后于美国（0.4kW）和德国（1.1kW）等国家。

这种差距表明，中国依旧需要建设更多可再生能源发电厂，鼓励使用可再生电能。中国的城市基础设施规划人员，应该仔细评估各种可再生能源技术的优缺点，避免所采用的技术造成环境问题。此外，中国幅员辽阔，气候和地形各异，因此各地对可再生能源的开发和利用，应该视当地的具体情况进行调整。

各国截至2015年的总发电容量 **表10-1**

电能	1	2	3	4	5
可再生能源发电（包括水力发电）	**中国**	美国	巴西	德国	加拿大
可再生能源发电（不包括水力发电）	**中国**	美国	德国	日本	印度
人均可再生能源发电容量（前20种，不包括水力发电）	**丹麦**	德国	瑞典	西班牙	葡萄牙
生物发电量	**美国**	中国	德国	巴西	日本
地热发电容量	**美国**	菲律宾	印度尼西亚	墨西哥	新西兰
水力发电容量	**中国**	巴西	美国	加拿大	俄罗斯联邦
水力发电量	**中国**	巴西	加拿大	美国	俄罗斯联邦
聚焦式太阳能发电CSP	**西班牙**	美国	印度	摩洛哥	南非
太阳能光伏发电容量	**中国**	德国	日本	美国	意大利
人均太阳能光伏发电容量	**德国**	意大利	比利时	日本	希腊
风力发电容量	**中国**	美国	德国	印度	西班牙
人均风力发电容量	**丹麦**	瑞典	德国	爱尔兰	西班牙

（资料来源：REN21《2016年全球可再生能源现状报告》）

2015年全球可再生电力容量地区/国家排名 **表10-2**

	全球	欧盟28国	金砖国家	中国	美国	德国	日本	印度	意大利	西班牙
技术	GW			GW						
生物发电	106	36	31	10.3	16.7	7.1	4.8	5.6	4.1	1
地热发电	13.2	1	0.1	~0	3.6	~0	0.5	0	0.9	0
水力发电	1064	126	484	296	80	5.6	22	47	18	17
海洋能发电	0.5	0.3	~0	~0	0	0	0	0	0	~0
太阳能光伏发电	227	95	50	44	26	40	34	5.2	18.9	5.4
聚焦式太阳能发电（CSP）	4.8	2.3	0.4	~0	1.7	~0	0	0.2	~0	2.3
风能发电	433	142	180	145	74	45	3	25	9	23
可再生能源发电总安装容量，（包括水力发电）	1849	402	746	496	202	97	65	83	51	49
可再生能源发电总安装容量（不包括水力发电）	785	276	262	199	122	92	43	36	33	32
人均安装容量（kW/人，不包括水力发电）	0.1	0.5	0.1	0.1	0.4	1.1	0.3	0.03	0.5	0.7

（资料来源：REN21《2016年全球可再生能源现状报告》）

太阳能

中国年太阳辐射总量约为50亿kJ/m^2，太阳能储量丰富。此外，中国超过2/3的国土每年日照时间超过2000h（马月，2014）。

年太阳辐射量与日照时间 表10-3

类别	地区	年日照时间（h）	年辐照总量（kcal/cm^2）
1	西藏西部、新疆东南部、青海西部、甘肃西部	2800～3300	160～200
2	西藏东南部、新疆南部、青海东部，宁夏南部、甘肃中部、内蒙古、山西北部、河北西北部	3000～3200	140～160
3	新疆北部、甘肃东南部、山西南部、山西北部、河北东南部、山东、河南、吉林、辽宁、云南、广东南部、福建南部、江苏北部、安徽北部	2200～3000	120～140
4	湖南、广西、江西、浙江、湖北、福建北部、广东北部、山西南部、江苏南部、安徽南部、黑龙江	1400～2200	100～120
5	四川、贵州	1000～1400	80～100

（资料来源：http：//taiyangneng.baike.com/article-37635.html）

聚焦式太阳能发电（Concentrated Solar Power，CSP）和光伏发电系统（Photovoltaic Systems，PV）是目前两种主流太阳能发电技术。四川、贵州和湖南等地区并不适合太阳能发电，因为这些地区每年接收的太阳能总量很少。而西藏、青海、新疆和甘肃等地区则是建设聚焦式太阳能发电厂的最佳选择。第2类和第3类中其他地区的最佳选择是安装分布式发电（DG）系统。

图10-8 中国青海的太阳热能发电站。照片中拍摄的是青海德令哈的一座10MW太阳能发电站，拍摄于2014年3月16日。该太阳能项目于2013年7月接入电网，是青海柴达木盆地塔式太阳能热发电厂项目的第一期，总装机容量为50MW（资料来源：http：//en.people.cn/202936/8568780.html）

图10-9 位于青海的中国首座太阳热能发电厂（资料来源：http：//www.dailymail.co.uk/sciencetech/article-1393879/Gemasolar-Power-Plant-The-worlds-solar-power-station-generates-electricity-NIGHT.html）

风电

据初步估计，中国每年的陆上可用风电容量约为2380GW，海上可用风电容量为200GW（Yang Jianxiang，2011）。风能资源丰富的地区，尤其应该推广风力发电。中国最适合开发风力发电的地区有：

- 黑龙江东南部
- 河北西北部
- 内蒙古和甘肃北部
- 辽东半岛的沿海地区和海岛
- 渤海湾
- 山东、江苏和上海的沿海地区与海上
- 海南
- 新疆北部和南部
- 西藏北部

这些地区风能资源丰富，应该建设更多风力发电厂，取代化石燃料发电厂，满足日益增加的电力需求。

图10-10　上海100MW东海大桥海上风力发电场（资料来源：http：//www.shaquaria.org.cn/shaquaria/sitepics/upload/20120816091157766.jpg）

图10-11　新疆达坂城风力发电场（资料来源：http：//a3.att.hudong.com/11/17/19300001219201130882173324200.jpg）

水力发电与地热发电

可再生能源是取代煤炭和石油等传统资源的理想选择，但并非所有可再生能源都是完全绿色的和可再生的。近年来，水坝造成的环境影响，引发了关于水力发电越来越多的争议。大型水坝会产生各种环境后果，如直接影响河流和河岸（或“溪岸”）的生态、化学与物理特性等。

对于地热能开发的环境影响，由于了解不足和缺少研究，尚未进行全面充分的评估。所以中国在开发可再生能源系统时，应该在规划初期谨慎评估水力发电和地热发电厂。在利用地热能时，必须加强管理，避免本地地下水枯竭和污染，造成地质退化。中国地热能分布图显示，中国大部分地区都属于中低热流区域。这些地区可以考虑地热集中供暖。而西藏等高热流地区，可以考虑建设地热发电场。

措施04 | 在全国实行上网电价补贴，建立碳交易市场

实践证明，通过上网电价补贴（Feed-in Tariff，FIT）机制鼓励、部署可再生能源发电技术，具有显著的效果。上网电价补贴通常可以保证可再生能源发电商向电网供应的可再生电力能够获得远高于零售电价的固定价格。政府往往会强制公用事业公司与可再生能源发电商签署长期合同。

上网电价补贴政策可用于支持所有可再生能源发电技术，包括：

- 风力发电
- 太阳能光伏发电（PV）
- 太阳能热发电
- 地热发电
- 沼气发电
- 生物质能发电
- 燃料电池
- 潮汐发电和海洋波浪能发电

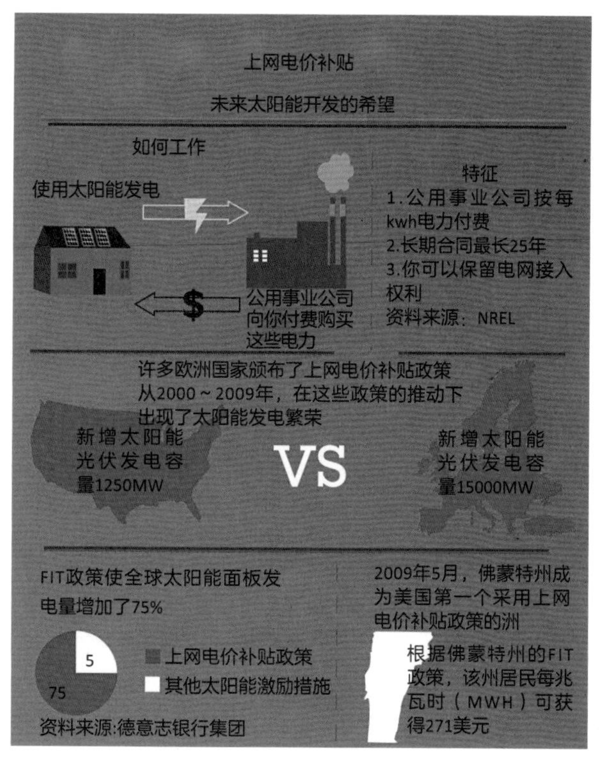

图10-12　上网电价补贴的工作原理（资料来源：德意志银行集团，http：//www.colorado-solar.org/images/feed_in_tariff_graph.jpg）

日本的上网电价补贴价格 　**表10-4**

	FIT费率*	太阳能发电	风力发电	水力发电	生物质能发电
2013财政年度	日元/kWh(含税)	37.8～38#	23.1～57.75	25.2～35.7	13.65～40.95
	美元/kWh	0.369～0.371	0.226～0.564	0.246～0.349	0.133～0.400
2014财政年度	日元/kWh(含税)	34.56～39.96	23.76～59.40 (陆上) 38.88 (离岸)	15.12～36.72	14.04～42.12
	美元/kWh	0.338～0.390	0.232～0.580 (陆上) 0.380 (离岸)	0.148～0.359	0.137～0.411

* 按1日元=0.00977美元的汇率（2014年3月25日）计算
^ 按8%的税率计算
# 超过10kW的太阳能项目，若在2013年3月31日之前向项目覆盖区域的电力公用事业公司提交了咨询与电网接入申请，并在2013年31日之前按照《可再生能源法》通过审批的，则可以按42日元/kWh（约0.41美元/kWh）的价格，与日本电力公用事业公司签署电力采购协议（PPA），协议期限为20年。
相关网站：
日本自然资源与能源厅 http：//www.enecho.meti.go.jp/english/index.htm
日本经济产业省 http：//www.meti.go.jp/english/
日本环境省 https：//www.env.go.jp/en/
日本贸易振兴会 http：//www.jetro.go.jp/
（资料来源：http：//cdn2.winston.com/images/content/9/1/v2/91697/Feed-In-Tariff-Handbook-for-Asian-Renewable-Energy-Systems.pdf）

中国上网电价补贴价格 表10-5

FIT费率*	太阳能发电	风力发电	水力发电	生物质能发电
元/kWh#	0.90～1.00	0.51～0.61	0.21～0.72	0.75
美元/kWh	0.14～0.16	0.08～0.10	0.03～0.12	0.12

* 根据1元人民币=0.16256美元的汇率（2014年3月25日）计算
# 中国上网电价补贴，不同的地区有不同的费率。上述数据为在编制本手册时对补贴费率区间的大致估算
相关网站：
商务部 http://english.mofcom.gov.cn/
国家发展和改革委员会 http://en.ndrc.gov.cn
国家能源局 http://www.nea.gov.cn/
（资料来源：http：//cdn2.winston.com/images/content/9/1/v2/91697/Feed-In-Tariff-Handbook-for-Asian-Renewable-Energy-Systems.pdf）

不同技术类型与地区的上网电价补贴溢价水平取决于项目内在的动机和目标。对于那些目标较高的特殊区域，上网电价补贴计划应该设置高于其他地区零售电价的补贴。例如，2012年福岛事件之后，日本执行的新上网电价补贴计划，为太阳能光伏发电提供了较高的补贴。

与日本等其他国家相比，中国的上网电价补贴费率较低，吸引力较差。2017年，中央政府还进一步下调了太阳能发电上网电价补贴费率（新浪财经，2016）。由于可再生能源发电是未来大势所趋，因此中国城市应该进一步推动和鼓励可再生能源发电，支持当前的发电基础设施建设。而刺激当前可再生能源市场的措施之一，就是调整上网电价补贴费率。

目标 10B：搭建区域节水与水管理系统

过去20年，中国的缺水问题一直很严重。但与此同时，中国南方地区在夏季又会出现洪水。另一方面，对污水处理不当，未达到卫生标准便被排入河流，会造成水污染。

因此，应宣传和落实“海绵城市”理念，防止洪水泛滥。除了减少用水，城市还应根据人口密度和污水排放量，建设区域污水处理厂。经过处理的污水在许多情况下可以重复使用，以降低总体用水需求。

2016年5月，广东和附近地区因降雨出现严重洪水，受影响人数超过55万人（毛一竹，2016）。暴发洪水的主要原因是近代的城市开发并没有扩建雨水处理系统。

为解决洪水问题、修复功能失灵的区域管道系统，中国应该发展"海绵城市"。海绵城市是指面对气候变化和自然灾害，如同海绵一样，具有灵活性和适应性的城市。尤其在降雨时，海绵城市可以吸收、渗漏、过滤和存储雨水，必要时还可以释放存储的雨水以供使用。海绵城市的核心理念是可以就地消纳和利用70%的降雨（国发办[2015]75号）。有许多策略可以用来实现这一目标。例如，建设下沉100 ～200mm的绿地供雨水存储与过滤下渗，城市公园、河流和景观也都可以成为雨水管理系统的一部分。这些自然系统既为城市居民提供了休憩娱乐的场所，也是一种高效率的城市基础设施，来存放和净化雨水。此外，公园、河流和景观能无缝地将自然景观引入城市，为城市居民提供更多机会去了解生态系统。新加坡碧山公园（Bishan Park）是以生态的方式解决城市雨涝问题的典范。公园中的河流可以存储强降雨带来的雨水，警示标志会提醒游客遭遇暴雨时，前往海拔较高的地方（碧山宏茂桥公园和Kallang河道修复，2013）。碧山公园内的植被不仅为游客提供了美丽的景观，还能净化雨水。

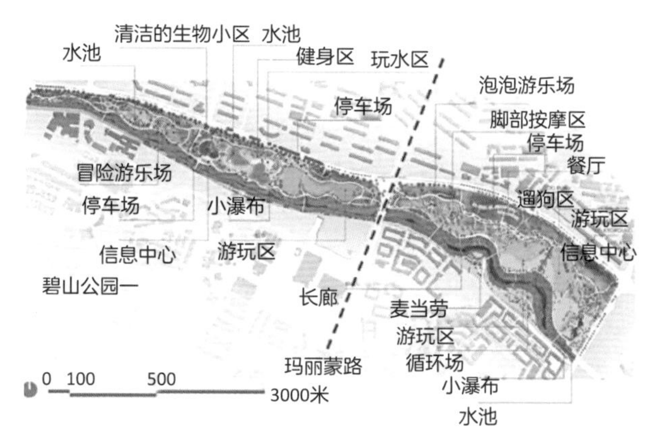

图10-14　碧山公园的原始设计草图（资料来源：https://sanwen8.cn/p/144jllZ.html）

图10-13　海绵城市理念（资料来源：https://www.bl.gov.cn/doc/zffw/zwdt/ztzl/blds/zzzt/708037.shtm）

图10-15　碧山公园干涸的河床（资料来源：http://www.archcy.com/focus/2016ASLA/7f19a83e55469dca）

措施06 | 通过设备升级和提高净化水水质，完善区域污水处理厂

中国半数以上的城市都面临着水资源短缺和严重水污染等问题。目前，约75%的湖泊存在富营养化问题，约90%的城市水资源被污染。①污染源可能是工业废水和未经处理的城市污水。虽然中国自1921年以来一直在开发污水处理系统，但在建设成熟的城市污水处理系统的过程中，出现了许多的困难。如中国城镇化进程加快，中小城市污水处理能力依然存在较大缺口，以及已有处理设施深度处理环节欠缺，处理后出水依然对水源水体存在一定程度污染，这使得原本缺水的中国在水资源上更加匮乏。

因此，中国必须采取以下措施减少水污染物，保护水资源（贺瑞军，2006）。

2016年一季度，中国36个大中城市（直辖市、省会城市和计划单列市）的污水处理总量为46.9亿m^3（住房和城乡建设部），而剩余约2200个城镇的污水处理量的总和仅为79.5亿m^3，即我国污水处理能力存在分布不平衡的情形。在中国城镇化加速的今天，更应该重视中小城市及其下辖县城的基建配套设施建设，增加中小城市的污水处理设施数量，提高原有处理设施的污水处理能力。

经济许可的情况下增加深度处理，减轻处理出水对于自然水环境的污染。 深度处理即在常规一、二级处理后，增加三级处理甚至多级处理。此方法可以进一步去除微量化学需氧量（COD）、生化需氧量（BOD），富余氮磷甚至盐类。不同于常规污水处理厂出水，经过深度处理的污水可以降低对自然水体的水质影响，有效保护自然水源水体。但是深度处理运行以及管理费用都较高，相比一级处理费用可高出3～4倍。因此该方法并不适合全范围推广而是应该与地方经济能力结合。需要提出的是，增加深度处理将使本就承担污水处理费用补贴的地方政府负担更加严重，因此推进污水处理行为市场化也是中国政府需要调整的方向。在中国北方地区，大部分城市为水源性缺水城市，若采用深度处理，结合城市中水管网系统，则可将处理后出水作为市政中水用于绿化或者作为工业用冷却水等。此举措可进一步减少对自然水体的取用，保护水资源。

考虑分布式污水处理的可能性。目前，中国的城市发展速度远远超过市政设施的建设速度。这导致住户搬入新开发区域时市政管网还尚未建设完成。这时，小型污水处理站可以解决这个问题。另外，市政管网会产生沉重的投资与运营成本。尤其是低海拔城市需要把城市污水输送到城市管网，会产生额外的费用。在这种情况下，建设小型污水处理站是最好的选择。因为污水的收集和处理可以在本地完成，从而降低了运营成本（王永磊，2012）。小型污水处理站又称分布式污水系统。当然，各地区在大规模建设这种系统之前，首先应该进行可行性评估。

---

① 数据来源：摘自文献《城市污水处理的现状及展望》文章编号：1005-6033（2006）24-0181-02。

目标 10C：建设区域垃圾管理系统

垃圾管理系统是城市基础设施的关键组成部分。中国城市每天产生数千吨废弃物，但只有一小部分被回收再利用。2014年，中国市政固体垃圾（MSW）达到1.79亿吨，在全世界排在第二位（中国废物网，2016）。由于市政固体垃圾处理厂数量不足，垃圾无法得到恰当的分类和处理，导致城市里垃圾堆积如山，占用了城市空间。而未经分类和处理的市政固体垃圾，最终大部分都被焚烧和填埋，产生大量的碳排放，造成空气和土壤污染问题。中国的统计数据显示，2014年底之前，69%的市政固体垃圾采用填埋处理，29%采用焚烧处理（中国废物网，2016）。为了减少垃圾所带来的负面环境与社会影响，城市应该将垃圾分类与回收作为首要任务，把垃圾分为不同类别，以便于后期进行有针对性的处理。可回收垃圾经过恰当回收处理后可以再利用。而不可回收再利用的垃圾则是能够成为发电的很好的资源。但对这类垃圾不能简单地焚烧和填埋，而是应该采用更清洁的垃圾处理技术。例如，对干垃圾进行等离子焚烧处理，对湿垃圾进行堆肥和厌氧消化处理。这些方法可以有效处理不可回收垃圾，不会产生有害物质，还能生成绿色能源。

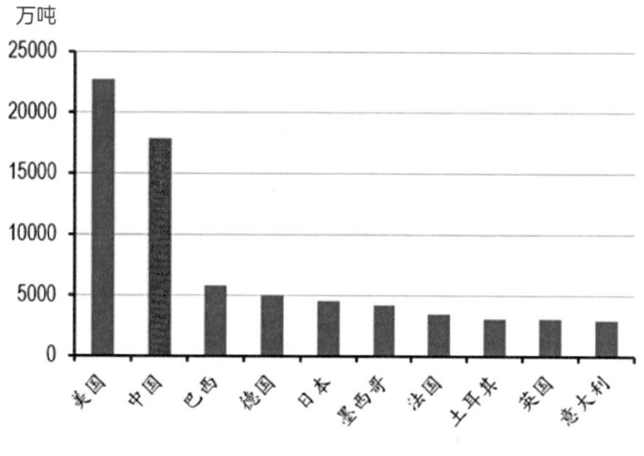

万吨
25000
20000
15000
10000
5000
0
美国 中国 巴西 德国 日本 墨西哥 法国 土耳其 英国 意大利

图10-16　垃圾产量最高的10个国家（资料来源：http：//www.solidwaste.com.cn/news/248972.html）

中国所有城市还应该采用包含垃圾分类和处理的垃圾管理系统，根据不同垃圾类型和城市人口密度，按照不同的规模调整垃圾处理厂的数量。

图10-17　中国东莞的垃圾村（资料来源：http：//www.guancha.cn）

图10-18　厌氧消化处理厂（资料来源：http：//mooc.chaoxing.com/nodedetailcontroller/visitnodedetail?knowledgeId=2500820）

城市会产生大量垃圾，并且垃圾的成分复杂，因此必须对垃圾进行恰当的处理，以避免污染和卫生问题。总体来说，可以根据来源将垃圾分为：市政固体垃圾（MSW）、农业垃圾、建筑垃圾和工业垃圾。

垃圾分类

垃圾分类是恰当垃圾处理的先决条件。垃圾分类也是垃圾减量、资源回收和无害处理的基础。中国的市政固体垃圾基本上可以分为四类：可回收垃圾、厨余垃圾（湿垃圾）、有害废弃物和其他垃圾（干垃圾）。

目前，中国多数城市采用的是传统的混合垃圾收集方式，包括集中混合收集、混合运输和混合处理。收集垃圾的一种方式是把垃圾桶放在固定位置，如居住区、路边和部分公共区域，环卫工人每天负责收走垃圾桶里的垃圾。另外一种方式是建立固定垃圾收集区，居民把垃圾扔在这些固定区域。

但中国的垃圾分类和回收存在许多严重的问题：

- 垃圾分类系统过于简单。虽然公共空间通常都会放置垃圾桶，但多数垃圾桶只把垃圾分成两类：可回收垃圾和不可回收垃圾。有一些垃圾桶会分为三类：可回收垃圾、有毒废弃物和其他垃圾。
- 多数居民并不了解垃圾分类的相关知识，缺乏垃圾分类意识。
- 垃圾分类政策和法规还不健全完善。
- 负责垃圾管理的是政府环卫部门，而不是城市居民。居民对垃圾管理的参与度不足，使城市很难在短期内开发出完善的垃圾管理系统。

许多国家垃圾分类成功的主要原因是有严格的法律法规、广泛的宣传教育，并且民众有较高的垃圾回收意识。借鉴日本和其他发达国家的垃圾分类与管理模式，中国应采用下列垃圾分类措施：

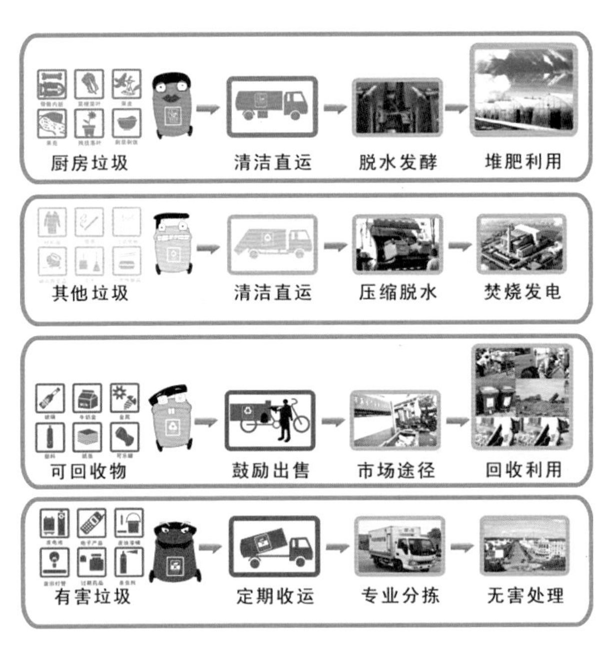

图10-19　市政固体垃圾分类程序示意图（资料来源：http://www.gzepb.gov.cn/wsbs/bszn/qt/201208/W020120801557240194671.jpg）

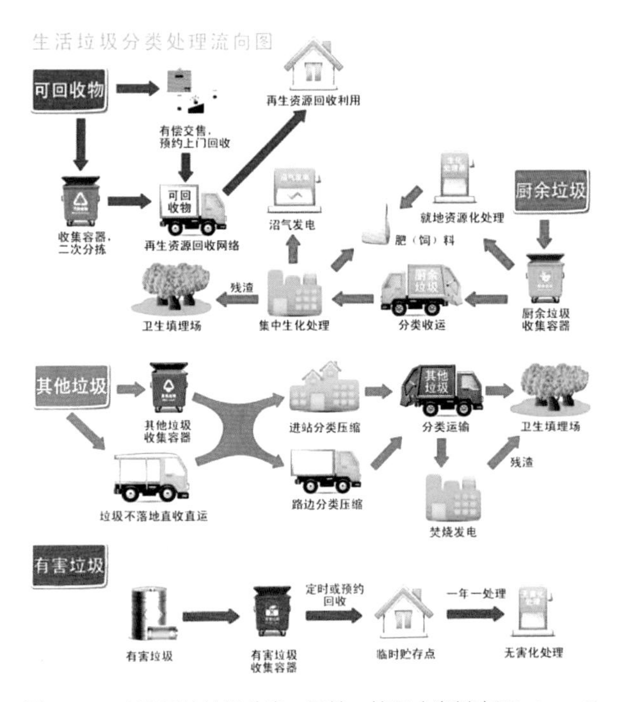

图10-20　市政固体垃圾分类、运输、处理（资料来源：http://zt.hz66.com/2010/ljfl/images/cltx.jpg）

1）通过法律法规，强制执行和监督市政固体垃圾分类，政策法规的支持对成功落实垃圾回收至关重要

- 对于企业，可以鼓励减少包装，使用可回收包装材料。
- 对于居民，鼓励和监督垃圾分类的落实。
- 建立垃圾分类制度，并将其纳入国家法律法规体系。

2）长期有效的公共服务通告

- 一垃圾减量、垃圾分类和垃圾回收，使用统一的垃圾分类标准。
- 将垃圾分为可燃垃圾、不可燃垃圾、可回收垃圾、不可回收垃圾、厨余垃圾等。
- 将垃圾回收日历送到居民家中。垃圾回收日历中说明收集特定类型垃圾的日期和时间，以及各种垃圾的详细分类。
- 通过出版社、公告牌、报纸、广播电台、电视台和互联网宣传垃圾分类知识。

3）根据垃圾数量收取垃圾收集费，设置合理的垃圾桶类型

- 对未恰当进行垃圾分类的行为进行处罚。
- 向遵守垃圾分类法律法规的企业发放补贴。
- 奖励恰当进行垃圾分类的家庭和个人。

众所周知，垃圾分类是垃圾处理的重要步骤之一，另外一个重要的步骤是垃圾收集和运输。垃圾收运的原则是单独收运不同类型的垃圾。建议将垃圾收运分类如下：

- 蓝色卡车或拖车收集可回收垃圾，运输到垃圾倾倒场。
- 白色卡车或拖车收集固体垃圾，运输到垃圾倾倒场。
- 绿色卡车或拖车收集绿色垃圾，运输到垃圾倾倒场。
- 蓝白色卡车或拖车收集泔水，运输到垃圾倾倒场。

措施08 | 通过等离子气化技术，处理不可回收的干垃圾，通过堆肥和厌氧消化，处理不可回收的湿垃圾

经过恰当的垃圾分类、回收和再利用之后，对剩余的不可回收垃圾进行处理，实现对环境的零负面影响。此时，市政固体垃圾可以分为两类：干垃圾和湿垃圾。对于每一类垃圾，除了焚烧和填埋处理外，还应该采用更高效、更环保的处理方法。

干垃圾

使用等离子气化技术处理干市政垃圾，取代当前的垃圾处理方法。等离子气化分为多个流程，它将含碳物质转换成合成气和熔渣，并通过等离子焚烧发电转化为电力。等离子气化不会产生废料，并可生成可再生燃料。

等离子气化分为三个步骤：

1）从市政固体垃圾中分选出有价值的可回收垃圾，对剩余的市政固体垃圾进行处理，使其具有相同的组成，并且都是干垃圾。

2）等离子气化，将 具有高强度热源的等离子炬放置于密闭反应釜内。

- 在气化过程中，极热将完全摧毁有毒有害物质。
- 有机物会被分解转换成合成气。
- 无机物将融化成液体熔渣，在冷却后可以从炉底排出 。

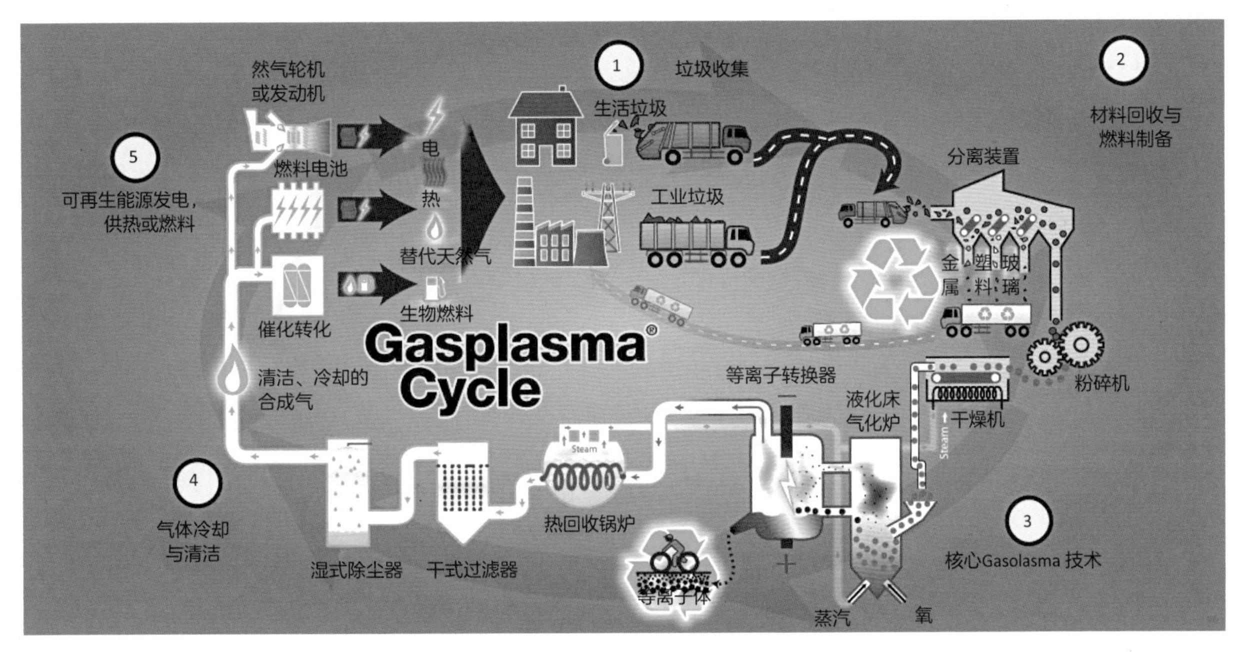

图10-22 等离子气化程序示意图（资料来源：http：//advancedplasmapower.com/resources/uploads/Gasplasma-Cycle-Diagram_0712_FINAL.jpg）

3）净化合成气体并且回收热能，用于发电和收集废热。

湿垃圾

湿垃圾主要包括厨余垃圾、食品杂物垃圾和植物修剪物。厨余垃圾还可以进一步分为泔水和餐厨废料。湿垃圾经过恰当处理，可以重新变成有用的物料，如加工成肥料和沼气。

堆肥

餐厨垃圾主要包括家庭、学校、餐厅和其他食品工业产生的食品加工时产生的垃圾。餐厨垃圾、食品杂物垃圾与绿色垃圾的特点是低热值、高水含量、易腐烂、富含有机物和氮、钾等微量元素。对于这类垃圾，应该采取堆肥的方式进行处理。采用高温好氧容器式堆肥，不仅可以加快发酵过程，还能有效抑制有害细菌的生长。此外，高温好氧堆肥可以实现很好的垃圾处理效果，同时还能节省空间和投资。

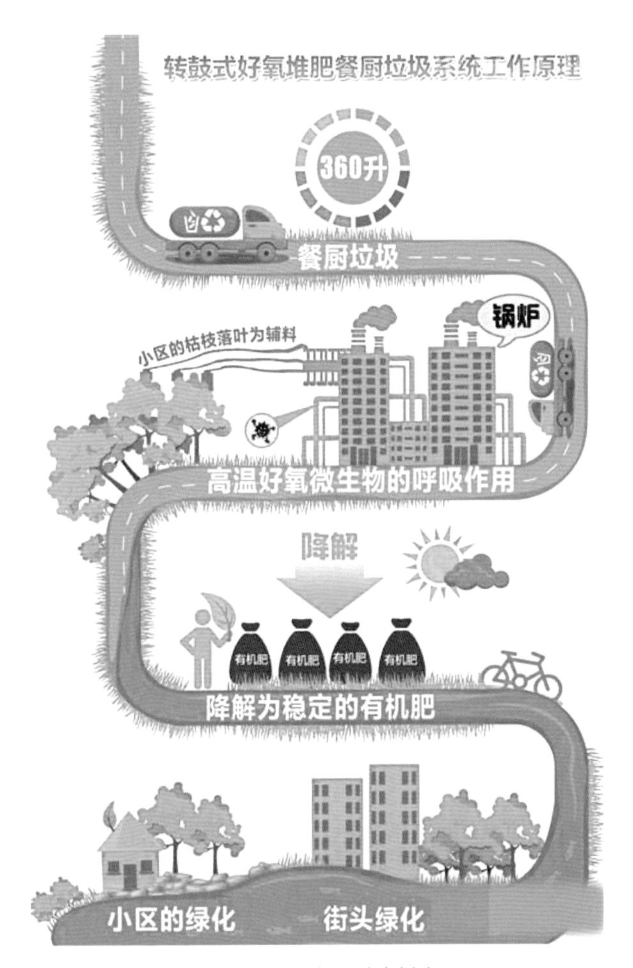

图10-22 高温好氧堆肥处理示意图（资料来源：http：//news.sun0769.com/dg/sh/201210/t20121029_1680062.shtml）

厌氧消化

餐厅和家庭产生的泔水成分很复杂，主要包括油、水、蔬菜、水果、肉、谷物、骨头等。对于这类垃圾最好的处理方法是厌氧消化。

厌氧消化是一个自然的生物学过程，在密闭无氧的环境中对有机废物进行堆肥处理。为了推广这种垃圾处理方法，应该设计和建设区域厌氧消化厂。

通过厌氧消化进行垃圾发电，可以根据所服务的社区规模选择不同的规模和等级。

- 市政府可以与垃圾处理厂合作，将绿色垃圾（食物与庭院废物混合物）送往高固体浸煮器，以提高生物气产量。
- 教育机构或大型商业企业，可以在区域内建造厌氧消化池并且现场收集利用系统所产生的沼气。
- 农民或食品加工厂可以购买厌氧罐，处理产生的有机物垃圾，并通过出售厌氧消化处理后的副产品获得额外收入。

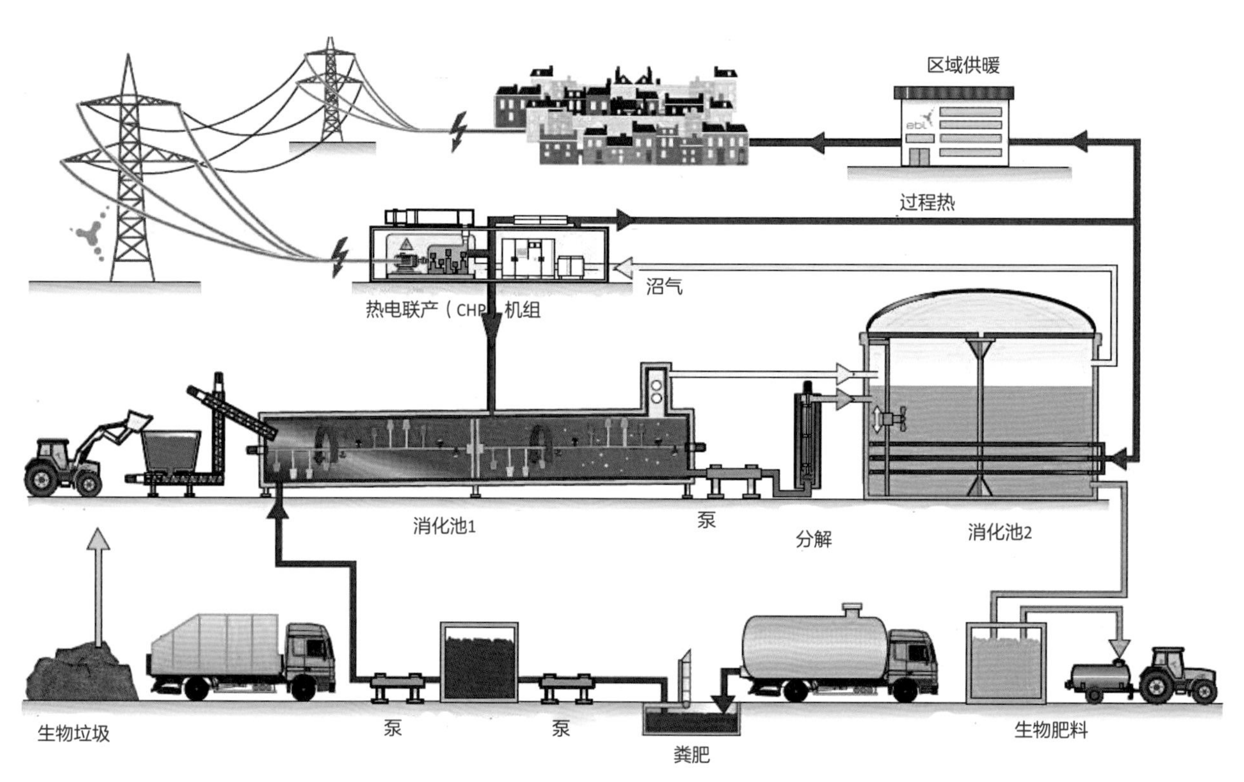

图10-23　厌氧消化系统示意图（资料来源：http：//www.fabbiogas.eu/fileadmin/user_upload/Home/AD-process-diagram2.jpg）

标准 10.1：创建区域能源模型，每年一次进行校准

创建竣工区域能源设施的能源模型，并每年一次进行更新。

在区域能源设施设计阶段，必须创建能源模型。能源模型可帮助确定不同系统的能源产量需求与产能。设计阶段能源模型将作为片区所有未来能源规划的依据。

区域能源设施建成之后，必须通过修改设计阶段能源模型，创建已建成系统的能源模型。在确定哪些系统的性能优越或欠佳以及需要进行哪些改进时，可以将“竣工”能源模型作为参考。为保证模型的准确性，体现区域能源设施随着区域发展出现的变化，必须每年一次对“竣工”能源模型进行更新，并与前一年的能源模型进行比对。竣工能源模型中还应该包括各建筑的能源计量仪表测量出的实际建筑能耗。

在设计区域能源设施时，应该预留出30%的增容能力。这种设计将考虑到区域增长与扩张，以及以高层建筑取代中低层建筑的情况。对于区域扩张的预期，必须扩大到分配系统，使其能够额外承载30%的容量。虽然初始成本更高，但扩大分配网络的规模，可以减少泵送供暖热水或蒸汽和冷却水的能源需求。

为了方便片区居民了解和监督区域能源使用情况，应该公开各区域能源设施的实际消耗与能源目标。这种信息公开可以采取新闻节目的方式，类似于天气预报，或者通过在个人设备上使用的专门应用程序。

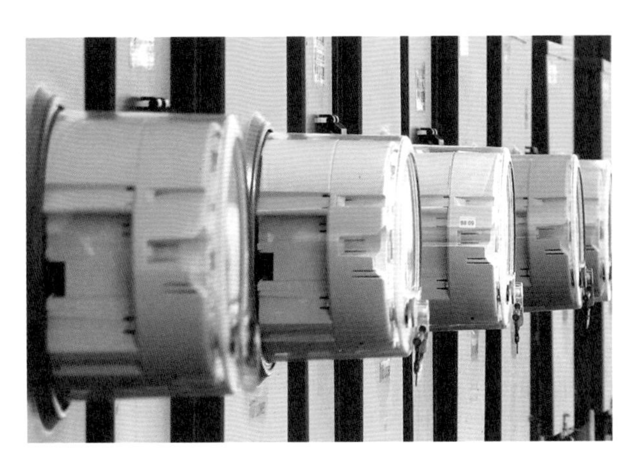

图10-24 能源计量。有效的竣工能源模型将以建筑能源计量结果为基础。这些计量结果代表了实际建筑能源使用情况，使区域能源设施运营商可以按需调整产量（资料来源：能源设计资源2014）

图10-25 波士顿能源模型。由麻省理工学院开发的这个能源模型描述了美国马萨诸塞州波士顿城区的建筑能源使用情况。城市可以通过这个模型跟踪建筑能源使用情况，调整城市能源供应。中国也可以针对本地的城市环境，开发类似的能源模型（资料来源：IDEA Industry News 2016）

标准 10.2：达到区域能源设施密度与效率标准

区域能源设施全负荷运行的性能系数不能低于5.5。

本地可再生能源的可用性将决定哪种系统更适用于各区域能源设施。个别区域附近可能没有适合以经济或高效的方式加以利用的可再生能源。在这种情况下，应该考虑传统的能源设施。各区域能源设施所服务区域的占地面积总计不能超过500万m^2，其中包括了所有高层建筑的总建筑面积。

虽然经验法则永远无法取代详细的负荷计算，但对于确定设备的大致规模，其是一种行之有效的方法。假设建筑外围护结构是经过恰当设计的，则中国目前在住宅与商业建筑方面的经验法则，会导致设备规模过大。而如果采用第9章所述的高效率建筑外围护结构和暖通空调系统，按照经验法则，商业建筑的负荷应该是63W/m^2，住宅建筑应为32W/m^2。这样，建筑设备和区域能源设施所需的容量都会随之下降。

降低区域能源设施的必要容量并非唯一的措施，还应该考虑到个别发电厂设备的效率。区域能源设施作为一个整体系统，在全负荷运行时的性能系数（COP）应该达到5.5。

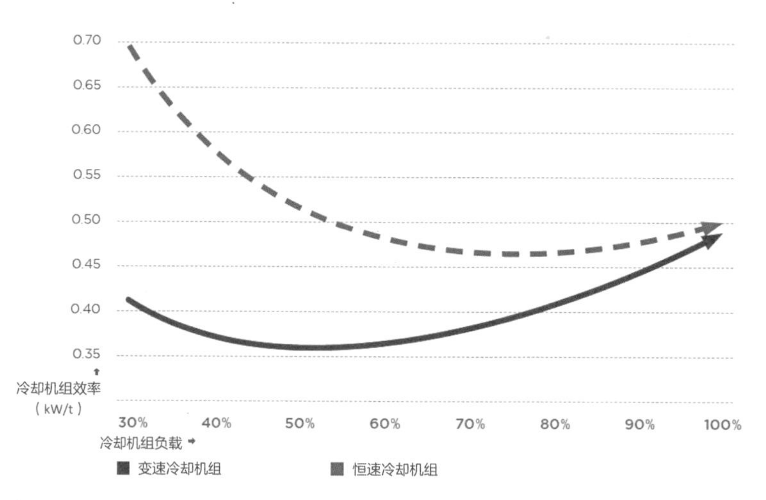

图10-32　制冷机组效率。例如，冷水机组的效率并非恒定不变，只有在部分负荷的情况下，冷水机组才会以最高效率运行，同样的原则也适用于泵和锅炉等设备（资料来源：Thermal Energy Corporation）

标准 10.3：处理后污水质量标准

改建后污水处理厂的效率应该达到城市污水排放标准。

据公开资料数据显示，国内城市与县城的污水处理厂以及处理率如下表：

我国城市与县城污水处理厂以及处理率一概表 **表10-6**

	污水处理厂数量	平均污水厂数量	污水集中处理率（%）
城市	1943	2.96	91.90
县城	1599	1.02	85.22

资料来源：住房和城乡建设部发布2015年城乡建设统计公报，公报中总结统计了2010～2015年中，城镇供水和节水、排水与污水处理、市容环境卫生等方面工作的进行情况。

在发达国家如北欧国家、新加坡等，污水处理率已近乎100%。此外考虑到官方多更加关注污水集中处理率，针对我国国情，县城数量繁多分布域广阔，部分县城污水管网还不健全，该部分或许采用分布式污水处理系统更方便，如美国城郊的污水处理模式。因此仅以集中处理率展现污水处理能力不够全面，本书建议采用处理处理污水量占污水排放总量的比率，即污水处理率来反映污水处理水平。到2030年，中国特大以及大型城市污水处理率应达到99%，中小城市污水处理率应达到85%。

标准 10.4： 垃圾分类与运输标准

根据区域类型进行垃圾桶分类，针对不同类型的垃圾，执行不同的垃圾运输标准。

不同类别的区域放置不同类别的垃圾桶，并针对不同类别的垃圾，执行不同的垃圾运输标准。

用不同颜色的垃圾桶，代表收集不同类型的垃圾，以便于进行市政固体垃圾分类。

- 住宅、学校、餐厅应使用下列分类垃圾桶：可回收物垃圾桶、其他垃圾桶、厨余垃圾（泔水）桶、绿色垃圾桶。
- 住宅小区应该使用下列分类垃圾桶：其他垃圾桶、厨余垃圾（泔水）桶、绿色垃圾桶、有害垃圾桶，以及玻璃、金属、废纸和塑料垃圾桶。
- 公共场所应该使用下列分类垃圾桶：绿色垃圾桶、其他垃圾桶、以及玻璃、金属、废纸和塑料垃圾桶。

用不同颜色的卡车或拖车标识运输不同类别的垃圾，以便于进行市政固体垃圾管理，用于收集可回收垃圾的蓝色卡车/拖车、用于收集其他类垃圾的白色卡车/拖车、用于收取绿色垃圾的绿色的卡车/拖车、用于收集白色泔卡车/拖车。

第二部分

设计步骤

第11章 城市总体规划

第11章

城市总体规划

中国过去的30年期间，快速的城镇化进程不仅推动了中国经济的快速发展和转型，使得2.6亿农民进城务工。同时，在这个过程中，也解决了5亿人口的脱贫问题。中国经济实现了连续30年每年10%的增长率。世界银行一份2014年的《中国城镇化》报告总结了中国城市快速发展所带来的影响、效益和挑战，报告指出“中国在城镇化过程有效地避免了一些城市病，尤其是贫困、失业和脏乱问题，但是随着城镇化进程的推进，一些问题也逐渐凸显出来。中国的城镇化很大程度上依赖于土地流转和土地财政，导致城市土地低效利用以及城市扩张，出现了鬼城和房地产过度开发现象。由于户籍政策对迁徙的影响，中国的户籍人口城镇化率仍然较低，不能充分发挥城镇化的内生潜力，也加剧了城乡居民的收入差距。城市户籍居民和非户籍居民对享有城市公共服务的权利不同，虽然这个差别在慢慢缩小，但仍是城市迁徙最重要的障碍。同时，由于人口大量涌入城市，也给城市服务带来更大的压力，很多市民认为城市的服务质量在下降。城市一乡村土地的置换在收益分配上也是不平等的，不仅加剧了城乡贫富差距，还带来了社会动荡，尤其是对于那些被侵占土地的农民。虽然中国在环保标准和政策方面都取得了很大的进步，但是城市污染对于国家健康方面的影响也越来越大，因为越来越多的人居住在城市，而城市正是污染最集中的地方。城市集中开发使农田变少，水资源匮乏，这些也都影响着农田的产量和农作物的质量。”

城市总体规划应该是综合解决以上问题和挑战的最重要的一种措施。城市总体规划的目的是明确城市经济和人口增长目标，确定紧凑的、公交引导发展的城市形态，划定城市增长边界以确立可持续的经济发展框架。城市总体规划必须要制定未来发展最理想的地区，明确再开发或更新地区，并且将开发容量与公共交通水平相匹配，这样的城市蓝图才能在解决未来的发展需求又能同时创建高品质的城市生活。

城市总体规划需要理解城市的现状以及其在更大范围区域中所扮演的角色，系统地分析场地空间的机遇和限制条件，确定城市增长地区，增长地区包括最适合再开发或新开发的土地。然后根据TOD的相关设计手法和标准设计紧凑、适宜步行的街区。在此基础上，加上实施机制方面的描述，将确保总体规划能够被有效落实。本章列出了制定城市总体规划的方法论，即第一部分所列出的10个原则。基于总体规划，每个城市都需要制定更详细的控制性规划。

当然，第一部分所列出的原则将在城市控制性详细规划中给出更明确的要求，但城市总体规划需要为城市发展建立一个最基本的框架，即城市增长边界。总体而言，该原则要求城市规划必须要紧凑，要保护自然生态系统、农业景观以及文化遗产。

城市总体规划的设计方法

城市总体规划的设计方法包括以下三个步骤：确定城市总体规划的发展目标和经济驱动力，确定城市发展地区和城市增长边界，编制城市TOD规划。实质上，方法论是一套程序，能够系统性地分析城市在所在区域条件下的特征和定位，以及经济发展因素，从而确定城市的增长目标。该套方法论包括宏观层面的分析，也包括更深入细致的关于城市功能和基础设施系统方面的分析。在充分地理解了城市基础上，下一步是确定城市未来的发展区域，将公交、土地混合利用和步行等作为主要设计要素设计这些区域。这个过程涉及公交线网的延伸、交通网络要素的调整以及土地利用性质的改变。通过将自然要素、建设限制条件、已建和规划路网和公交网络、土地利用和区域中心进行分层叠加分析，在最适合容纳新增人口和发展产业的位置界定增长地区。

以上步骤被应用在济南某新城的城市总体规划中。简单地说，这三个步骤包括：

A．确定城市总体规划的增长目标和经济驱动力；

B．确定城市增长地区和城市增长边界；

C．编制城市公共交通导向型开发（TOD）总体规划。

A：确定城市总体规划的增长目标和经济动力

根据中央政府的规定，每个城市的总体规划都需要设定一系列的经济、社会和环境目标，以指导城市未来20年的发展。一般而言，经济和人口目标很明确，如工业生产总值增加比例和新增人口规模。但是还需要定义其他指标，如城市工业、服务和经济方向等。在制定城市总体规划之前，中央政府要求城市必须设定总体城市发展目标和专项规划，并且评估城市承载力和基础设施建设条件。总体规划必须要考虑区域、城市和乡村的协调发展、城市经济定位、城市发展目标、城市功能和空间布局以及其他战略性的问题。

应特别注意的是，城市总体规划应该提出城乡发展的总体战略；综合确定生态环境、土地、水资源、能源、自然和历史文化保护的要求和目标；预测城市总人口和城镇化水平，确定城市人口规模、劳动力分配、空间分布以及建设标准；制定城市交通发展战略及原则。

可以采用以下步骤和逻辑设定城市总体规划的目标：

步骤A1：在区域和国家层面下确定城市发展的定位和重要性；

步骤A2：确定城市发展的预期目标；

步骤A3：明确城市发展的主要驱动力（包括已有的和规划中的）；

步骤A4：确定适合填充和更新的潜在地区；

步骤A5：确定城市级的目的地以及不同活动水平的城市吸引点。

除上述步骤外，在该阶段工作中可采用以下标准：

城市更新

针对全市范围内存在经济复兴机会的衰败区域，执行城市更新战略。

步骤A1 | 在区域和国家层面下确定城市发展的定位和重要性

在制定城市规划之前，首先要了解在区域和国家层面下，该城市的社会、经济和生态定位。为城市设定一个愿景，指导其经济和文化定位、历史传承和自然保护，对设定城市发展目标和未来规划是非常重要的。

这是一项复杂的任务，需要长期的对区域发展趋势的研究以及区域经济演化发展和当地人口需求的研究。另外，针对区域和国家层面大交通系统以及货运体系的准确定位也非常重要。充分了解城市周边环境以及不同城市间的整合和协同发展战略，也是确定城市发展潜力和挑战的一个非常重要的因素。这个步骤是确定城市长期愿景和目标，未来协调发展计划的基础。

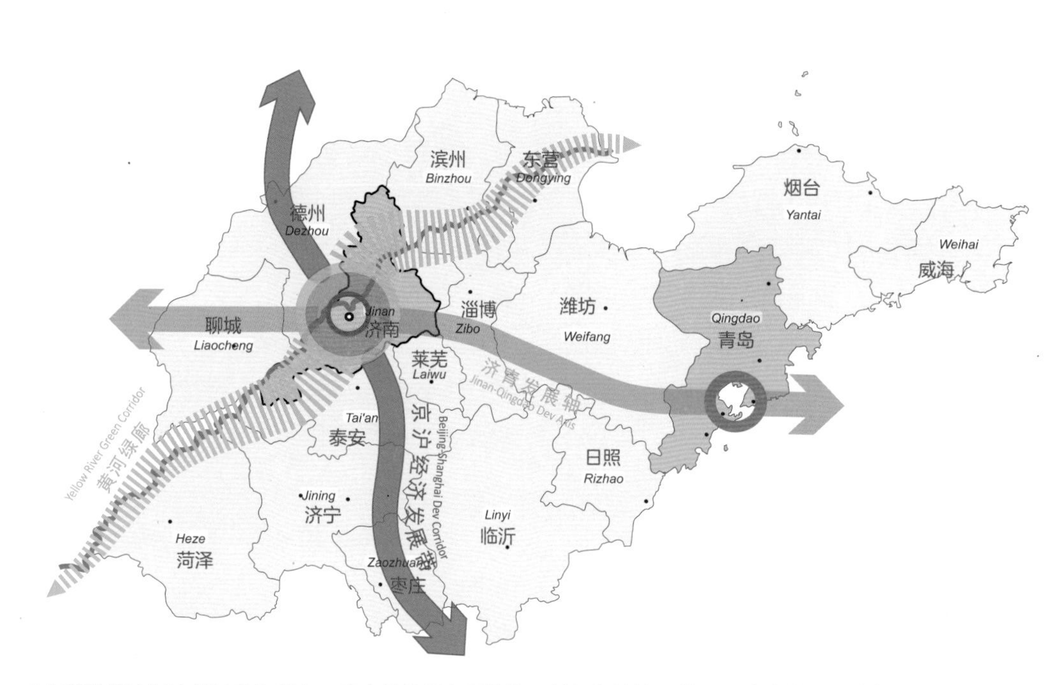

图11-1　山东省的核心城市是济南和青岛。青岛的发展主要依赖于其沿海的地理位置，济南的发展动力则涉及很多方面，济南是山东省的省会城市，是区域军事核心，而且济南的基础设施良好

图11-2　在区域层面，济南市政府作为省会城市，与很多城市一样，需要打造成区域协同发展的中心，即省会城市群经济圈，包括了济南市周边的6个城市。城市之间共享基础设施，政府机构间协同工作，城市间兴建了大量的铁路和公路。这也许是由于区域设定了发展目标和需求，城市都朝着正确的方向发展

任何一个城市总体规划都要合理地确定未来5年的人口增长率以及更长期的未来20年的人口增长率。缺乏这项预测，将难以合理确定城市增长边界，确定基础设施和服务水平，以及制定阶段发展规划。这项预测比较复杂，因为涉及户籍人口和非户籍人口两类人群。充分了解目前和过去人口水平是确定合理的人口增长率的关键，这也直接影响着规划和投资水平。

用地性质		用地面积（km^2）	占城市建设用地比例（%）
		规划	规划
居住		93.04	29.4%
公共设施用地		54.05	17.1%
工业用地		64.95	20.5%
物流仓储用地		5.08	1.6%
道路广场用地		33.48	10.6%
其中	道路用地	31.24	9.9%
	广场与停车场用地	2.24	0.7%
对外交通用地		2.78	0.9%
市政公用设施用地		10.37	3.3%
绿地		50.63	16.0%
特殊用地		2.37	0.7%
城市建设用地		316.74	100.0%
村镇建设用地		12.51	
城乡建设用地		329.25	
其他建设用地		122.96	
其中	风景旅游用地	17.89	
	发展备用地	105.07	

图11-3　济南市中心未来土地利用指标示意图。这些指标可用于粗略预测未来的人口和岗位规模

步骤A3 | 明确城市发展的主要驱动力

人口增长与经济发展密切相关，相辅相成。城市总体规划方案中一个重要部分就是设定就业增长率，并制定支撑区域经济的发展战略。在宏观层面，中国经济正处于转型期，从原来大规模的轻工业、重工业生产转型到以消费为主的经济社会，这也创造了更多的服务需求和白领岗位。同时，这也对城市土地利用和规划带来了深远的影响，现状工业用地将逐步缩减和退出，而高密度的商业中心将越来越多。从日本、韩国和美国的经验来看，中国的大城市将从目前工业集中型城市转向服务集中型城市，而且在未来，将越来越集中在创新和服务行业。

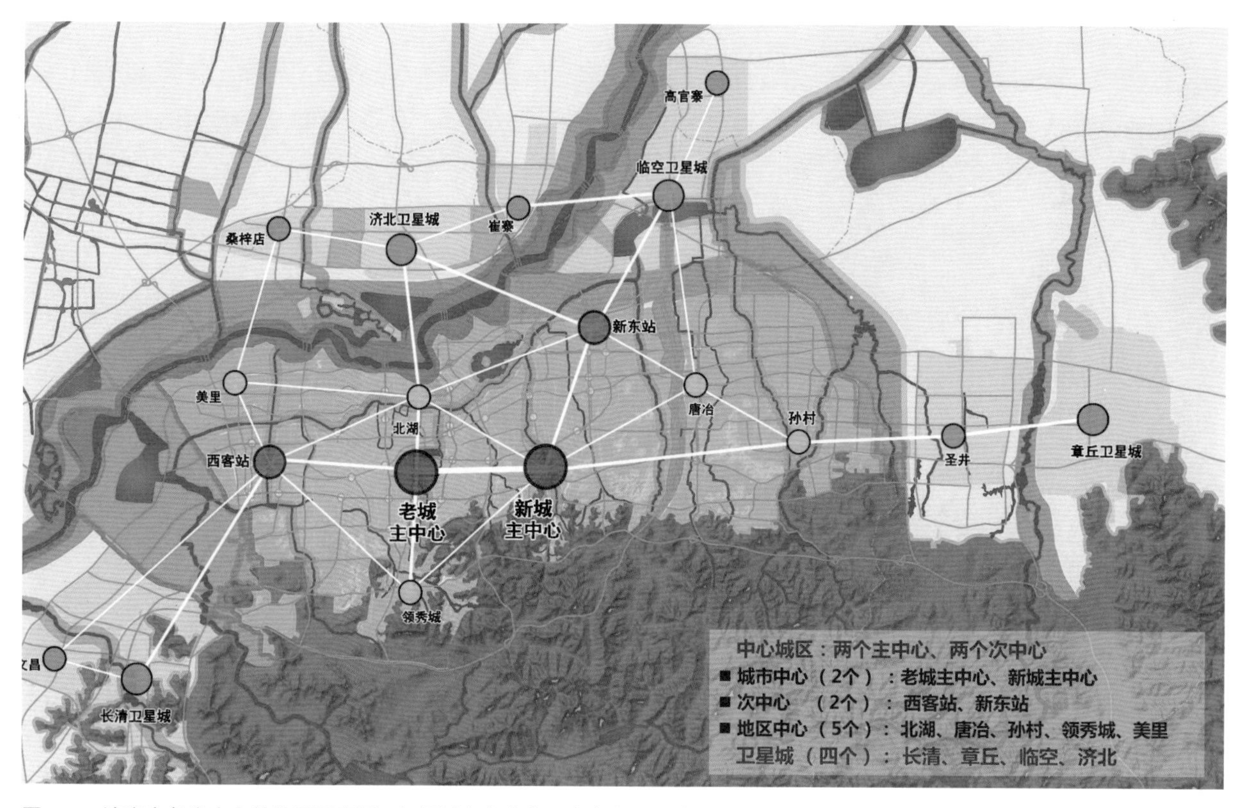

图11-4　济南市各类中心的位置示意图，包括城市主中心、次中心、区中心以及卫星城。这些中心都对济南的经济发展有非常重要的作用。明确了这些中心的地理位置，也就明确了城市未来发展的重点

步骤A4 | 确定适合填充和更新的潜在地区

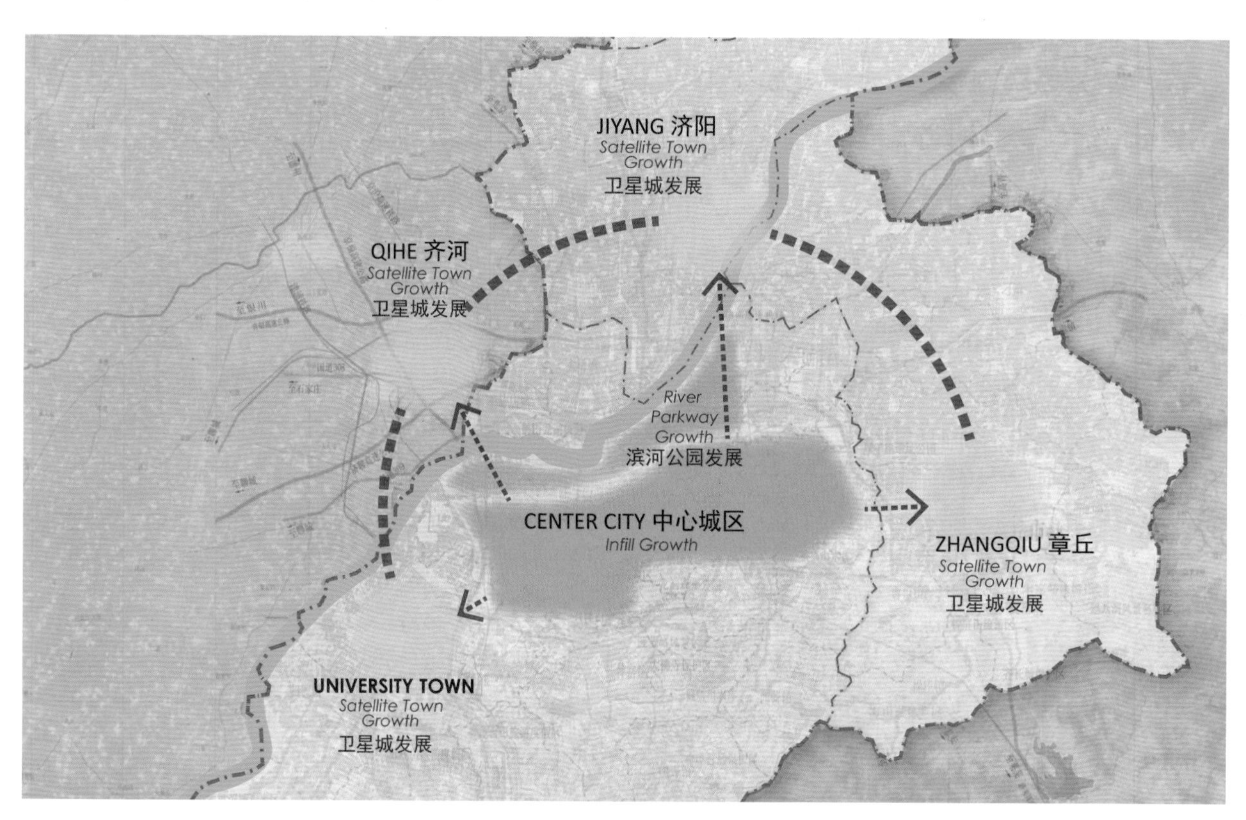

图11-5　确定未来供开发的土地是划定增长地区的重要步骤。济南区域规划在编制过程中对未来的发展提出以下战略：应评估城市中心城区新开发和再开发的潜力，城市中心城区向北延伸与黄河建立更紧密的联系，通过基础设施建设和交通网络建设实现城市中心与周边卫星城的连接，从而确保整个区域的互联互通

城市地方政府往往更愿意开发新的建设用地，而不是对利用率低的现存用地进行更新。原因很简单，将农业用地置换为城镇用地，并出让用于开发商业和住宅，能够为城市政府带来客观的财政收入。相反，城市取得存量用地的成本很高，且实施难度较大，因为城市居民和企业拥有更高标准的财产所有权。

适用标准

城市更新

针对全市范围内存在经济复兴机会的衰败区域，执行城市更新战略。

步骤A5 | 确定城市级的目的地以及不同活动水平的城市吸引点

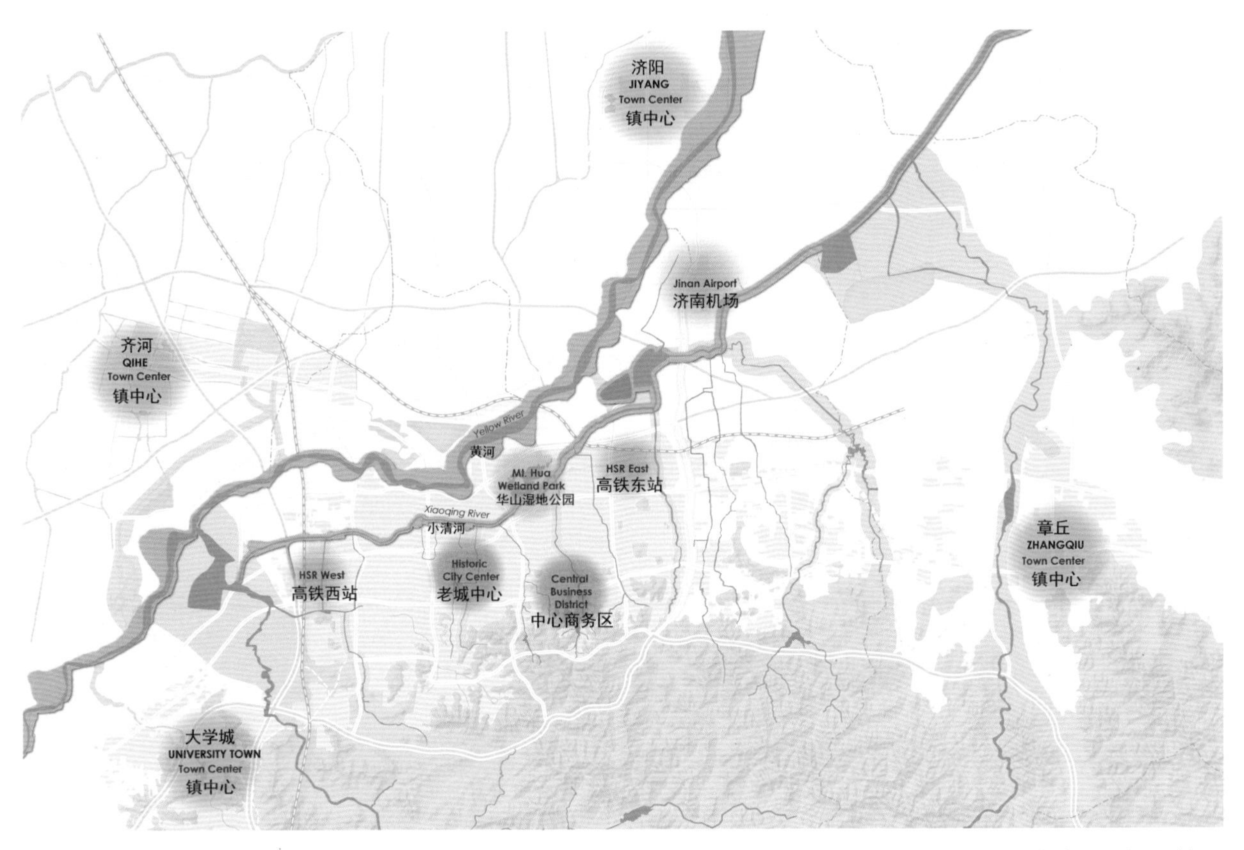

图11-6　济南市的重要门户、目的地和活动吸引点。目的地和活动吸引点包括机场、火车站、商业中心，以及未来的周边吸引点，包括齐河、济阳、章丘、大学城和自然景点如区域公园等

对区域中心和次中心的识别有赖于对就业岗位、基础设施和公共服务设施等分布情况的分析。既有的和规划的中心应该被标识出来，以便理解城市级的目的地以及城市交通流动特征。这些中心包括中央商务区、商业零售中心、公交枢纽、就业集中区域和旅游吸引点等。针对这些目的地和中心的分析都将会为未来的发展提供指导，如加强公交和快速路的衔接、加强已有社区和未来规划社区之间的联系。这项分析也能够为增长地区设定吸引点提供依据。辐射范围方面，区域级中心为10km（5km半径），区域次中心为7km（3.5km半径）。

贯穿城市和周边区域的吸引点要分布合理，需要能够支持区域的协调发展，支持日常出行和短距离通勤，能够使居民和规划中的居民享受高质量的生活环境和便利的、可达性高的基础设施，包括目前已有的和未来拟建的基础设施。

B：确定城市增长地区和城市增长边界

在这个阶段，将城市尺度各项机会与限制条件的空间分布进行叠层分析，据此绘制一个综合的“基本底图”，以确定城市发展区域。其中最重要的是分析制约城市发展的环境因素，通常关注被划为绿线范围的生态区和敏感环境区。对社会因素进行分析同样重要，通常关注被划为紫线范围的历史、文化或遗址区域。在发展区域内还需要考虑农村搬迁人口的特殊需求，明确哪些农业用地必须得到保护，哪些村庄可以纳入城市发展区域。农业用地保护是中国优先考虑的问题之一，城市总体规划要求保护所有的基本农田。其他需要保护的地区包括自然保护区、森林、生态保护区、水道、湿地和缓冲地带。总之，中央政府要求各市划定三类开发区域，分别是禁建区、限建区和适建区。

可以采用以下六个步骤确定这些标准：

步骤B1：地图表示环境特征与限制因素；

步骤B2：地图表示农业用地和现状村庄；

步骤B3：地图表示历史地段和文物古迹；

步骤B4：地图表示现状和规划的交通系统；

步骤B5：地图表示现状和规划的开发地区；

对于经济开发区，基础设施是关键，其中最为重要的是交通系统，尤其是公共交通，因为国家正在推行减少汽车使用的政策。对公交网络进行延伸和新建是决定城市总体规划的重要因素。最后，产业与经济发展是城市健康和推动新增长的关键。总体规划中将明确城市的GDP水平，以及支持发展的战略。

步骤B6：确定城市增长地区；

步骤B7：将现状和已规划的土地用途分为不同的场地类型。

除这些步骤外，该阶段工作还应该遵守下列标准：

1.3 *资源保护*

执行历史、文化和生态资源保护策略。

1.4 *农业与农村*

评级和选定需要保护的生产性农业用地与村庄。

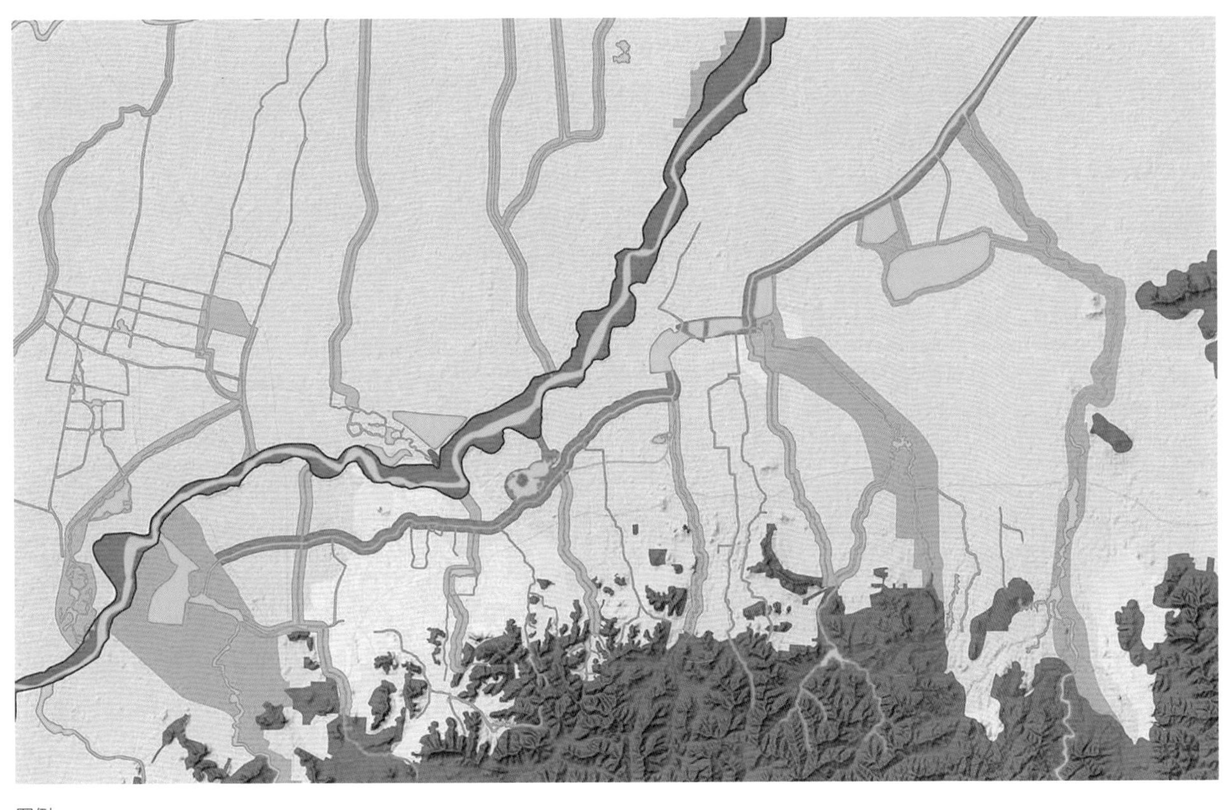

图例：
水系
山体
生态走廊

图11-7 济南在确定未来发展中需要保护的区域时，第一步是标出重要的生态要素，如河流、泉水、河滩、排水通道、森林、陡坡和山体等

开展地图标绘时，首先要了解场地在自然环境中的状态。第一步是使用航测图、坡度与高程研究和类似数据进行环境限制分析，目的是确定不会破坏区域生态系统的发展区。这一步可以确定需要保护的重点生态资源。这些“环境限制”通常包括河流、防洪区、山体、陡坡、森林、湿地以及其他类似的对区域生态至关重要的应尽量保持自然状态的要素。划定和创建包含这些要素的“生态走廊”，将其排除在未来可开发的地区之外。这些“生态走廊”可以作为社区之间的缓冲带，以及新增地区的边界。另外，“生态走廊”作为一个相互关联的综合系统，对保持水系连通与排水功能、保护本地动植物栖息地也有关键的作用。

适用标准

1.3 *资源保护*

采取历史、文化和生态资源保护策略。

步骤B2 | 地图表示农业用地和现状村庄

图11-8　标记现状的居住地和农业用地，保证在确定新开发区域时不会侵占这些地区

划定生态走廊后，下一步的重点是确定新开发建设不能使用的土地，包括农业用地和现状的村庄。耕地、果园、鱼塘和牧场等生产性用地通常对城市扩张的冲击较为敏感。出于区域长期可持续发展考虑，应该对这类土地予以保护，维护农村农业社区，避免跨越式发展和无序扩张。

适用标准

1.4 *农业与农村*

评级和选定需要保护的生产性农业用地与村庄。

步骤B3 | 地图表示历史地段和文物古迹

根据步骤B2中的分析，在本步骤中确定具有重要历史、文化或休闲意义的地块。这些区域对于建立一座城市的文化认同感意义重大，应该尽可能予以保护。

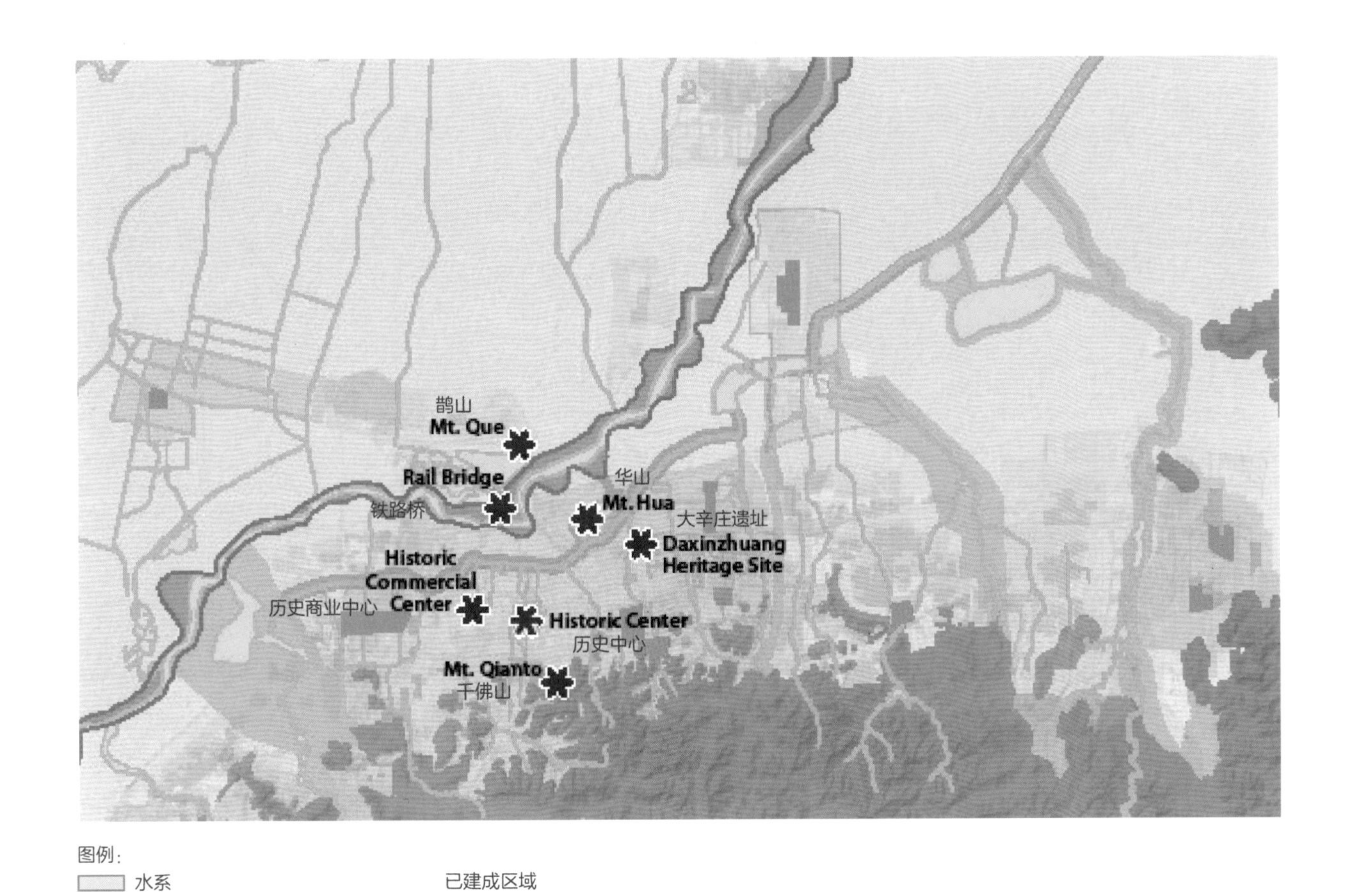

图例：
水系
山体
生态走廊
已建成区域
区域副中心
历史地段/文物古迹

图11-9 历史地段与文物古迹对于延续一座城市的文化认同感至关重要。在地图上表示出具有重要文化意义的地块，以便于保护

适用标准

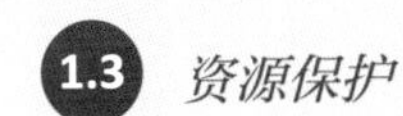

资源保护

执行历史、文化和生态资源保护策略。

步骤B4｜地图表示现状和规划的交通系统

下一个步骤是在研究区域上叠加现状和已规划的交通运行网络。这一网络包括主要的交通走廊，如高速公路、快速路、主干道和其他城市主要道路。高速公路和快速路是区域交通运行网络的重要组成部分，但也会形成步行障碍，尤其是采取立体高架形式的道路。在这个步骤中，要重点标明作为区域连接线、能够容纳快速交通流的主要道路。值得注意的是，宽阔的主干道（地面形式）如在用地混合用途区内经过改造，可降低对城市的阻隔效应。例如，一条六车道的主干道，在混合用途区内可以改造成一对单向二分路，每个方向三条车道，这样既保证了交通承载能力，又不会阻碍行人出行。

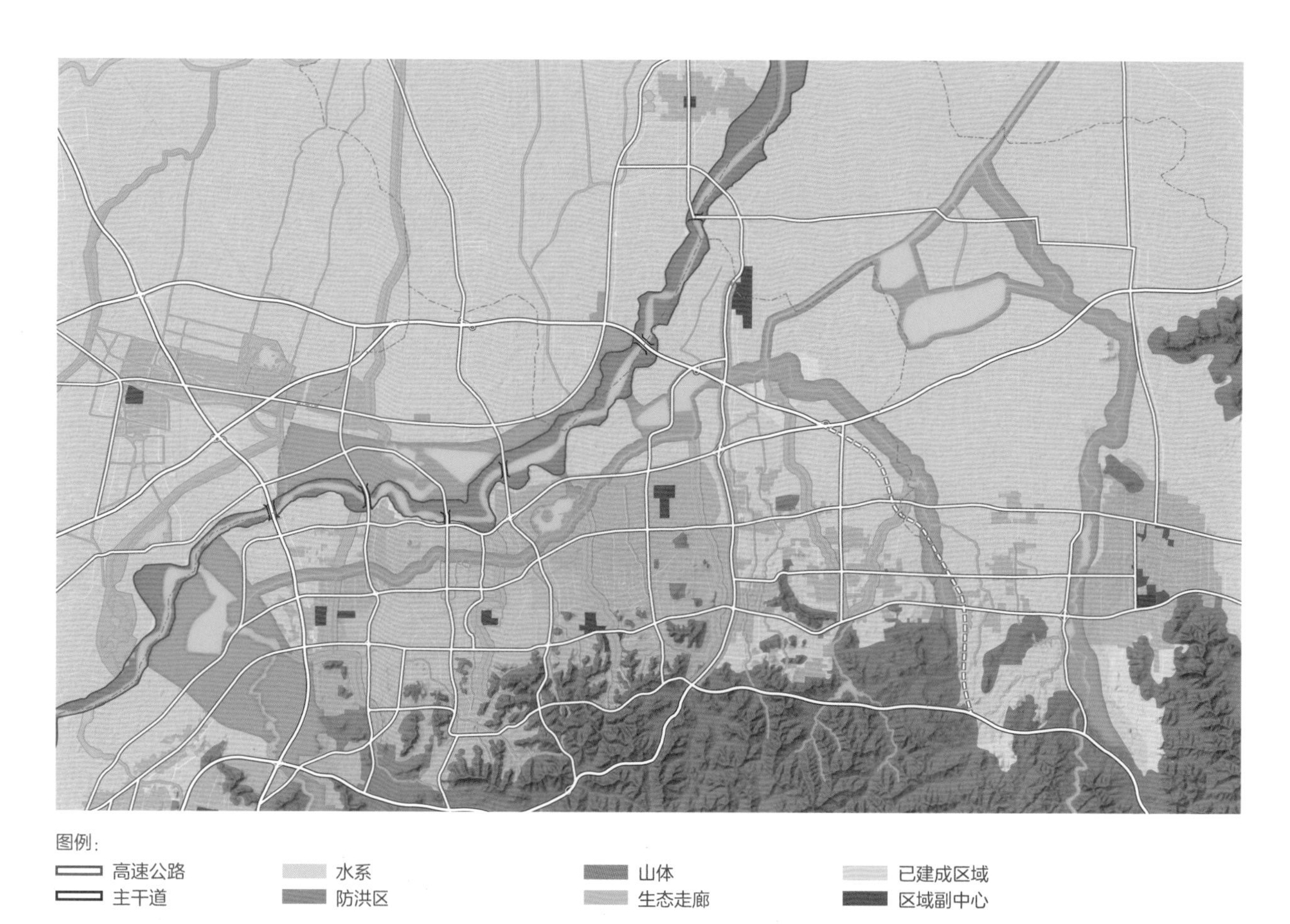

图例：
高速公路
主干道
水系
防洪区
山体
生态走廊
已建成区域
区域副中心

图11-10　了解济南连接到区域交通运行网络的开发地块，如何帮助确定主要道路和交通走廊，这些道路不仅可以提供交通连接，也成为了各潜在中心之间的界线

步骤B5丨地图表示现状和规划的开发地区

地图表示现状和已规划的土地用途，将帮助确定区域未来的土地使用情况，包括明确按照总体规划保留的区域，以及具有改造、再开发或内填式开发潜力的区域。另外，通过分析还可以确定空置区域或欠发达地区的未来土地用途。在本步骤中，原有开发项目是指保持原样的区域。“已规划土地用途”是指经市政府批准的土地用途（可能尚未建成），以及已经出让的地块（不考虑地块施工状况）。仍在初步土地用途规划的区域，不属于“已规划”区域，应该进行再开发或高密度化开发潜力分析。

虽然在进一步确定发展区域中有潜力的区域时，不考虑现状和已规划的开发区，但必须考虑它们对于邻近混合用途区的影响。在设计过程中，可以通过新公共交通线路和车站，改善原有居住区的交通连接。另外，目前现状和已建成的区域，未来可能存在改造或再开发机会。

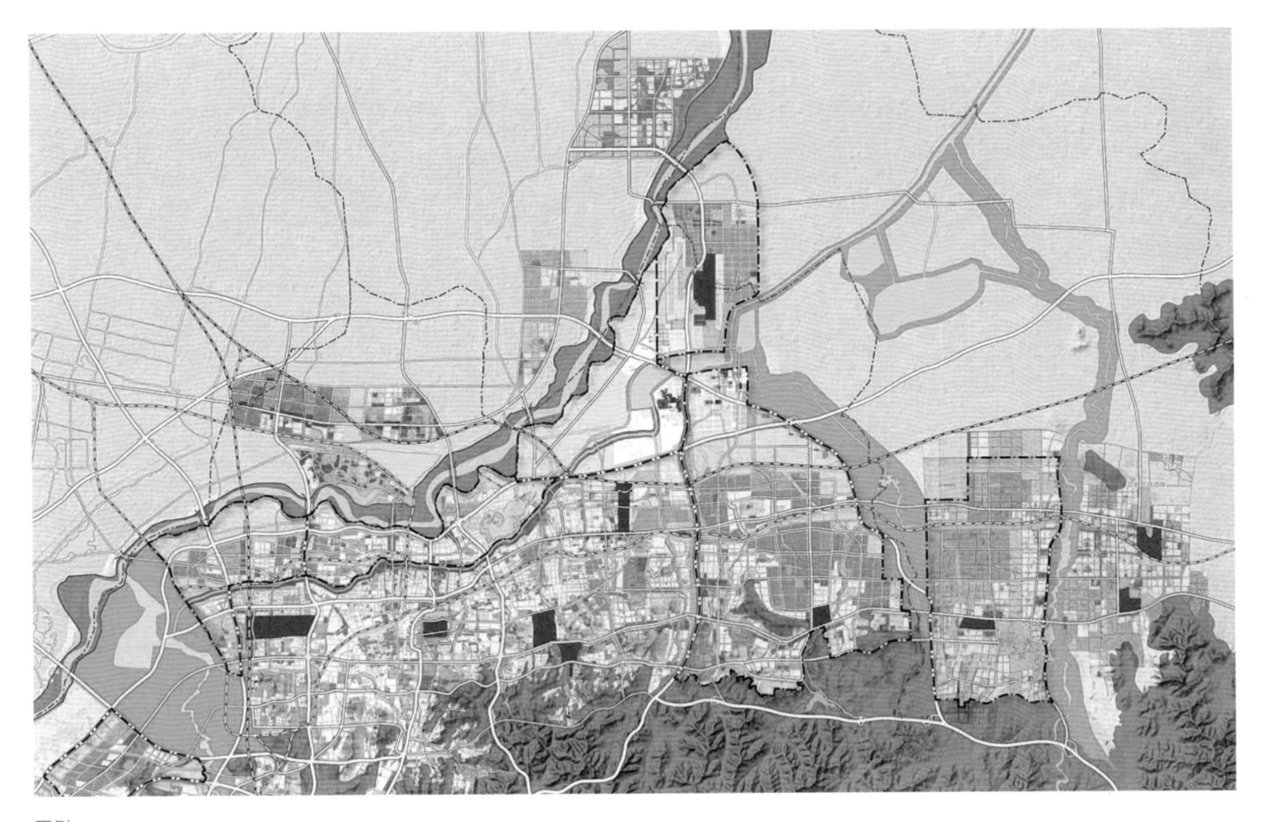

图11-11　通过地图表示济南现状与规划的开发地区，帮助确定适合未来发展的区域。这一步骤是确定具有再开发、内填式开发或改造潜力的空置区域的关键

步骤B6 | 确定城市增长地区

对环境限制、农业用地、遗址区域、主要道路、原有开发项目和已规划土地用途的分析和地图表示，为确定潜在发展区域的边界奠定了基础。每一个发展区域都将为打造具有凝聚力的紧凑型城市做出贡献，同时又有各自的特点、特性、身份和经济驱动力。

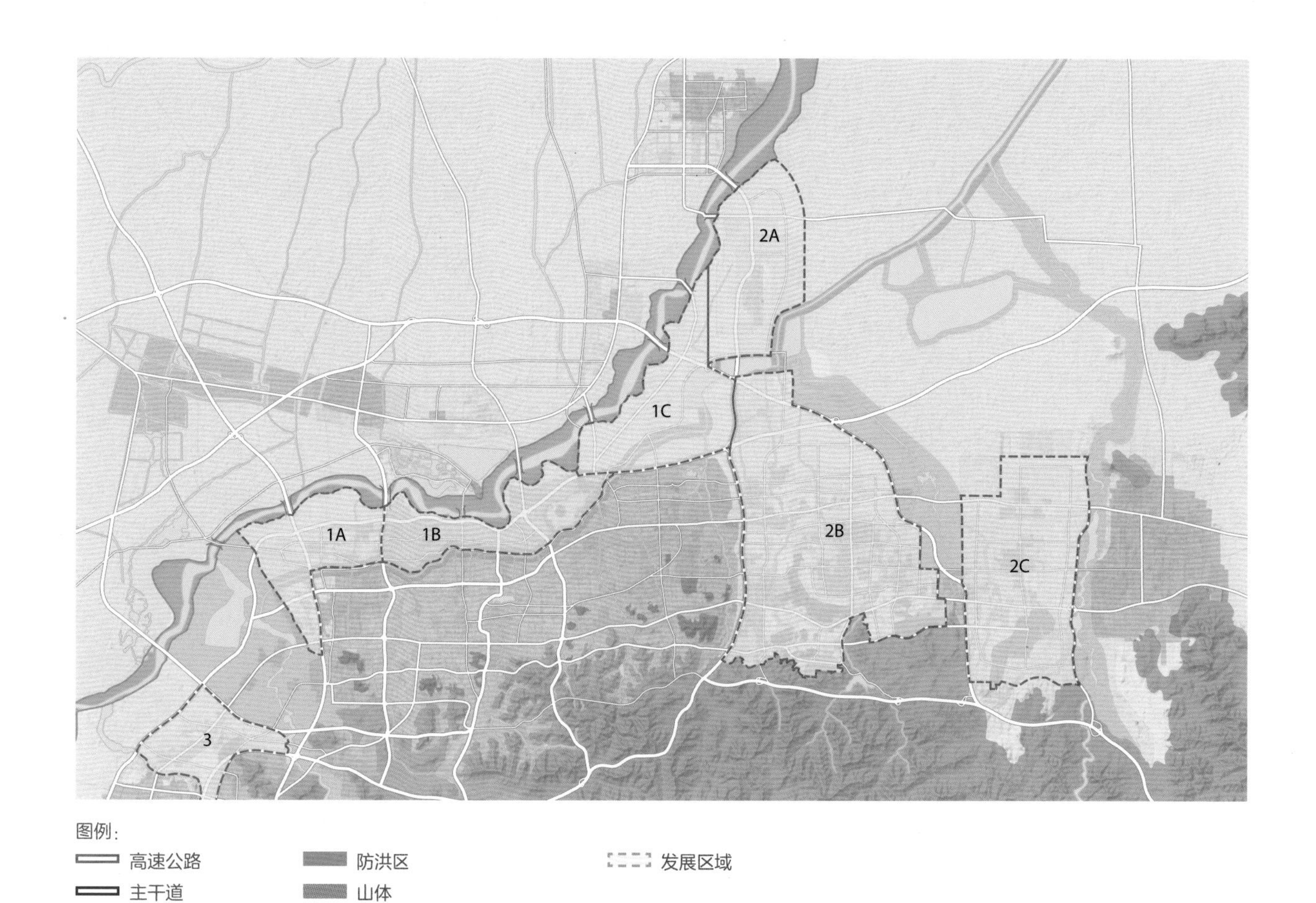

图11-12　以之前各步骤中的分析为基础，济南划定了未来发展区域的边界。这些发展区域包括再开发区、内填式开发区、工业区和闲置土地

步骤B7 | 将现状和已规划的土地用途分为不同的场地类型

在这一步骤中，进一步分析步骤6中确定的发展区域内现状和已规划的土地用途，确定按照总体规划保留的区域，以及具有再开发潜力的区域。为了从整体上了解整个区域，将土地用途简化为四个类别：

1．混合用途区（包括住宅、商业和配套等）；

2．工业区；

3．公园与休闲区；

4．保护性开敞空间（包括生态走廊、水库和遗址等）。

通过分析可以明确住宅区和非住宅区的分布情况，了解开放空间生活便利设施和可以作为社区隔离的走廊。在这个步骤中还应划定用于内填式开发和再开发的区域。

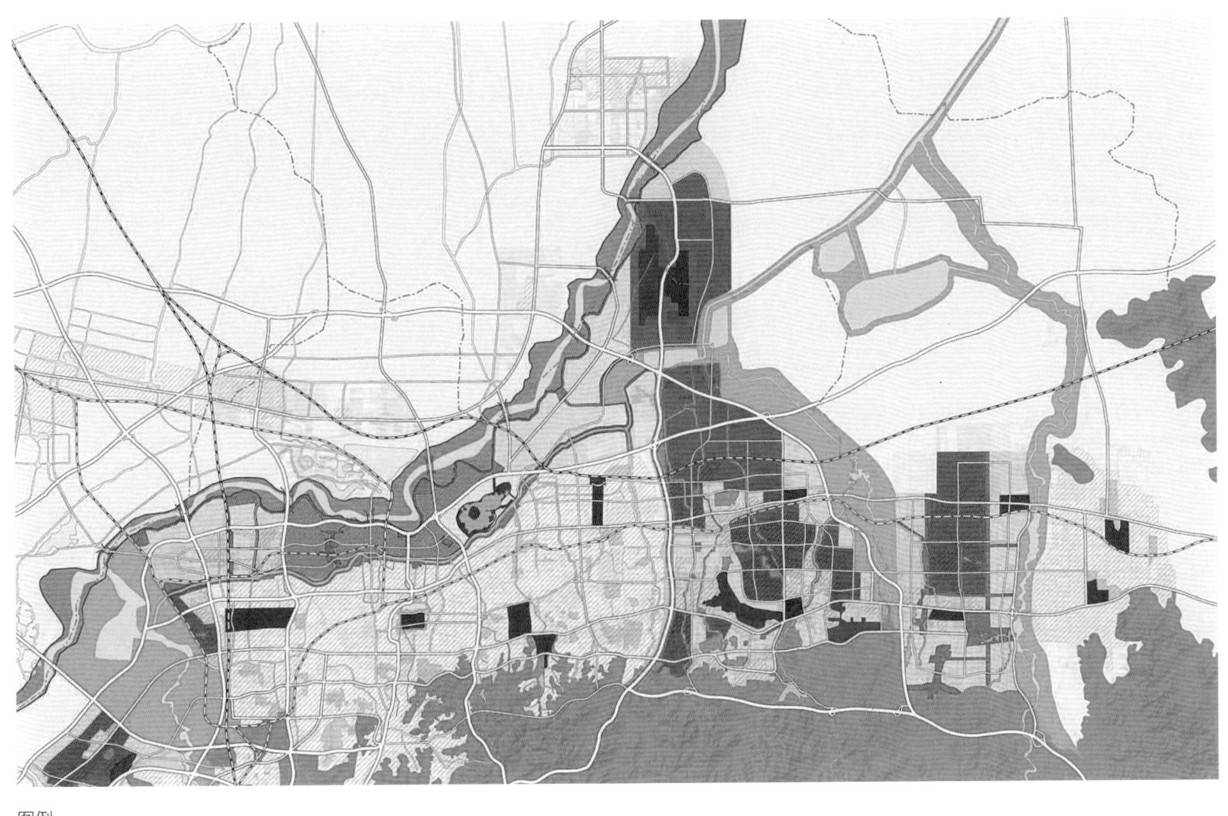

图例:
区域副中心
混合用途区
工业区
公园与休闲区
保护性空地
再开发/改造区

图11-13 确定发展区域后，应进一步分析现状和已规划的土地用途，决定发展区域的未来土地用途。为了简化这个过程，济南将土地用途简单分为四类，分别是混合用途区、工业区、公园与休闲区以及保护性开敞空间，用于确定适合整体环境的用途

C：编制城市公共交通导向型开发（TOD）总体规划

确定城市发展目标和环境、社会与经济策略之后，应该进行具体的基础设施与土地用途规划。重点是制定一份协调规划，将土地用途与交通和环境保护与经济发展策略相结合。这个步骤的关键是公共交通导向型开发（TOD），在公共交通周围安排适宜步行的混合用途区，增强公共交通运力，加大投资。确定车站区域与开发强度和混合程度之间的合理关系，以及主要就业中心和集中商业开发的位置。利用TOD来划定和填充新发展区域虽然是相对较新的理念，但却能够取得较高的成效，可以减少交通拥堵，改善空气质量，降低基础设施成本，提高生活质量。每个发展区域都应该在不用类型的公共交通车站周围，规划一系列TOD区域。TDO区域以外的土地，可以与自行车道、地方性公共交通和步行街等相结合，在大部分区域实现混合用途。工业区通常是单一用途区域，但商业区和办公区应该位于公共交通车站周边。可以通过下列步骤，开发这类新型土地用途模式。

可以采用以下7个步骤确定这些标准：

步骤C1：地图表示和分析现状和已规划的公共交通；

步骤C2：制定公共交通扩建与改建计划，优化公共交通；

步骤C3：根据公共交通运力与步行半径分配TOD；

步骤C4：设定TOD开发的最低强度门槛；

步骤C5：计算开发容量并确定城市增长边界；

步骤C6：制定全市范围的汽车控制和公交优先政策法规，以加强TOD规划。

除这些步骤外，该阶段工作还应该遵守下列标准：

1.1 *城市增长边界*

根据经济与环境评估结果，划定城市增长边界，城市最低人口密度需达到1万人/km²。

2.1 *人口密度标准*

每一种TOD类型，必须遵照分类表格中所述的人口与就业密度指导原则。

7.1 *公共交通规划*

制定公共交通规划，确保公共交通出行分担率在超大城市和特大城市中达到40%，在大城市中达到30%，在中小城市中不低于20%。

7.2 *与公共交通车站的距离*

所有大型居住和就业中心应位于本地公交车站500m半径范围内，同时位于有专用路权的公交走廊1000m半径范围内。

8.1 *小汽车控制*

在全市范围内制定分区域的差异化机动车控制策略。

步骤C1 | 地图表示和分析现状和已规划的公共交通

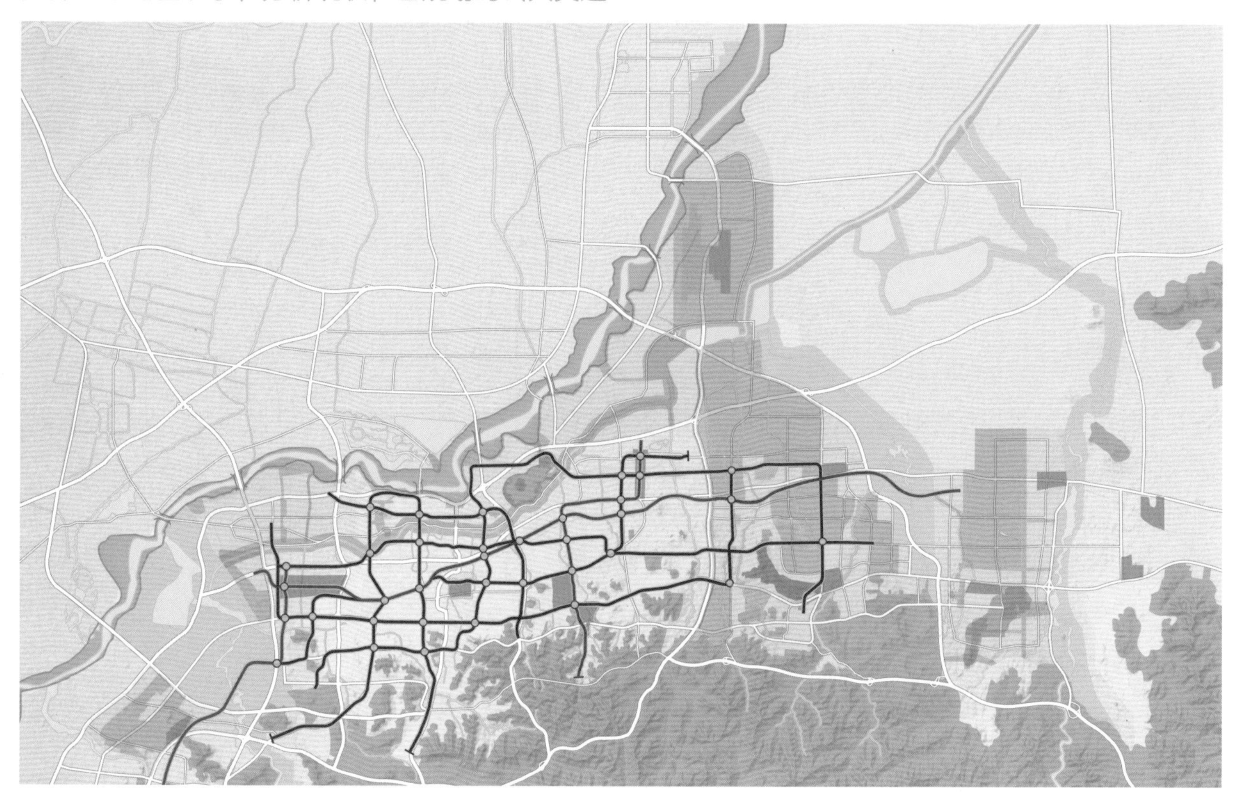

图例：
公共交通—轨道（或类似）
公共交通—快速公交（或类似）

图11-14 济南市在完成场地分析之后进入设计阶段，第一步是了解发展区域的公共交通，因为公共交通在保证TOD可行性方面发挥着关键作用

城市总体规划设计阶段的第一步是评估现状和已规划/已审批的公共交通网络。便利的公共交通对于任何TOD区域的成功至关重要。因此，新开发区域的规划与设计，以及针对原有区域的再开发与增加开发密度，应该密切结合公共交通路线规划。

步骤C2 | 制定公共交通扩建和改建计划，优化公共交通

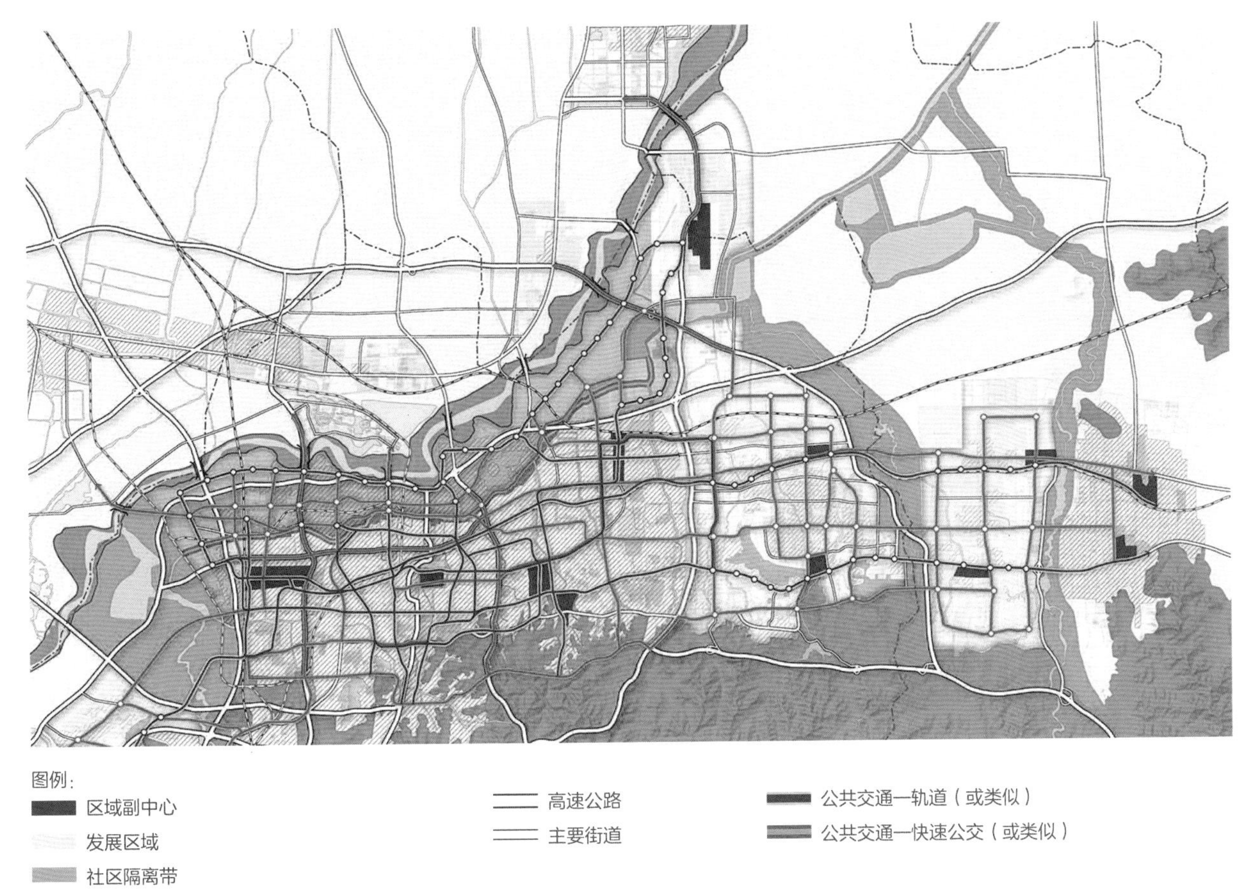

图11-15　经过分析公共交通网络的不足，提出了济南公共交通改建和扩建计划，以确保未来的发展区域有足够的公共交通可达性和覆盖率

这个步骤应该解决公共交通网络的不足（步骤C1中确定）。根据需要规划公共交通线路延长线和变更已规划线路，为原有区域和未来开发区域提供高效、全面的公共交通覆盖，还可保证未来公共交通的最高使用率，从而提高投资回报。

适用标准

7.1 *公共交通规划*

制定公共交通规划，确保公共交通出行分担率在超大城市和特大城市达到40%，在大城市中达到30%，在中小城市中不低于20%。

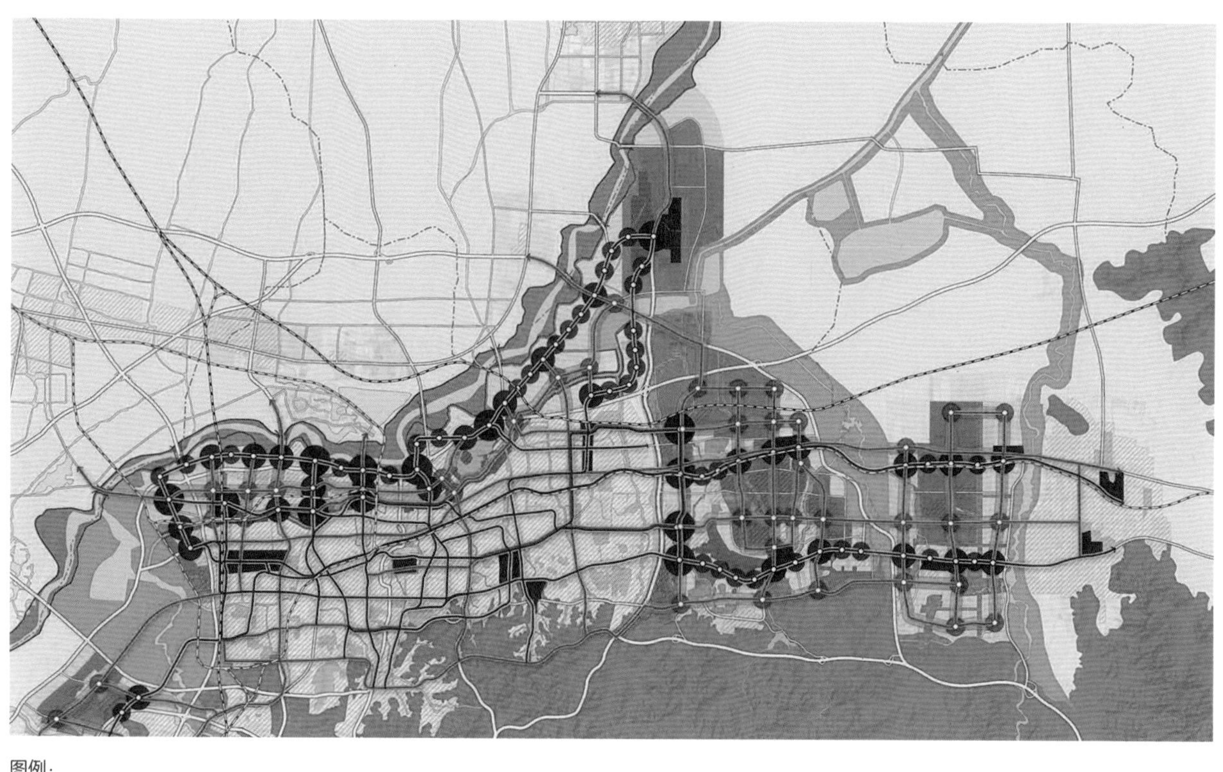

图例：
区域副中心
主要轨道中心
二级轨道中心
三级轨道中心
快速公交中心
快速公交走廊
混合用途社区
工业区

图11-16　济南在确定未来发展区域的公共交通网络之后，设计过程的下一步骤是确定TOD区域的位置。TOD区域的规模与密度，取决于公共交通运力和与车站的距离。中心以外的区域划分为混合用途区和工业区，同样需要达到密度标准

发展区域设计的下一步是根据公共交通运力和与车站的步行距离，确定TOD区域的位置、规模和开发强度。

发展区域应该设计各种类型的TOD区域，并规定住宅和商业用途的最低开发强度。TOD区域共分为主要轨道中心、二级轨道中心、三级轨道中心、快速公交中心和快速公交走廊五个类别。发展区域内影响就业与人口的剩余区域（TOD以外）分为两类：混合用途社区和工业区，并且也需要达到最低开发强度。另外，还应该考虑现状和已规划的区域副中心，因为它们对新区域的土地用途规划也会产生重要影响。各类TOD和场地类型的设计标准与密度特点，见步骤C4中的图11-18。

适用标准

7.2 *与公共交通车站的距离*

所有大型居住和就业中心应位于本地公交车站500m半径范围内，同时位于有专用路权的公交走廊1000m半径范围内。

步骤C3中确定的五类TOD和场地类型（混合用途社区与工业区）应该遵守最低强度门槛，达到发展区域的开发容量。如下表所示，强度门槛是指各类区域的最低就业与人口密度。但区域副中心的强度门槛很难确定，因为它们的密度与用途混合程度存在较大的差异。例如，个别区域副中心以就业为主，但其他区域副中心可能是以零售或旅游业为主。虽然下表并不包括区域副中心的强度门槛，但在未来开发区域规划中仍需要将区域副中心考虑在内。

TOD区域与不同场地类型的设计标准与密度特点　　表11-1

TOD中心/场地类型	位置	规模	步行距离	最低人口密度	最低就业密度
主要轨道	轨道—轨道换乘车站	1000m半径，314hm^2	距离车站12～15分钟	300人/hm^2	150岗位/hm^2
二级轨道	轨道—快速公交换乘车站	800m半径，201hm^2	距离车站10～12分钟	300人/hm^2	150岗位/hm^2
三级轨道	轨道（一条）车站	600m半径，113hm^2	距离快速公交7～9分钟	250人/hm^2	75岗位/hm^2
快速公交中心	快速公交—快速公交换乘车站	600m半径，113hm^2	距离快速公交7～9分钟	250人/hm^2	75岗位/hm^2
快速公交走廊	快速公交沿线	总宽度800m	距离快速公交5～6分钟	200人/hm^2	50岗位/hm^2
区域副中心	横跨多个发展区域，作为城市和区域级目的地，如中央商务区和城市市政中心			各不相同	各不相同
混合用途社区	TOD中心半径以外的区域，其性质以住宅或混合用途为主，包括住宅、零售和商业用途，配有市民生活便利设施			150人/hm^2	30岗位/hm^2
工业区	发展区域内以非住宅为主的地区，如制造、仓储和类似用途，包括员工住房与服务等			10人/hm^2	100岗位/hm^2

适用标准

人口密度标准

每一种TOD类型，必须遵照分类表格中所述的人口与就业密度指导原则。

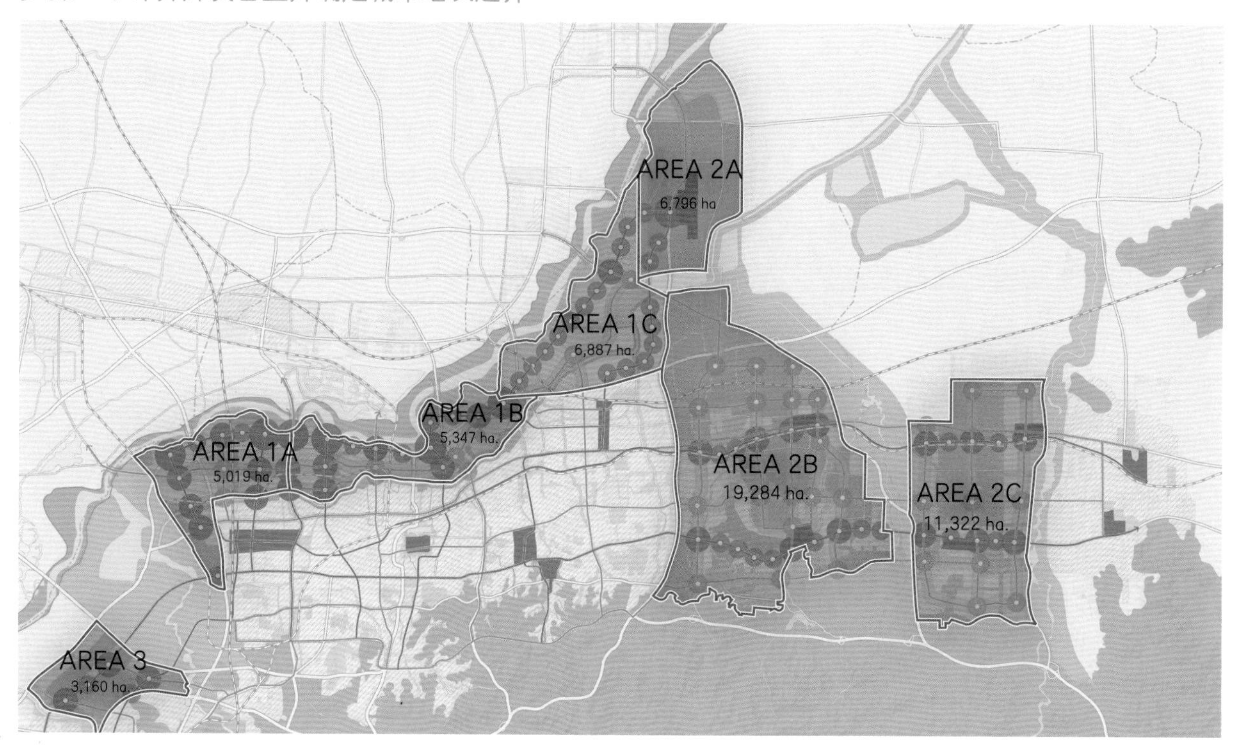

图11-17 确定TOD类型和场地类型之后，需根据前一步骤确定的密度要求，计算出各发展区域的开发容量。计算结果可以帮助确定能否达到人口与就业目标，以及实现目标所需要的土地

济南各增长区的人口与就业计算结果 表11-2

	总面积（hm²）	目标（未来）人口	目标（未来）就业
区域1a	5019	810484	328672
区域1b	5347	939310	362305
区域1c	6887	1125470	346863
区域2a	6796	219846	597801
区域2b	19284	1569597	1342250
区域2c	11322	1282535	682061
区域3	3160	289442	213278
总计	57814	6236694	3873230

根据步骤C4所述的人口与就业密度，各增长区的开发容量可以按人口与就业数量计算。通过计算，确定内填式开发和再开发潜力，以及容纳目标人口与就业所需要的新土地开发。增长区边界可以按照需要进行调整。最终的城市增长边界将由各增长区的边界范围决定。

设计意图是在公共交通走廊沿线集中安排人口与就业增长，保护开放空间，定义社区边界；在不采取城市无序扩张的前提下，提高生活质量。

适用标准

城市增长边界

根据经济和环境评估结果，划定城市增长边界，城市最低人口密度需达到1万人/km²。

确保城市总体规划成功实施的一个重要步骤就是优先发展公共交通、控制机动车的使用率。避免交通拥堵就需要限制机动车的使用，使其与道路系统的可承载量相匹配。不鼓励高峰时段小汽车出行。限制小汽车使用的方式有很多，例如，伦敦、汉堡和苏黎世都限制热门目的地的停车而提供公共交通服务，新加坡和斯德哥尔摩则实施了拥堵收费。中国城市也应该采取措施，缓解城市拥堵问题。

1. 限制重点地区的停车，不鼓励高峰时段小汽车出行

——限制重点就业地区的停车配建指标，至少比城市标准低80%或更多。

——取消长期的路侧停车，减少拥堵；

——取消居住建筑最低停车配比的要求，确定城市范围的停车用地最高指标，与控制私家车的目标上限匹配。

2. 根据停车的时段和地点的不同征收不同的停车费

——确定拥堵管理系统，限制高峰时段城市主要路段和主要就业区域的机动车使用；

——针对超负荷的道路和桥梁征收机动车使用费，该笔费用用于支持公共交通的发展；

——根据停车时间和地点的不同征收不同的停车费，以确保较高的停车周转率。

图11-18 城市可以选择对超负荷的道路征收机动车使用费。新加坡电子收费系统有效地降低了城市拥堵，而且所收费用又进一步用来支持公共交通的发展

适用标准

8.1 *小汽车控制*

在全市范围内制定分区域的差异化机动车控制策略。

厦门市在过去十年一直保持着高速的经济增长，其速度堪比一线城市深圳市。鉴于厦门的强劲经济发展动力和预计周边对厦门的产业投资规模，厦门市有望维持这个发展速度。厦门市的愿景是建设成为中国在城市生活品质和经济发展方面最具有吸引力的城市。

厦门市委托华汇设计公司（HHD）正在进行“美丽厦门——自然城市概念研究”愿景规划，该规划充分结合了生态保护、可持续发展和低碳发展等的理念。下面介绍华汇设计公司为厦门市未来发展所制定的理念和战略，其中很多原则和设计步骤都与上文介绍过的一致。

图11-19　厦门市未来发展的愿景是充分保护厦门市的自然、生态和历史，推进更加紧凑和可持续的发展模式

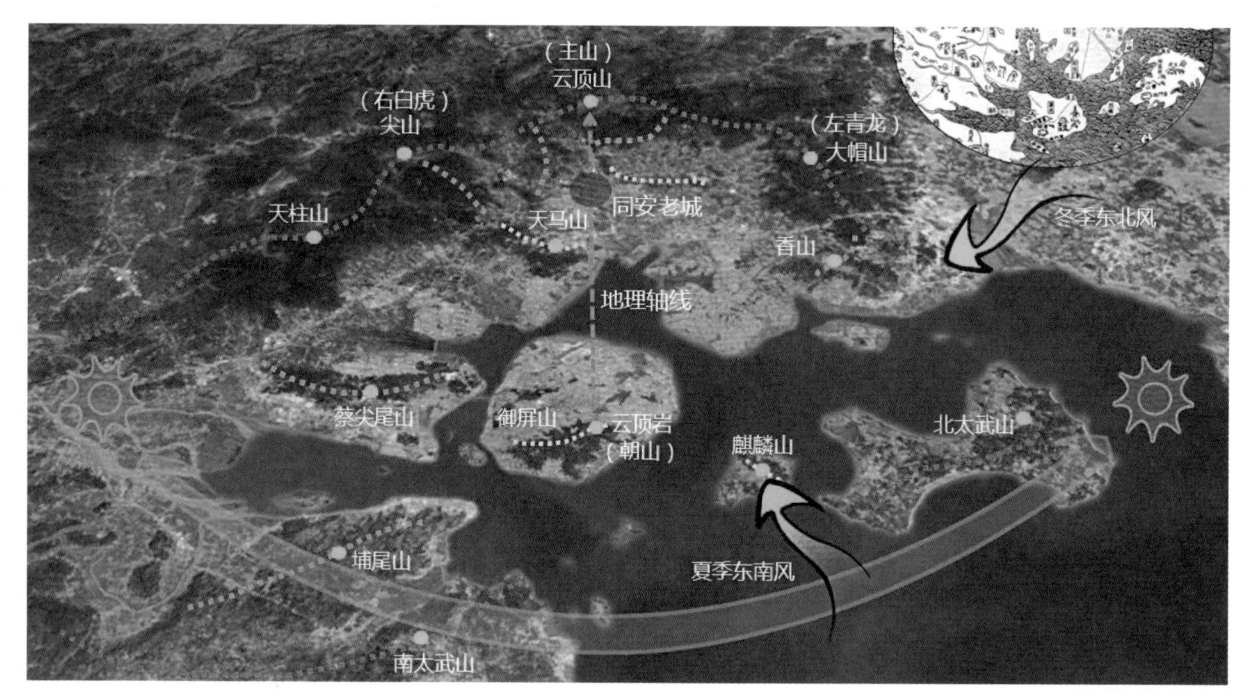

图11-20　山、湾、河构成了厦门的自然景观

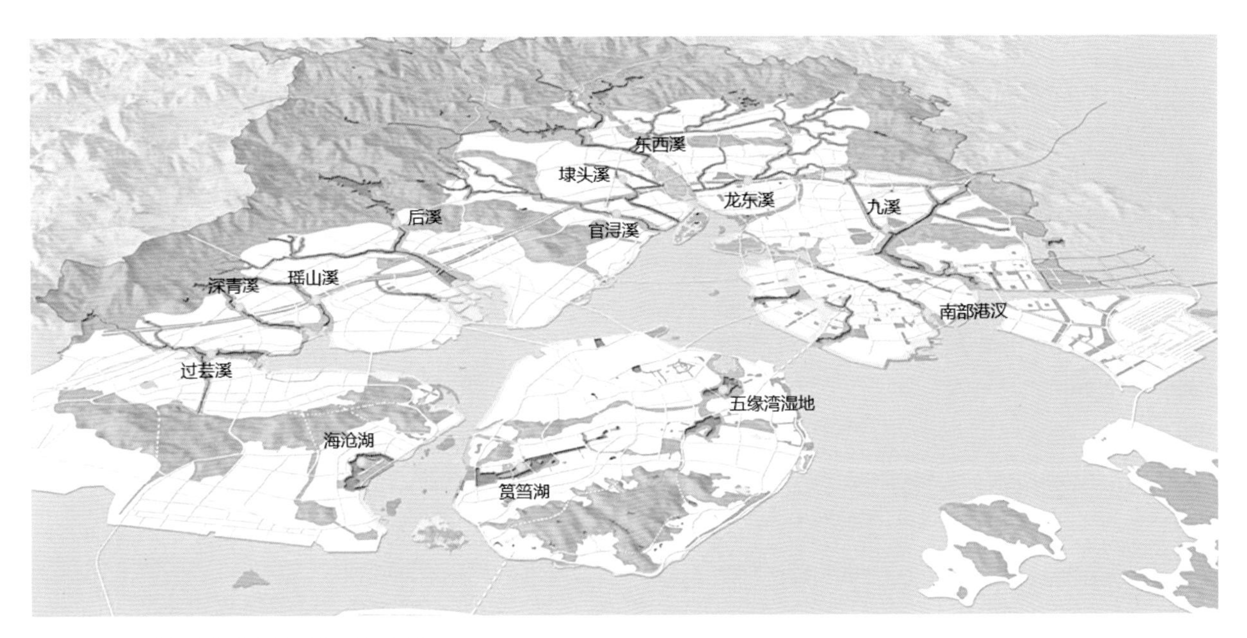

图11-21　识别和定位出山体和分水岭等要素

图11-22　划定厦门市的生态廊道，这些区域不应再进行开发

图11-23　除生态廊道外的区域形成了厦门市未来发展的潜在区域

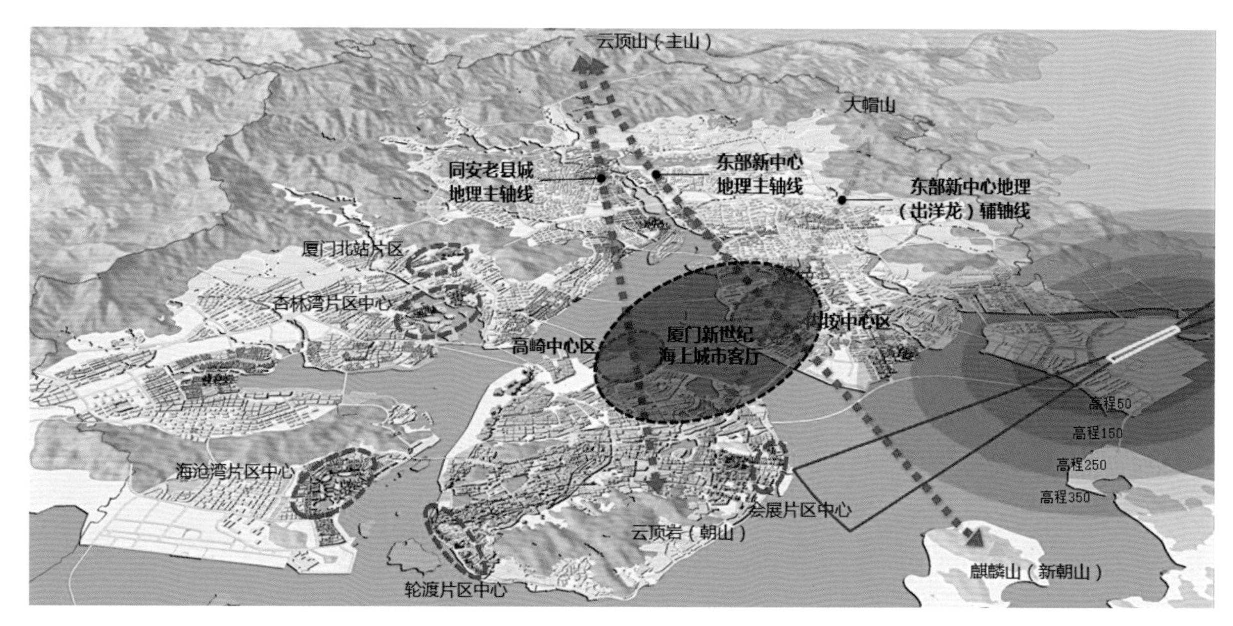

图11-24 确定城市未来经济发展的引擎，如新的中央商务区

图11-25 基于中心城的特点及其周边生态环境，确定城市开发区域的土地利用密度和高度

图11-26 前一个步骤规划的城市高度和密度决定了厦门市未来发展的城市形态和特点

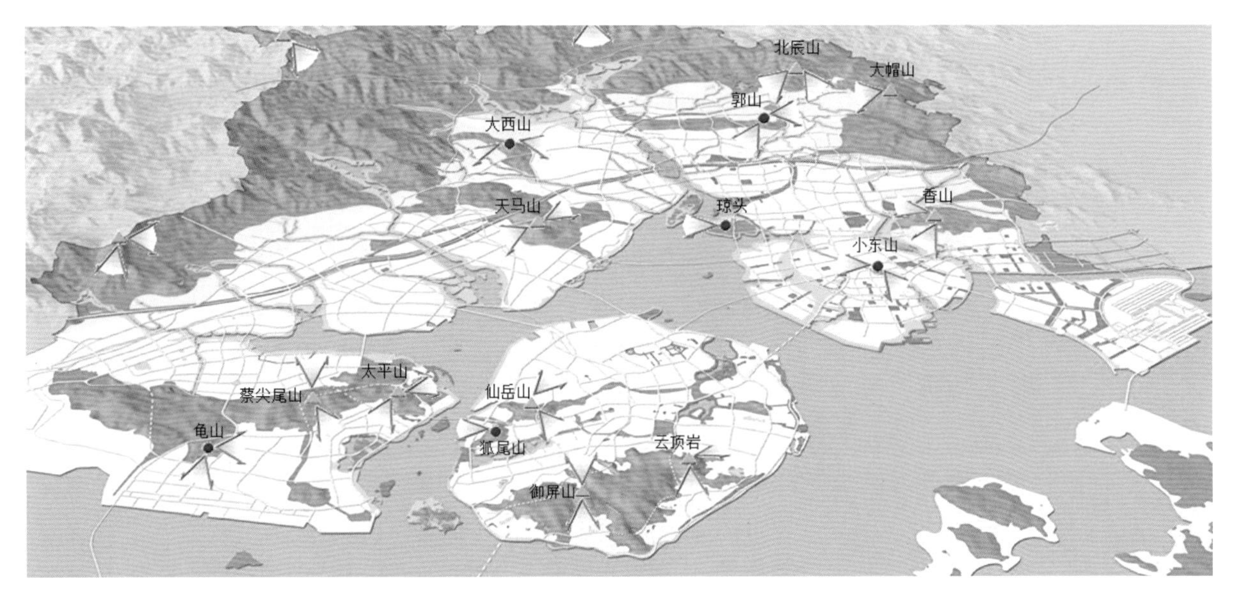

图11-27　自然特色例如山体和有利地理位置作为区域的地标和吸引点

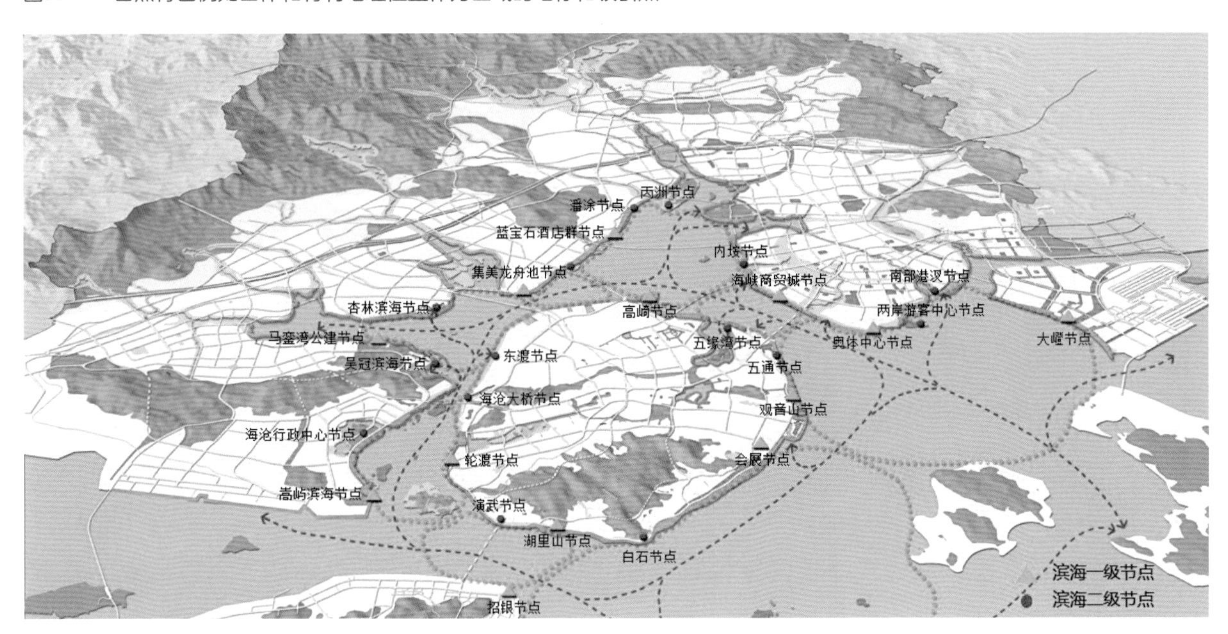

图11-28　海岸线的重要节点配置地标性建筑，相辅相成

图11-29　厦门未来开发模式愿景图，充分展示了上述规划原则

第12章 控制性详细规划

第12章
控制性详细规划

以更适宜步行的公交导向型区域为基础，打造可持续的城市形态，需要新的土地利用与城市设计方法和新交通网络。新方法需确定两个层面的功能区划，以取代超大街区的单一用地功能。首先，确定哪些区域适合规划成适宜步行的混合功能区（mixed use districts，MUD）。混合功能区的街道和环行系统，更适宜步行和骑行，并且以公共交通为导向，统称为城市格网。混合功能区对于土地用途混合水平和人口就业密度也有最低要求。在这些区域内，越靠近主要公交站点，密度和土地使用标准越高，以此来加强对公交基础设施的投资。一个混合功能区内可能有不同类型的TOD，这些开发的用地混合度以及开发强度取决于公交运力的大小。

在控制性详细规划层面，混合功能区的设计应该采用适宜步行的街道路网和“小型街区”土地利用系统，确立街区尺度的城市设计标准，但不应包括大型地块或超大街区层面。

混合功能区区划将根据总土地面积，确定就业与居住开发强度的最低标准。岗位类型的配比、建筑类型和住宅开发的细节，则在控制性详细规划阶段，通过更为具体的“小型街区”功能区划确定。本书中的“小型街区”功能区划包括所有典型的开发标准（如容积率、建筑密度等）和城市设计标准，以确保找到一种更适宜步行、更有活力的开发模式。

这种新区划系统的依据，是城市总体规划中的基本城市愿景、基础设施策略和环境分析。例如，假设就业中心和大规模公共交通投资之间的相互关系，属于城市总体规划的一部分。对混合功能区进行重新规划，可能改变就业中心的规模和分布，转变为一种更分散的土地利用模式，从而减少公共交通和机动车网络的压力。此外，城市总体规划对工业的布局不会有变化，因为新混合功能区不包含这类用途。最后，环境保护区、重点农业资产和开放空间系统也不会变化，因为它们的指标和标准是不变的。

控制性详细规划的设计方法包括三个主要阶段，每个阶段又分为一系列连续的步骤。这套设计方法实质上是一组流程，旨在帮助系统性地分析一个区域的增长需求、内部的地块、结构和特性，以及左右发展的经济因素等。设计方法从“场地分析”，即功能与系统开始，下一阶段是“设计概念性规划”，涉及制定一份控制性详细规划，将公共交通、混合功能和可步行性作为关键设计要素。

采用前文所述的设计原则时，一个不可缺少的环节是，打造一个多样化的环行系统，确立“小型街区”模式。落实第三阶段控制性详细规划的重点是，确立“开发设计标准”，深入研究街区尺度的城市设计控制准则，以打造充满活力、适宜步行的混合功能街道界面。这三个步骤相辅相成，最好按照顺序执行。本节将通过济南新东站周边（占地约3000hm^2）的新控制性详细规划以及其中的张马片区（占地545hm^2）来说明这些步骤。

10. 新路网以多种类型的街道组成道路网络，为市民回家、工作和休闲提供安全、高效的通道

9. 开放空间与小路将行人和骑行者连接到地块内的公交导向型开发区、公交车站和环境特色

8. 新TOD按照公共交通的投资水平、承载能力和土地使用类型，在混合用途区内划定公交导向型开发区

7. 地铁线路连接检查地铁线路连接，寻找机会分配人口密度、土地使用和公交节点

6. 快速公交网络检查快速公交网络连接，寻找机会分配人口密度、土地使用和公交节点

5. 划定混合功能区根据环境约束与建成环境约束，在区域内划定混合功能区（MUD）

4. 主要道路确定有哪些连通到区域的主要公路，也形成了潜在地区之间的障碍

3. 特定功能用地标明已建成区域，保护已经规划特殊用途的土地。即使区域已经建成，也可以通过公共交通和新车站，将现有的和未来的用途相连

2. 环境约束保护重要的生态特征，如河流、泛滥平原、排水通道、森林、陡坡和山峰等

1. 自然环境首先进行高程和斜坡研究，分析区域的自然环境

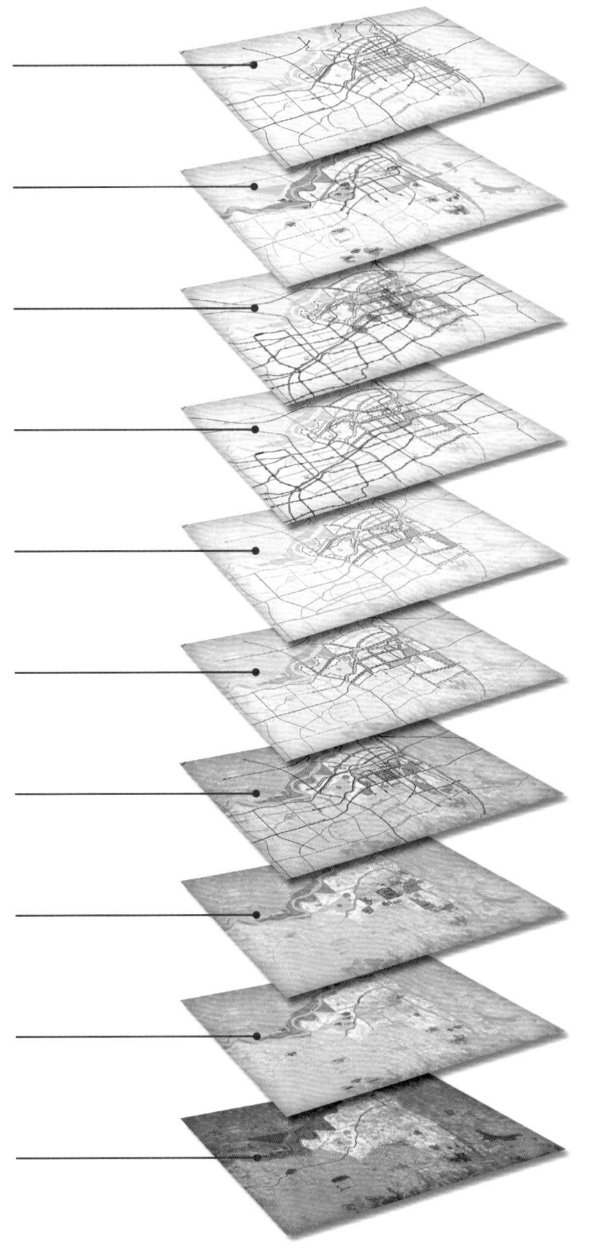

图12-1　控制性详细规划编制步骤

A：场地分析

制定控制性详细规划的第一步是，确定地块的开发方案，编制详细完整的地块分析文件。首先，必须将地块放在更大的城市背景下理解，包括其经济地位、环行线路与通道、是否邻近地标、区域生态系统和城市的历史文化特征等。该层面的分析必须概括说明地块与远近环境、开放空间连接线路、公交线路和公路的关系。然后，须进行各地块的公路和基础设施需求预测，对现有和规划的开发项目、农村现状保留或拆迁，以及关键自然特征的分析等。以下为该阶段工作的具体步骤：

步骤A1：确定城市文脉；

步骤A2：市域环境系统；

步骤A3：场地资源环境；

步骤A4：现有和规划的开发；

步骤A5：现有和规划的公共交通；

步骤A6：现有和规划的道路；

步骤A7：历史传统。

除这些步骤外，以下标准也与此阶段工作相关：

1.2 *城市更新*

针对全市范围内存在经济复兴机会的衰败区域，执行城市更新战略。

1.3 *资源保护*

执行历史、文化和生态资源保护策略。

1.4 *农业与农村*

评级和选定需要保护的生产性农业用地与村庄。

步骤A1 | 确定城市文脉

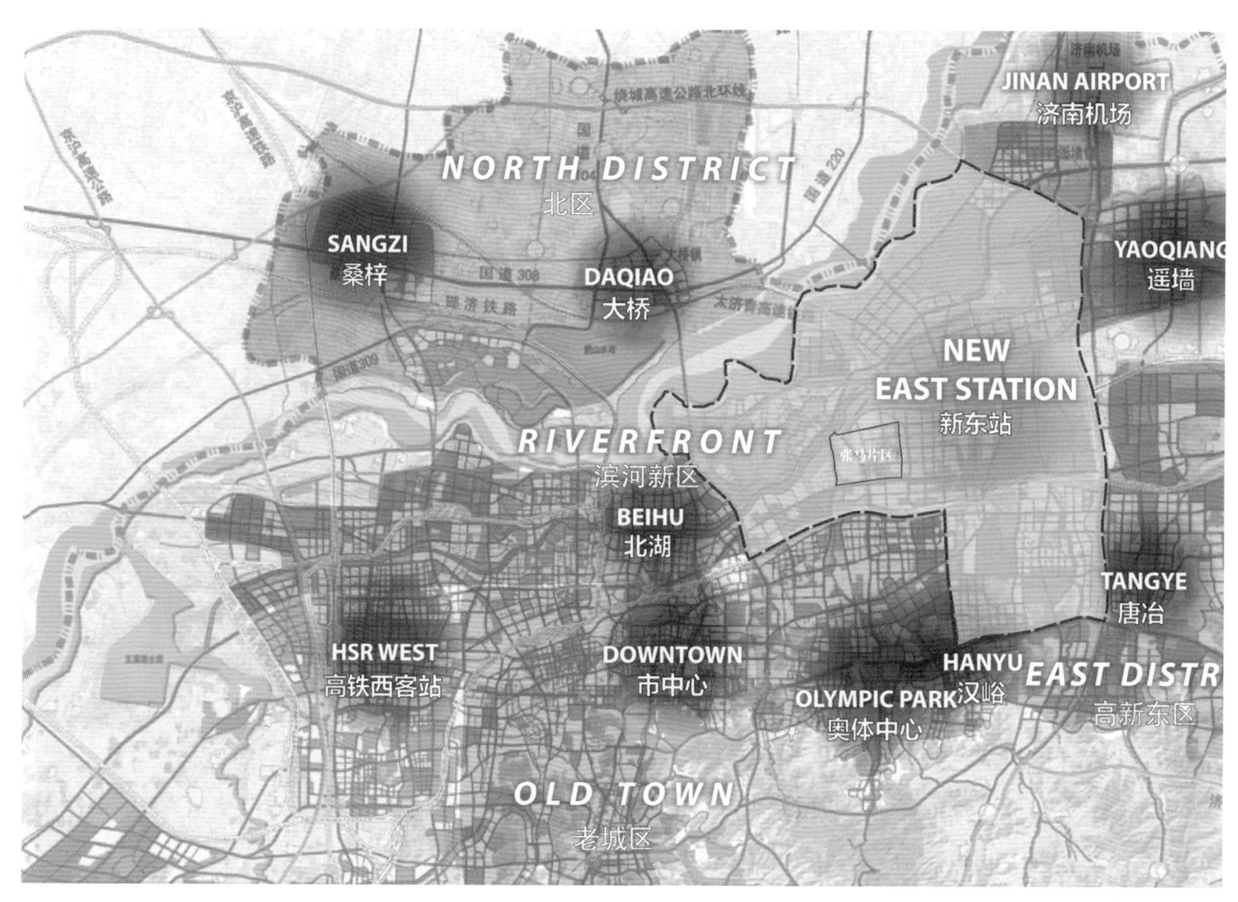

图12-2　济南新东站片区与张马片区靠近老城区、市中心和机场，独特的地理位置使其成为一个重要的商业和混合功能中心

场地如何与城市及周边社区相连通，是控制性详细规划的基础。除此之外，场地在城市总体规划中的经济、功能和文化定位，应该作为控制性详细规划的指导方针。

例如，本步骤中的规划图，把济南新东站片区和张马片区放在整个济南市的背景下，来理解周边的土地利用和交通环境，以及不同尺度上的机遇和约束。总体规划框架将济南的空间结构定义为“一城两区”，“一城”为主城区，“两区”为西部城区和东部城区。

新东站片区将在济南东站综合交通枢纽周边配备片区级的商业中心、现代化服务业和战略性新兴产业。

步骤A2｜市域环境系统

图12-3　在城市背景下对新东站片区的环境分析显示，构成济南自然景观特色的河流、绿道和山景是这一片区自然环境不可分割的一部分

在城市环境网络的背景下理解场地，使设计框架不会破坏关键的开放空间走廊，同时将场地与周边环境无缝衔接，并整合其环境资源。在济南新东站片区的规划过程中，这样的分析显示，融为一体的山峰、泉水、湖泊和河流，是济南旧城区的主要空间结构特征，形成了济南市的基本秩序。千佛山、老城区、大明湖和黄河形成了“泉城”济南的自然主干。而新东站地块内同样有溪流和泉水。完成城市尺度的分析之后，着眼于更加精细尺度的分析也尤为重要，这样可以更好地了解场地存在的环境约束和机遇。

适用标准

1.2 *城市更新*

针对全市范围内存在经济复兴机会的衰败区域，执行城市更新战略。

1.3 *资源保护*

执行历史、文化和生态资源保护策略。

步骤A3 | 场地环境资源

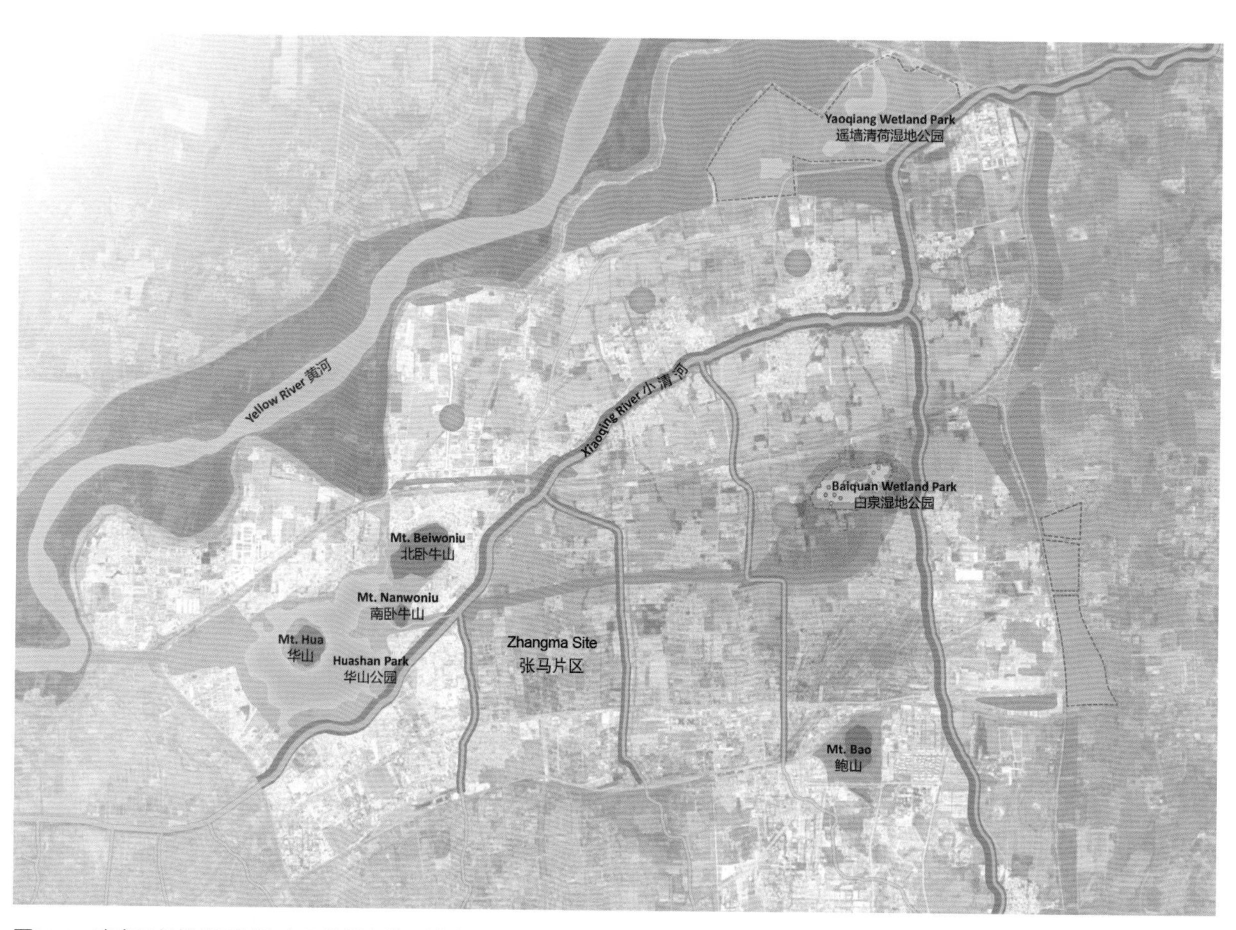

图12-4　确定需保护的区域和有开发潜力的区域（分别以黄色和橘色表示），一个关键步骤是测绘水道和绿道等环境要素

场地分析首先要在自然环境中了解整个区域及其环境资源。第一步的目标是确定不会破坏生态系统的增长区域，需要使用航测图、斜坡与高程研究和类似数据进行分析。济南新东站片区选择了一张代表区域研究结果的地图，作为分析依据。一座城市的“蓝线”文件通常会划定重点环境保护区。自然景观分析则确定需保护的重要生态资产。“环境约束”通常包括滨水网络、泛滥平原、山峰、陡坡、森林、湿地和对区域生态至关重要的类似特征，应尽可能保持自然状态。之后从基础底图中排除这些关键区域。以黄色和橘色显示的剩余区域，是具有开发潜力的区域，需要进行深入分析。

适用标准

1.4 *农业与农村*

评级和选定需要保护的生产性农业用地与村庄。

步骤A4 | 现有和规划的开发

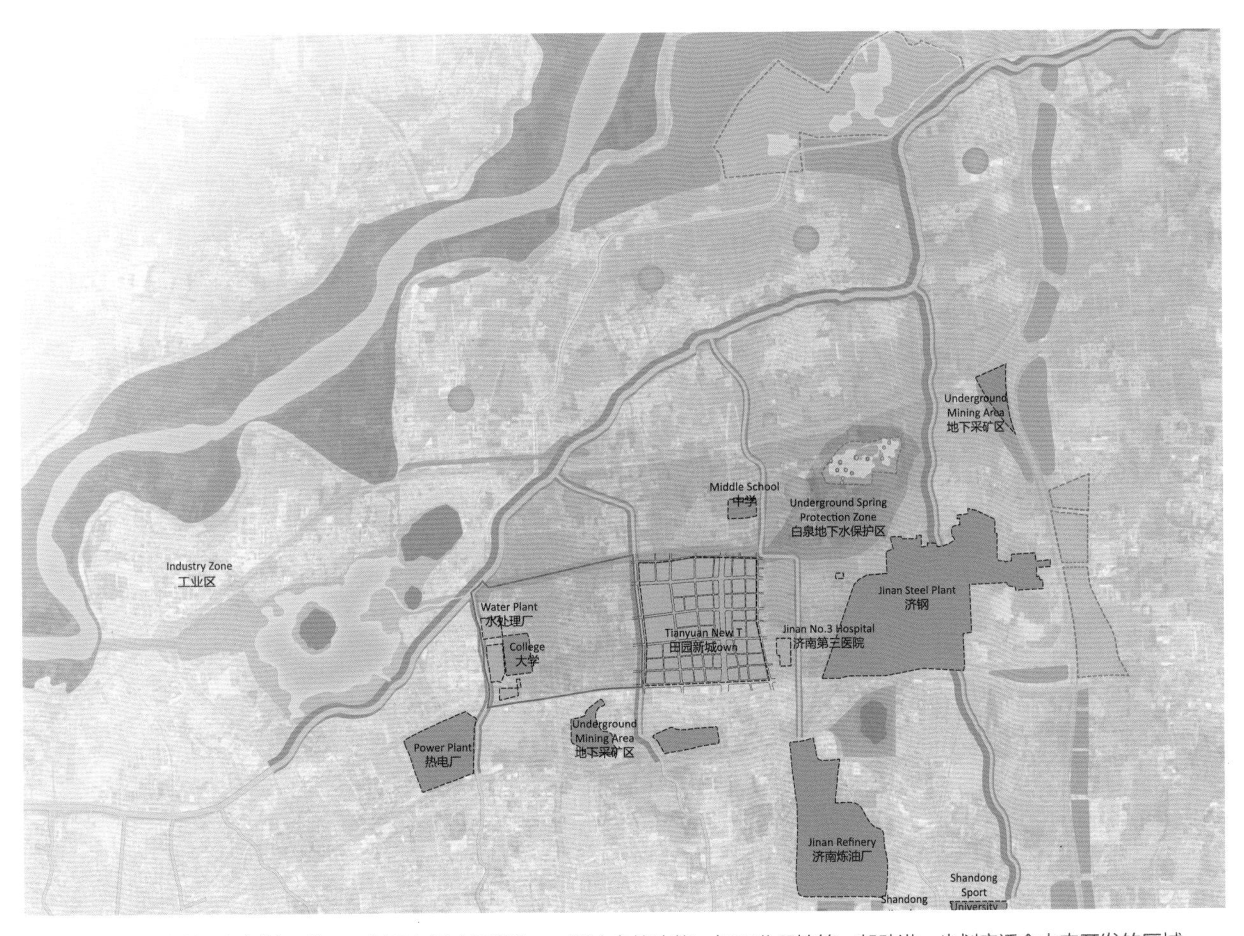

图12-5　确定现有的和规划的居住区，以及与混合开发和TOD相冲突的功能，如工业用地等，帮助进一步划定适合未来开发的区域

划定需保护的生态区之后，下一步是确定已规划其他用途的土地，其中现有的居住区将保持不变，还包括已经出售或规划为特殊用途的地块。在这个阶段，还要确定与混合功能区相冲突的大尺度单一功能区域，并在基础底图中进行标注，通常包括工业和制造业企业、大型交通与公共设施用地以及区级民用设施，如体育综合体和展览馆等。这些区域的设计往往采用“超大街区”格网模式，不适合包含在混合功能区内，因为它们有特定的用地功能，无法支撑“混合功能开发”。为了进一步确定混合功能区中具有开发潜力的区域，地图中需要排除此类区域，但必须考虑它们对于邻近混合功能区的影响。在设计过程中，可以通过新公交线路和站点规划，在现有居住区与其他特定功能的区域之间建立更便捷的交通联系。

济南新东站片区的地块多为未开发区域，现存少数村庄、重要工业设施和一些新开发项目。泉水、溪流、河流和耕地，决定了该区域平坦的地貌。开放空间和水道需要保护，可以开发成生活便利设施，供未来的居民和上班族使用。

步骤A5 | 现有和规划的公共交通

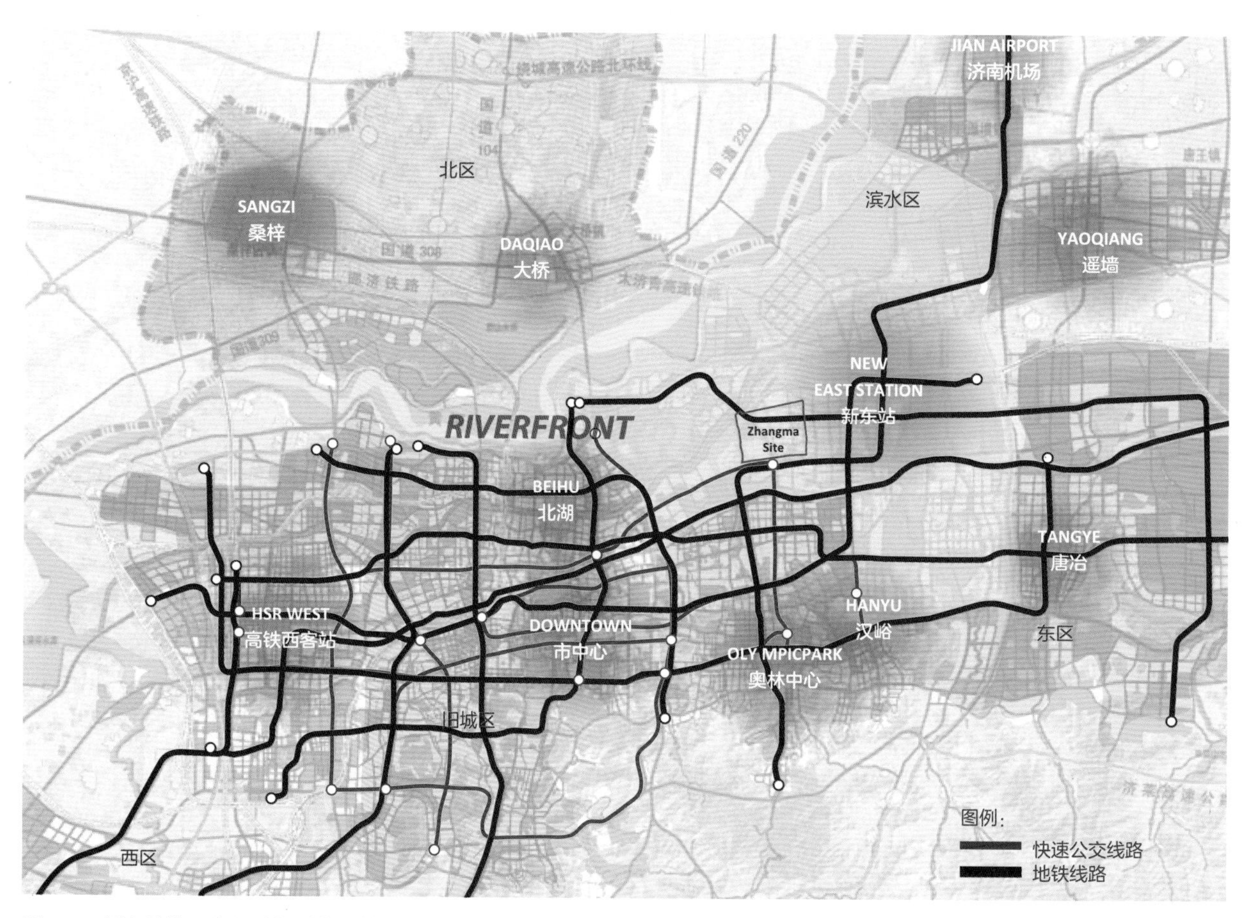

图12-6 新东站片区有通达便利的公共交通，实现了与周边区域的双向连通。新扩建的地铁和快速公交线路延伸至新东站，进一步巩固了这一片区作为整个地区重要副中心的地位

场地的公共交通可达性，是决定其区域地位和社区设计的关键。济南是京沪高铁和太青高铁交汇处的枢纽，两条高铁线路为城市增长带来了强大的动力。随着京沪高铁投入运行，济南和长江三角洲地区的联系变得更密切，进而促进片区的发展。此外，扩建的多条地铁线路和新建的快速公交走廊连接到新东站，使市民可以从市区的任何位置轻松抵达这里。

步骤A6 | 现有和规划的道路

快速路和高速公路是一个区域环行网络的重要组成部分，但也会成为社区的障碍，尤其是立体交叉的公路。在这一步骤中，要标明作为区域连接线、容纳高速交通的主要道路。值得注意的是，有些情况下，宽阔的主干道（平面），如果在混合用途区内经过改造，并不会成为障碍。例如，一条六车道的主干道，在混合功能区内可以改造成一对单向二分路，每个方向三条车道，这样既保证了交通承载能力，又不会成为步行的障碍。

图12-7　可达性是决定一个场地开发可行性的关键。新东站片区与大区域之间有良好的交通连接，重要的机动车通道从片区穿过，使这里成为理想的开发区域

步骤A7丨历史传统

传统社区特征对济南的文化和居民日常生活有深远的影响并保持密切的联系。新东站片区将本地特色的传统城市生活特点，融入设计当中。百花洲社区的重点保护规划和研究就是典型的例子。百花洲地处济南老城区的核心地段，是一个传统城市社区。区内的建筑和泉水得到了保护，保持了历史和文化遗产的原貌。百花洲利用通用的城市标准对一个特色鲜明的历史城区进行升级，为居民和游客提供了一个安全且高质量的生活空间。济南有许多独特的特色，而百花洲则是保护和展示这些文化特色的范例。

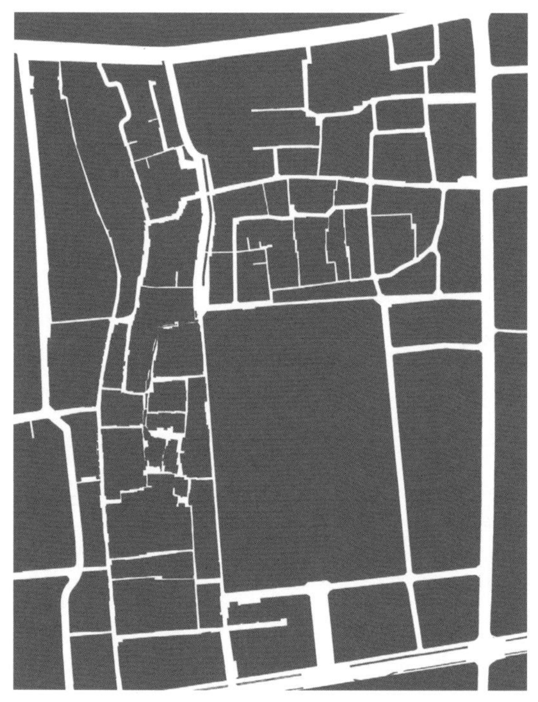

图12-8　济南百花洲社区保护和升级，展示了整个区域传统的城市设计理念，同时满足了现代社区的需求。了解本地的历史传统，并将其融入现代背景，对于保证混合功能社区的宜居性和活力有重要意义

城市的历史和文化传统，应该为增量和存量开发提供指引。济南的传统源远流长，并且围绕大量泉水和水渠形成了独特的建成环境。

济南的泉水流经住宅和小巷，是其传统社区最突出的特点，其中最吸引人的元素包括蜿蜒的水道、柳树、精细的规模和空间，以及独特的路面材料（石头路）。但社区的某些方面仍有待完善，例如，居民一直在讨论的卫生、设施陈旧和停车等问题。

溪流

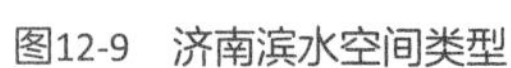

图12-9　济南滨水空间类型

济南滨水空间类型 表12-1

与建筑的关系		与开放空间的关系
水井	靠近建筑外墙	通常位于小广场内，周边有建筑包围，靠近广场一角
溪流	建筑墙壁面向溪流，成为临河地界	溪流在个别地方变得更宽，为人们创造了聚会地点
水渠/水道	与街道平行，与建筑隔开	作为街道与住宅之间的过渡空间
池塘	与建筑隔开，有街道围绕	由庭院空间包围的泉水池塘

济南现有的泉群及其特征 表12-2

泉群	趵突泉	乌龙泉	黑虎泉
与街道、旧城墙和护城河的关系	靠近一个主要街道交叉路口，位于护城河的一角	靠近一个主要街道交叉路口，位于一段护城河的中央	与主街道平行，靠近护城河一角
与周边开放空间的关系	与大型城市广场形成鲜明对比	靠近一个商业中心，为高密度区域提供了一个开放空间	纳入了一处城市地标
空间特征	有围墙的封闭空间，传统中式花园，用于满足近距离体验	有围墙的封闭空间，传统中式花园，用于满足近距离体验	免费开放，用于满足近距离体验和远距离观光
活动	以游览为主，限定居民使用，用于节庆和小型展览	以游览为主，限定居民使用，用于节庆和小型展览	全天候对所有人开放，充满活力，有本地人依旧从水塘中取水

B： 设计概念性规划

设计一份概念性规划，来指导控制性详细规划，这是一项复杂的任务。遵守前文所述的原则和标准，意味着这份规划将采用新的方法：用人本尺度上形成的小型街区取代由主干道包围而成的单一功能超大街区，从而促进建设适宜步行且功能混合的社区。

规划过程首先要有针对场地的设计构想，以强化地块分析中所定义的元素，同时保护最佳的现有开发项目、村庄和环境资源。

其次是创建一个社区尺度上的公共设施体系，包括商铺、市政服务、学校和公园等。之后是设计不同等级的街道，来打造一个多样化的环行网络，其中既有小型本地街道，也有无车步行街和大型直通街道。进而对划分出的小型街区进行功能区划，以反映其到公交设施和商业目的地的远近。

以下为该阶段工作的具体步骤：

步骤B1：确定设计构想；

步骤B2：划定混合功能区；

步骤B3：围绕公交设施进行开发；

步骤B4：确定城市街道等级；

步骤B5：利用小型街区，打造混合功能社区；

步骤B6：设计公园、学校和市政设施网络，以绿色街道连接；

步骤B7：完成概念性规划，计算就业与人口承载能力。

除这些步骤外，该阶段工作还应该遵守下列标准：

2.3 *TOD区内的公园*

每个TOD区提供不少于10%的可开发用地作为公园用地，不少于5%的用于公共用途。

3.2 *商业目的地*

在80%住宅的800m范围内，布置“购物区”，并配备公共及市政服务和其他服务功能。

3.3 *保障性住房*

社区内至少20%的住房应为保障性住房。

4.1 *街区规模*

保证居住区至少70%的街区不超过1.5hm^2，非工业区内的商业街区面积不超过3hm^2。

5.5 *无车街道*

每隔1km建设1条由行人、自行车或公共交通任意组合的无车街道。

6.1 *到公园的距离*

至少80%的居住社区应该在社区公园500m覆盖范围内，在大型公园或娱乐中心1000m覆盖范围内。

6.2 *人本尺度的公园和广场*

将邻里公园的硬质景观平均规模控制在4000m^{2}以内，将社区公园的硬质景观平均规模控制在10000m^{2}以内。

7.2 *到公共交通车站的距离*

所有大型居住和就业中心应位于本地普通公交车站500m半径范围内，同时位于有专有路权的公交走廊1000m半径范围内。

步骤B1 | 确定设计构想

每一份控制性详细规划首先应该有一个设计构想，明确一个适合场地的目标和策略，包括简单的纲领性需求、经济发展战略和社区愿望等。济南张马片区绝佳的地理位置和恰当的基础设施投资，形成了这一场地独有的特色。该地块的构想是建设一个独一无二的公交导向型混合功能社区，既有自身的特点，又能支持和完善总体设计愿景，打造成一个独特的城市中心。主要设计要素包括：

1）连接到山峰、河流和泉水

济南包括张马片区都有美丽的山峰、泉水和河流景观。张马片区的设计将通过恰当的交通联系，确定这些资产的价值。

2）将区域定位为独特的副中心

张马片区位于区域内现有的和新出现的三个最重要的地点中间，绝佳的地理位置使其成为整个区域人文和商业活动的中心，为展示张马片区作为重要城市副中心的地位创造了机会。

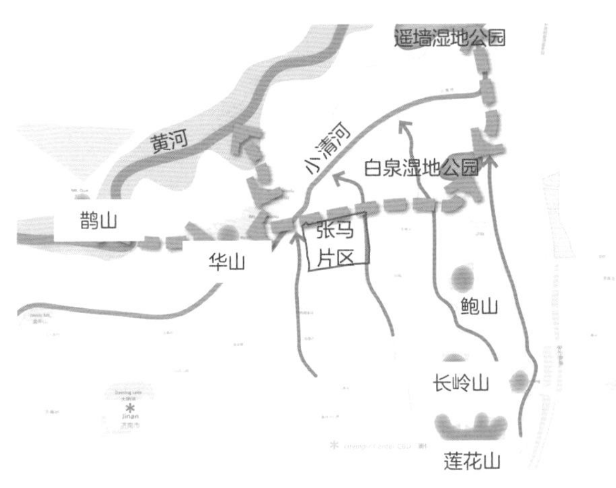

图12-10 水道位于地块附近或者穿过地块，既有实用功能，又具有美观和休闲价值。建立起场地与自然景观和周边城市环境的交通联系，能够完善对场地的设计，提高宜居性

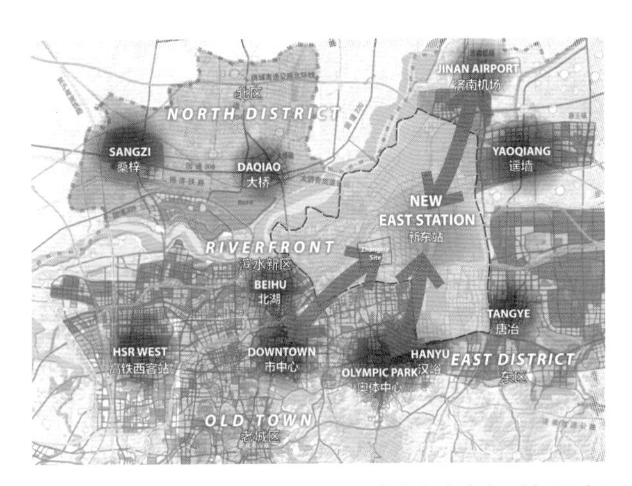

图12-11 地块位于区域内三个最重要的中心（济南遥墙国际机场、老城中心和奥林匹克体育中心）的中间，为将其打造成理想的副中心创造了独特的机会

3）扩建公共交通，进行公交导向型开发

城市已规划的公交网络，在地块内部以及地块与区域内主要节点之间提供了关键的交通连接。但要充分实现开发目的，还需要在张马片区建设更多交通线路。设计的另外一个目的是在公交车站附近，集中混合布置目的地、高密度建筑和功能。

4）连接到周边社区

重要的是，开发项目不能与周边社区和区域内的其他地区隔离开来。场地和周围环境的融合与联系将是张马片区规划的重点。规划的一个主要结果是场地成为创新高科技商业区，在整个区域有举足轻重的地位，而连通性将成为场地经济引擎的重要组成部分。

5）打造适宜步行、人本尺度的环行系统

宜居社区的特点是可步行性和人本尺度。而要打造宜居社区，需要遵照可步行性和人性尺度原则设计街道结构。张马片区规划包含了提高可步行性和人性尺度的策略，如小型街区、更窄的街道以缩短人行横道距离、细密的街道路网、人行道沿线部署小型商铺和服务等。

6）保护和增强水文特征

水在济南的城市开发中发挥着独特的作用，尤其是在老城中心。运河、溪流、水井和池塘等除了影响城市形态外，还有实际功能和休闲用途。张马片区的设计将保护和增强地块内的水文特征并将其纳入片区设计，对于水文特征的表达与利用方式，将尽可能与历史市中心的模式相呼应。

图12-12　打造适宜步行的社区，是张马片区设计构想不可分割的一部分。各类街道，包括有底层商铺和服务的无车街道，使社区更人性化，更有活力

图12-13　张马片区的设计构想包括保护和增强水文特征，为游客、居民和上班族提供与水相关的便利设施

图12-14　张马片区的设计将借鉴济南老城中心的做法，结合恰当的历史模式与规模，为总体城市形态增添有趣的特征

7）结合历史模式与尺度

与老城区一样，张马片区部分地区也会有非网格式的人本尺度路网。这些区域将限制车辆通行，使整个区域更安静、更安全、更以社区为中心。不规则的街道和水渠网络将使建筑更有特色。

8）将区域的经济价值最大化

张马片区的总体规划将通过高质量开发与基础设施规划最大限度地提高片区的价值。区内现有的和规划的交通基础设施，包括大容量的公路、密集互联的公交和新高铁火车站，使这个片区适合高密度开发，实现高容积率。靠近机场是另外一个有利条件，带来了附加价值。规划将利用这些要素，在重要的地理位置规划高密度开发中心，提高土地利用水平。

确定设计构想之后，下一步是划定和重新设计重点区域。这个步骤首先要标明和测绘潜在混合功能区，其次是按区域公交服务水平，根据TOD的类型进行功能区划。

以下是确定混合用途区的标准：

土地利用标准：通常包括中到高密度住宅、商业、办公、服务和零售用途。低密度用途，如生产、轻工业、仓储和各种大型集团等用途，不适合混合功能区。

公共交通标准：需要达到最低的快速公交级别干线服务水平，并且/或者至少有一座地铁站。通常情况下，混合功能区会有一条区域级别的公交线路和多个支线公交系统。

距离标准：位于大型公共交通站点1000m范围内。为了整合统一的土地用途，1000m半径以外的区域，如果没有被主要道路或开放空间割裂，也可以包含在内。

密度要求：总体密度至少要达到每公顷土地300个居住人口和就业岗位。具体职住比例将取决于公交服务水平。

环行系统要求：环行系统常被描述为“城市网络”一类的词汇，交通流分布在平行的路径上，形成人本尺度的街区，提供充足的步行空间，并保障自行车道的安全。

边界标准：在达到其他标准的前提下，新混合功能区的范围可以扩大到下列边界：有明确边界的开放空间或自然要素、转变为非行人导向的用地、快速路或通达的主干道。

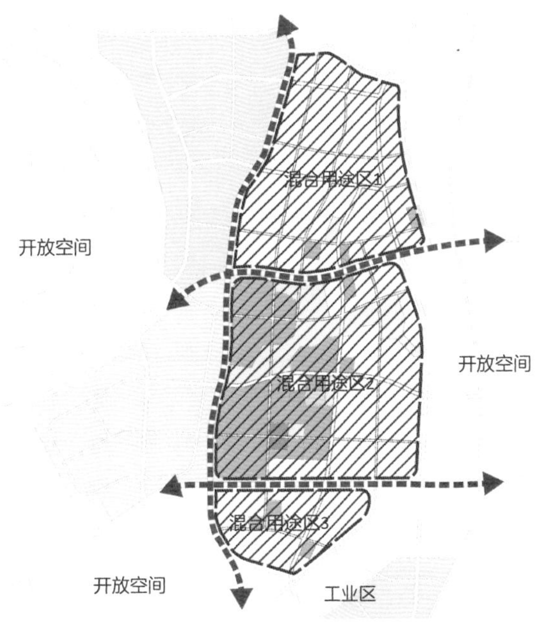

图12-15　基于公交服务和承载能力，将现有城市总体规划（左）修改为混合功能区（右）。有低密度用途或原有开发项目的区域，不能划定为混合功能区

图12-16　根据之前的分析，确定适合混合功能开发的区域，作为混合功能区

在这个步骤中，场地分析部分关于环境限制、特定功能用地和主要道路的分析和地图可视化结果，为新东站片区规划划定混合功能区的边界提供了基础。

步骤B3 | 围绕公交设施进行开发

确定混合功能区的位置后，下一步是基于公交类型进行开发。在新划定的混合功能区内，区域公交设施的位置与类型，是下一层面区划的关键。越靠近大型公交站点的地区，人口密度应该越高。这些区域若有多条区域级公交线路交汇，则应该被规划为次区域就业中心。在重要公交站点400～1000m范围内的地区，应按照公交系统的运力进行区划，运力越高，密度和服务混合度越高。

在混合功能区直接邻近车站区域的位置，主要有两类密度和混合度不同的TOD中心，TOD中心一共有五种类型。常见的主中心和次中心各有不同的人口密度和住房与商业用途混合程度。中心外的区域被划定为混合功能社区。

主中心是功能混合、高密度环境，通常被定位为区域就业中心。主中心位于两条或多条区域级公交线路的交汇处，或位于一座作为多条支线公交线路换乘站的区域级公交车站。

次中心的商业和居住功能的混合更为均衡，密度较高。次中心位于区域级公交车站的步行距离之内。

混合功能社区主要是中等密度居住区，但同样配有全套的服务。在混合功能区内TOD中心之外的剩余土地，均为混合功能社区。

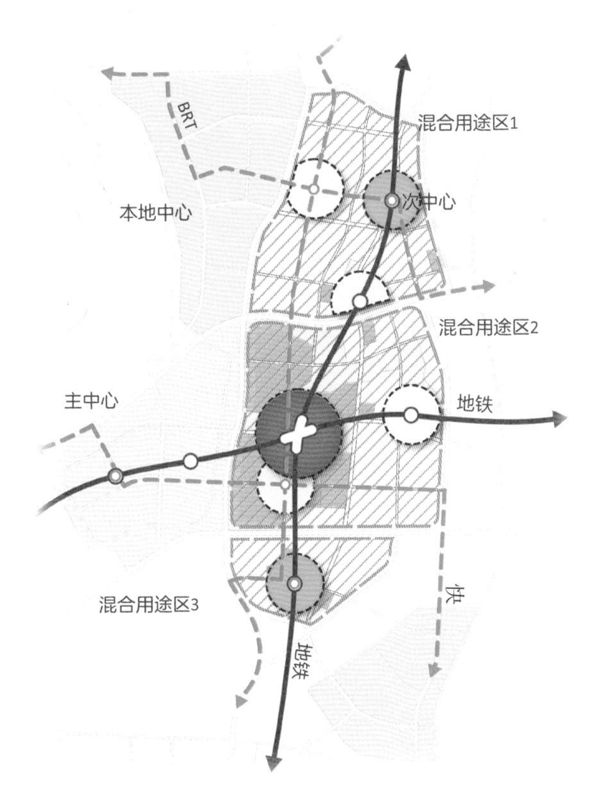

图12-17　根据公交服务水平与运力确定的TOD位置示意图

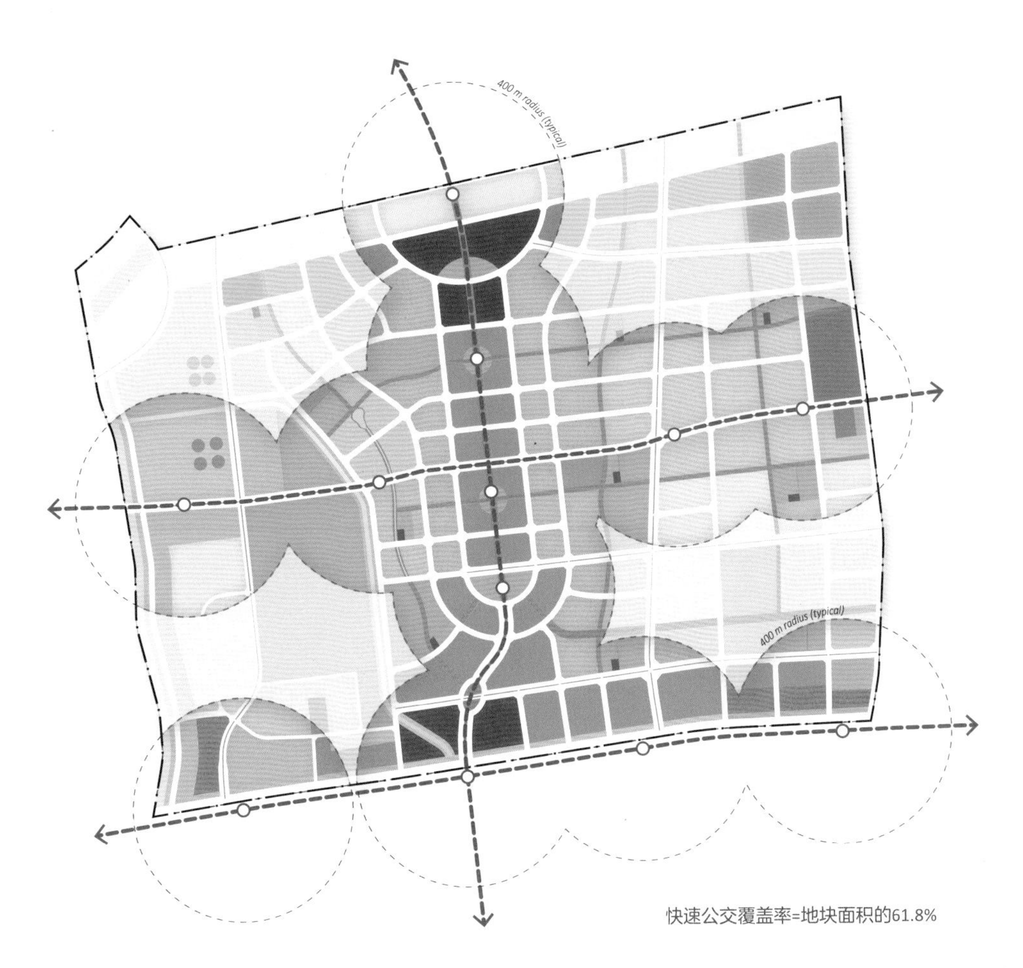

图12-18　快速公交走廊和地铁成为张马片区开发的中心，在走廊沿线安排了高密度开发项目。这条南北向的走廊包括无车环境中的快速公交，沿线有商铺、商业和其他服务，打造出一种充满活力的环境。

张马片区把密度最高的开发地块集中布置在大型公交线路和主干道附近。这种设计保证了更多前往这些地点的人们采用公交和非机动化交通模式，缓解了路网的负担。为打造良好的步行环境，建议在规划街区设计积极的界面，例如沿街零售商铺。这形成了一种活泼有趣、宜人安全的步行环境，反过来也可以带来零售商业的成功。大型商业和混合功能开发集中在重点公交节点周边，如地铁站。开发强度最大的应当位于地铁和快速公交的换乘站。张马片区内有三个地铁站，其中两个是与快速公交的换乘站，片区内的主干道还与三条快速公交走廊联通。街道上布置公交专用车道，将提高快速公交网络的效率。在地区内建设强度较高的区域，车站的间距约为500m。在快速公交走廊沿线5分钟步行范围内（400m半径）规划了高密度开发项目。在地区中心规划南北向快速公交走廊，设置一条公交专用道，着力打造BRT、自行车道和人行道的同时，配置临街零售商铺和广场。

另外，地块的公交覆盖率非常高——29%位于地铁站8~10分钟步行距离之内，62%位于快速公交车站5分钟步行距离之内，综合公交覆盖率达到74%。

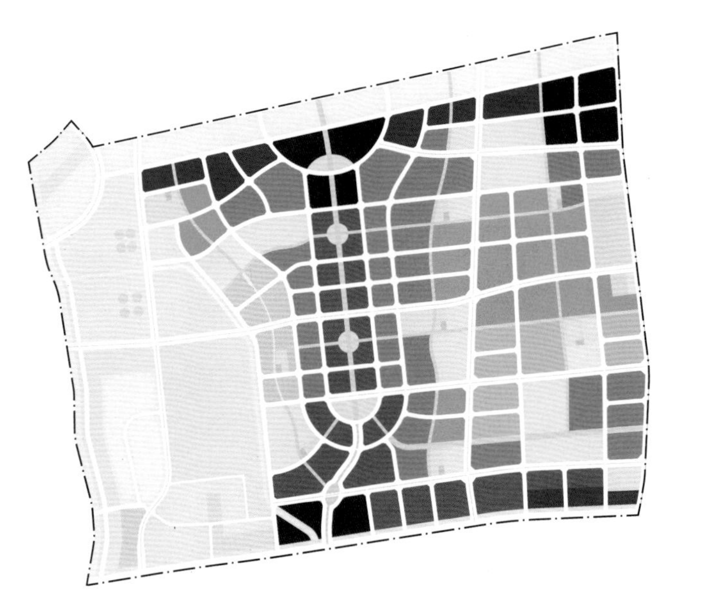

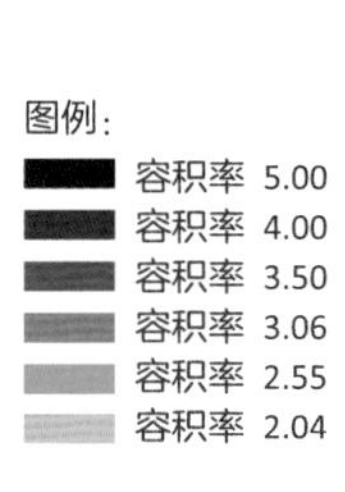

图12-19　张马片区容积率示意图。图中显示了地块内住宅与商业密度的分布情况，容积率从5.0~1.2不等。密度最高的开发项目集中在公交车站10分钟步行半径，密度较低的开发项目位于10分钟步行距离之外

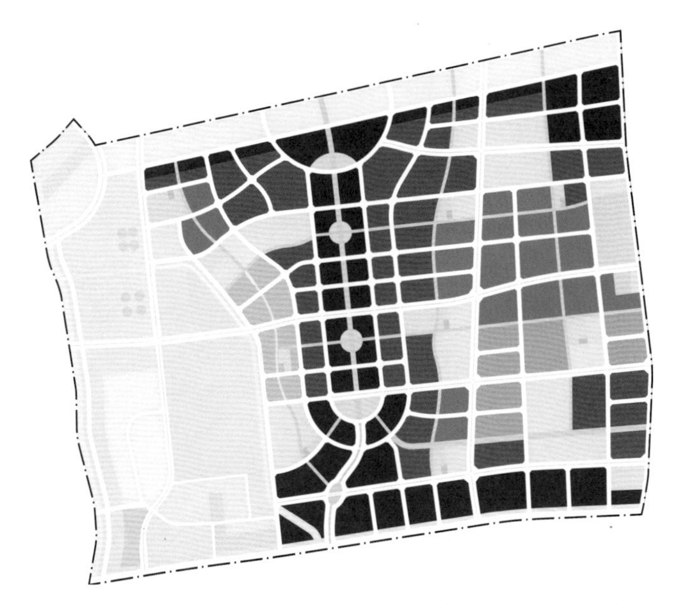

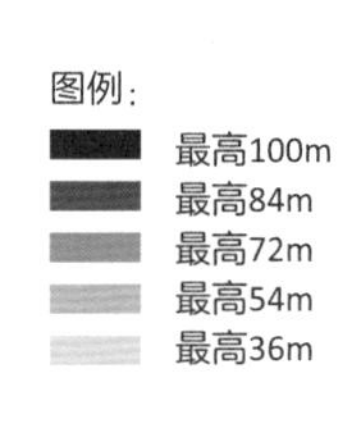

图12-20　张马片区高度控制示意图。规划内的项目高度与密度和城市形态密切相关。最高的建筑集中在地块的北侧、南侧和东侧“入口”，地铁和快速公交的换乘站为这些地方带来了最高的公交使用率。在场地的东西向轴线两侧，建筑高度从两端向中部的混合功能公交主轴逐步升高

适用标准

7.2 *到公共交通车站的距离*

所有大型居住和就业中心应位于本地普通公交车站500m半径范围内，同时位于有专有路权的公交走廊1000m半径范围内。

步骤B4 | 确定城市街道等级

遵从混合功能开发原则的新环行策略，对每个混合功能区都至关重要。路网应该平衡行人、自行车、公共交通、小汽车和卡车的需求，维护多交通模式系统的路权。该系统的关键是通过格网设计，增加通路数量，从而分散交通。最重要的是，环行系统必须鼓励和支持各种替代私家车的交通模式，普及公共交通，保证步行和骑行的安全与便利，缩短目的地与住宅和公交车站的距离。

这种细密的环行系统被称为“城市格网”，现有的主干道系统被称为“超大街区系统”。城市格网适用于混合功能的高密度住宅区与商业区，而超大街区系统适用于制造、工业、仓储或集团等大型区域。

城市格网由各类街道组成，构成相对较小的街区模式。多数过境交通通过多条小型主干道或成对的单向街道处理。这些直通公路也为本地公共汽车或快速公交线路等公交系统提供了空间。无车街道作为直通街道的补充，包括自行车道、步行街购物区和专用的公交车道。最后，本地街道路网的自行车道和大量人行道可通往不同地块，城市格网由此成为一个整体。

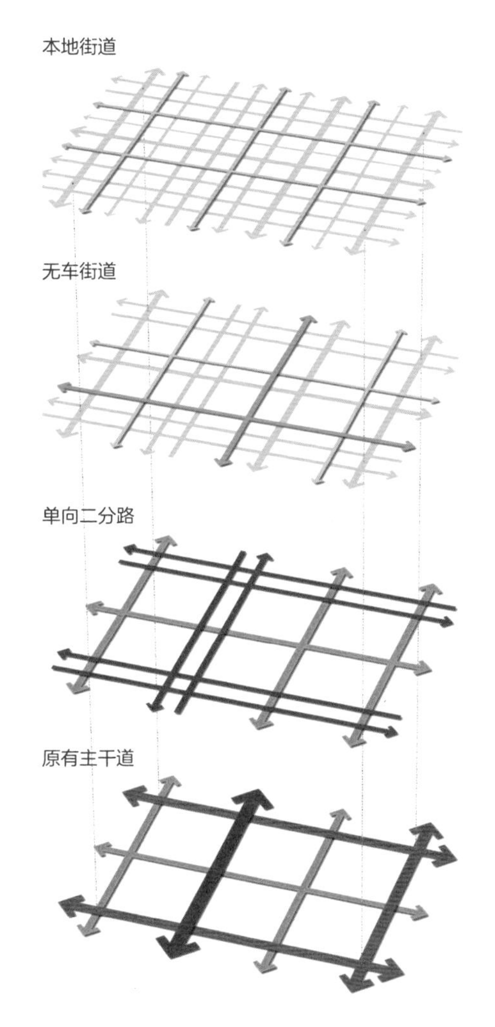

图12-21　主干道网络改造成“城市格网”的过程。将超大街区主干道网络改造为由狭窄街道和小型街区组成的高密度格网，不影响车道的通行能力

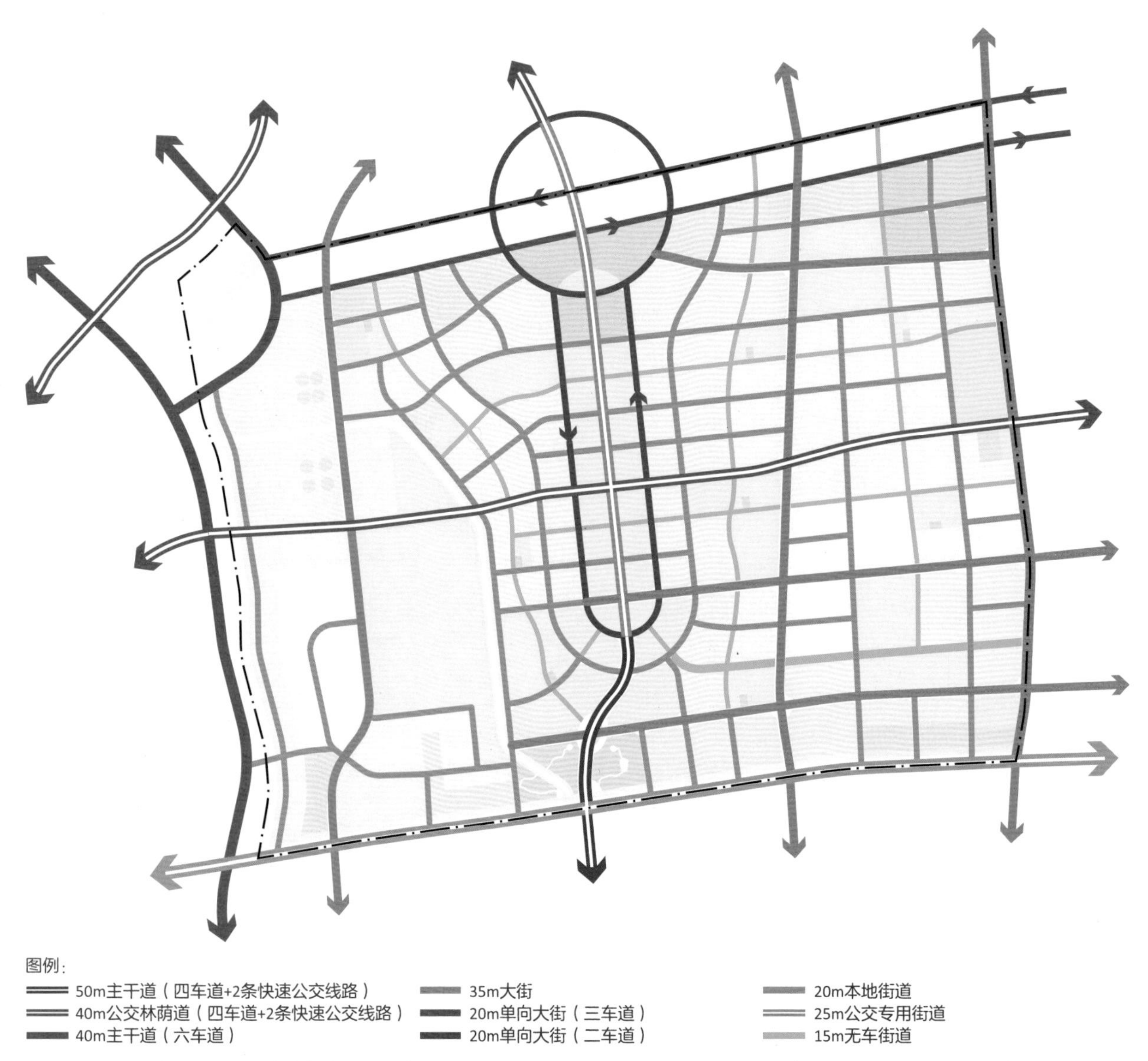

图12-22　张马片区的交通网络有各类街道，实现了人性尺度，提高了效率和可步行性。单向二分路、公交林荫道、大街、本地街道和无车街道，组成一个“城市格网”，形成了混合功能开发区的重要组成部分

张马片区的街道路网以连接性和人本尺度为基础。由最佳间隔的车行道和小型街区周边的人性尺度街道组成的“城市格网”，形成了大量街道连接，不仅有效分散了交通流量，还能避免街道因过宽而成为行人出行的障碍。在必要时，将大型交通走廊改造成单向二分路，以保护可步行性，提高小汽车和公共交通的环行效率；小型本地街道服务于住宅区；绿色街道服务行人和自行车交通。在规划中，沿着快速公交线路沿线的一条南北向公交主干道，也部署了混合用途街区。

“小型街区”区划为中国提供了一种与传统开发方式根本不同的开发方式。不同于建筑风貌和功能基本千篇一律的超大街区，小街区可以开发各种类型的建筑和功能。

小型街区设计与超大街区截然相反，小型街区有许多明显优势，例如提高可步行性，鼓励居民交往从而增强公共安全和社区认同感等。在采用小型街区设计时，一个重要的考虑因素是确保地块尺度适用于开发，同时符合城市设计目标和日照间距等标准。

超大街区路网

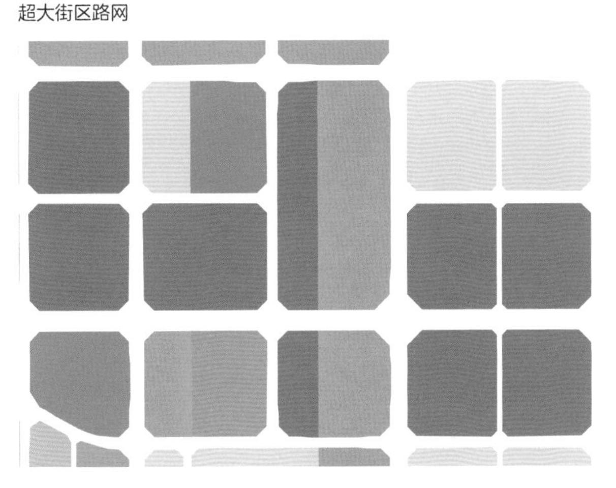

城市路网

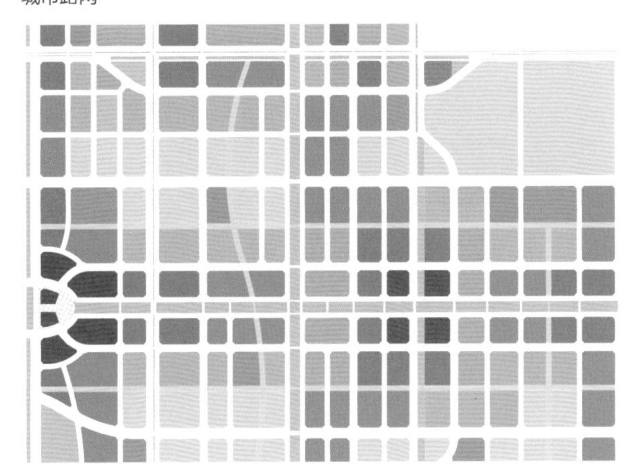

图12-23　超大街区格网与城市格网土地使用区划对比

分重要的设计目标包括：

1）混合用地功能，尽可能增加沿街零售商铺

此举借由简单易得的便利设施和商铺优化步行空间。沿街布置积极的城市功能与多处入口，增添了生活气息，增强了人行道的安全性。

2）在每个街区内混合不同尺度、外形和高度的建筑

避免超大街区内重复单一的建筑形式，借由各种不同的建筑形式，凸显社区的个性，为居民提供更多住房选择。

3）遵从建筑朝南布局以及对于日照的规定

即使在小型街区，大部分建筑也可以并且应该朝南布局，建筑高度会根据日照的要求做出相应调整。

4）开发街区内部的私密庭院

在每个街区四周安置零售商铺和/或低层住宅建筑，从而形成半私密的庭院，为街区提供实用而独特的个性化空间。街区可由通透但安全的栅栏围合。

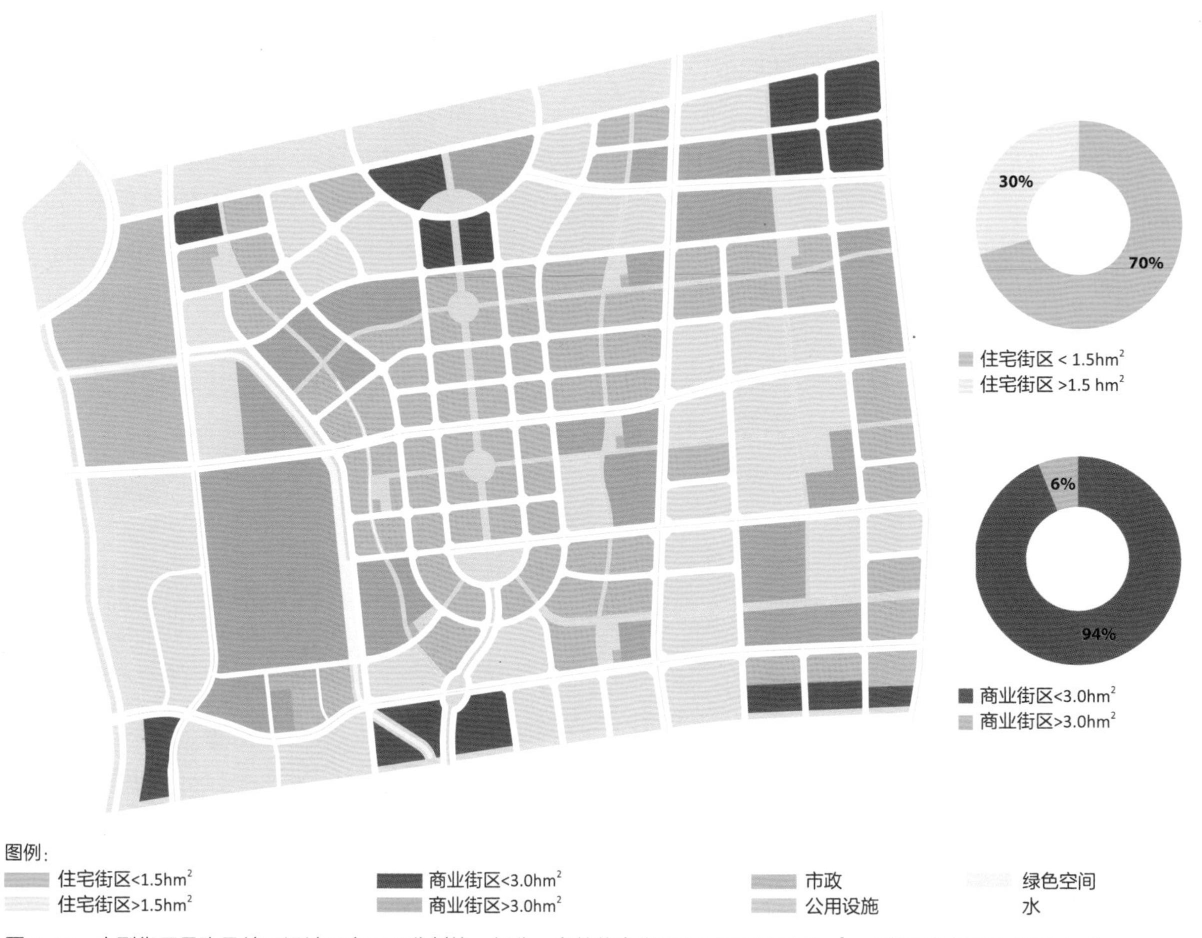

图例：

住宅街区<1.5hm²　商业街区<3.0hm²　市政　绿色空间

住宅街区>1.5hm²　商业街区>3.0hm²　公用设施　水

图12-24　小型街区是张马片区设计理念不可分割的一部分。多数住宅街区面积不超过1.5hm²，多数商业街区不超过3hm²。

在张马片区总体规划中，每个街区均为可出售地块；多个街区可以将地下停车区域改造为规模更大的“开发地块”，以提高停车效率。多数住宅地块的面积不超过1.5hm²。小于1.5hm²的街区则安排在南北向的混合功能公交主轴沿线和其他位置。根据标准4.3“小型街区”进行测试后发现，遵照标准的街区比例符合要求。

适用标准

街区规模

保证居住区至少70%的街区不超过1.5hm²，

非工业区内的商业街区面积不超过hm²。

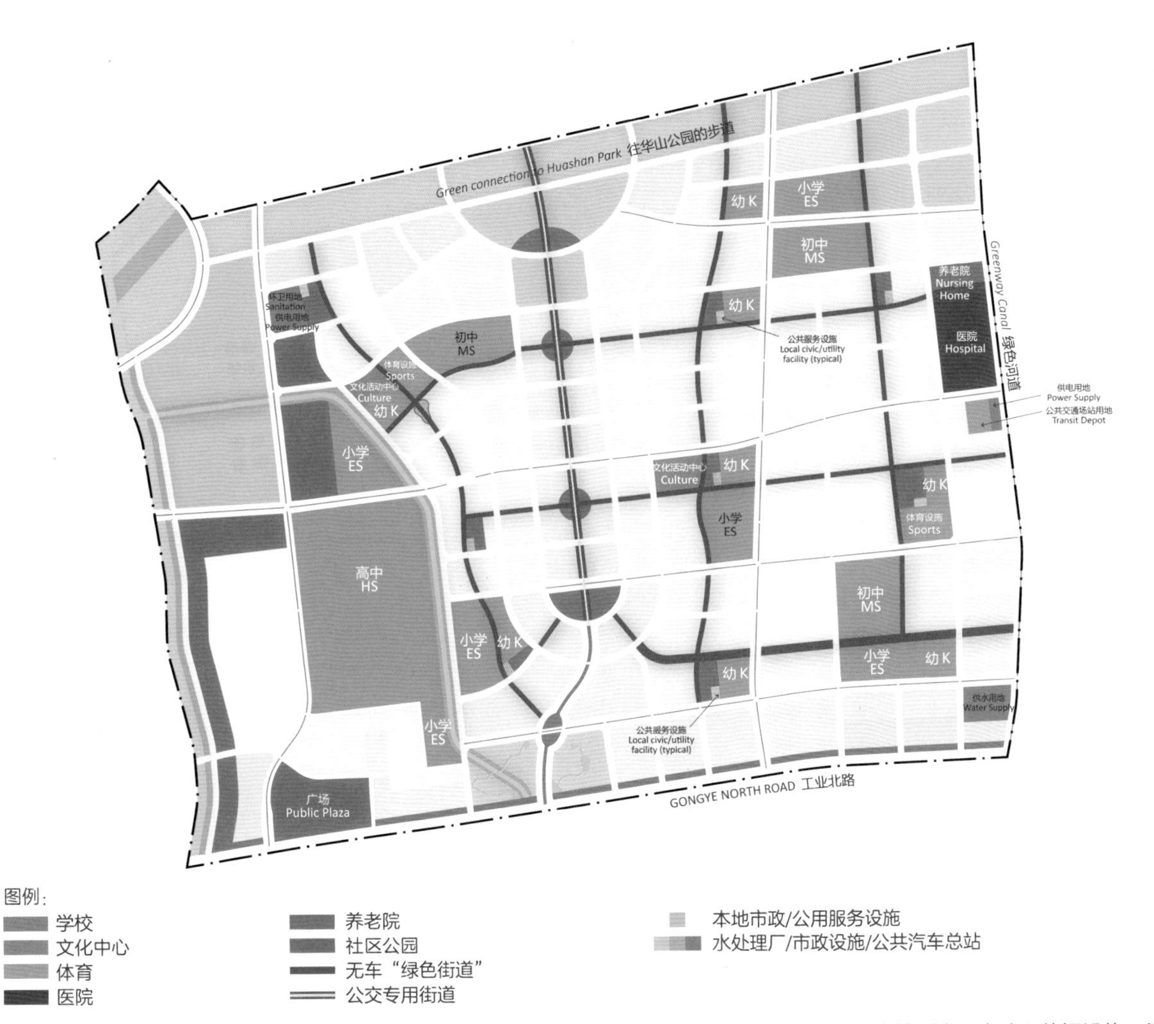

图12-25　张马片区将开放空间系统与市政中心、学校和其他公共便利设施融为一体。无车街道连接到主要市政和休闲设施，为居民提供了前往目的地的安全路线

居住用地的控制性详细规划，必须围绕便于使用的服务、学校和商铺进行设计。张马片区的居住公共服务设施以一系列社区公园、学校和市政设施为中心，与无车绿色街道路网之间有良好的交通连接，街道平均间隔不超过1km。人行道和自行车专用街道，为居民提供了安全便利的出行通道。安全、安静的街道有助于促进休闲娱乐活动，因此也是开放空间的一个重要组成部分。地块北部边缘的东西向绿道是一个大型开放空间，连接到周边区域和华山公园。

适用标准

TOD区内的公园

每个TOD区提供不少于10%的可开发用地作为公园用地，不少于5%用于公共用途。

无车街道

每隔1km建设1条由行人、自行车或公共交通任意组合的无车街道。

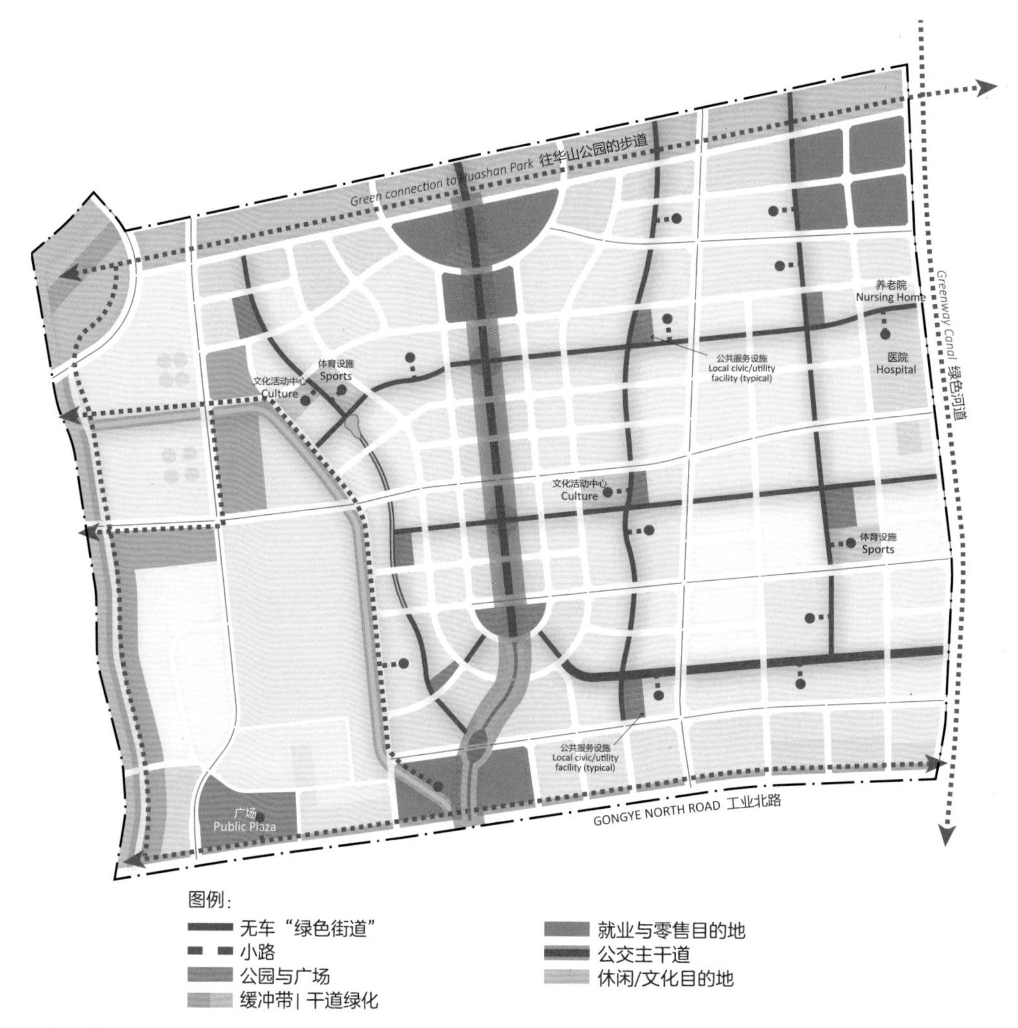

图12-26 张马片区的开放空间网络包含公园、缓冲带、干道绿化带、广场、小路和无车街道等，与所有公共目的地相连

社区内有许多公园，保证总体规划中将足够的土地分配给开放空间。文化、体育、教育等公共服务设施遍布整个地区。所有家庭均位于开放空间或公共服务设施5~10分钟步行距离之内。公园、广场和无车街道的位置，严格遵照人的尺度进行设置。总体规划中的开放空间与公共服务设施，符合适用于本步骤的所有要求，包括标准2.3“公交导向型开发区内的公园”、标准5.5“无车街道”、标准6.1“到公园的距离”和标准6.2“人性尺度的广场与公园”。

适用标准

6.1 *到公园的距离*

至少80%的居住社区应该在社区公园500m覆盖范围内，在大型公园或娱乐中心1000m覆盖范围内。

6.2 *人本尺度的公园和广场*

将邻里公园的硬质景观平均规模控制在4000m²以内，将社区公园的硬质景观平均规模控制在10000m²以内。

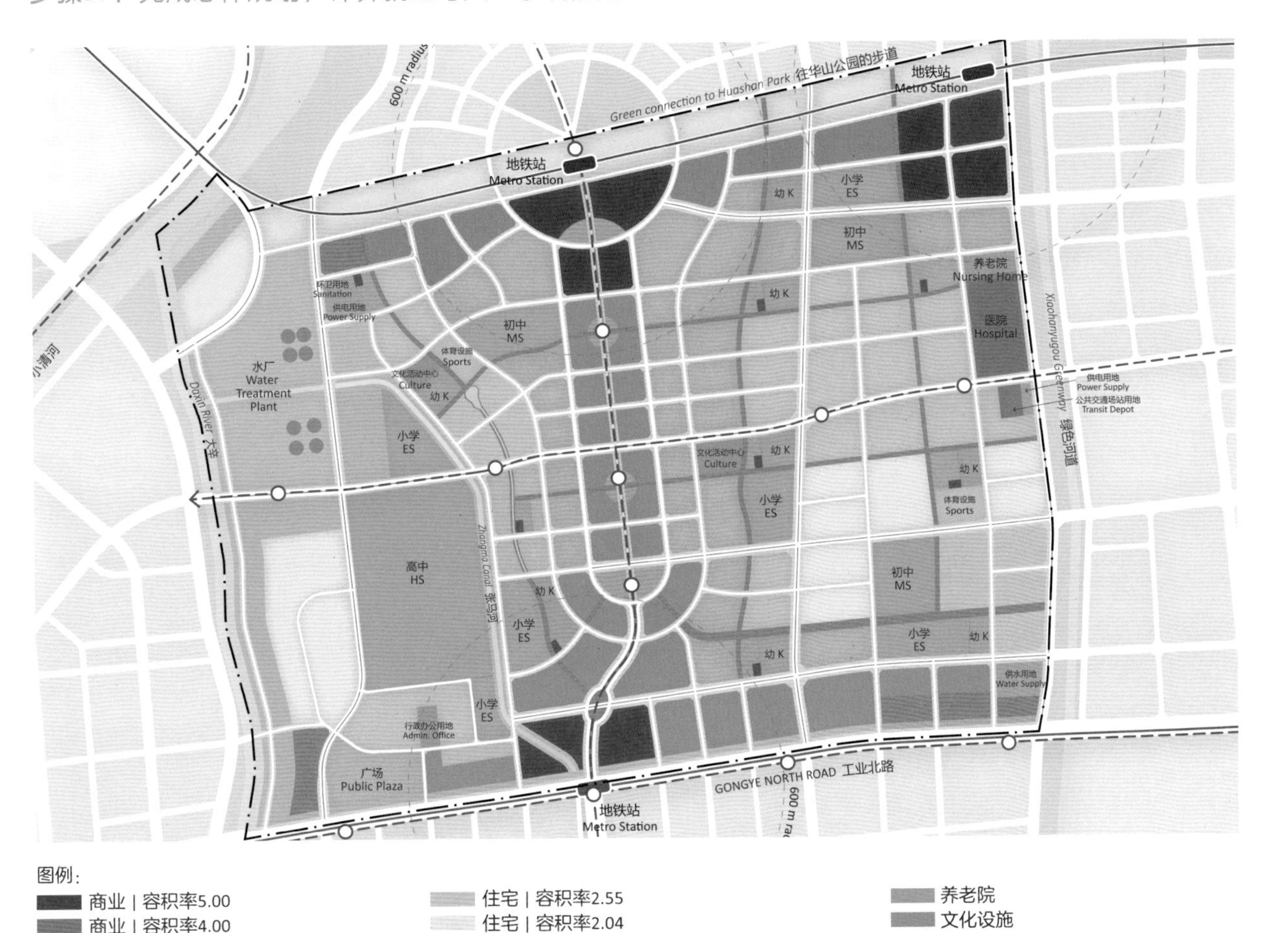

图例：

- 商业 | 容积率5.00
- 商业 | 容积率4.00
- 混合利用 — 高层 | 容积率5.00
- 混合利用 — 中层 | 容积率3.50
- 住宅 | 容积率4.00
- 住宅 | 容积率3.06
- 住宅 | 容积率2.55
- 住宅 | 容积率2.04
- 传统住宅 | 容积率1.22
- 幼儿园，小学，中学
- 社区体育设施
- 医院
- 养老院
- 文化设施
- 社区公园
- 无车“绿色街道”
- 水处理厂 | 公用事业 | 公共汽车总站
- 政府办公室 | 本地公共服务/市政设施

图12-27　张马片区规划很好地融入了济南的总体土地利用、交通和开放空间结构，通过采用可持续城市形态设计原则，形成了独特的特色。小型街区设计打造出可靠的环行系统，采取公交先导开发方式，保证社会和经济包容性，使张马片区成为济南和整个区域的典型

经过之前的步骤，我们得到了一个按照街区划分土地用途类型的综合规划。把规划按照适宜步行、混合利用的公交原则进行组织，使商业目的地靠近住房和公共服务设施。未来张马片区的居民、上班族和游客，可以享受到适宜步行的环境带来的好处。在这个阶段必须确定一套方案，明确相关的开发细节，包括可销售土地面积、商业与居住建成面积、密度、住房套数、就业和人口承载能力等。这是为了保证拟定的控制性详细规划，达到经济和人口预期。真正可持续的规划应该具有社会和经济包容性；规划必须把保障性住房作为总体方案的一部分。

适用标准

3.2 *商业目的地*

在80%住宅的800m范围内，布置“购物区”，并配备公共及市政服务和其他服务功能。

3.3 *保障性住房*

社区内至少20%的住房应为经济适用房。

C：制定设计标准

完成规划之后，应按照新的开发模式，制定一系列恰当的设计标准。小型街区需要不同的退线和用地混合程度。张马片区的城市设计标准就是符合要求的很好的例子。张马片区规划的一个显著特点是采用了小街区设计，这与中国许多地区流行的超大街区模式形成鲜明对比。本书中所述的"小街区"区划通常可以在更小区域内实现更高的土地利用混合程度。其中一些独特的城市设计标准，着重于打造充满活力、适宜步行的临街界面，这在中国多数区划规定中是缺失的。这些体量标准遵从了中国对于日照的要求，同时形成了更多样化的天际线。在控制性详细规划中，街区的尺度与形状会有显著不同，但不同街区的土地利用和城市设计标准是一致的。本章节中的数据和具体的街区布置仅用于说明，事实上，不同的街区规模与形状以及用地功能策划的变化，会形成更有趣、更独特的城市景观。如前文所述，小型街区和城市格网设计，需要采取截然不同的方法。有效落实小型街区规划，需要综合性的城市设计控制准则。

以下为该阶段工作的具体步骤：

步骤C1：确定"小街区"区划标准；

步骤C2：设计不同街区类型；

步骤C3：设计标准街道断面；

步骤C4：结合公共交通布局商业区和购物街；

步骤C5：编制土地利用标准。

除这些步骤外，该阶段工作还应该遵守下列标准：

2.2 *停车限制*

规定商业停车配建指标上限。TOD区内停车配建指标，应不超过全市标准的80%。

3.1 *服务最低标准*

住宅街区必须保证不低于0.15的容积率，用于在街角设置对公众开放的商店和服务。"购物区"和购物街沿线的商业地块应保证不低于0.3的容积率。

4.2 *退线*

缩小退线距离，零售退线不超过1m，商业退线不超过3m，住宅退线不超过5m。

4.3 *街道规模*

非工业区内，无公交专用道的街道，宽度不能超过40m，有公交专用道的街道，宽度不能超过50m。

5.1 *人行道宽度*

四车道及以上的街道，人行道的宽度不应低于3.5m，两车道街道的人行道宽度不应低于2.5m。

5.2 *街道交叉路口*

在不设安全岛的情况下，街道交叉路口两侧路缘石之间的距离不应超过16m。

5.3 *活跃的街道界面*

住宅街区四周用作公共服务功能的街道界面比例不应低于40%，商业街区和购物街沿线则不应低于70%。

5.4 *自行车道*

四车道及以上的街道，必须设置有物理隔离的自行车道，宽度不低于2.5m；两车道的支路，自行车道宽不低于2.0m。

确定城市设计标准，首先需要明确容积率、建筑密度、建筑退线、临街界面和日照间距等开发控制准则，以打造预期的城市形态。将开发要求作为确定设计标准和保证高生活质量的一种手段，同时尽量避免社区功能受到不良影响。以下为各类别控制准则的目的和定义。张马片区规划的标准控制准则，允许街区规划与建筑设计有较大的变化。

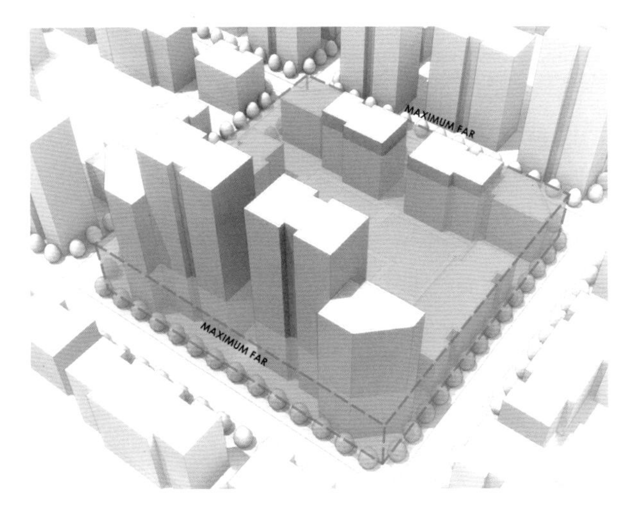

图12-28　最高地上容积率

1 最高地上容积率

目的：在地块内实现不同的总体开发强度。总之，随着公交服务水平的提高，容积率也变得更高。

定义：地上建筑面积，不包括地下停车设施、地下室、阳台和屋顶的机械围护。建筑面积按照总地块面积乘以容积率来计算。建筑面积计算到所有外墙的立面，包括所有内部服务区和电梯。混合功能建筑的所有面积总和，不应超过容积率。

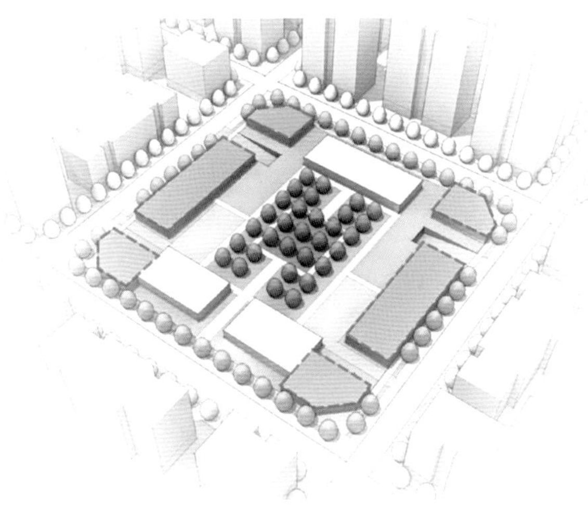

图12-29　非住宅容积率范围

2 非住宅容积率范围

目的：在有可能的条件下，保证在街道和步行区沿线布置有趣、有用的临街功能。

定义：总容积率中用于临街商业用途的部分。这个比例将依照临街商铺的数量不同而不同。各个街区的容积率绝对数将在控制性详细规划中确定。广场、公园、公交车站和多数街道等重要公共空间，将在多层建筑临街布置这些用途，包括商铺和其他零售设施、咖啡厅、餐厅、小公司、社区设施和居民服务，如社区大厅、入口大厅等。

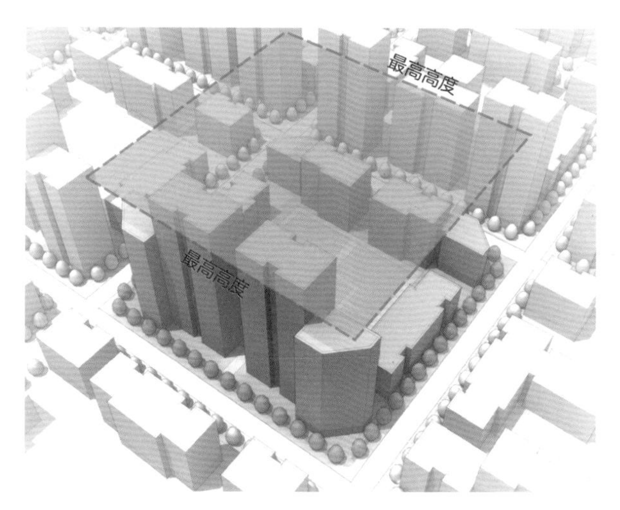

图12-30　最高建筑高度

3 最高建筑高度

目的：打造不同的城市形态和富有变化的天际线。同时保证高层建筑的间距，不会阻挡视线和阳光。

定义：建筑高度被定义为容许的楼层总数，而不是绝对垂直高度。这种定义的目的是允许按照不同的楼层高度，实现建筑高度的变化。在不牺牲整体容积率的前提下，可以灵活处理楼层高度。同时也允许类似建筑类型有不同的视觉高度。最高建筑高度将按照开发标准矩阵（将在本章步骤C5中进行解释）或城市标准间距部分中的标准确定，以两者中较矮者为准。

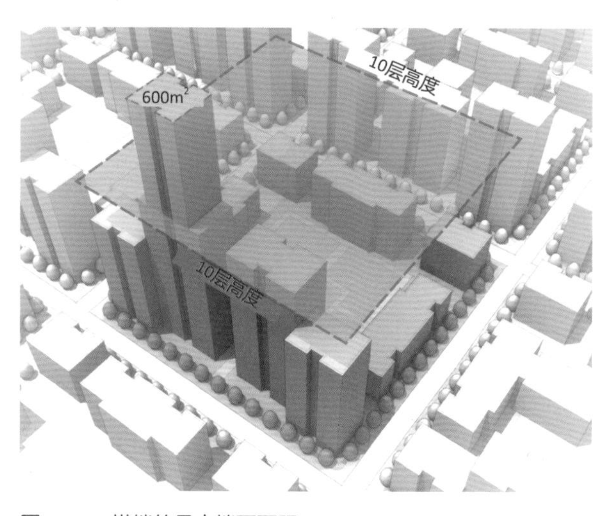

图12-31　塔楼的最大楼面面积

4 塔楼的最大楼面面积

目的：最大限度地缩小高层建筑的体积和阴影。

定义：10层以上住宅建筑的平均楼面面积，不超过600m^2（不含阳台）。建筑高度50m以上商业建筑的平均楼面面积不超过1500m^2。塔楼可布置在地块的任何位置，但必须遵从日照间距标准。优先考虑的做法是将高层建筑和前厅安排在角落。

适用标准

停车限制

规定商业停车配建指标上限。TOD区内停车配建指标，应不超过全市标准的80%。

服务最低标准

住宅街区必须保证不低于0.15的容积率，用于在街角设置对公众开放的商店和服务。“购物区”和购物街沿线的商业地块应保证不低于0.3的容积率。

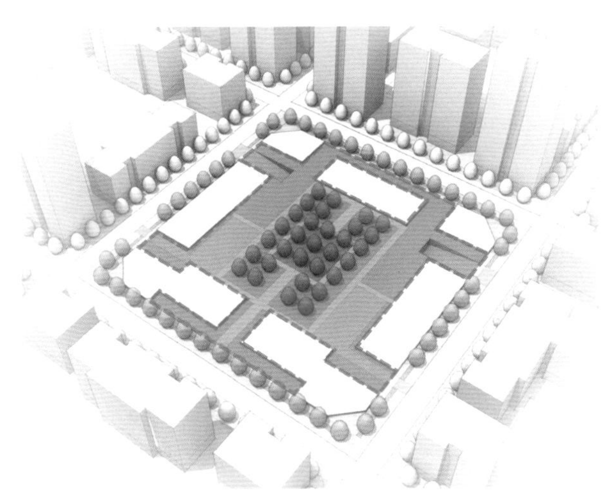

图12-32　最高建筑密度

5 最高建筑密度

目的：确保每个街区内有足够的开放空间。

定义：建筑密度是指地面一层总面积（建筑楼面面积）占总地块面积的比例。但上方没有建筑的地下停车场或地下室不包含在内。

图12-33　最低绿化率

6 最低绿化率

目的：保证每个街区的可用开放空间。

定义：绿化率是指总地面开放空间和屋顶花园占总地块面积的比例。

适用标准

4.2 *退线*

缩小退线距离，零售退线不超过1m，商业退线不超过3m，住宅退线不超过5m。

5.3 *活跃的街道界面*

住宅街区四周用作公共服务功能的街道界面比例不应低于40%，商业街区和购物街沿线则不应低于70%。

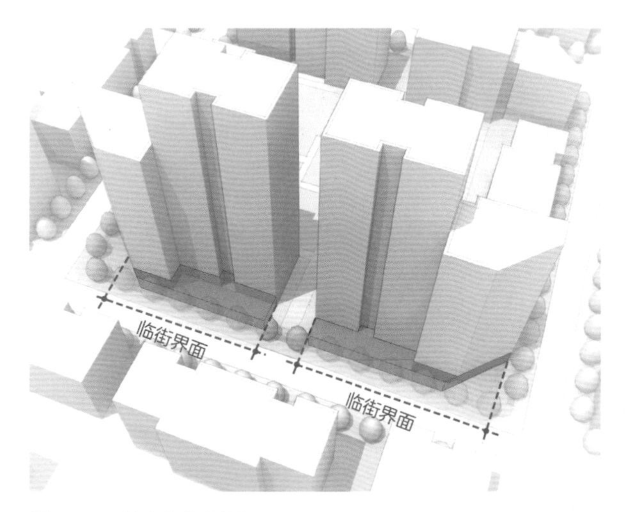

图12-34　最小临街界面

7 最小临街界面

目的：保证大型购物街的建筑界面，能帮助确定步行范围，为行人提供便利、活跃的步行空间。

定义：住宅街区外围非购物街或公共通路沿线，不低于40%作为公共服务功能。商业街区和住宅街区外围购物街沿线，不低于70%。合计建筑沿街界面长度获得临街界面比例，不同街区类型应根据这一数据设置公共服务功能。

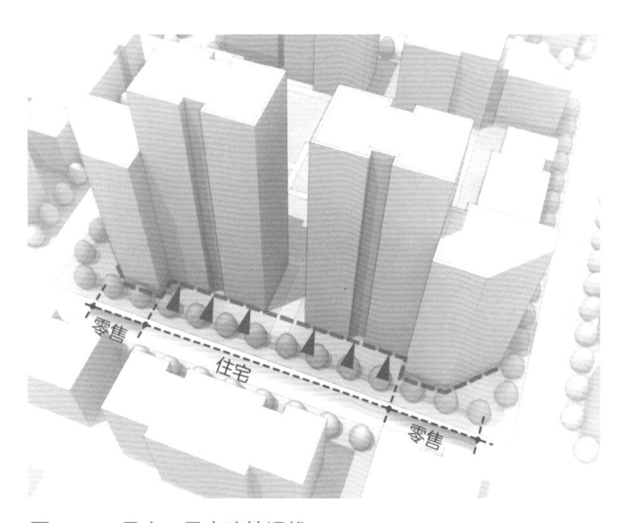

图12-35　最小一最大建筑退线

8 最小一最大建筑退线

目的：为了保持街边景观的一致和活力，建筑必须紧邻人行道，并根据底层用途确定退线距离。

定义：有助于实现临街界面要求的建筑，必须位于开发标准矩阵规定的退线范围之内（将在本章步骤C5中进行说明）。建筑可能有更大的退线，并且/或者位于街区内，但这些建筑的界面不应该计入临街界面长度。退线应该从建筑红线开始测量。

适用标准

停车限制

规定商业停车配建指标上限。TOD区内停车配建指标，应不超过全市标准的80%。

服务最低标准

住宅街区必须保证不低于0.15的容积率，用于在街角设置对公众开放的商店和服务。“购物区”和购物街沿线的商业地块应保证不低于0.3的容积率。

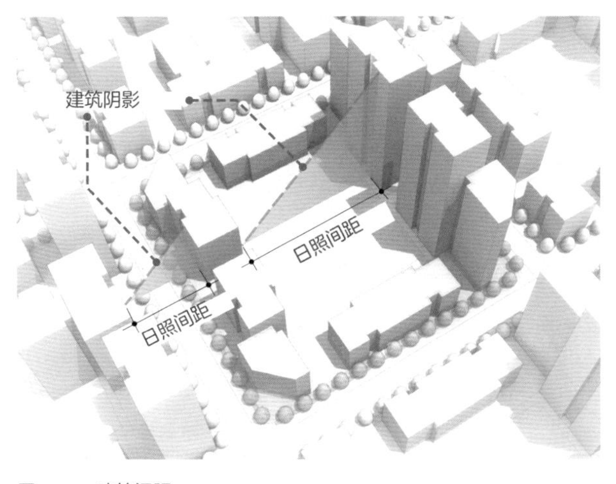

图12-36　建筑间距

9 建筑间距

目的：保证多数住宅建筑的自然通风和光线。

定义：面对面的住宅建筑，间距应该遵照国家和城市标准，与街区南端的建筑高度成一定比例。

10 停车

目的：鼓励限制停车，以确保实现真正的公交先导开发，并减少汽车使用。

定义：多数停车场应该建于地下，地上停车场则必须设在配有商店和商业开发项目的人行道边。公交先导开发区的商业停车配建比例，应不超过相应标准的80%或更低。

适用标准

4.2 *退线*

缩小退线距离，零售退线不超过1m，商业退线不超过3m，住宅退线不超过5m。

5.3 *活跃的街道界面*

住宅街区四周用作公共服务功能的街道界面比例不应低于40%，商业街区和购物街沿线则不应低于70%。

步骤C2丨设计不同街区类型

“小街区”即包含底商的各种住宅街区和以办公用途为主的各种商业街区，是所有社区的基本组成元素。其他更为特殊的“小街区”，如大型零售目的地、学校与市政用途等，可以采用类似的设计方法进行开发。张马片区规划混合了不同的“小街区”，实现了职业、居住、零售平衡和不同的开发强度。

如前一步骤所述，容积率、建筑密度、绿化率、退线、临街界面和建筑分割等主要控制准则，允许有不同的街区规划和建筑设计。示例仅用于说明，它们只是各个独特地块的众多可行解决方案之一。各地块的大小、结构和位置将形成不同的开发模式。

预计每个街区都会有不同的建筑设计和体量。例如，较高的建筑通常位于街区的南侧，而较矮的建筑位于北侧，以确保不会遮挡公共通道两侧建筑的采光。南北向街道沿线的建筑，无法获得最佳采光，因此可以开发为低层建筑。

图12-37 “小街区”规划允许有各类建筑。在新东站片区规划中，高密度和低密度住宅与商业建筑有不同的规模、高度和体量，形成了有趣的城市形态

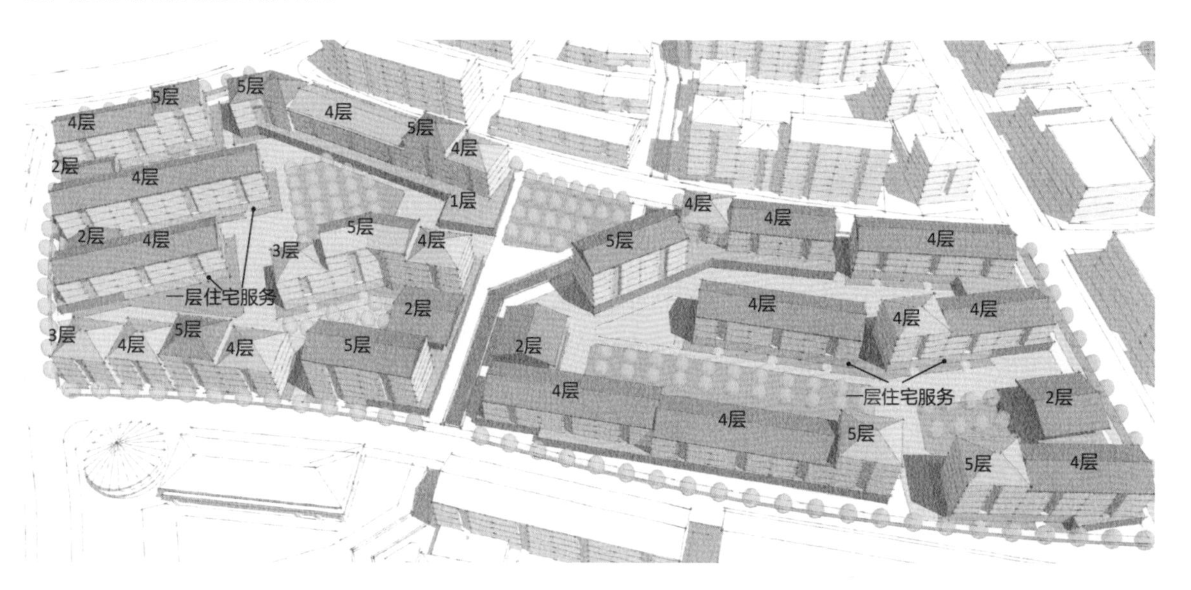

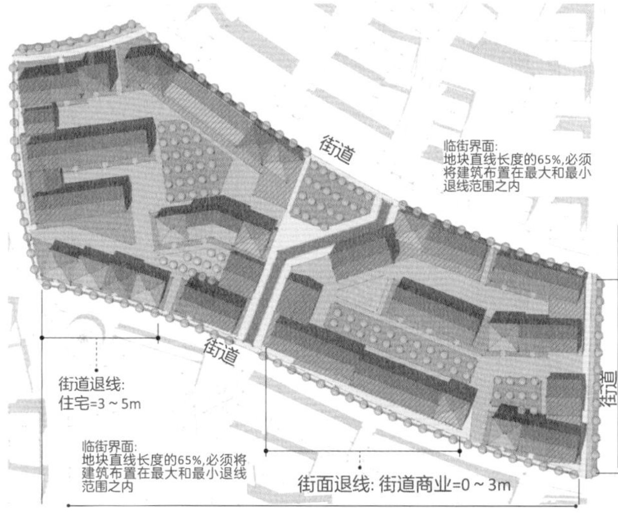

传统住宅容积率1.0～2.0	
地上容积率	1.0 ～2.0
最低 —最高临街商业容积率	0.1 ～0.2
最高建筑高度	6层
最高建筑密度	50%

图12-38 传统住宅容积率1.0～2.0

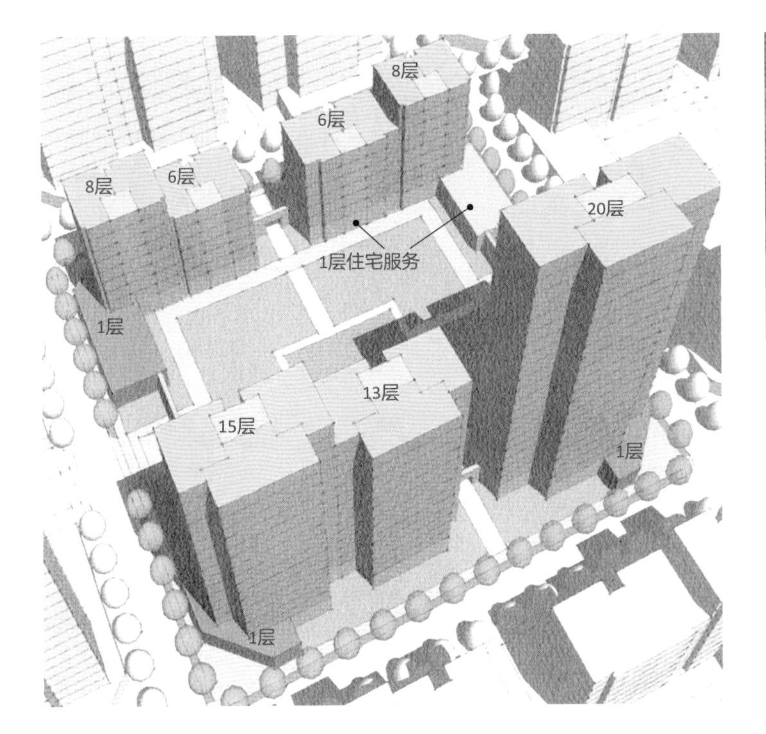

住宅容积率2.5	
地上容积率	2.5
最低—最高临街商业容积率	0.15 ～0.35
最高建筑高度	25层
最高建筑密度	35%

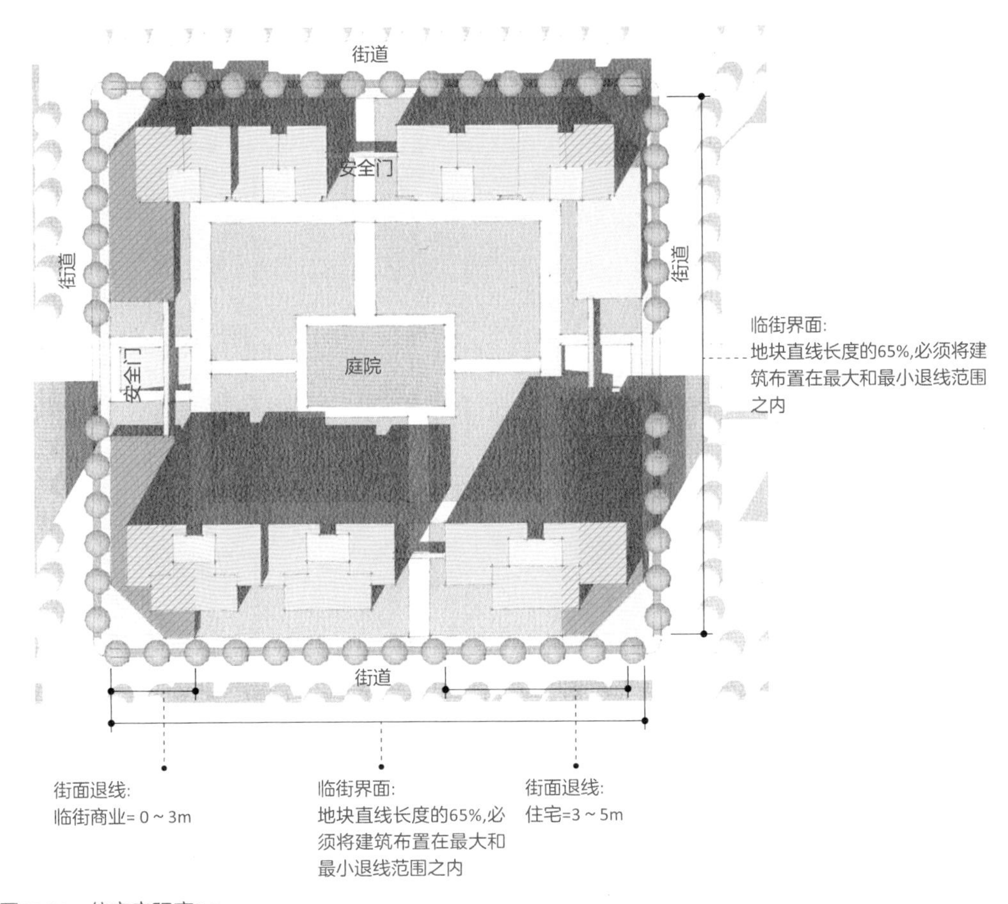

图12-39　住宅容积率2.5

住宅容积率3.0	
地上容积率	3.0
最低 一最高临街商业容积率	0.15 ~ 0.35
最高建筑高度	30层
最高建筑密度	35%

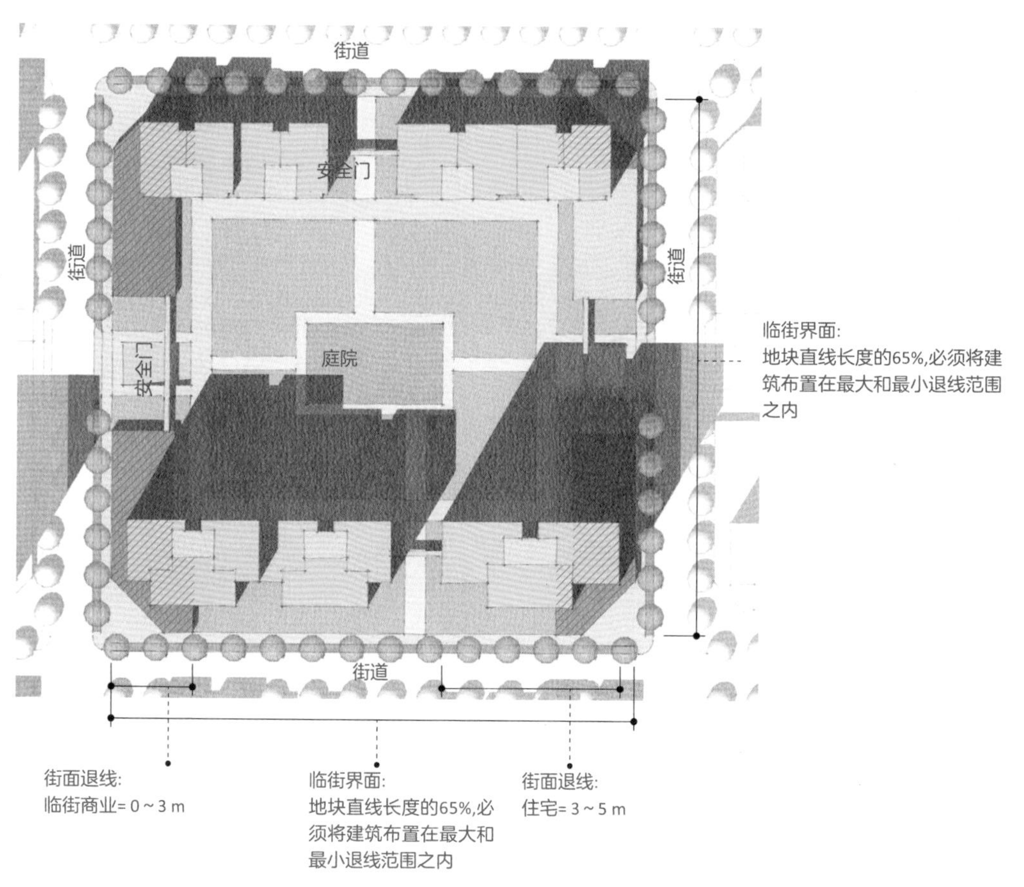

图12-40　住宅容积率3.0

住宅容积率3.5	
地上容积率	3.5
最低 一最高临街商业容积率	0.2～0.35
最高建筑高度	35层
最高建筑密度	35%

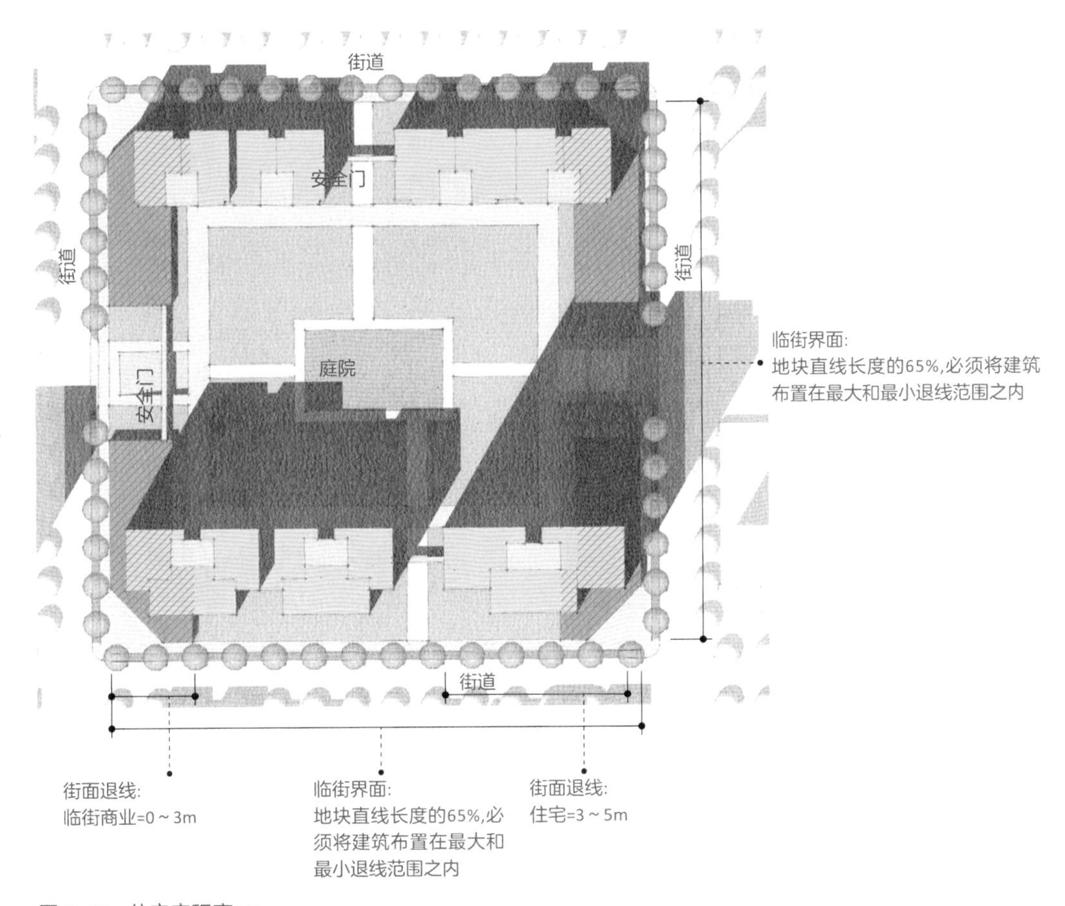

图12-41 住宅容积率3.5

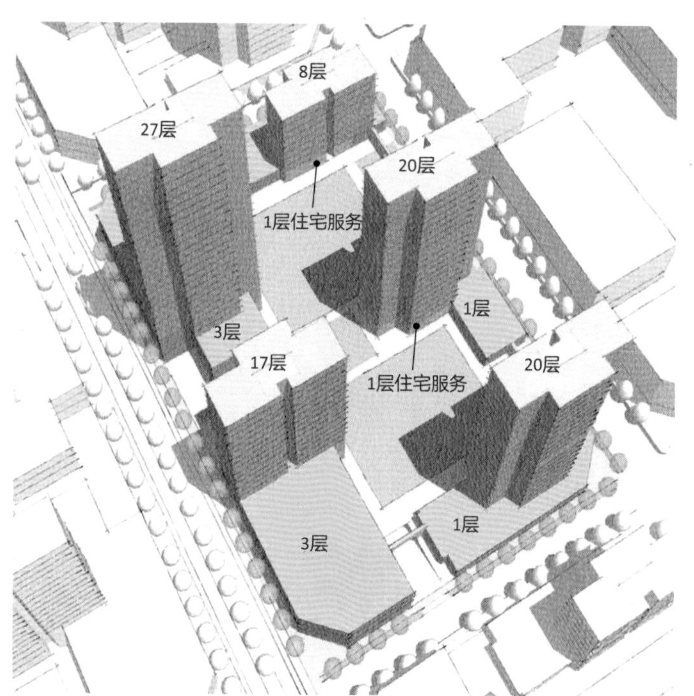

混合用途容积率3.5～4.0	
地上容积率	3.5～4.0
最低—最高临街商业容积率	0.5～1.0
最高建筑高度	36层
最高建筑密度	50%

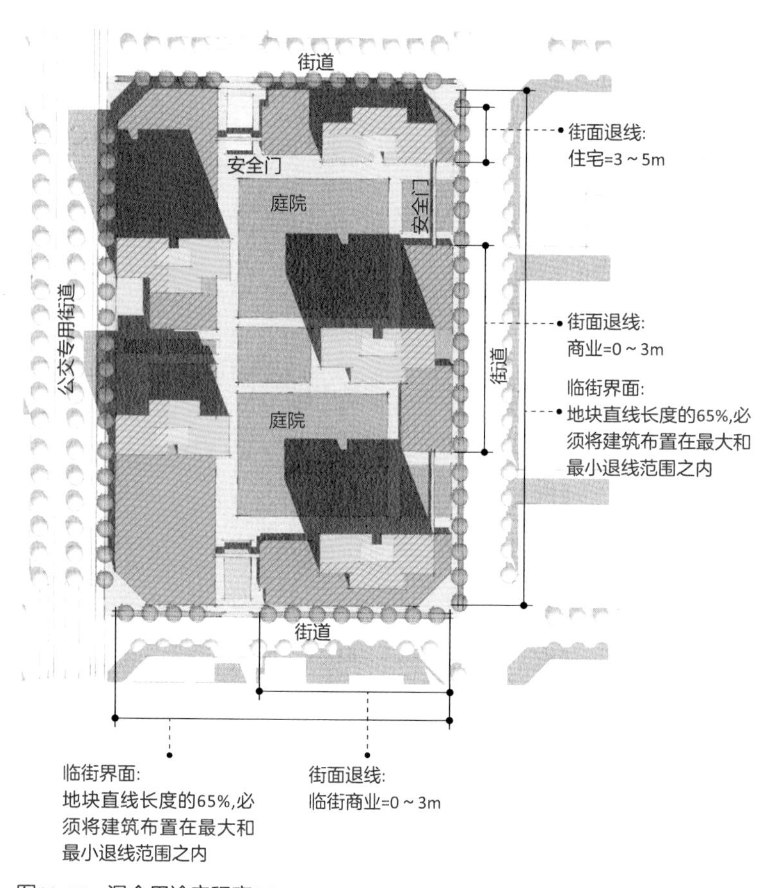

图12-42　混合用途容积率3.5～4.0

传统商业容积率2.0	
地上容积率	2.0
最低 一最高临街商业容积率	0.2 ~ 0.5
最高建筑高度	4层
最高建筑密度	50%

图12-43 传统商业2.0

街道设计能平衡行人、自行车、公交和小汽车的出行需求，是开发可持续混合功能城市的基础。有效满足汽车交通对效率的需求，同时保持街道路网的人性尺度，支持步行和骑行，是规划的关键目标之一。为了确保环行策略遵守设计目标，必须确定一套标准道路断面。下文所示的街道断面，为张马片区规划提供了一个基本交通系统模板，也是遵从“标准”很好的例子。

在张马片区规划的公交先导开发区内，步行和骑行出行需求较高，因此宽阔的主干道（四~六车道）被单向二分路所取代。而事实证明，单向二分

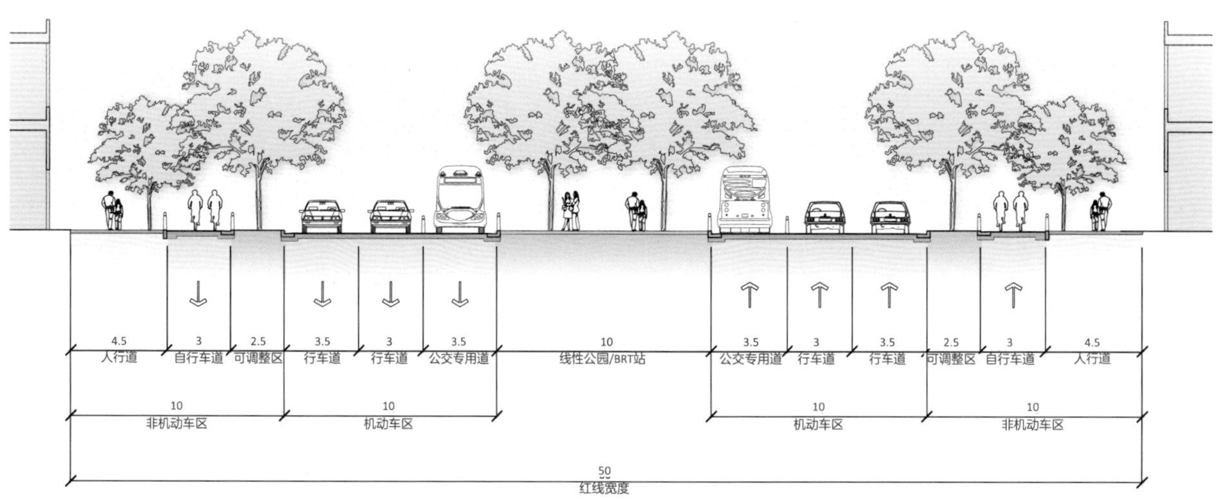

图12-44　宽50m（4条机动车道和2条公交车道）街道断面示意（单位：m）

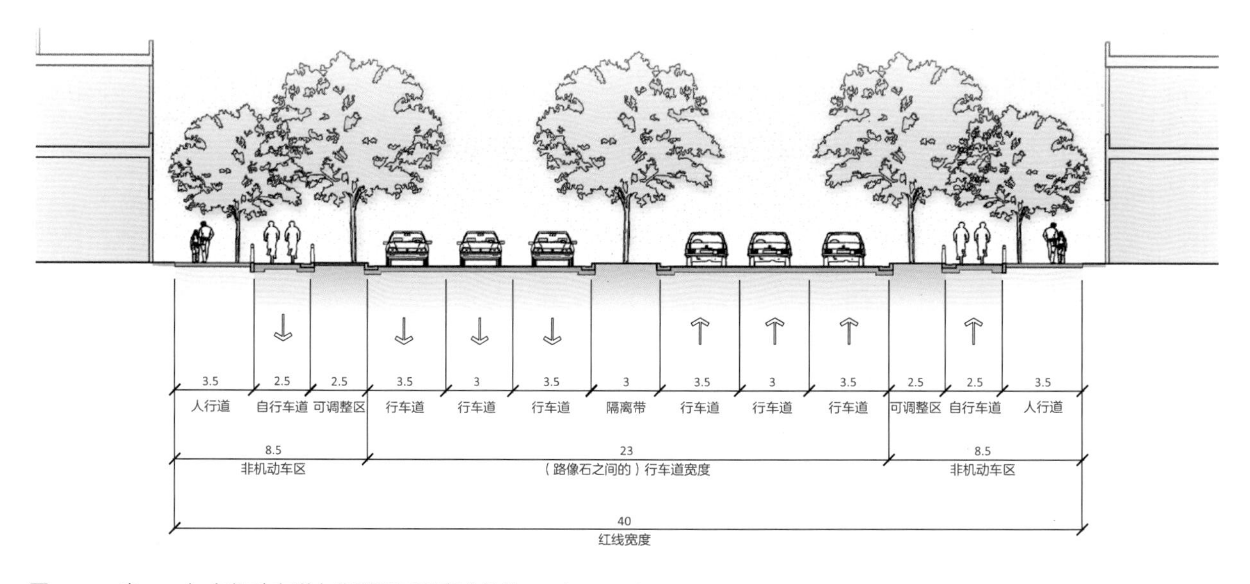

图12-45　宽40m（6条机动车道）街道断面示意（单位：m）

路既能承担高强度的交通流动，又有利于行人和自行车出行。在公交先导开发区外，大型主干道被设计为宜人的四～六车道大街和林荫大道。总之，有专用公交车道的街道宽度不能超过50m，无专用公交车道的街道不超过40m，在不设安全岛的情况下，所有街道交叉路口两侧路缘之间的宽度不超过16m。所有街道断面都设有专用的非机动车道，用来鼓励将自行车出行作为机动车的安全替代选择，同时还有足够宽的人行道，为行人带来舒适的步行体验。在街道设计中，应该遵照最佳实践，以实现交通静化，保证行人和自行车的安全，提供宜人的街道景观，并遵照标准4.3“街道规模”、标准5.2“街道交叉路口”、标准5.1“人行道大小”和标准5.4“自行车道”。

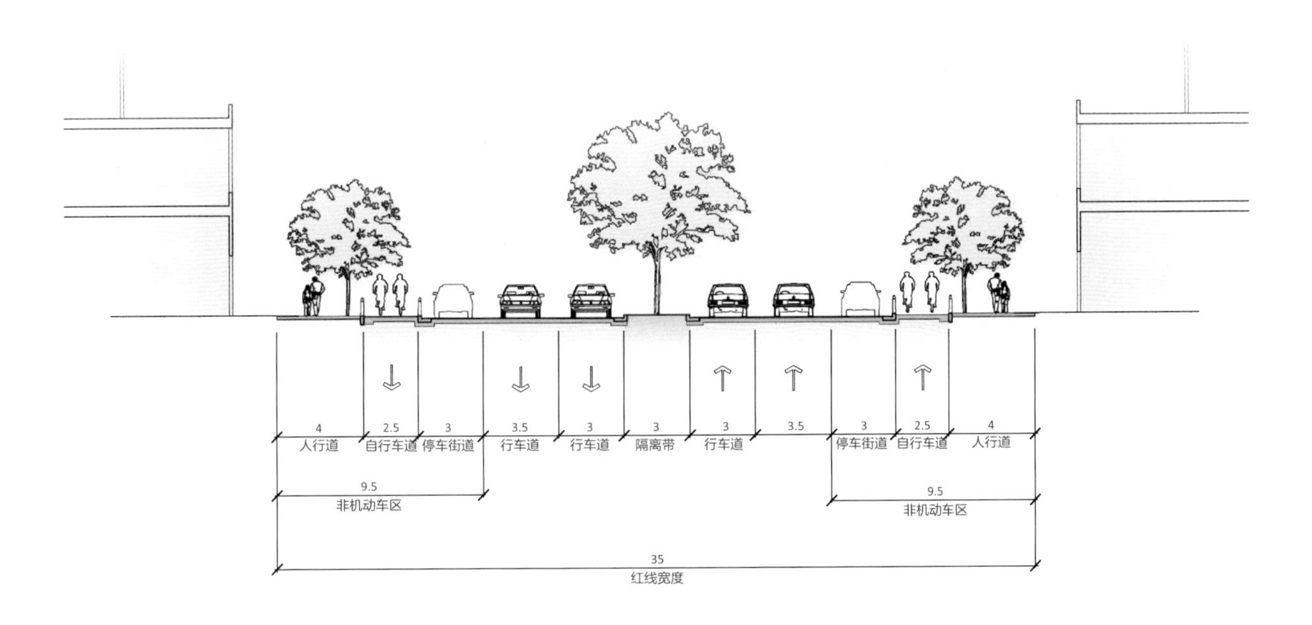

图12-46　宽35m（4条机动车道，两侧均设有街边停车位）街道断面示意（单位：m）

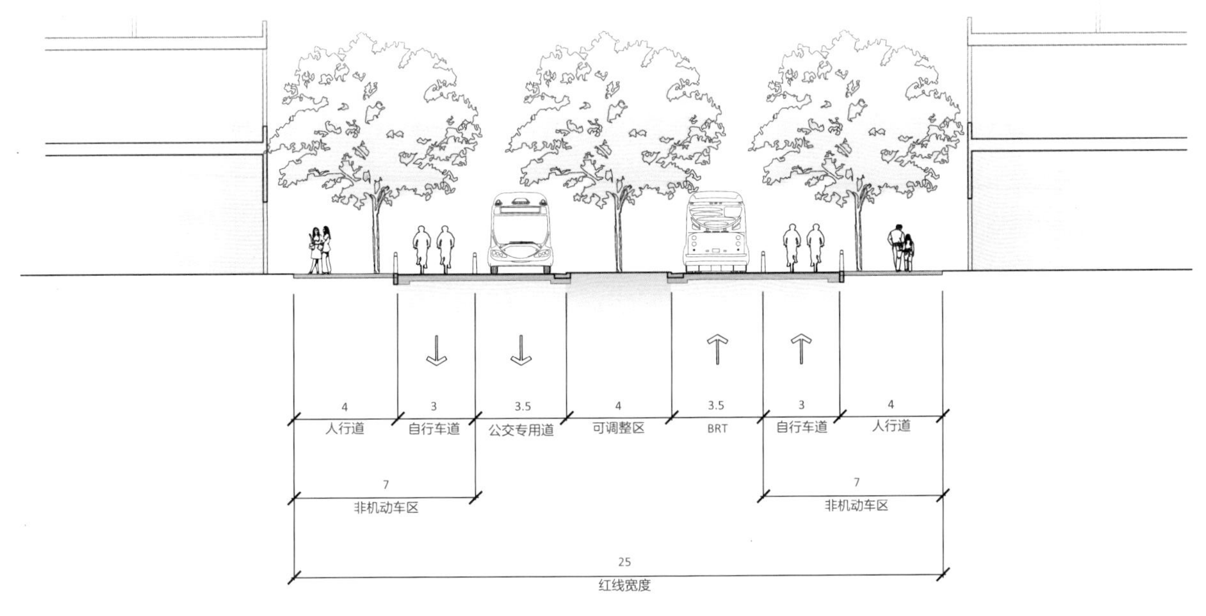

图12-47　宽25m（2条快速公交车道）街道断面示意（单位：m）

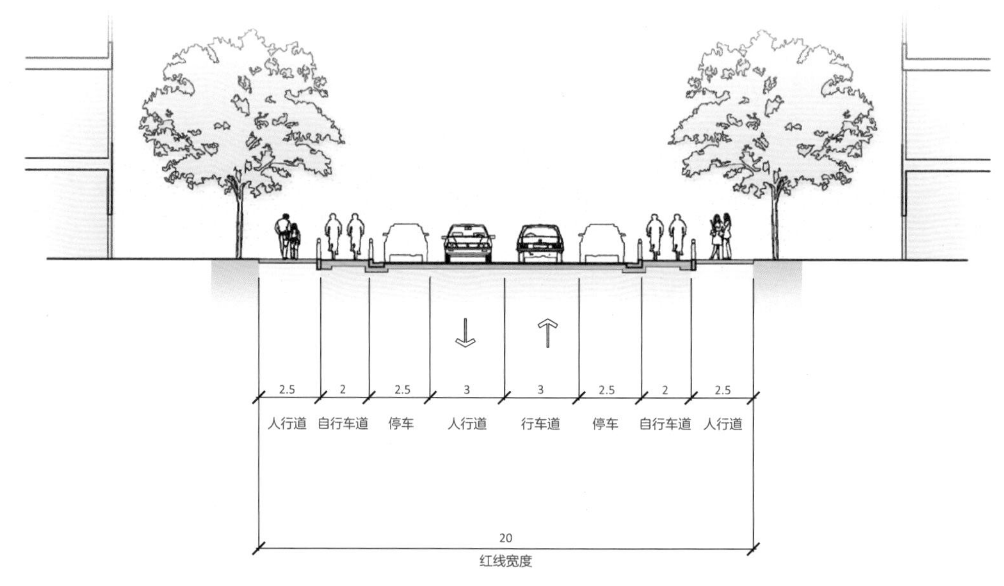

图12-48　宽20m（2条机动车道本地街道 ）断面示意（单位：m）

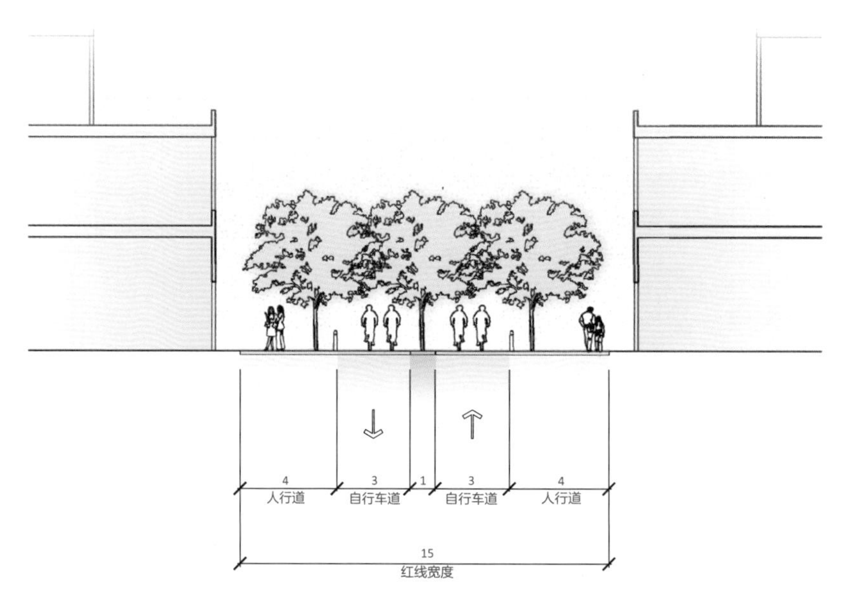

图12-49　宽15m无车街道断面示意（单位：m）

图例：
❶ 鼓励零售商铺/咖啡厅/走廊/服务，提高街边活力
❷ 提供较小的退线
❸ 提供永久的公共座椅
❹ 提供有遮阴的人行道
❺ 通过高树冠保证店铺的可见度
❻ 鼓励雨水生态洼地，实现低影响开发

图12-50　人行道设计。打造充满活力的人行道，应该是街道设计标准的一个重要部分。本图显示出便利设施有助于打造宜人舒适的步行环境

图12-51　交叉路口设计示例。安全、方便、较短距离的人行横道，是提高可步行性和保证人性尺度的关键。在街道上设计小型转弯半径，降低街道宽度，配备支持无障碍通行的斜坡等，将使交叉路口变得更安全

适用标准

4.3 *街道规模*

非工业区内，无公交专用道的街道，宽度不能超过40m，有公交专用道的街道，宽度不能超过50m。

5.1 *人行道宽度*

四车道及以上的街道，人行道的宽度不应低于3.5m，两车道街道的人行道宽度不应低于2.5m。

5.2 *街道交叉路口*

在不设安全岛的情况下，街道交叉路口两侧路缘之间的距离不应超过16m。

5.4 *自行车道*

四车道及以上的街道，必须设置有物理隔离的自行车道，宽度不低于2.5m；两车道的支路，自行车道宽不低于2.0m。

步骤C4 | 结合公共交通确定商业区和购物街的位置

成功的混合功能社区必须利用好公交运力。将商业和零售区布置在公交沿线，能提高可达性和可步行性，同时保证经济上的成功。张马片区对购物与商业区进行了战略性部署，以最大限度地利用地铁和快速公交带来的开发潜力。

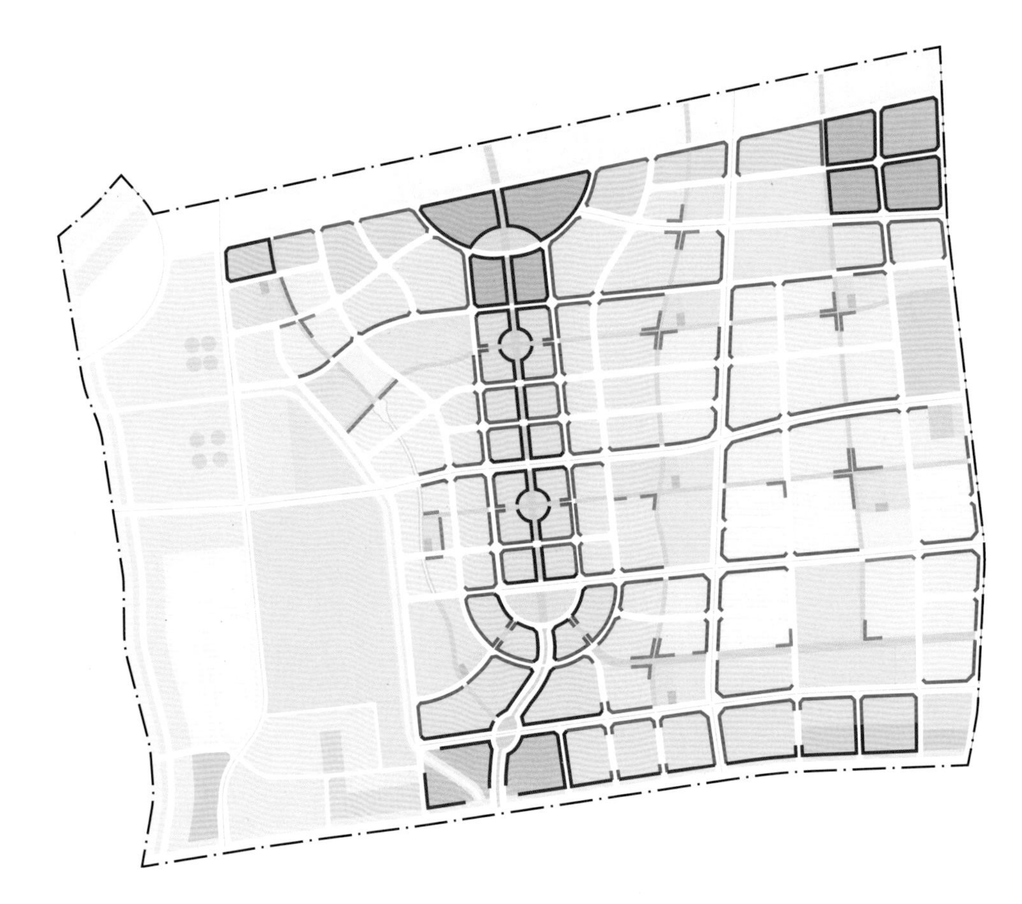

图例：
临街零售≥2（80%覆盖率）
临街零售=1层（80%覆盖率）
社区服务（100%覆盖率）

图12-52　地块内需要的临街商业和社区服务设施的位置示意。购物与商业用途主要在快速公交和地铁线路沿线。在多数情况下，零售商铺安排在底层临街位置，上层为办公或住宅应用

出入口的商业与区域零售商铺

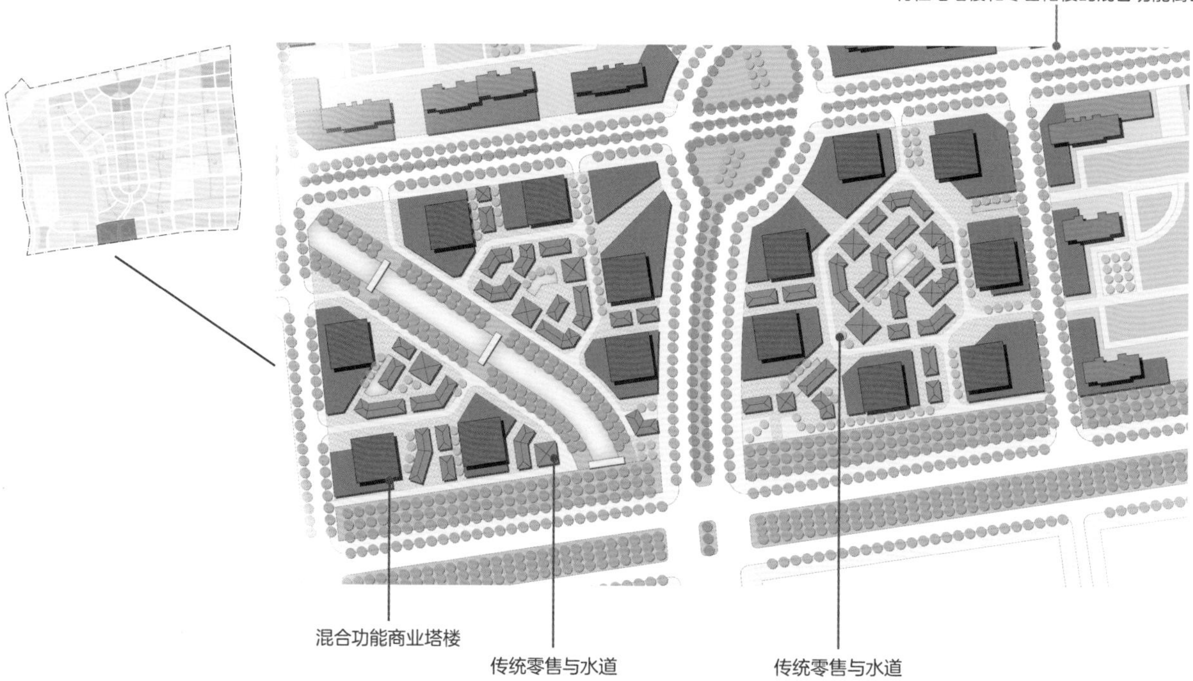

有住宅塔楼和零售裙楼的混合功能街区

混合功能商业塔楼

传统零售与水道

传统零售与水道

图12-53　在张马片区南入口，一个商业中心成为街区的入口充分利用了位于地铁站、快速公交线路及其在大型机动车走廊沿线的优越地理位置

图12-54　传统零售鸟瞰图，在塔楼旁边商业街的过渡空间安排低层零售建筑，从而打造出鲜明的中国特色。通过混合零售、住宅和商业用途，将形成一个充满活力的商业和休闲区

步骤C5 | 编制土地利用标准

在矩阵中概括前文所述的各类街区的标准城市设计控制准则，以便于参考，并确保开发要求得到恰当落实。将前文所述的张马片区控制准则，按土地利用街区类型进行分类，形成一个简单的综合矩阵，用于参考。

住宅与混合功能街区土地利用标准矩阵　　**表12-3**

	传统住宅（容积率1.0～2.0）	住宅（容积率2.5）	住宅（容积率3.0）	住宅（容积率3.5）	混合功能（容积率3.5-4.0）
	含临街商业*设施的住宅	含临街商业*设施的住宅	含临街商业*设施的住宅	含临街商业*设施的住宅	含临街商业*与办公商业的住宅
1地上容积率	1.0～2.0	2.5	3.0	3.5	3.5～4.0 最高住宅容积率3.0
2最低一最高“临街商业”设施容积率	0.1～0.2	0.15～0.25	0.15～0.3	0.2 ～0.35	0.5 ～ 1.0
3最高建筑高度（楼层）	8	25	30	35	36
4塔楼的最大楼面面积	NA	10层以上塔楼 $600m^2$	10层以上塔楼 $600m^2$	10层以上塔楼 $600m^2$	10层以上塔楼 $600m^2$
5最高建筑密度	50%	35%	35%	35%	50%

续表

	传统住宅（容积率1.0～2.0）	住宅（容积率2.5）	住宅（容积率3.0）	住宅（容积率3.5）	混合功能（容积率3.5-4.0）
	含临街商业*设施的住宅	含临街商业*设施的住宅	含临街商业*设施的住宅	含临街商业*设施的住宅	含临街商业*与办公商业的住宅
6最低绿化率	30%	35%	35%	35%	30%
7最小临街界面（所有街道和开放空间，如公园、广场等）	60%	65%	65%	65%	65%
8退线（m）最低一最高临街界面	临街商业=0～3m 办公=0～3m 住宅=3～5m	临街商业=0～3m 办公=0～3m 住宅=3～5m	临街商业=0～3m 办公=0～3m 住宅=3～5m	临街商业=0～3m 办公=0～3m 住宅=3～5m	临街商业=0～3m 办公=0～-3m 住宅=3～5m
9建筑分隔[m]	边墙至边墙（低于或等于6层）=6m；边墙至边墙（高于6层）=13m；边墙至建筑正面=城市标准；建筑正面至建筑正面=城市标准	边墙至边墙（低于或等于6层）=6m；边墙至边墙（高于6层）=13m；边墙至建筑正面=城市标准；建筑正面至建筑正面=城市标准	边墙至边墙（低于或等于6层）=6m；边墙至边墙（高于6层）=13m；边墙至建筑正面=城市标准；建筑正面至建筑正面=城市标准	边墙至边墙（低于或等于6层）=6m；边墙至边墙（高于6层）=13m；边墙至建筑正面=城市标准；建筑正面至建筑正面=城市标准	边墙至边墙（低于或等于6层）=6m；边墙至边墙（高于6层）=13m；边墙至建筑正面=城市标准；建筑正面至建筑正面=城市标准

* 临街商业是指底层的非住宅用途。鼓励商店、咖啡厅、餐厅、小公司等提供直接入口的活跃用途。同样涉及的还有底层零售和社区设施。若容积率允许，这些用途可以占据多个楼层。在计算临街商业时，不考虑建筑入口大厅、日托机构、俱乐部、休闲大厅、办公室等社区设施以及最高不超过容积率7%的其他居住相关用途。

商业街区土地利用标准矩阵 **表12-4**

	传统商业（容积率2.0）	商业（容积率4.0）	商业（容积率5.0）	商业（容积率6.0）
	含“临街商业”*的办公商业	含“临街商业”*的办公商业	含“临街商业”*的办公商业	含“临街商业”*的办公商业
1 地上容积率	2.0	4.0	5.0	6.0
2 最低—最高临街商业*容积率	0.2～0.5	0.4～0.8	0.4～0.8	0.4～0.8
3 塔楼的最大楼面面积	4	20	30	40
4 楼面面积	NA	50m以上塔楼1500m^2	50m以上塔楼1500m^2	50m以上塔楼1500m^2
5 最高建筑密度	50%	60%	60%	60%
6 最低绿化率	20%	20%	20%	20%
7 最小临街界面（所有街道和开放空间，如公园、广场等）	65%	65%	65%	65%
8 最大 —最小临街退线（m）	临街商业=0～3m 办公=0～3m	临街商业=0～3m 办公=0～3m	临街商业=0～3m 办公=0～3m	临街商业=0～3m 办公=0～3m
9 建筑分隔（m）	边墙至边墙=6m；边墙至建筑正面=12m；建筑正面至建筑正面=城市标准	边墙至边墙=6m；边墙至建筑正面=12m；建筑正面至建筑正面=城市标准	边墙至边墙=6m；边墙至建筑正面=12m；建筑正面至建筑正面=城市标准	边墙至边墙=6m；边墙至建筑正面=12m；建筑正面至建筑正面=城市标准

*临街商业是指底层的非住宅用途。鼓励商店、咖啡厅、餐厅、小公司等提供直接入口的活跃用途。同样涉及的还有底层零售和社区设施。若容积率允许，这些用途可以占据多个楼层。在计算临街商业时，不考虑建筑入口大厅、日托机构、俱乐部、休闲大厅、办公室等社区设施以及最高不超过容积率7%的其他居住相关用途。

第13章 社区基础设施

第13章
社区基础设施

传统社区基础设施的作用是为城市和市民提供能源、通信、卫生等市政服务。城市基础设施服务于社区，旨在保证未来更好、更可持续的发展。但随着经济发展和城市化进程的推进，基础设施占用了越来越多的空间和自然资源，并导致了城市热岛效应、土地退化、洪水等各种生态问题（一方VISTA，2016）。

为了恢复自然生态、减轻城市基础设施给生态系统带来的负担，中国需要精心设计可持续的基础设施开发项目。通过生态工程和绿色技术改造，可以提高传统社区基础设施的效率和环保性。以能源系统为例，煤炭和其他化石燃料等传统能源会对自然环境产生严重的负面影响。而以可再生能源取而代之，并对能源设施进行升级改造，可提高能源系统的效率和环保性，从而使社区受益（一方VISTA，2016）。

绿色基础设施通常包括（一方VISTA，2016）：

- 雨洪管理
- 人造湿地
- 可再生能源
- 固体垃圾处理
- 河流生态修复和生态防洪治理
- 废弃污染土地的生态修复

下文将详细阐述水处理厂、污水处理厂、区域能源站、可再生能源和固体垃圾处理系统等关键基础设施的设计过程。首先是介绍设计方法，其次是阐述详细的设计过程，分步骤解释基础设施是如何搭建的。最后，通过案例说明一个污水处理系统的设计过程。

A：区域能源站（*DEP*）

区域能源站的设计方法相对简单。首先，如果项目是现有社区的重新设计，或者需在原有片区新增一座区域能源站，就必须了解当前的产能和耗能情况。其次，分析本地和区域可再生能源，确定可再生能源发电潜力。同时，按照第10章所述的“经验法则”，根据拟定的总体规划，确定片区的供冷以及供热需求。最后，依照分析结果和能源需求，完成区域能源站的整体设计，同时选择最适宜的建厂位置。

B：可再生能源系统

推广可再生能源系统主要有两种重要方法：推广可再生能源系统和推广绿色经济体制。

推广可再生能源系统，首先应该开发可再生能源和清洁能源，严格控制能源消耗总量。

经济体制应该以创新和科技为驱动，推动经济发展绿色、低碳、循环转型，把节能作为减排的最重要的途径，通过推进优化产业结构升级，研究推广绿色节能技术，降低绿色能源的成本，提高服务经济与知识经济的占比，实现生态、可持续的绿色生产模式（中国政府门户网站，2015）。

C：污水处理

随着人们环保意识的提高和可持续发展理念的推广，污水处理厂必须改变当前的传统模式。要想提高污水处理效率、减少污染物排放、实现污水处理厂的环境效益，必须综合考虑和评估处理厂的总体规划、选址、布局、工艺等诸多因素。

D：雨水处理系统

开发雨水处理系统的重要途径是进行低影响开发。低影响开发是指在开发过程中保持开发区域的水文特征，其目的是使开发前后的水文特征保持不变。

E：固体垃圾处理系统

建设固体垃圾处理设施的目的在于在垃圾减量化的基础上，最大限度地实现垃圾回收再利用，并以安全高效的方式，将垃圾转变为绿色能源。固体垃圾处理系统涉及的核心理念包括垃圾分类、垃圾回收、垃圾循环利用以及垃圾能源转换与垃圾生物处理。

A：区域能源站（DEP）

A1．分析现有条件

对原有片区进行重新设计时，必须进行详细的现状分析，包括输出容量、能量输入（容量和发电资源）以及供回水温度等设计信息。通过这些分析，设计者可以了解现状，确定原有系统能否进行再利用。如果可以再利用，则通过分析可以发现原有系统在容量方面的不足。只有原有系统能够达到第10章的效率要求时，才能考虑再利用，否则必须设计新系统。

A2．分析可再生能源，确定能源需求

调查本地和区域可用的可再生能源类型，是片区再设计的第二个步骤，也是新片区设计的第一步。调查过程中需要收集各类可再生能源的潜在产能信息，因为通常情况下，会有多种可再生能源可供使用。最合理的系统是使用多种能源，这样既可以防止过度使用一类能源，又能保障稳定的能源供应。分析潜在可再生能源时，还应该依照第10章所述的“经验法则”，确定片区内的热能需求。

A3．生成区域发电厂能源模型

完成可再生发电能源分析和确定区域能源需求之后，应该确定热能生产系统的类型。设计者在这个过程中可以开始建立新片区或再设计片区的能源模型，使设计者可以将可再生能源的产能与估算的片区能源需求进行比较。如果产能不足，可以增加热电联产或热电冷联产发电厂，满足剩余需求。能源模型通过调整可再生能源的产能，对区域发电厂系统进行优化。能源模型还可以估算区域发电厂的最终效率。

适用标准

10.1 *创建区域能源模型，每年一次进行校准*
创建竣工区域能源设施的能源模型，并每年一次进行更新。

10.2 *达到区域能源设施密度与效率标准*
区域能源设施全负荷运行的性能系数不低于5.5。

A4．确定区域发电厂选址

一旦决定了将采用的能源类型，就必须确定区域能源站的位置。在选址时应该考虑站点与能源的距离、与所服务的建筑的距离以及区域的总体规划等因素。站点与能源和与所服务的建筑的距离很重要，因为距离越长，配电成本越高。远距离泵送水的能耗，远远超过近距离泵送。选址时必须考虑区域总体规划，因为区域发电厂的位置不能距离住宅建筑太近。如果区域发电厂靠近住宅公寓，会给居民造成噪声污染。

A5．选择区域能源站的设备

确定区域能源站的选址和能源来源后，就可以选择最终的设备和系统。设备的选择应该遵照第10章中所述的效率要求。考虑到未来的变化，输送网的规模应该足以应对容量增加30%的情况。这样一来，当区域服务面积扩大，或有更新、更大的建筑取代了旧有建筑时，只需要进行简单的升级，在区域能源站额外添加设备即可，不需要挖出原有的输送管线进行更换。

A6．考虑安装协调

一旦系统设计完成并获得施工批准、进行输送系统安装时，有几点需要考虑。热力管道的位置应该选择在道路红线内。这样一来，在进行初期施工和未来维修时，可以简化管道安装作业的协调工作。同时也考虑到了施工作业的协调，在升级绿色基础设施和其他公用事业设施的同时，也可对道路进行升级改造。这种同步协同作业，可以减少安装成本。

A7．公开监测统计数据

为了实现公开透明，提高居民的责任感，应该公布产能和用能比率，并公开各片区的产能和用能目标。居民可以通过这些信息，了解他们的日常习惯对所在片区的影响，以及如何改进个人的用能行为。

B：可再生能源系统

建设社区可再生能源基础设施时，应遵照下列步骤：

B1．确定绿色能源类型

收集分析城市水文、地质、气象、自然地理、地形、地区发电资源分布、能源储量和开发数据等信息，分析和确定不同区域的绿色能源类型。

B2．确定主要电力能源网络和发电厂容量

根据城市总体规划、城市功能分区和规模，以及地区电力负荷预测，确定城市的主要电力能源网络布局和发电厂容量。在确定发电厂容量时，应按照下列五个步骤。

1）收集城市信息。包括区域经济数据、城市人口、城市土地面积、GDP、城市产业结构、不同产业尤其是大型重工业最近5～10年的国民经济产值等。

2）收集城市电力资源和电网数据信息。包括由市政电力部门确定的区域电力系统线路铺设图、城市电力资源类型、城市发电厂的装机容量和位置、城市供电电压、城市电网结构，以及变电站的容量、数量、位置和高压线缆走廊与走廊宽度、城市电网规划等信息。

3）收集城市当前和历史电力负荷数据。包括近5～10年的城市最高供电负荷、城市最高年度用电量、电力弹性系数、城市年度最长用电时长、不同行业与居民的年负荷消耗量等。

4）收集其他相关信息。包括城市水文特征、地质特征、气象特征、自然地理特征和城市地形图、城市总体规划与城市功能分区等。

5）利用上述信息和年度人均用电量指数法，预测、估算和核实城市的总用电量。表13-1为规划人均综合用电量指标。

B3．确定城市发电厂的选址与数量

城市发电厂的选址应该以城市总体规划为依据。在确定发电厂的选址和数量时，尤其要考虑电力负载分布、电网接入规划、与发电资源的距离远近、输电条件、水文特征、环境与洪水、地震活动等因素。

城市的高压走廊应该使用电缆隧道将高压线缆分布到区域配电站和变电站。城市电力输配电网路，应该按照城市总体道路规划，并结合供水、排水和供暖管道网络进行设计。

图13-1　电缆隧道（资料来源：http://www.cvae.com.cn/gkk/2fdcbdzdqsb/b06/b06-3/b06-3-3/b06-3-3.htm）

规划人均综合用电量指标　表13-1

指标分级	城市用电水平分类	人均综合用电量（kW·h/人·a）	
		现状	规划
Ⅰ	用电水平较高城市	3500～2501	8000～6001
Ⅱ	用电水平中上城市	2500～1501	6000～4001
Ⅲ	用电水平中等城市	1500～701	4000～2501
Ⅳ	用电水平较低城市	700～250	2500～1000

（资料来源：《城市电力规划规范》GB/T50293—2014，表4.3.1）

B4．建设适当数量的发电厂

为保障城市内工作与生活的安全，保证可靠的电力供应，城市发电厂应该不低于下列配置：

• 中小城市两座发电厂

• 大城市三座发电厂

• 超大城市多座发电厂

C：污水处理

建设地区级污水处理厂应该遵守下列主要步骤：

C1．根据全市发展规划，确定污水处理厂的规模

在确定污水处理厂的规模时，首先需要分析下列因素：

• 考虑人口、建筑面积、用地性质等因素，对地区污水量进行综合分析。

• 利用规模效益合理确定处理厂的规模（郝小罗，2015）。

但也要注意，规模经济的优势并不是无限的。全市发展规划中的技术改进水平、运营与维护水平、项目的经济技术环境等因素，都会对其产生影响。因此，超出一定的规模之后，规模效益将不再出现，甚至可能出现规模效益递减（刘雪辉，2005）。

大型集中污水处理厂的注入污水质量更稳定，因此更易于管理。但集中处理必然会加重城市污水管网建设负担，增加初期投资。而分布式的污水处理系统初期投入较少，也不需要大面积的城市污水管网。目前来看，社区规模的污水处理厂更适合人口密度相对较低的中小城市。因此，污水处理厂的规模需要根据各地的具体情况进行调整，应推广集中式处理厂与社区规模处理厂相结合的平衡发展模式（韩东刚，2012）。

C2．选择可行的建设地点

规划与建设城市污水处理厂，在选址时应该考虑下列因素：

• 选择城市郊区 。

• 选择低成本的位置，包括拆迁安置和拆毁现有建筑或基础设施的必要性最低。

• 保证为未来扩建留出足够的土地（刘雪辉，2005）。

• 区域主导风向的下风向。

• 靠近水体，建立在排放水体的下游。

C3．设计和优化污水处理工艺

• 分析污水处理厂的注入污水质量。

• 选择可行的工艺与设备。

• 保证技术改进的机会。

• 通过综合比较和优化，选择价值最高的技术，保证成本效益（刘雪辉，2005）。

C4．规划污水处理厂的辅助设备

• 规划雨污分离排水系统，提高污水处理效率，降低运营成本。

• 建设相应的污水处理系统，为污水处理厂提供便利（刘雪辉，2005）。

C5．研发污泥处理技术

为防止进一步污染，必须对污泥进行处理。目前广泛采用的污泥处理与处置方法有：农业利用、污泥干化、焚烧、污泥卫生填埋以及污泥回收利用等。

适用标准

10.3 *处理后污水质量标准*

改建后污水处理厂的效率应该达到城市污水排放标准。

D：雨水处理系统

雨洪管理的重要途径是采用低影响开发。低影响开发指在场地开发中采用源头、分散式措施维持场地开发前的水文特征，其核心是维持场地开发前后水文特征不变。由于中国政府目前已出台政策全面推进海绵城市建设，即全面推进低影响开发，各地政府也纷纷出台政策响应。关于低影响开发建设的具体措施国家已经整理出书，即《海绵城市建设技术指南》。本书依据该指南，整理出构建低影响开发雨水系统应遵循以下步骤：

D1.调查地区的自然特性，初步确定雨水控制目标

一座城市的自然特性包括水文与气象特征、土地使用情况等。根据对自然特性的调查，分析城市对暴雨和洪水的适应性与韧性。不同城市应该根据各自的经济预算，确定建设低影响开发雨水系统的合理目标。

D2.根据上述目标确定详细的区域雨水系统规划

目标确立之后，应该开发详细的城市雨水系统规划。规划可分为两个层面：城市规划与专项规划。

城市规划包括：

• 保护水生态敏感区

• 合理控制不透水面积

• 合理控制地表径流

• 明确低影响开发策略的重点和关键开发区域

专项规划包括：

• 城市水系规划

• 城市绿地系统专项规划

• 城市排水防涝综合规划

• 城市道路交通专项规划

D3．在片区级别细化雨水系统的开发目标

雨水系统的总体开发目标以城市为基础，而城市分成了许多规模较小的片区，每个片区都有不同的自然特性，如道路条件、绿地条件等。因此，应该根据不同的自然条件，在片区级别细化总体目标，满足不同片区的需求。

D4．根据细化后的目标，确定片区雨水系统设计方案

根据片区水文与气象特征，以及细化后的片区级目标，制定适用的雨水系统策略，选择合适的雨水系统设施，确定片区雨水系统设计方案。设计方案应严格遵照“低影响”的开发原则，也就是说不能因为执行设计方案而产生任何严重的负面影响。

针对不同的区域，其低影响开发雨水系统的流程有所差异。构建各种不同区域低影响开发雨水系统的典型流程示意图举例如下：

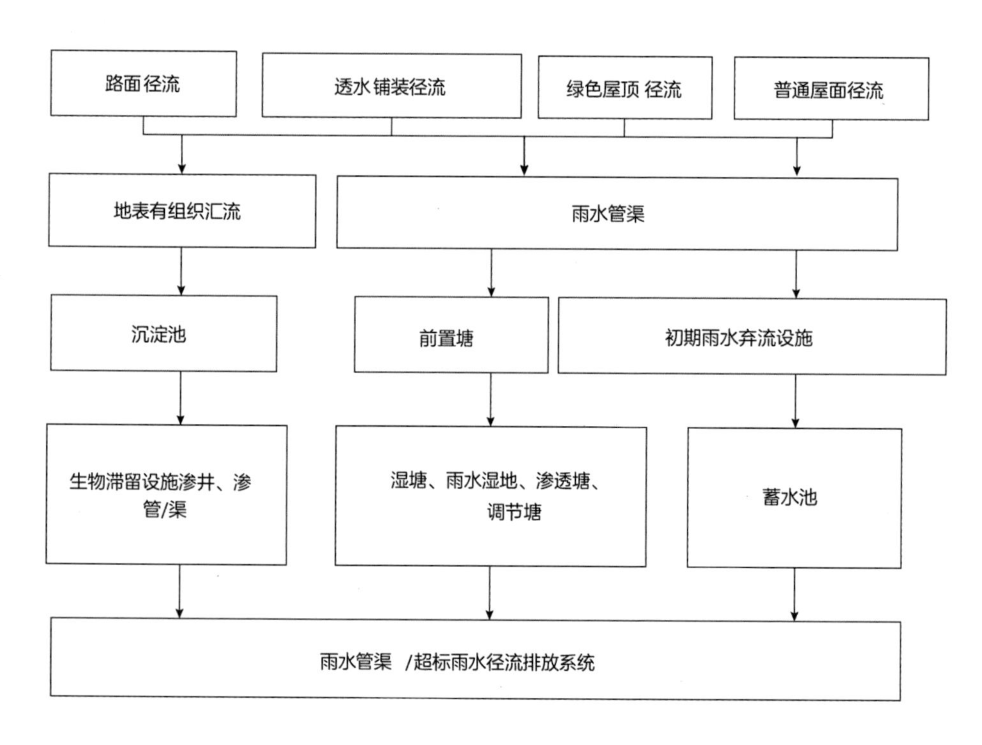

图13-2 建筑与小区低影响开发雨水系统典型流程实例（资料来源：《海绵城市建设技术指南》）

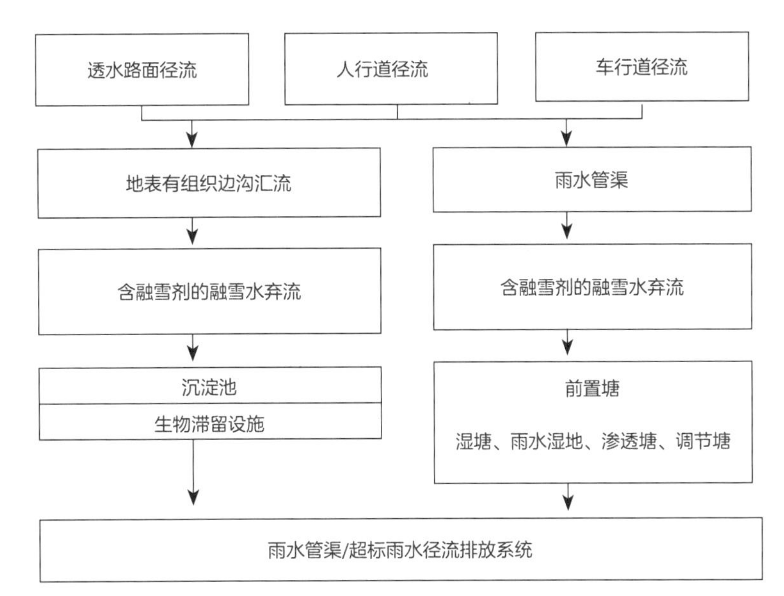

图13-3　城市道路低影响开发雨水系统典型流程实例（资料来源：《海绵城市建设技术指南》）

D5．建设低影响雨水系统

城市规划、建设等政府部门，应该加强对雨水系统施工进度与质量的监管，并定期检查是否达到了预定目标。施工作业还应该充分考虑土壤、水等自然资源的保护问题，避免造成任何环境破坏。

D6．维护和管理雨水系统

雨水系统设施完工后，应该定期维护和管理。尤其要对设施的运行和效果进行监控和评估，如建立海绵城市监测网站。实时监测降雨雨水量、排放口流量、雨水利用率、管网运行状态、生态湿地和滞留地等的水位状态、生态水体水质取样检测等，并将实时监测数据上传至数据中心，与其他城市海绵建设实现数据互动共享。甚至在不远的将来，还可能构建集审批、报建规划、数据采集传输、信息展示、维护档案存储为一体的海绵城市综合管理平台。

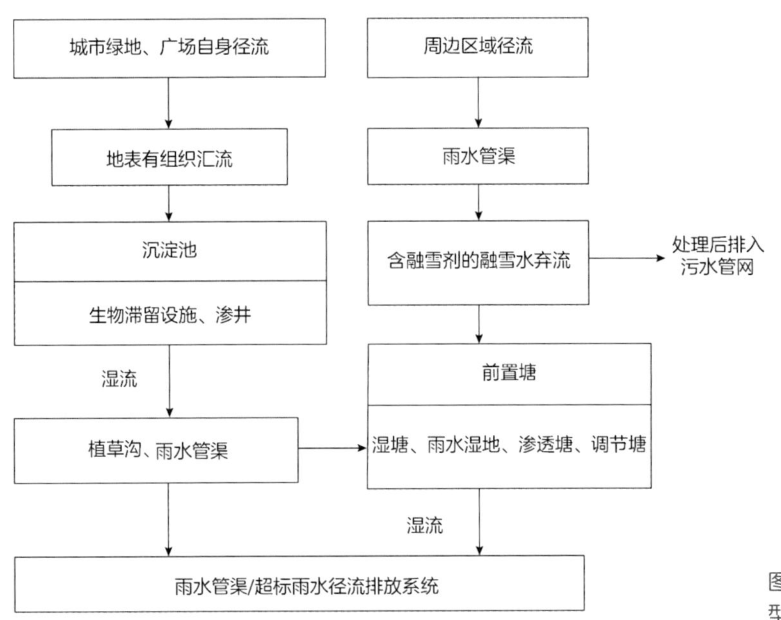

图13-4　城市绿地与广场低影响开发雨水系统典型流程示例（资料来源：《海绵城市建设技术指南》）

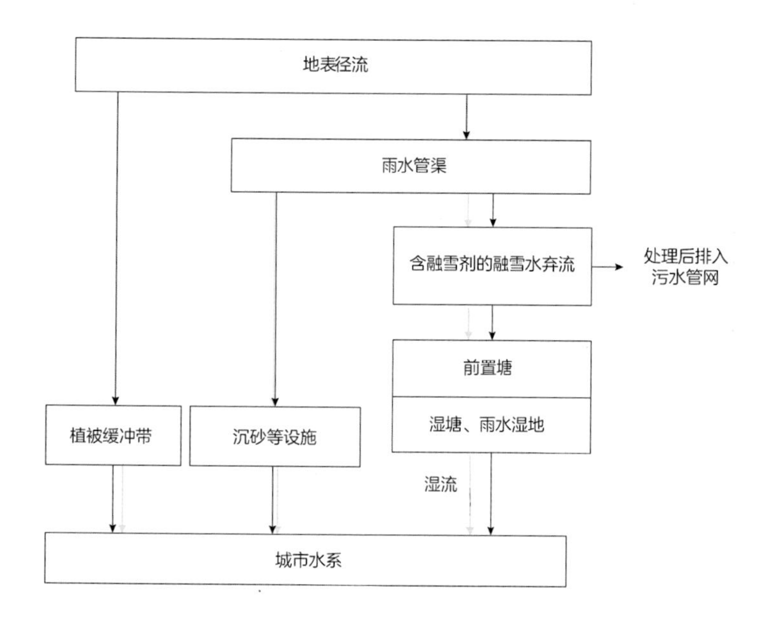

图13-5　城市水系低影响开发雨水系统典型流程示例（资料来源：《海绵城市建设技术指南》）

E： 固体垃圾处理系统

建设地区固体垃圾处理系统的总体流程如下：

E1. 建设综合性的城市垃圾处理系统，包含垃圾收集、运输、回收与处理等环节

在恰当的垃圾处理、垃圾减量与垃圾回收等原则指导下，建立一个完整的城市垃圾循环系统，包含了垃圾分类、运输、回收、处理等环节。

E2. 确定垃圾收集、运输、回收与处理的方法

根据城市总体规划、城市功能分区和规模，分析估算出城市垃圾数量和垃圾组成。通过对估算结果进行细化分析，确定适用的垃圾收集、运输、回收与处理的具体方法。

E3. 选择适当的垃圾回收与处理技术

确定了垃圾回收与处理方法之后，对于垃圾的回收和处理采用更具体及更有针对性的处理技术。同时，在实施所选的垃圾回收处理技术时，还应该考虑它们对社区和环境的影响。

E4. 建设不可回收垃圾处理厂

• 对于不可回收的干垃圾，建设等离子焚烧发电厂。等离子焚烧技术可以实现零废物，同时还能生成可再生燃料，无害于环境。

• 对于不可回收的湿垃圾，采用堆肥的方法，建设厌氧发酵发电厂。树叶和厨余垃圾等湿垃圾符合堆肥要求，可以将这些垃圾进行堆肥处理。通过厌氧发酵发电厂，将易腐有机废物变成可降解和可再生的资源。

1）根据城市垃圾数量确定垃圾处理厂的规模

垃圾处理厂的规模应该根据城市的垃圾总量确定。

2）在垃圾分类与堆放场附近，建设垃圾焚烧发电厂

为了提高垃圾处理效率，应该在垃圾分类堆放场附近建设垃圾焚烧发电厂。

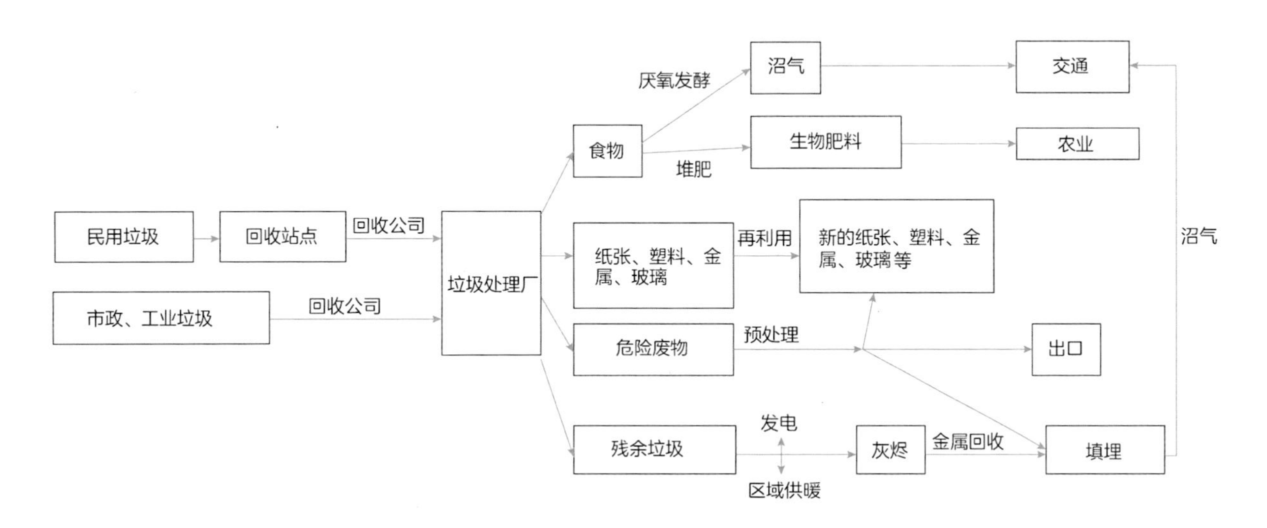

图13-6　垃圾处理系统示意图（资料来源：http://www.mofcom.gov.cn/article/i/dxfw/jlyd/201306/20130600150212.shtml）

适用标准

10.4 *垃圾分类与运输标准*

根据区域类型进行垃圾桶分类，针对不同类型的垃圾，执行不同的垃圾运输标准。

案例研究：施特拉斯（Strass）污水处理厂

郝晓地、程慧芹、胡沅胜2014年发表在《中国给水排水》杂志上的《碳中和运行的国际先驱奥地利Strass 污水厂案例剖析》一文中，对欧洲具有"能源工厂"之称的施特拉斯污水处理厂设计规模以及工艺选择进行了分析。从该分析中也可看出建立污水处理厂应考虑的因素以及应遵循的步骤。[①]

① 本部分内容摘录自郝晓地，程慧芹，胡沅胜．碳中和运行的国际先驱奥地利Strass污水厂案例剖析[J].中国给水排水，2014（22）.

施特拉斯污水处理厂因为在能源回收方面的突出表现而成为全球可持续污水处理标志性示范厂之一。施特拉斯污水处理厂建于1988年，位于奥地利西部的滑雪胜地附近，靠近Achental与Zillertal山谷。这座污水处理厂主要负责处理附近31个社区的污水。

施特拉斯污水处理厂的规模根据所服务的社区进行了精心设计。由于社区靠近滑雪胜地，因此一年中，施特拉斯污水处理厂服务的人口数量会有较大波动。其夏季服务的人口在6万人左右，而在冬季则会达到25万人。污水量也在1.7～3.8m^3/天之间波动。污水处理厂在设计时，充分考虑了旅游旺季造成的污水量变化，以保证处理厂有足够的能力处理旺季注入的污水。

施特拉斯污水处理厂选择了一个合理的位置。处理厂位于中间位置，可以同时为附近的滑雪度假村和31个社区提供服务。

另外，施特拉斯污水处理厂对污水处理方法进行了优化，并升级了污泥处理技术。施特拉斯处理厂采用了传统的AB工艺，用于最大限度地去除回收污水中的化学需氧量（Chemical Oxygen Demand，COD）。2005年之前，施特拉斯处理厂采用序列间歇式活性污泥法（SBR），对污泥消化液进行侧流异养生物脱氮（DEMON®）处理。序列间歇式活性污泥法需要添加碳源，因此，吸附段剩余的部分污泥被用于SBR工艺。结果造成进入厌氧段的污泥量减少，所产生的甲烷（CH_4）量也随之减少。为了优化污水处理工艺，提高发电量，施特拉斯处理厂在2005年用DEMON®工艺取代了SBR。DEMON®工艺不需要添加碳源，所有剩余污泥均被用在厌氧段以生成甲烷。甲烷可用于发电。2002年之前，甲烷发电量仅能满足施特拉斯总用电量的80%；而在2005年脱氮工艺优化升级之后，甲烷发电量比施特拉斯的总用电量高出了8%。为了充分提高厌氧段的甲烷产量，从2008年开始，施特拉斯一直利用厂外厨余垃圾来最大限度增加生物气产量。现在，施特拉斯的发电量已经两倍于用电量，实现了电力的自给自足（郝晓地，2014）。

图13-7　Strass污水处理厂鸟瞰图（资料来源：http://news.bjx.com.cn/html/20140728/531654.shtml）

施特拉斯处理厂在1999年开始试运行，之后经过连续优化，大幅降低了成本和对资源的需求。优化工作的亮点包括：

• 将污泥增稠的化学成本降低了50%。

• 将污泥脱水成本降低了33%。

• 通过采用新型侧流自养脱氮系统（DEMON®），将脱氮过程能耗从350kWh/天，减少到196kWh/天。

• 采用最新型热电联产机组，将消化气转电能效率33%提高到40%，产电量从2.05kWh/m^3，提高到2.30 kWh/m^3。

施特拉斯污水处理厂卓越的经营业绩证明，影响污水处理厂业绩最为重要的因素并非规模，而是合适的处理工艺。但污水处理厂的成功也不单纯取决于处理技术，在设计初期和运营过程中确定的严格的、全面的规划，对处理厂的成功同样举足轻重。

后记

《翡翠城市：面向中国智慧绿色发展的规划指南》一书结合国际先进理念和中国的具体实践，提出了一套智慧绿色开发理念与原则体系，从城市总体规划、控制性详细规划、建筑及基础设施等多个维度展示了如何将中国的城市建设得更加美好。书中还结合国内外的最佳实践案例对如何实施这些原则提供了实操指导。

本书的主要写作团队融合了中美相关规划设计专家，主要包括卡尔索普事务所（Calthorpe Associate）、宇恒可持续交通研究中心（China Sustainable Transportation Center）和高觅工程顾问公司（Glumac）。大家通力协作，共同努力，使本书得以面市。

本书各章节的写作分工如下：

卡尔索普事务所团队完成本书第1～7章、第11章、第12章及概述章节，由Peter Calthorpe、Samantha Chundur、 Olivia Weir、孟菲等负责撰写。

宇恒可持续交通研究中心团队完成本书第8章，由王江燕、张元龄、解建华等负责撰写。

高觅工程顾问公司团队完成本书第9章、第10章、第13章，由李子建、李倩、Michael Neiswender、张薇、赵晖、阮泳馨、魏来、Duston Kwok等负责撰写。

感谢能源基金会和能源创新有限公司对本书创作和出版的大力支持。在本书的撰写过程中，许多专家顾问倾注了大量的精力，在百忙之中奉献了他们的宝贵时间。特别需要感谢的是能源创新有限公司的Hal Harvey、 Chris Busch、 CC Huang，能源基金会的何东全、王志高、林微微、赵言冰、赵文婷、辛嘉楠，宇恒可持续研究中心的王江燕、张元龄、郑瑞山以及卡尔索普事务所的孟菲等，参与本书编写的组织和协调工作。

特别要感谢北京清华同衡规划设计研究院郑筱津副院长对书稿校核工作的精心组织以及邹涛、黄伟、欧阳鹏、王海蒙、夏小青、刘加根等对书稿的具体校核工作。感谢International Living Future Institute的Brad Liljequist、James Connelly对第9章绿色建筑部分进行审阅。感谢宇恒可持续研究中心的张元龄、姜洋、郑瑞山、刘洋、解建华、陈素平、谢云侠、辜培钦、韩治远、王悦、孙苑鑫、费晨仪等组织并完成对书稿的校核和整理工作。

特别要感谢中国建筑工业出版社建筑与城乡规划中心的主任陆新之和编辑黄翊女士在编辑版过程中所做的大量工作。在此，谨对提供帮助、支持本书出版工作的单位和个人表示衷心感谢。

张元龄